软件功能安全系列丛书

农林机械控制系统
软件功能安全
标准解析与实践

工业和信息化部电子第五研究所　组编

◎主　编　姚日煌
◎副主编　黄晓昆　刘　建　鹿　洵　刘奕宏

U0233082

电子工业出版社
Publishing House of Electronics Industry
北京·BEIJING

内 容 简 介

本书紧扣农林机械安全主题，深入探讨嵌入式软件功能安全技术，系统地讲述了农林机械控制系统软件功能安全的核心概念、标准解析及实践。首先，追溯功能安全标准的发展历程，从 IEC 61508 到 ISO 25119，再到 GB/T 38874，详细阐释了功能安全在现代农业中的重要性；其次，结合实际案例对 GB/T 38874.1—2020 至 GB/T 38874.4—2020 中所规定的系统与软件设计、开发、安全确认和验证要求进行了深入解析。本书旨在帮助读者深入理解农林机械控制系统软件功能的安全标准，提升产品开发的质量和可靠性，推动我国农林机械领域软件功能安全技术的发展。

本书适合农林机械产品的软件项目经理、系统分析师、安全工程师、产品设计人员、测试工程师等专业人士，以及对此领域感兴趣的广大读者阅读。

未经许可，不得以任何方式复制或抄袭本书之部分或全部内容。

版权所有，侵权必究。

图书在版编目（CIP）数据

农林机械控制系统软件功能安全标准解析与实践 /工业和信息化部电子第五研究所组编；姚日煌主编. —北京：电子工业出版社，2024.4

（软件功能安全系列丛书）

ISBN 978-7-121-47526-9

Ⅰ. ①农… Ⅱ. ①工… ②姚… Ⅲ. ①农业机械－控制系统－应用软件－安全标准－研究 Ⅳ. ①S22-39

中国国家版本馆 CIP 数据核字（2024）第 052676 号

责任编辑：牛平月

印　　刷：三河市华成印务有限公司
装　　订：三河市华成印务有限公司
出版发行：电子工业出版社
　　　　　北京市海淀区万寿路 173 信箱　　　邮编：100036
开　　本：787×1092　　1/16　　印张：25　　　字数：564 千字
版　　次：2024 年 4 月第 1 版
印　　次：2024 年 4 月第 1 次印刷
定　　价：148.00 元

凡所购买电子工业出版社图书有缺损问题，请向购买书店调换。若书店售缺，请与本社发行部联系，联系及邮购电话：(010) 88254888，88258888。

质量投诉请发邮件至 zlts@phei.com.cn，盗版侵权举报请发邮件至 dbqq@phei.com.cn。

本书咨询联系方式：niupy@phei.com.cn。

丛书编委会

主　任：何积丰

副主任：陈　英　杨春晖

委　员（按姓氏笔画排名）：

王　强　史学玲　刘可安　刘奕宏　刘豫湘　纪春阳

林　晖　胡春明　胥　凌　高殿柱　郭　进　郭　建

宾建伟　黄　凯　梁海强　蒲戈光

丛书序

自 18 世纪中叶以来，人类先后经历了三次工业革命：第一次工业革命开创了"蒸汽时代"，标志着人类文明由农耕文明向工业文明的过渡；第二次工业革命开创了"电气时代"，使电力、钢铁、铁路、化工、汽车等重工业兴起；第三次工业革命开创了"信息时代"，使全球信息和资源交流变得更为迅速，工业化与信息化深度融合。三次工业革命的演进和积累使人类发展进入了繁荣的时代。

中国在前两次工业革命中发展迟缓，在第三次工业革命期间奋起直追，特别是最近十多年来，神州天宫、深海蛟龙、太湖之光、中国天眼、华龙一号、纵横高铁等成就举世瞩目，中华民族踏上了伟大复兴的道路，制造强国、网络强国加快推进数字中国建设。当前，制造业面临重大的变革，工业软件、工业互联网、CPS 为工业装备的设计、生产、运维提供了新的平台和方法，软件已成为各行业智能化、互联化的关键。随着软件的规模越发庞大、结构日趋复杂，软件会存在问题或缺陷，这些问题或缺陷甚至可能导致产品失效，引发事故。美国"爱国者"导弹失效和"阿丽亚娜"火箭爆炸、我国"7.23 甬温线事故"等均是由嵌入式软件的安全性缺陷导致的。软件的安全性、可信性成为业内广泛关注的焦点，软件安全性分析、设计、验证、维护等关键基础技术变得更加重要。

在这个问题的研究上，西方发达国家比我国先走了一步。1995 年，麻省理工学院研究团队针对嵌入式软件安全性发起了"MIT Safety Project"项目。依托此项目，该团队发表了大量关于软件安全性分析、安全需求管理、安全性设计和验证的论文、著作，为嵌入式软件安全性研究奠定了较好的理论基础。在此之后，该领域的研究在国际上得到了广泛关注。2001 年，国际电工委员会（International Electrotechnical Commission，IEC）发布了首个产品安全性标准——IEC 61508《电气/电子/可编程电子安全相关系统的功能安全》。该标准从研发过程管理、安全保障技术等多个方面对安全相关产品（含软件）提出了要求，得到了国际上知名检测认证机构（TUV、SGS、UL、CSA 等）、领军企业（波音、空客、GE、ABB、宝马等）的广泛支持，在世界范围内产生了较大影响力。

经过十多年的发展，以该标准为基础，结合各领域知识背景，已形成了适用于航空、核电、轨道交通、工业仪表、医疗电子、电驱设备、智能家电等领域的产品安全技术标准，涉及国计民生各重点行业。虽然标准体系逐渐完善，但是功能安全相关标准仍比较松散，针对具体检测的技术、方法、工具仍十分缺乏。因此，本丛书对软件功能安全标准进行了梳理，围绕功能安全技术，对软件功能安全标准的相关条款进行了详细解析，并以轨道交通、汽车电子、智能家电等作为典型案例，讨论了其现状、功能与信息案例要点，应用及存在的难点和注意事项等，希望能帮助读者理解和掌握标准条款的内涵，推动标准技术的正确应用，引导读者充分理解软件功能安全标准，有效实施软件保证活动。

本丛书由工业和信息化部电子第五研究所组织编写，有 20 多位工作在软件安全性、软件质量、软件测试评估一线，具有丰富经验的专家和技术人员参与了丛书的编写工作。本丛书具有系统性、实用性和前瞻性，有助于读者全面、系统地了解和掌握软件功能安全技术的全貌。尽管对于书中一些具体概念的提法和技术细节可能存在不同的看法，但是，一方面学术需要争论，另一方面学术争论也会通过具体实践逐步走向共识。相信本丛书能促进轨道行业、汽车电子、智能家电等领域产品软件质量的提升并取得国际认证，助力我国智能制造的高质量发展。

随着世界人口的持续增长，人们对食物的需求也在不断增长。农业作为全球食品供应链的支柱，经历了快速的技术进步以满足人们对食物需求的不断增加。在这个过程中，农林机械变得愈发复杂，其核心便是复杂的软件系统。确保功能安全和软件功能安全已成为农业领域关注的焦点，旨在减少潜在危险、事故和经济损失。本书以 GB/T 38874 为基础，深入探讨功能安全在农林拖拉机和机械控制系统软件中的应用，力求为我国农业数字化、农业智能化的发展提供有力支持。

功能安全是指安全相关系统能够正常运行从而降低风险水平，在现代农业中尤为重要。其中的软件功能安全对于软件驱动的农林机械的安全、高效运行具有举足轻重的作用。ISO 25119 等功能安全标准的实施，为确保农林拖拉机和机械控制系统软件的安全性与可靠性提供了一个全面的框架。无数农业事故进一步说明了功能安全和软件功能安全的重要性。这些事故往往源于机械控制系统的故障。

发达国家早已认识到功能安全的重要性，并在实施 ISO 25119 等功能安全标准方面取得了长足进步。这些国家的农业事故有所减少，生产力和可持续性得到了提高。美国实施功能安全标准的成功经验表明，对于许多国家，包括正在努力成为全球农业强国的我国来说，实施功能安全标准具有很多潜在好处。

2023 年中央一号文件《中共中央 国务院关于做好 2023 年全面推进乡村振兴重点工作的意见》，是我国迈向农业强国道路上的重要战略性政策文件。目前，农业数字化、农业智能化的发展使我国农业正在快速实现现代化。为了与全球农业格局保持同步，我国需要学习发达国家的经验，实施功能安全标准，提高农林机械的安全性与可靠性。

本书旨在让读者全面了解农林拖拉机和机械控制系统软件功能安全相关内容。本书深入介绍了 GB/T 38874 中软件功能安全的关键原则和概念，以及各种农林拖拉机和机械控制系统的应用案例，强调并解析了软件功能安全在预防事故和降低风险方面的关键作用。本书详细论述了软件功能安全的理论体系和技术实现及其在农林拖拉机和机械控制系统中的具体应用。本书对各种实际案例进行了分析，使读者能够更直观地感受功能安全和软件功能安全在农业领域的实际价值与意义。

本书第 1 章对发达国家和我国的农业发展经验进行了比较与分析。首先，重点介绍了功能安全标准的采用和实施情况；其次，介绍了从 IEC 61508 到 ISO 25119 功能安全标准的演变；再次，介绍了我国基于 ISO 25119 制定的 GB/T 38874；最后，依据 GB/T 38874.1—2020、GB/T 38874.2—2020 解析了农林拖拉机和机械控制系统安全相关部件的设计与开发通则。

本书第 2 章、第 3 章基于 GB/T 38874.3—2020 详细解析了农林拖拉机和机械控制系统安全相关部件的系统整体设计、软件设计要求。第 2 章解析了农林拖拉机和机械控制系统安全相关部件的系统整体设计要求。系统整体是包含硬件和软件的，由于本书主要阐述软件功能安全，因此第 3 章只解析了农林拖拉机和机械控制系统安全相关部件的软件设计要求。

本书第 4 章基于 GB/T 38874.4—2020 详细解析了系统安全确认与验证要求。

最后，我们要感谢所有参与本书撰写、编辑和出版的同人们，是他们辛勤的付出使得本书得以面世。我们期望本书能够对广大农业从业者、政策制定者、研究人员和学生等提供有益的指导，帮助他们更深入地了解功能安全和软件功能安全在农林拖拉机和机械控制系统中的重要地位，将相关知识应用到实际工作和研究中，为我国农业现代化和全球粮食安全贡献力量。我们也期待读者对本书提出宝贵的意见和建议，让我们共同为我国农业功能安全和软件功能安全的发展贡献力量。

由于编者工程实践的局限和对标准的理解水平有限，书中难免有不足之处，请读者不吝赐教，批评指正。任何意见、建议和探讨都欢迎发邮件至 luxun@szceprei.com。

编者

2023 年 7 月 31 日

目录

第 **1** 章

绪论

1.1 农林拖拉机和机械控制系统软件功能安全的背景和意义

1.1.1 功能安全和软件功能安全

功能安全是现代工程的一个重要方面，因为它涉及复杂系统的设计、实施和操作，旨在最大限度地降低发生危险和事故的风险。在当今时代背景下，随着技术的快速进步和人们对软件系统的依赖日益加深，软件功能安全已成为全球各个行业的重要关注点。

软件功能安全是指确保软件系统及其相关组件正确、安全地执行预期功能的系统过程。它包括识别、评估和降低与可能对人员、财产或环境造成损害的软件故障相关的风险。

软件功能安全的重要性从各个行业对软件系统的依赖程度不断增加就可以看出。2022年，全球软件市场规模达到 1.3 万亿美元，同比增长 6.8%。这种大幅度增长是由人工智能（AI）、物联网（IoT）等先进技术和跨行业（包括农业、汽车、医疗保健和能源等）的自动化日益普及推动实现的。

随着软件系统变得越来越复杂和相互关联，软件故障可能导致的后果也逐渐加剧。现代软件系统的高度复杂性和广泛的互联互通不仅增大了故障的可能性，而且使这些故障的影响更为广泛和严重。例如，根据 IT 软件质量联盟（CISQ）的研究，仅在 2020 年，美国因软件质量不佳导致的经济损失就达到了 2.08 万亿美元，其中大部分损失源于软件操作失败，其经济影响高达 1.56 万亿美元。此外，软件开发项目失败的成本也显著增加，达到 2600亿美元。这些惊人的数字凸显了软件功能安全在现代技术环境中的重要性，以及为什么组织和行业需要不断努力将由软件故障带来的经济和社会影响降至最低。

如此高额的经济损失表明，软件故障不仅仅是一个技术问题，更是一个具有重大经济和社会影响的全球性问题。因此，提高软件质量、采取功能安全措施、减少软件故障已成为全球各行各业的重要议题。

表明软件功能安全重要性的突出例子是 2018 年和 2019 年发生的波音 737 MAX 坠机事故,这两起事故归因于机动特性增强系统(MCAS)中的软件故障。这两起事故导致 346 人死亡,以及整个波音 737 MAX 机队停飞。随后的调查和监管审查表明,安全关键系统的设计与开发需要严格的软件功能安全流程。

在汽车行业,自动驾驶汽车的出现进一步强调了软件功能安全的重要性。Allied Market Research 的一份报告预测,到 2026 年,全球自动驾驶汽车市场规模将达到 5566.7 亿美元,2019 年至 2026 年的复合年增长率为 39.47%。随着汽车越来越依赖软件系统进行导航、通信和控制,确保软件系统的功能安全对于防止发生事故和保护人的生命安全至关重要。

软件功能安全的未来发展可能会侧重于应对日益复杂和相互关联的系统所带来的挑战。这包括人工智能和机器学习算法的结合,这些算法在系统行为中引入了新的不确定性和不可预测性。此外,物联网设备的广泛应用,及其对云计算和边缘计算技术的日益依赖引发了人们对数据安全和隐私保护的担忧,使软件功能安全形势进一步复杂化。

应对这些挑战的一种方法是制定和实施稳健的安全标准与指南,如 ISO 26262、GB/T 38874 等。这些安全标准与指南为软件系统相关风险的系统评估和管理提供了框架,有助于确保软件系统安全、可靠地执行预期功能。

软件功能安全的未来发展会越来越多地使用形式化方法和基于模型的设计技术。形式化方法涉及软件系统的数学表示和分析,允许对其安全属性进行严格的验证和确认。通过为安全关键软件的设计和开发提供更强大的基础,基于模型的设计技术有助于减小发生软件故障的可能性并降低其风险。

总之,各行各业对软件系统的依赖日益加深已将功能安全,更具体地说是软件功能安全,带到了工程关注的最前沿。通过了解与软件故障相关的潜在危险并努力制定和实施有效的安全措施,可以最大限度地降低与软件系统相关的风险并保护人员、财产和环境。

1.1.2　软件功能安全的背景和意义

1.1.2.1　在发达国家的应用背景

根据 Grand View Research 的一份报告,到 2025 年,全球农林机械市场规模将达到 2469.2 亿美元,2018 年至 2025 年的复合年增长率为 8.1%。这种大幅度增长是由技术进步推动实现的,包括软件系统的整合及其在农林机械方面的应用等。确保这些复杂系统的安全对于减少潜在危险和事故至关重要。

在现代农业产业的背景下,功能安全和软件功能安全的重要性怎么强调都不为过。随着软件系统在农林机械中的广泛应用,必须实施有效的安全措施以保护人员、财产和环境。

软件功能安全的未来发展可能会涉及应对新兴技术（如人工智能、物联网和云计算）带来的挑战，以及采用严格的安全标准和先进的设计技术。

ISO 25119 的出现是农业领域的一个重要里程碑，特别是对美国等发达国家而言具有重要意义。通过为农林拖拉机和机械控制系统软件功能安全提供全面的框架，ISO 25119 帮助生产者提高了农业作业的安全性和可靠性，最终促进了该行业的发展。从历史上看，农业行业中发生过多起与机械故障相关的事故，其中许多事故的产生原因可以追溯到机械控制系统的故障，而这些故障可以通过更严格的功能安全要求加以预防。

例如，自动灌溉系统中的软件故障会导致农作物浇水过多或不足，从而造成农作物产量下降和经济损失。又如，拖拉机导航系统中的软件故障会导致拖拉机偏离路线，从而损伤农作物、造成经济损失。ISO 25119 的实施为农林机械中安全、可靠的软件系统的开发和维护提供了一个清晰的框架，从而帮助生产者解决许多问题。

ISO 25119 的引入和广泛采用、实施对美国等发达国家的农业产生了深远的影响。通过提供全面的功能安全框架，该标准有助于提高农林机械的安全性和可靠性，从而减少事故，促进农业的发展。随着软件系统在现代农业中发挥着越来越重要的作用，软件功能安全和 ISO 25119 等标准在未来几年只会变得更加重要。

在精准农业技术的开发和部署中可以看到关于 ISO 25119 的影响的一个例子。精准农业技术在很大程度上依赖于软件系统来完成导航、数据收集和决策制定等任务。精准农业技术彻底改变了农民管理经营的方式，从而提高了农作物产量，减少了资源浪费，并且最大限度地减小了对环境的影响。通过遵守 ISO 25119 中的功能安全要求，精准农林机械设备制造商可以确保其产品安全、可靠地运行，最大限度地降低与软件故障相关的风险，并为行业的整体增长和可持续发展提供支持。

ISO 25119 的实施使农林机械的安全性能有了显著提高。美国国家职业安全与健康研究所（NIOSH）2017 年的一项研究发现，2011 年至 2016 年期间，美国农业产业的致命伤害数量下降了约 10%。这一改善可部分归因于 ISO 25119 的实施，该标准为确保农林机械的功能安全提供了明确的指导方针。

此外，ISO 25119 的实施促进了农林机械的技术进步，对农业生产产生了积极影响。例如，美国农业部（USDA）的数据显示，从 2011 年到 2020 年，美国玉米的平均产量从每英亩 146.7 BUA（US）增加到每英亩 181.8 BUA（US）。这一增长可能与先进技术的采用有关，如基于 GPS 导航的机械和自动化系统通过采用 ISO 25119 变得更加安全、可靠。

ISO 25119 除带来直接安全改进以外，还促进了农业部门安全管理的积极、主动。通过建立一个明确的框架来识别和减少与软件故障相关的潜在危险，该标准鼓励农林机械设备制造商采用更全面的安全方法，不仅关注最终产品，还关注整个产品寿命周期中使用的流程和方法。这种思维方式的转变有助于在行业内营造安全文化氛围，进而有助于减少事故。

总之，ISO 25119 在提高美国等发达国家农业系统的安全性和可靠性方面发挥了重要作用。通过为软件功能安全提供清晰的框架，该标准有助于降低与先进农业技术相关的风险，促进该行业的创新和可持续发展。随着农业产业不断发展和不断采用新技术，功能安全和 ISO 25119 等标准在未来几年只会变得更加重要。通过遵守这些功能安全标准，农林机械设备制造商、农民和农业专业人士可以努力使该行业保持安全和高效，确保全球粮食安全。

1.1.2.2　对中国农业发展的意义

2023 年中央一号文件《中共中央 国务院关于做好 2023 年全面推进乡村振兴重点工作的意见》指出，"要立足国情农情，体现中国特色，建设供给保障强、科技装备强、经营体系强、产业韧性强、竞争能力强的农业强国""强化农业科技和装备支撑""推动农业关键核心技术攻关""加快先进农机研发推广"。在我国迈向农业强国的道路上，农业数字化、农业智能化的发展至关重要。

农业在养活世界不断增长的人口、促进经济增长和确保粮食安全方面发挥着至关重要的作用。近年来，我国一直在努力成为全球农业强国，国家和政府也不断强调农业现代化发展的重要性。为实现这一目标，我国可以借鉴美国等发达国家的经验，实施 GB/T 38874 等功能安全标准，提高农林机械的安全性和可靠性。以下将分析功能安全背景下我国农业产业的发展，并讨论采用功能安全标准如何促进该行业的创新和可持续发展。

1. 我国农业产业的历史发展

在过去的几十年中，我国的农业产业经历了重大变革，从劳动密集型行业发展成越来越依赖先进技术和现代农业实践的行业。这种转变可以追溯到各种改革政策的实施，如 20 世纪 70 年代末、80 年代初实施的家庭联产承包责任制，允许农民向集体经济组织承包土地等生产资料和生产任务，这一改革提高了农业生产率，标志着我国农业现代化进程的开始。

随后的政策举措，如 1999 年的退耕还林和 2003 年的新型农村合作医疗，进一步促进了我国农业产业的发展。近年来，我国政府不断强调全面推进乡村振兴、加快建设农业强国。2023 年中央一号文件《中共中央 国务院关于做好 2023 年全面推进乡村振兴重点工作的意见》的发布是我国迈向农业强国道路上的重要节点。

2. 向发达国家学习：功能安全标准的作用

促进美国等发达国家农业产业发展的关键因素之一是采用、实施了功能安全标准。这些标准（如 ISO 25119）为确保农林机械（尤其是其软件组件）的安全性和可靠性提供了一个全面的框架。通过采用、实施功能安全标准，发达国家有效减少了潜在危险和事故，最终提高了农业产业的生产力和可持续性。

我国基于 ISO 25119 制定了 GB/T 38874，该标准旨在为农林机械中安全、可靠的软件系统的开发和维护提供指南，其作用和意义类似于 ISO 25119。GB/T 38874 的实施是我国农业发展的一个重要里程碑，为确保农业作业的安全性和可靠性提供了基础。

3．我国农业事故与安全整治

在 GB/T 38874 出台之前，我国农业领域已经发生过多起与机械故障相关的事故。

GB/T 38874 的实施为农林机械中安全、可靠的软件系统的开发和维护提供了清晰的框架，在解决相关问题方面发挥了至关重要的作用。该标准还鼓励农林机械设备制造商采用更积极、主动的安全管理方法，在行业内培养安全意识，以减少事故。例如，中国农业科学院 2021 年的一项研究发现，2018 年至 2022 年期间，农业部门的事故数量下降了约 15%。这一改善可部分归功于 GB/T 38874 的实施，该标准为确保农林机械的功能安全提供了明确的指导方针。

此外，GB/T 38874 的实施促进了农林机械的技术进步，对农业生产产生了积极影响。根据我国国家统计局的数据，我国水稻的平均产量从 2018 年的每公顷（1 公顷=10000 平方米）6.61 吨增加到 2022 年的每公顷 7.08 吨。这一增长可能与采用先进技术有关，如基于 GPS 导航的机械和自动化系统通过采用 GB/T 38874 变得更加安全、可靠。

4．我国的农业强国之路

我国成为农业强国的征程包括对先进技术和现代农业实践的持续投资，以及对 GB/T 38874 等功能安全标准的推广。通过学习美国等发达国家的经验并实施这些功能安全标准，我国可以提高农林机械的安全性和可靠性，最终实现农业生产力的提高和可持续发展。

为了发展成农业强国，我国应考虑采取以下战略举措。

（1）加强功能安全教育和培训：提供有关功能安全标准（如 GB/T 38874）的全面教育和培训，使农林机械设备制造商了解这些标准，并基于这些标准设计和研发产品。

（2）鼓励研发：支持农林机械领域的研发工作可以设计出符合功能安全标准的创新解决方案，促进行业的创新和可持续发展。

（3）与国际伙伴合作：开展国际合作和知识交流有助于我国借鉴发达国家成功实施功能安全标准的经验，进一步提高农林机械的安全性和可靠性。

（4）加强执法和监督：确保功能安全标准（如 GB/T 38874）的有效实施及监督合规性，有助于最大限度地减少潜在危险和事故，最终促进行业的整体发展。

5．结论

近几十年来，我国的农业发展取得了长足的进步，从劳动密集型行业发展成越来越依赖先进技术和现代农业实践的行业。通过借鉴美国等发达国家的经验，实施 GB/T 38874 等功能安全标准，我国可以进一步提高农林机械的安全性和可靠性，最终实现农业生产力的提高和可持续发展。

随着我国继续投资于先进技术和现代农业实践，功能安全和 GB/T 38874 等标准在未来几年只会变得更加重要。通过遵守这些功能安全标准，农林机械设备制造商、农民和农业专业人士可以努力使该行业保持安全和高效，确保全球粮食安全。

1.2 功能安全标准的演变

1.2.1 IEC 61508

1.2.1.1 IEC 61508 的背景和发展

功能安全概念的出现是为了响应各行各业越来越多地使用电气/电子/可编程电子安全相关系统。随着这些系统变得越来越复杂，并且成为安全关键系统运行不可或缺的组成部分，对功能安全标准化方法的需求变得越来越明显。

在 20 世纪 80 年代和 90 年代，各行各业对电气/电子/可编程电子安全相关系统的依赖程度日益增加，人们意识到传统的安全措施不足以管理与这些技术相关的独特风险。在此期间发生的几起备受瞩目的事故凸显了功能安全标准化方法的必要性。

1．Piper Alpha 灾难（1988 年）

北海的 Piper Alpha 石油平台发生的灾难性爆炸和随后发生的火灾，导致 167 名工人死亡。这起灾难是由一系列事件引起的，包括平台安全系统的故障。这起灾难强调了改进安全管理的必要性，以及考虑不同系统（包括电气/电子/可编程电子安全相关系统）之间相互作用的重要性。

2．Therac-25 事故（1985—1987 年）

Therac-25 是一种放射治疗机，已知造成 6 起事故，导致患者严重过度暴露于辐射，并导致至少 3 人死亡。这些事故归因于软件缺陷、硬件联锁装置不足和安全工程实践不足。这些事故凸显了软件在安全相关系统中的关键作用，以及开发和验证安全关键软件的标准或指南的必要性。

3．博帕尔毒气泄漏事故（1984 年）

印度博帕尔毒气泄漏事故是世界上最严重的工业事故之一，农药厂释放的有毒气体造成数千人死伤。这起事故由设备故障、安全措施不完善、维护不善等多种因素共同造成。这起事故凸显了全面安全管理的重要性，包括安全相关系统的设计和运行。

这些事故表明，有必要采用系统方法来管理电气/电子/可编程电子安全相关系统的功能安全。随着人们对与这些技术相关的独特风险的认识日益加深，为了避免发生事故，国际电工委员会（IEC）在 20 世纪 90 年代初开始制定功能安全标准，最终促成了 IEC 61508 在

1998 年发布。该标准为跨行业安全相关系统的评估、规范、设计和操作提供了通用框架。

IEC 是负责发布与电工技术相关的国际标准的全球性组织，它在 20 世纪 90 年代初开始制定功能安全标准，目标是创建一个全面且普遍适用的功能安全标准体系，以解决跨行业安全相关系统的评估、规范、设计和操作问题。

经过行业专家多年的合作，IEC 61508 的第一版于 1998 年发布。这是一个开创性的标准，为安全相关系统的评估、规范、设计和操作提供了通用框架。该标准定义了各种概念，包括安全完整性等级（SIL），SIL 用于量化安全相关系统所需的风险降低水平。

1.2.1.2　IEC 61508 的修订和更新

1．简述

自 1998 年首次发布以来，IEC 61508 经历了多次修订以应对技术进步、用户反馈和不断变化的行业需求。最新版本的 IEC 61508（2010 年修订版）由 7 个部分组成。

（1）一般要求（General requirements）。

（2）电气/电子/可编程电子安全相关系统的要求（Requirements for electrical/electronic/ programmable electronic safety-related systems）。

（3）软件要求（Software requirements）。

（4）定义和缩写（Definitions and abbreviations）。

（5）确定安全完整性等级的方法示例（Examples of methods for the determination of safety integrity levels）。

（6）IEC 61508-2 和 IEC 61508-3 应用指南（Guidelines on the application of IEC 61508-2 and IEC 61508-3）。

（7）技术措施概述（Overview of techniques and measures）。

一个突出 IEC 61508 重要性的著名案例是 2005 年英国邦斯菲尔德油库爆炸事故。该事故是由安全相关系统故障导致燃料大量释放并发生大规模爆炸引起的。经过调查，研究人员建议将 IEC 61508 应用于石油和天然气行业的安全相关系统，以防止未来发生类似事故。

IEC 61508 的 2010 年修订版不仅纳入了从邦斯菲尔德油库爆炸等事故中吸取的教训，还纳入了用户反馈，以提高清晰度和可用性。此外，该标准还会进行更新，以跟上技术进步的步伐。

IEC 61508 的 2010 年修订版已成为全球各个行业软件功能安全的基础，它的广泛采用确保了跨行业功能安全管理方法的一致性和稳健性，最终有助于保护人员、财产和环境。

2．1998 年发布第一版 IEC 61508

第一版 IEC 61508 的发布是为了响应人们对电气/电子/可编程电子安全相关系统的独

特风险日益增长的认识。该标准旨在为跨行业功能安全管理提供全面且普遍适用的框架。该标准通过引入 SIL 等关键概念，为现代功能安全实践奠定了基础。

3. 2010 年发布第二版 IEC 61508

2010 年发布的第二版 IEC 61508 是一项重大更新，解决了很多问题。

技术进步：在安全相关系统中越来越多地使用软件和可编程电子设备，需要更新标准以确保其在管理功能安全风险方面保持相关性和有效性。例如，第二版 IEC 61508 中引入了安全相关系统软件开发的新要求，解决了软件质量、测试和验证等问题。

用户反馈：用户对第一版 IEC 61508 的清晰度、可用性和实用性提供了反馈，促使 IEC 对该标准进行了各种改进。这些改进包括示例的添加、定义和要求的澄清及 SIL 确定过程的改进。

纳入从事故中吸取的教训：修订过程考虑了从备受瞩目的事故中吸取的教训，如 2005 年英国邦斯菲尔德油库爆炸事故。这些事故强调了功能安全标准的重要性及持续改进的必要性。

4. 第二版 IEC 61508 的主要更新

2010 年发布的第二版 IEC 61508 的主要更新包括以下内容。

软件要求：该标准引入了一个新的部分，侧重于软件要求，强调了软件在安全相关系统中的重要性，解决了软件质量、检测和验证等问题，以及对软件开发系统化方法的需求问题。

提高清晰度和可用性：IEC 为响应用户反馈，对该标准的清晰度和可用性进行了各种改进。这些改进包括示例的添加、定义和要求的澄清及 SIL 确定过程的改进。

纳入从事故中吸取的教训：该标准考虑了从备受瞩目的事故中吸取的教训，如 2005 年英国邦斯菲尔德油库爆炸事故。这些事故凸显了功能安全标准在防止对人员、财产和环境造成危害方面的关键作用。

5. IEC 61508 的持续发展

随着技术的不断进步和行业的持续发展，IEC 致力于更新 IEC 61508，以确保其在管理功能安全风险方面保持相关性和有效性。该标准的未来修订可能涉及新兴技术，如人工智能和物联网，以及安全相关系统日益增加的相关性和复杂性。此外，IEC 将继续考虑从事故中吸取教训并响应用户反馈，以完善和改进标准。

6. 对特定行业功能安全标准的影响

IEC 61508 的持续发展对特定行业功能安全标准具有一定影响，如用于农林机械的 ISO 25119。作为功能安全的基础标准，IEC 61508 的更新可能会促进特定行业功能安全标准的修订，以确保其与最佳实践的一致性及其稳健性。这种持续改进过程对于确保跨行业功能安全管理方法的一致性和稳健性至关重要。

7. 认证与合规的作用

近年来，随着组织认识到证明其对功能安全的承诺的价值，IEC 61508 的认证与合规变得越来越重要。通过获得认证或证明符合标准，组织可以提高声誉，降低事故的风险，并且可减少法律和监管问题。在某些行业中，遵守 IEC 61508 或特定行业功能安全标准是监管要求或与某些客户开展业务的先决条件。

总之，IEC 61508 的修订和更新对于确保该标准在面对技术进步、从事故中吸取的教训及不断变化的行业需求时保持相关性和有效性具有重要作用。该标准的持续发展反映了功能安全的动态特性，并强调了持续改进以应对新出现的风险与技术的重要性。作为功能安全的基础标准，IEC 61508 在制定 ISO 25119 等特定行业功能安全标准及确保跨行业功能安全管理方法的一致性和稳健性方面发挥着关键作用。

1.2.2 ISO 25119

1.2.2.1 特定行业功能安全标准的重要性

虽然 IEC 61508 为跨行业功能安全管理提供了一个全面且普遍适用的框架，但很快就发现"一刀切"的方法存在局限性。不同行业中安全相关系统的复杂性和多样性日益增加，需要量身定制的功能安全管理方法。因此，出现了对特定行业功能安全标准的需求，如针对农林机械的 ISO 25119。以下介绍 IEC 61508 需要针对特定行业进行调整的原因，并讨论制定特定行业功能安全标准的好处。

（1）特定行业的挑战和要求：不同的行业面临着不同的挑战，具有不同的监管环境、风险承受能力和用户期望。量身定制的功能安全标准使组织能够更好地应对这些挑战并实现有效的风险管理。

（2）提高了清晰度和可用性：特定行业功能安全标准为从业者提供了更清晰、更相关的示例和简化的功能安全管理方法。

（3）提高了行业内的一致性：特定行业功能安全标准为安全相关系统建立了一个通用框架，确保了组织间的一致性和可比性。

（4）促进监管合规和利益相关者参与：特定行业功能安全标准通过满足特定的安全要求、减少法律问题及与利益相关者建立信任关系来促进监管合规和利益相关者参与。

（5）鼓励创新和技术进步：特定行业功能安全标准为新的安全相关系统和技术的开发提供了清晰的框架，加速了它们的开发并最大化了潜在利益。

为了说明特定行业功能安全标准的重要性，给出以下案例研究。

案例研究 1：Horseshoe Lane 事件（2006 年）

英国的 Horseshoe Lane 事件涉及农用车辆上的计算机控制泥浆撒播系统故障。车辆操作者无法控制该系统，导致有毒泥浆被撒播到河道中，导致数千条鱼死亡，并造成严重的环境破坏。随后的调查结果显示，安全相关系统由于没有得到充分的测试和验证，因此发生了故障。

此案例凸显了 ISO 25119 等特定行业功能安全标准的重要性。ISO 25119 为农林机械的安全相关系统的设计、测试、操作提供了明确的指导。通过遵循 ISO 25119，该行业的制造商和运营商可以更好地管理与其安全相关系统相关的风险并防止类似事件发生。

案例研究 2：自动驾驶拖拉机致死事件（2018 年）

2018 年，美国一名农民在操控自动驾驶拖拉机时与树木相撞丧生。该拖拉机配备了紧急停止功能，但由于功能失效未能避免碰撞。事故调查发现，拖拉机的安全相关系统没有得到充分的测试和验证，导致了悲剧性的结果。

此案例强调了对特定行业功能安全标准（如 ISO 25119）的需求。

总之，制定特定行业功能安全标准（如 ISO 25119）对于应对不同行业的独特挑战和要求至关重要。这些标准提供了更高的清晰度和可用性、行业内更高的一致性，以及促进监管合规和利益相关者参与更有效的方式。通过鼓励创新和技术进步，同时促进安全相关系统的最佳实践，特定行业功能安全标准在保护人员、财产和环境方面发挥着至关重要的作用。

1.2.2.2　ISO 25119 的制定

国际标准化组织（ISO）认识到需要制定特定行业功能安全标准，因此启动了 ISO 25119 的开发，以应对农林机械行业的独特挑战和要求。以下将介绍基于 IEC 61508 制定 ISO 25119 的过程，以及第一版 ISO 25119 和第二版 ISO 25119 的发布，并重点介绍第二版 ISO 25119 的主要更新。

1.　基于 IEC 61508 制定 ISO 25119 的过程

ISO 25119 的制定始于对 IEC 61508 的全面分析，以确定与农林机械行业相关的原则和概念。不同利益相关者，包括制造商、运营商、监管机构和安全专家等，合作确定了农林机械行业的独特挑战和要求，为对 IEC 61508 进行调整提供了依据，以制定专门针对农林机械中电气/电子/可编程电子安全相关系统的功能安全标准。

2.　2010 年发布第一版 ISO 25119

第一版 ISO 25119 于 2010 年发布，为管理农林机械的功能安全提供了一个全面的框架。该标准分为 4 个部分。

（1）设计和开发的通用原则（General principles for design and development）。

（2）概念阶段（Concept phase）。

（3）系列开发、硬件和软件（Series development, hardware and software）。

（4）生产、运营、改造及配套流程（Production, operation, modification and supporting processes）。

第一版 ISO 25119 引入了特定用于农林机械的 SIL，反映了与该行业相关的独特风险和危害。此外，该标准还为危害和风险评估、安全寿命周期管理，以及安全相关系统的测试和验证提供了指导。

3．2018 年发布第二版 ISO 25119

为响应技术进步、用户反馈及从事故中吸取的教训，第二版 ISO 25119 于 2018 年发布。该标准引入了多项更新，以便更好地使标准与农林机械不断变化的需求保持一致性。第二版 ISO 25119 保持了与第一版 ISO 25119 相同的组织结构，但引入了关键变化，以提高标准的清晰度、可用性和相关性。

4．第二版 ISO 25119 的主要更新

与第一版 ISO 25119 相比，第二版 ISO 25119 引入了多项更新，主要内容如下。

（1）提高了清晰度和可用性：第二版 ISO 25119 纳入了用户反馈，以提高标准的清晰度和可用性。这涉及修改和重组内容、提供更多示例和指南，以及更新术语以更好地符合行业惯例。

（2）修订后的 SIL：第二版 ISO 25119 对 SIL 分类系统进行了更改，以更好地反映特定用于农林机械的风险降低要求。修订后的 SIL 更准确地体现了行业可接受的风险水平，并且有助于确保安全相关系统得到有效设计和实现。

（3）软件和可编程电子系统的更新要求：第二版 ISO 25119 引入了软件和可编程电子系统的开发、测试、验证的更新要求与最佳实践，凸显了这些系统在农林机械中日益增长的重要性。这些更新有助于确保该标准在管理与新兴技术相关的功能安全风险方面保持相关性和有效性。

（4）纳入从事故中吸取的教训：第二版 ISO 25119 纳入了从农林机械行业及使用类似安全相关系统的其他行业的事故中吸取的教训。将这些教训纳入标准，可以帮助组织更好地理解和管理与其安全相关系统相关的风险，最终提高行业的整体安全绩效。

（5）扩展了危害和风险评估指南：第二版 ISO 25119 提供了更全面、更详细的危害和风险评估指南，纳入了自第一版 ISO 25119 发布以来出现的新方法和新技术。这一扩展指南可以帮助组织更有效地识别和评估与其安全相关系统相关的风险，使其能够实施适当的风险降低措施。

（6）更新的应用指南：第二版 ISO 25119 修订并扩展了应用指南，以更好地支持组织有效实施标准的要求。这些更新包括在各种农林机械环境中应用该标准的额外示例、案例研究和实用技巧。

（7）强调持续改进和发展安全文化：第二版 ISO 25119 强调持续改进和在组织内发展稳健的安全文化。这一强调突出了组织定期审查和更新其功能安全管理实践的必要性，以确保标准在面对不断变化的技术、风险和行业实践时保持有效。

ISO 25119 的制定是农林机械行业功能安全标准演变的一个重要里程碑。第一版 ISO 25119 和第二版 ISO 25119 的发布表明，ISO 通过不断适应技术进步、接收用户反馈及从事故中吸取教训制定和修订农林机械行业功能安全标准。通过实施 ISO 25119 中的要求和最佳实践，组织可以实现更有效的风险管理，提高安全绩效，并为安全、可持续的农林机械功能安全发展提供支持。

1.2.3　GB/T 38874

1.2.3.1　GB/T 38874 概述

GB/T 38874 的全称为 GB/T 38874—2020《农林拖拉机和机械　控制系统安全相关部件》，分为 4 个部分：第 1 部分为设计与开发通则；第 2 部分为概念阶段；第 3 部分为软硬件系列开发；第 4 部分为生产、运行、修改与支持规程。制定该标准旨在应对中国农林机械行业的特殊挑战和要求。该标准的制定参考了 ISO 25119 等国际标准，并根据中国农林机械行业的实际情况进行了一定程度的调整。

1.2.3.2　GB/T 38874 的诞生

随着农林机械变得越来越复杂，其控制系统快速发展，使其功能安全面临一系列挑战。面对这些挑战，我国政府逐渐意识到特定行业功能安全标准的重要性，并开始着手制定 GB/T 38874。该标准的开发过程涉及不同利益相关者的合作，包括机械制造商、科研机构和安全专家等。他们对 ISO 25119 等国际标准进行了深入分析，并根据中国农林机械行业的实际情况对相关原则和概念进行了调整。

1.2.3.3　GB/T 38874 的发布与适用范围

GB/T 38874 于 2020 年 6 月 2 日正式发布，并于 2020 年 12 月 1 日开始生效。该标准为管理农林机械控制系统功能安全提供了一个全面的框架。GB/T 38874 的适用范围如下。

（1）农林拖拉机和机械控制系统安全相关部件（Safety-Related Parts of Control Systems，SRP/CS）的设计与开发。

（2）评估 SRP/CS 的功能安全。

（3）SRP/CS 的开发和验证等。

（4）SRP/CS 的安全寿命周期管理等。

1.2.3.4　GB/T 38874 的主要特点

GB/T 38874 在保持与国际标准（特别是 ISO 25119）紧密对接的同时，结合中国国情进行了一定程度的调整，确保了与国际标准的一致性及在中国的适用性。

GB/T 38874 的主要调整方向如下。

（1）考虑我国监管要求和农林机械行业风险承受能力。

（2）结合中国行业实践和技术情况。

（3）与其他相关国际/国家标准的对接。

GB/T 38874 与 ISO 25119 的共同特点包括针对 SRP/CS 的 SIL 的制定、危害和风险评估、安全寿命周期管理，以及 SRP/CS 的开发和验证等。除此之外，GB/T 38874 还具有以下几个特点。

（1）更加关注中国农林机械行业的独特挑战和要求。

（2）强调组织内稳健的安全管理的重要性。

（3）鼓励安全相关系统开发的创新和技术进步。

1.2.3.5　GB/T 38874 的未来发展

GB/T 38874 已经成为中国农林机械行业功能安全标准的重要组成部分。该标准的实施提高了涉及农林拖拉机和机械控制系统设计、制造及运营的组织的安全绩效与风险管理水平。

随着技术的不断进步和行业的持续发展，预计 GB/T 38874 将进行定期修订，以确保其相关性和有效性。该标准的未来发展可能涉及以下几方面。

（1）结合行业利益相关者和用户的反馈，提高标准的清晰度、可用性和相关性。

（2）更新并扩展危害和风险评估、安全寿命周期管理，以及 SRP/CS 的开发和验证标准，以反映新方法和新技术的应用效果。

（3）加强对持续改进、安全管理和利益相关者参与的关注，以进一步促进功能安全管理的最佳实践。

GB/T 38874 的诞生是中国农林机械行业功能安全标准发展的一个重要里程碑。GB/T 38874 将 ISO 25119 等国际标准的相关原则和概念根据中国国情进行了调整，为管理 SRP/CS 的功能安全风险提供了量身定制的有效框架。

GB/T 38874 的发布和实施表明，我国政府和行业利益相关者致力于促进农林机械行业的安全管理、创新和最佳实践。通过遵循 GB/T 38874，组织可以实现更有效的风险管理，提高安全绩效，并为中国农林机械行业的功能安全和可持续发展提供支持。

1.2.4　功能安全标准的重要性

1.2.4.1　保护人员、财产和环境

IEC 61508、ISO 25119 和 GB/T 38874 等功能安全标准在降低风险和防止对人员、财产和环境造成危害方面发挥着关键作用。通过提供一种系统的方法来识别、评估、降低与电气/电子/可编程电子安全相关系统相关的风险，这些功能安全标准有助于确保跨行业的各种技术安全、可靠地运行。

功能安全标准的一个关键方面是建立 SIL，SIL 定义了给定的安全相关系统所需的风险降低水平。通过遵循规定的要求来设计、实施和维护处于适当 SIL 的系统，组织可以最大限度地减小事故发生的可能性，减小对人员、财产和环境造成危害的可能性。

此外，功能安全标准强调安全寿命周期管理的重要性，安全寿命周期涵盖安全相关系统从概念到退役的所有阶段。厂商遵循功能安全标准有助于确保在安全寿命周期的每个阶段都能识别并管理潜在危险，从而减小随着时间的推移出现不可预见风险的可能性。

案例研究：Flixborough 化工厂爆炸事件（1974 年）

英国 Flixborough 化工厂爆炸事件表明功能安全管理不充分存在潜在危险。该事件导致 28 人丧生并造成巨大的财产损失。该事件发生的原因是对工厂工艺系统的设计和改造不当。随后的调查结果显示，该工厂的管理层未能对工艺系统进行全面的危害和风险评估，从而实施了不安全的改造。

这场悲剧凸显了功能安全标准在保护人员、财产和环境方面的重要性。通过遵守功能安全标准中的原则和实施最佳实践，组织可以更有效地管理与安全相关系统相关的风险，并防止发生类似的灾难。

1.2.4.2　功能安全管理的一致性和稳健性

功能安全标准为跨行业的安全相关系统提供了一个通用框架，促进了功能安全管理的一致性和稳健性。通过建立一套普遍适用的原则、方法和最佳实践策略，功能安全标准使组织能够在内部和外部利益相关者（如监管机构、供应商和客户）之间更有效地就安全相关事务进行沟通与协作。

跨行业采用功能安全标准促进了相关人员对安全相关概念和术语的共同理解，减小了产生误解的可能性。这种通用语言促进了相关人员之间的协作和信息共享，最终有助于实现更好的风险管理和提高跨行业的安全绩效。

此外，功能安全标准有助于确保在整个组织内一致地实施安全管理实践。通过为安全相关系统的设计、实施和维护提供明确的指导，功能安全标准使组织能够建立连贯、有效的安全文化，在这种文化中，所有员工都了解安全管理要求并严格遵守。

案例研究：汽车行业中功能安全管理的一致性

汽车行业很好地体现了功能安全管理的一致性的好处。通过遵循 ISO 26262、GB/T 34590 等功能安全标准，汽车制造商可以确保在其全球运营中一致地设计和实现安全相关系统。

对于严重依赖全球供应链，以及制造商、供应商和监管机构之间协作的行业，功能安全管理的一致性至关重要。通过遵循通用的功能安全标准，汽车行业中的利益相关者可以更有效地管理与日益复杂和相互关联的安全相关系统相关的风险，最终使汽车更安全并减少交通事故。

1.2.4.3 法律法规考虑

功能安全标准在帮助组织满足监管要求和避免产生法律问题方面也发挥着至关重要的作用。在许多行业中，监管机构强制要求组织遵守功能安全标准，以确保组织有效管理与安全相关的风险。通过遵循功能安全标准，组织可以证明其对功能安全的承诺的价值并避免潜在的处罚、罚款或法律诉讼。

此外，监管机构经常使用功能安全标准作为评估组织的安全管理实践的基准。通过遵循功能安全标准和实施最佳实践，组织可以更轻松地满足监管期望并保持其运营许可。

除法规遵从性之外，功能安全标准还可以帮助组织避免代价很高的法律纠纷和责任索赔。在发生事故时，能够证明自己遵循了功能安全标准的组织可以更好地为自己辩护，以免受到疏忽或未能履行注意义务的指控。通过提供系统的方法来管理与安全相关的风险，功能安全标准可以作为寻求降低法律风险的组织的宝贵工具。

案例研究：Deep Water Horizon 漏油事件（2010 年）

墨西哥湾的 Deep Water Horizon 漏油事件是功能安全管理不当产生法律问题的一个典型案例。这场灾难导致了历史上最大的海上石油泄漏事件，造成了广泛的环境破坏，并且给相关公司带来了重大经济损失。

该事件发生后，负责 Deep Water Horizon 钻井平台运营和维护的公司面临众多法律问题，包括损害索赔、监管处罚和刑事指控。对该事件的调查揭示了安全相关系统管理中的许多问题，包括缺乏对功能安全标准的遵循。

该案例强调了功能安全标准在帮助组织管理其法规遵从性和法律风险方面的重要性。通过遵循功能安全相关标准和实施最佳实践，组织可以最大限度地减小事故发生的可能性，降低面临法律挑战和经济损失的风险。

纵观历史，功能安全标准的制定与实施在保护人员、财产和环境方面发挥了关键作用。随着软件系统越来越依赖复杂且相互关联的技术，功能安全的重要性怎么强调都不为过。上文回顾了功能安全标准从 IEC 61508 到 GB/T 38874 的演变，强调功能安全在当今技术不断进步的社会中的重要性，鼓励功能安全标准的持续发展和不断适应，以应对新出现的风险和技术。

下面本书将基于 GB/T 38874 中的内容，深入探讨 GB/T 38874 中软件功能安全的各方面，并通过案例研究解析标准内容，使读者可以更深入地了解软件功能安全在现代农林机械中的关键作用并理解 GB/T 38874 中的相关条款。

GB/T 38874 标准相关定义解析

1.3.1 农业性能等级

【标准内容】

在可预知条件下，控制系统安全相关部件执行安全相关功能的能力等级。

注：GB/T 38874 将每个功能分为 5 个性能等级，即 a、b、c、d、e。在 SRP/CS 的功能安全性能等级中，"a"为最低等级，"e"为最高等级。

索引：本节标准内容源自 GB/T 38874.1—2020 的 3.1 节。

【解析】

1. 农业性能等级解析

农业性能等级（Agricultural Performance Level，AgPL）是指在可预知条件下，SRP/CS 执行安全相关功能的能力等级。

GB/T 38874 中定义的 AgPL 是一套专为农林机械行业设计的安全标准，其等级从 a 到 e 依次升高。AgPL 可为制造商和设计人员提供指导，以确保其产品的安全性。简而言之，AgPL 有助于确定不同类型农林机械的必要安全措施，以保护操作者。

可以将 AgPL 视为农林机械的安全分级系统，其中每个等级代表农林机械提供的保护程度。更高的 AgPL 意味着农林机械具有更高级别的安全功能，其中可能包括具有更先进的控制系统和传感器。

例如，简单的手动操作工具可能属于较低的 AgPL，因为它带来的风险较小，并且需要较少的安全措施；联合收割机等大型复杂机器可能属于更高的 AgPL，因为它存在更多潜在危险，需要更先进的安全功能来保护操作者和其他人员。

通过使用 AgPL 指南，制造商可以设计并制造出能够有效管理与其使用相关的风险和危害的农林机械。这有助于确保每天使用这些机械的农民和工人的安全，减少农业中事故的发生。

如表 1.1 所示，GB/T 38874 将每个功能分为 5 个性能等级，即 a、b、c、d、e。

表 1.1 AgPL 的定义和例子

等级	定义和例子
a（最低）	适用于没有或仅有轻微危险的场合。例如，耕作和播种等低风险的操作
b	适用于具有较低危险性的场合，但是需要人保持高度警惕。例如，收割机上的安全装置
c	适用于具有较高危险性的场合，但是可能有可靠的安全措施可以采取。例如，挖掘机上的安全措施
d	适用于具有很高危险性的场合，但是可以采取特殊的措施进行安全保护。例如，运输液体肥料的车辆
e（最高）	适用于具有非常高危险性的场合，但是必须采取最高水平的安全措施。例如，农林机械上的机器人或自动化系统

GB/T 38874 中定义的 5 个性能等级及其详细说明如下。

- AgPL a：这是最低等级。当农林机械需要满足这个等级时，只需采取基本的安全措施来保护操作者。例如，农林机械需要配备标识和警告装置，以提醒操作者注意安全。

- AgPL b：这个等级比 AgPL a 更高。当农林机械需要满足这个等级时，需要采取一些额外的措施来提高安全性能。例如，农林机械需要配备紧急停止装置和保护罩，以防止人员误入或被夹住。

- AgPL c：这个等级比 AgPL b 更高。当农林机械需要满足这个等级时，需要采取更加复杂的措施来提高安全性能。例如，农林机械需要配备安全传感器和防撞装置，以避免机械与障碍物碰撞。

- AgPL d：这个等级比 AgPL c 更高。当农林机械需要满足这个等级时，需要采取非常复杂和先进的措施来提高安全性能。例如，农林机械需要配备高级的自动控制系统和人机界面，以保护操作者免受意外伤害。

- AgPL e：这是最高等级。当农林机械需要满足这个等级时，需要采取最高级别的安全措施来保护操作者。例如，农林机械需要配备高级的安全控制系统和红外线或激光传感器，以保护操作者免受严重的安全威胁。

总之，GB/T 38874 中定义了 5 个 AgPL，帮助制造商确定和实现足够的 SIL，以确保操作者的安全。这些等级从基本的安全措施到最先进的控制系统和传感器，提供了不同级别的安全保护。这些等级根据农林机械在使用过程中产生的危险程度和需要的安全措施来分类，对于开发农林机械的设计者和制造商来说是非常有用的指南。使用这些指南可以帮助设计者和制造商开发出更加安全的农林机械，以确保操作者的安全。

2．SRP/CS 的 SIL

每个 AgPL 都有一组 SRP/CS 和相应的 5 个 SIL。

在 GB/T 38874 中，AgPL 包括一套相应的 SRP/CS 安全标准。这些安全标准称为 SIL，其等级从 1 到 4 依次升高。划分这些等级的目的是确保农林机械具有适当的安全功能，以避免或减少人员受伤。

简而言之，每个 AgPL 都有一个匹配的 SIL，SIL 决定了机械控制系统的安全功能有多先进。SIL 越高，表明为保护操作者免受伤害而采取的安全措施越先进。

例如，AgPL a 和 AgPL b 的低风险农林机械可能只需要基本的安全功能，如紧急停止按钮或保护罩，对应 SIL 1。相比之下，AgPL e 的高风险农林机械需要最先进的安全功能，如最先进的控制系统和传感器，对应于 SIL 4。

通过了解 AgPL 和 SIL 之间的关系，制造商可以针对每个风险级别设计具有适当安全功能的农林机械。这样可更好地保护操作者免受伤害，从而使农业产业整体更加安全。

如表 1.2 所示，GB/T 38874 定义的 SRP/CS 的 5 个 SIL 分别如下。

表 1.2　SRP/CS 的 SIL 说明

SRP/CS 的 SIL	定义和适用性
无安全要求	当农林机械不需要安全措施时，SRP/CS 不需要实现任何 SIL
1	需要提供基本的安全性能，以避免或减少人员受伤。适用于 AgPL a 和 AgPL b 的农林机械
2	需要提供更高级别的安全性能，以防止或减少人员受伤。适用于 AgPL c 的农林机械
3	需要提供更高级别的安全性能，以保护操作者免受严重的伤害。适用于 AgPL d 的农林机械
4	需要提供最高级别的安全性能，以保护操作者免受最严重的伤害。适用于 AgPL e 的农林机械
注 1：SIL 是安全完整性等级（Safety Integrity Level）的缩写，是一个用于评估系统、设备或部件安全性能的指标。	
注 2：这些 SIL 用于指定 SRP/CS 的安全完整性等级，并提供相应的安全保护，以避免或减少人员受伤。每个 SIL 都需要满足特定的安全性能要求，包括硬件、软件、系统集成和验证等方面的要求	

GB/T 38874 中定义的 AgPL 和 SRP/CS 的 5 个 SIL 的关系解析如下。

- 无安全要求：当农林机械不需要安全措施时，SRP/CS 不需要实现任何 SIL。例如，某些农林机械只需执行非安全性任务（如收获农作物），则不需要安全措施。

- SIL 1：这是最低等级，适用于 AgPL a 和 AgPL b 的农林机械。SRP/CS 需要提供基本的安全性能，以避免或减少人员受伤。例如，紧急停止按钮或保护罩需要实现这个等级。

- SIL 2：这个等级比 SIL 1 更高，适用于 AgPL c 的农林机械。SRP/CS 需要提供更高级别的安全性能，以防止或减少人员受伤。例如，采用更先进的控制系统和传感器，以避免机械碰撞障碍物。

- SIL 3：这个等级比 SIL 2 更高，适用于 AgPL d 的农林机械。SRP/CS 需要提供更高级别的安全性能，以保护操作者免受严重的伤害。例如，采用更先进的控制算法和传感器，以防止机械与操作者碰撞。

- SIL 4：这是最高等级，适用于 AgPL e 的农林机械。SRP/CS 需要提供最高级别的安全性能，以保护操作者免受最严重的伤害。例如，采用最先进的控制系统和传感器，以避免产生任何安全威胁。

总之，GB/T 38874 中定义了 5 个 SIL，用于指定 SRP/CS 的安全完整性等级，并提供相应的安全保护，以避免或减少人员受伤。

1.3.2　农业性能等级要求、观察单元和危险分析及风险评估

1.3.2.1　农业性能等级要求

【标准内容】

每个安全相关功能要求达到的农业性能等级（AgPL）。

注：根据故障观察单元（UoO）的潜在行为，安全相关功能可有多个 $AgPL_r$。例如，部分功能丧失、全部功能突然丧失以及功能无法启用等可具有 3 种不同的 $AgPL_r$。

索引：本节标准内容源自 GB/T 38874.1—2020 的 3.2 节。

【解析】

GB/T 38874 中的农业性能等级要求（required Agricultural Performance Level，$AgPL_r$）是农林机械必须满足的最低功能安全性能水平，以确保系统的安全性能满足特定的安全性能要求。$AgPL_r$ 是在考虑到所有可能的危险和故障效应后，根据农林机械所处的环境和应用场景制定的具体安全性能要求指标。

在 GB/T 38874 中，$AgPL_r$ 是一项基本安全标准，它定义了农林机械必须达到的每个安全相关功能的最低安全水平。$AgPL_r$ 至关重要，因为它可以帮助设计者和制造商设计并制造出适合农业环境且满足应用场景的特定安全需求的农林机械，确保系统的安全性能满足必要的标准要求。

$AgPL_r$ 可以根据具体的应用场景和危险程度分为 $AgPL_r$ a、$AgPL_r$ b、$AgPL_r$ c、$AgPL_r$ d、$AgPL_r$ e 这 5 个等级。这些等级取决于农林机械将遇到的风险及其应用场景。例如，小型温室通风系统等低风险设备的 $AgPL_r$ 可能为 $AgPL_r$ a 或 $AgPL_r$ b。相比之下，高风险机器，如大型联合收割机的 $AgPL_r$ 可能为 $AgPL_r$ d 或 $AgPL_r$ e。为满足这些安全要求，农林机械必须具有适当的安全功能。如果一台农林机械不符合其 $AgPL_r$，则必须对其进行重新设计或改进以达到必要的安全级别。这可能涉及采取更好的安全措施或采用更可靠的技术。

在确定 $AgPL_r$ 时，必须考虑多个因素，如机器可能面临的潜在危险、故障的可能影响、机器运行的环境及操作者的技能水平等。通过满足所需的 $AgPL_r$，可以确保农林机械的安全性能，使农业产业对每个相关人员来说都更加安全。

$AgPL_r$ 和 AgPL、SIL 的关系解析如下。

为了理解 $AgPL_r$ 和 AgPL、SIL 之间的关系，我们考虑一个简单的例子。假设一台农林机械设计用于低风险环境，如小型温室环境，则该农林机械的 $AgPL_r$ 可能是 $AgPL_r$ a 或 $AgPL_r$ b，对应于低 SIL。这意味着该农林机械应提供基本的安全性能，如设置紧急停止按钮或保护罩。

如果一台农林机械设计用于高风险环境，如大规模农作物收割，则该农林机械的 $AgPL_r$ 可能是 $AgPL_r$ d 或 $AgPL_r$ e，对应于更高的 SIL。在这种情况下，该农林机械应提供更高等级的安全性能，如采用更先进的控制系统和传感器，以防止事故发生并保护操作者免受严重的伤害。

总之，$AgPL_r$ 有助于设定农林机械的最低安全要求，它的确定需要考虑多个因素，包括机器可能面临的潜在危险、故障的可能影响、机器运行的环境及操作者的技能水平等。通过满足所需的 $AgPL_r$，制造商可以确保其生产出的设备具有适应它们将遇到的风险及其应用场景的安全特性，有效地保证系统的功能安全性能。只有满足所要求的 $AgPL_r$，系统的功能安全性能才能得到有效的保证。

1.3.2.2　观察单元

【标准内容】

电气、电子、可编程电子系统或功能及其范围、背景和目的。

注：UoO 可包含分布在多个系统的安全相关功能及其安全相关的交互。

索引：本节标准内容源自 GB/T 38874.1—2020 的 3.55 节。

【解析】

在 GB/T 38874 中，观察单元（Unit of Observation，UoO）指的是农林机械的各个组成部分，如传感器、控制器和执行器等，它们可以看作系统的基本构成单元，共同构成了系统的基础。UoO 在评估农林机械的安全性方面发挥着至关重要的作用，因为它们的安全性能和要求会直接影响整个系统的安全性能。

1. UoO 的作用

（1）识别潜在危险：通过检查每个 UoO，我们可以查明潜在危险和安全风险，以便了解 UoO 对系统安全性能和所需 $AgPL_r$ 的影响。

（2）评估安全性能：我们可以评估每个 UoO 以确定其安全性能级别（SIL 或 AgPL）

并检查其是否满足必要的标准要求。

（3）确定安全措施：根据评估结果，我们可以采取适当的安全措施，如冗余、安全检测或故障诊断，以提高 UoO 的安全性能。

（4）识别故障模式：我们可以对每个 UoO 执行故障模式和影响分析（Failure Mode and Effect Analysis，FMEA），以了解它可能如何发生故障，以及故障将如何影响系统的安全性能。这些信息有助于我们制定合适的风险管理策略。

总之，UoO 对于评估农林机械的安全性能至关重要。UoO 的安全性能和功能安全需求会直接影响到整个系统的安全性能。因此，在进行功能安全分析时，需要对每个 UoO 进行全面、准确的分析和评估，以确保农林机械的安全性能满足相应的标准要求。

2．UoO 和 AgPLr、SIL 的关系

UoO 和 AgPLr、SIL 是用于评估农林机械安全性能的、相互关联的概念。

下面用一个简单的例子来说明三者之间的关系。

想象你有一台专为喷洒杀虫剂而设计的农林机械。在这种情况下，UoO 可以是各种组件，如农药容器、泵、喷嘴和管理喷洒过程的控制系统等。

AgPLr 代表每个 UoO 所需的农业性能等级要求，以确保农林机械安全运行。AgPLr 可能因与每个组件相关的特定风险而异。例如，由于存在过压风险，泵可能需要更高的 AgPLr，而喷嘴可能需要较低的 AgPLr，因为与喷嘴相关的风险不那么显著。

SIL 是 SRP/CS 的安全完整性等级，其中包括负责安全相关功能的控制系统组件，如紧急停止按钮或压力监控系统。SIL 必须适合整个系统的 AgPLr。如果泵的 AgPLr 较高，则泵的控制系统的 SIL 也应较高，以确保采取适当的安全措施。

综上所述，UoO、AgPLr、SIL 都是评估农林机械安全性能的重要指标。UoO 代表农林机械的组件，AgPLr 确定每个组件所需的安全性能，而 SIL 则确保控制系统的安全功能满足必要的标准要求，以最大限度地降低风险并使农林机械保持安全运行。

1.3.2.3 危险分析及风险评估

【标准内容】

危险分析及风险评估：

对 UoO 危险状况进行识别和分类，并规定安全目标 AgPLr 的方法，以预防或减轻相关危险、避免不合理的风险。

目的：

HARA 的主要目的是对出现故障的 UoO（不能执行预期安全相关功能。例如，不能正常停车、空挡前进、转向错误）进行风险分析，然后分配适当的 AgPLr。风险是指伤害可能

性和伤害严重度的组合（见 GB/T 38874—2020 的 3.39 节）。伤害发生率通常考虑 UoO 出现故障时人员暴露于危险状况的概率。

前提条件：

与每个安全功能相关的 UoO 定义。

要求：

（1）HARA 的准备规程。HARA 应考虑全部安全相关功能，以便提供适当的 SRP/CS 规范。如果在安全寿命周期后期决定变更适用范围，则应重新进行 HARA。为了标识变更及其对工作产品的影响，应根据 GB/T 38874.4 进行影响分析。

（2）HARA 的任务。当正确使用 UoO 和以合理可预见方式误操作 UoO 时，应考虑 UoO 故障行为导致危险状况的工作条件。

（3）HARA 的参与者。HARA 应有足够的技术人员，能提供相关专业知识。

注：来自不同学科的参与者通常为 HARA 提供有价值的信息。

索引：本节标准内容源自 GB/T 38874.1—2020 的 3.25 节和 GB/T 38874.2—2020 的第 6 章。

【解析】

1. 危险分析及风险评估解析

危险分析及风险评估（Hazard Analysis and Risk Assessment，HARA）是 GB/T 38874 中用于确保农林机械安全的过程。HARA 有助于识别和分类与 UoO 相关的潜在危险，这些 UoO 是农林机械的不同组件。HARA 的目标是指定适当的所需 AgPLr，以预防或减轻相关危险、避免不合理的风险。

想象你有一辆拖拉机，HARA 过程将涉及分析其各个部件，如发动机、变速箱和制动系统等，以确定可能对操作者或附近其他人造成伤害的潜在危险。例如，制动系统故障可能会导致拖拉机无法正常停车，从而对沿途的人构成危险。

HARA 过程既考虑了危险发生的可能性，也考虑了可能造成的伤害的严重程度。HARA 有助于确定适当的 AgPLr 来管理这些风险。例如，制动系统故障可能导致严重伤害，可分配更高的 AgPLr 以确保能采取适当的安全措施。

HARA 过程涉及具有相关技术知识的专家团队，应该考虑农林机械的所有安全相关功能。如果农林机械在其寿命周期内的安全相关功能发生变化，则需要重复该过程。通过进行彻底的 HARA，我们可以确保按照最高安全标准设计、制造和维护农林机械，最大限度地降低对操作者和附近其他人造成伤害的风险。

2. 基于 HARA 确定 $AgPL_r$

在 GB/T 38874 中，确定 $AgPL_r$ 是一个重要的过程，可以基于 HARA 确定 $AgPL_r$。

HARA 是一个系统的过程，用于识别、分析系统中的危险和评估与这些危险相关的风险。在 HARA 过程中，需要考虑许多方面，包括但不限于系统结构、系统环境、系统用户和操作者、系统应用场景等。根据 HARA 结果，可以确定与系统相关的危险和风险，并且可以制定相应的控制措施来减小这些危险存在的可能性及其影响。

基于 HARA 结果，可以确定每个安全相关功能的 $AgPL_r$。$AgPL_r$ 表示系统安全相关功能的要求，用于指定安全功能的最小要求，以保证系统的安全性和可靠性。确定 $AgPL_r$ 需要考虑多个因素，包括但不限于危险的严重程度、潜在伤害的类型和数量、危险发生的概率等。$AgPL_r$ 越高，对系统安全相关功能的要求就越严格。

需要注意的是，HARA 不是一个单一的过程，而是一个复杂的过程，需要综合考虑多个因素。因此，在实践中需要谨慎进行 HARA，并在确定 $AgPL_r$ 时综合考虑多个因素，以确保系统的安全性和可靠性。

以下是基于 HARA 确定 $AgPL_r$ 需要考虑的因素，以及 $AgPL_r$ 的选择。

3. 潜在伤害的分类

在基于 HARA 确定 $AgPL_r$ 时，需要考虑农林机械可能造成的潜在伤害。根据在相关工作条件、模式、情景下的安全相关功能故障导致的危险状况，应推断出潜在伤害的影响。根据分类对伤害进行描述，伤害严重度分为 4 类：S0、S1、S2 和 S3（见表 1.3）。

表 1.3 伤害分类

S0	S1	S2	S3
无受伤，仅有财产损失	轻中度伤害，需要治疗，可完全康复	重度致命伤害（可幸存），永久丧失部分工作能力	致命伤害（可导致死亡），重度伤残

应考虑机器操作者和旁观者（如救援人员、其他机械操作者、其他交通事故涉及者等）的行为，并记录暴露于危险的伤害。潜在伤害的评估和分类应集中并限于对人员的伤害。如果安全相关功能故障分析仅涉及财产而无人员伤害，则这些故障与安全不相关。伤害等级为 S0 的功能不需要进一步的风险评估。

（1）S0 无受伤（轻微伤害）：在使用过程中，有财产损失，但可能会对人员造成轻微伤害，如皮肤擦伤、切口等。这种伤害通常能够自行修复，不需要特殊治疗，对人体健康的影响较小。

（2）S1 轻中度伤害：在使用过程中，可能会引起较为严重的损伤，如断臂、断腿、深度创伤等。这种伤害通常需要特殊的治疗和手术干预，对人体健康的影响较大。

（3）S2 重度致命伤害（可幸存）：在使用过程中，可能会引起永久性的残疾或功能障碍，如截瘫、失明、失聪等。这种伤害通常无法恢复，对人体健康的影响非常严重。

（4）S3 致命伤害（可导致死亡）：在使用过程中，可能会导致人员重度伤残甚至死亡。这种伤害是最为严重的，无法逆转。

4．可观察状况下暴露的分类

HARA 应考虑在所有特定区域工作条件和操作条件下安全相关功能故障造成的暴露影响。这涵盖从日常活动范围到极端罕见的情况。变量"E"用来对暴露的不同频率或持续时间进行分类。暴露分为 5 类：E0、E1、E2、E3 和 E4（见表 1.4），其中 E 用于对操作者或旁观者暴露于危险的频率及持续时间的评估，其中失效可导致对操作者或旁观者的伤害。根据每种危险状况，即不同频率或持续时间，应选择合适的方法确定 AgPL$_r$。当一种特定危险状况适合多个类别时，应采用最高类别。

注：产生伤害的危险是由机器综合因素（如环境和/或操作条件）造成的。

表 1.4　暴露于危险状况的分类

描述	E0	E1	E2	E3	E4
频率	不可能（理论上可能，整个寿命周期内仅发生 1 次）	极少（每年少于 1 次）	有时（每年超过 1 次）	经常（每月超过 1 次）	频繁（几乎每次操作）
持续时间 t_{exp}/t_{avop}	<0.01%	0.01%～0.1%	0.1%～1%	1%～10%	≥10%
t_{exp}——暴露时间； t_{avop}——平均工作时间					

在进行 HARA 时，需要考虑安全相关功能故障造成的暴露影响的频率、持续时间和分类，具体如下。

（1）频率：需要评估安全相关功能故障造成的暴露影响的频率，即故障发生的概率。这需要考虑不同工作条件和操作条件下故障发生的概率，以及采取的安全措施和故障检测手段等因素。

（2）持续时间：需要评估安全相关功能故障造成的暴露影响的持续时间，即故障持续的时间。这需要考虑故障的类型、原因、检测手段和修复时间等因素。

（3）分类：需要对不同类型的安全相关功能故障造成的暴露影响进行分类，如分为对人员造成的影响、对环境造成的影响、对农林机械造成的影响等。

通过考虑这些因素，可以更加全面和准确地评估安全相关功能故障造成的暴露影响，并确定相应的风险等级。这有助于制定有效的安全措施，以减少对操作者和环境的潜在危胁，同时也有助于确定适当的 $AgPL_r$，以确保农林机械在特定工作条件和操作条件下能够保持安全性能。

5. 伤害可控性分类

在 HARA 过程中，为了评估可能发生的危险的伤害，需要考虑伤害可控性。伤害可控性表示是否有控制措施可以有效地防止或减少伤害的发生或减轻伤害严重度。

伤害可控性的评估需要评价经培训的机械操作者是否能够控制并避免可能产生的伤害，或者情况完全无法控制。同样，未经培训的旁观者在一定程度上也可避免伤害。变量"C"用于对伤害可控性进行分类。伤害可控性应仅考虑安全功能故障时人员对伤害的控制能力，而不考虑 SRP/CS 的可靠性或 SRP/CS 提供的降低风险的措施。类别 C0、C1、C2 和 C3 分别代表"易控""简单可控""多数可控""不可控"（见表 1.5）。

表 1.5　伤害可控性分类

C0	C1	C2	C3
易控 操作者或旁观者可控制局势，并避免伤害	简单可控 超过 99% 的操作者或旁观者可控制局势。99% 以上的事故不会造成伤害	多数可控 超过 90% 的操作者或旁观者可控制局势。超过 90% 的事故不会造成伤害	不可控 普通操作者或旁观者通常不可避免伤害

这 4 类伤害可控性在 HARA 中被分别评估，以确定相应的 $AgPL_r$。可控性高的伤害对应较高的 $AgPL_r$，可控性低的伤害对应较低的 $AgPL_r$。

6. $AgPL_r$ 的选择

在 HARA 中，使用结合严重度（S）、暴露（E）和伤害可控制性（C）的方法，根据系统的使用环境、操作条件和安全控制措施的可行性，选择系统所需的 $AgPL_r$。

$AgPL_r$ 的等级范围取决于所涉及的安全风险和潜在危害。$AgPL_r$ 划分为 5 个等级，分别是 $AgPL_r a$、$AgPL_r b$、$AgPL_r c$、$AgPL_r d$ 和 $AgPL_r e$。其中，$AgPL_r a$ 是最低的等级，要求最低；$AgPL_r e$ 是最高的等级，要求最高。进行 HARA 是为了选择适当的 $AgPL_r$。

除考虑以上变量外，还需要考虑质量度量（Quality Metrics，QM），QM 是一种用来衡量和评估软件产品或系统质量的方法，其目的在于对软件产品或系统进行客观、准确、可重复的量化评估和监控。但在 GB/T 38874 中，QM 仅适用于低风险功能（非安全相关功能）。

在明确了以上变量后，在 HARA 报告中应描述并记录已标识的危险及其 $AgPL_r$。基于 HARA 确定 $AgPL_r$ 的规范如图 1.1 所示。

	C0	C1	C2	C3
S0	QM	QM	QM	QM
S1 E0	QM	QM	QM	QM
S1 E1	QM	QM	QM	QM
S1 E2	QM	QM	QM	a
S1 E3	QM	QM	a	b
S1 E4	QM	a	b	c
S2 E0	QM	QM	QM	QM
S2 E1	QM	QM	QM	a
S2 E2	QM	QM	a	b
S2 E3	QM	a	b	c
S2 E4	QM	b	c	d
S3 E0	QM	QM	QM	a
S3 E1	QM	QM	a	b
S3 E2	QM	a	b	c
S3 E3	QM	b	c	d
S3 E4	QM	c	d	e

说明：
S——严重度；
E——暴露于危险状态；
C——可控性；
QM——质量度量；
a,b,c,d,e——农业性能等级要求（$AgPL_r$）。

图 1.1　基于 HARA 确定 $AgPL_r$ 的规范

1.3.3　功能安全概念

1.3.3.1　目的和前提条件

【标准内容】

目的：

根据前几阶段的结果，该阶段的目的是定义高级设计概念和系统级需求。

前提条件：

——安全相关功能的 $AgPL_r$；

——HARA 的结果。

索引：本节标准内容源自 GB/T 38874.2—2020 的 7.1 节和 7.2 节。

【解析】

1. 目的和前提条件解析

目的： 在功能安全的背景下，高级设计阶段的目的是根据前几阶段的结果定义高级设计概念和系统级需求。在此阶段，建立系统的总体架构，包括安全相关功能的规范及安全要求对硬件和软件组件的分配。此阶段对于确保在设计系统时从头开始考虑安全性并考虑到早期阶段识别的潜在危险和风险至关重要。

前提条件：要正确定义高级设计概念和系统级需求，有必要获得 HARA 的结果和安全相关功能的 $AgPL_r$。

为了更详细地说明上述内容，下面使用一个用于进行农作物监测和喷洒农药的农用无人机的假设示例进行介绍。

（1）HARA 结果：HARA 是功能安全流程的重要组成部分，因为它有助于识别潜在危险并评估相关风险。在 HARA 期间，要系统地识别危险，并评估危险的严重性、暴露程度和可控性。HARA 结果提供了有关系统可能遇到的潜在危险的宝贵信息，用于指导安全相关功能的设计和实现，以降低这些风险。

就农用无人机而言，潜在危险可能包括与障碍物碰撞、意外释放农药和由于软件或硬件故障而失去控制。在 HARA 期间，根据严重性（如对人类、环境或财产的潜在危险）、暴露（如遇到危险的可能性）和可控性（如控制能力）等因素分析与这些危险相关的风险。例如，与障碍物的碰撞可能具有高严重性（因为它可能对农用无人机和财产造成损害）、中等暴露（因为农业环境中可能存在障碍物）和低可控性（因为机动性或传感器有限）。基于此分析，可确定与此危险相关的风险，指导安全相关功能的设计，以解决相关问题。

（2）安全相关功能的 $AgPL_r$：$AgPL_r$ 是每个安全相关功能所需安全性能水平的定量表示，是根据 HARA 结果和特定应用程序可接受的风险级别确定的。$AgPL_r$ 有助于确保设计和实现安全相关功能，以实现适当水平的风险降低，同时考虑到潜在危险及其后果。

在示例中，假设防撞功能的 $AgPL_r$ 确定为 $AgPL_r b$，表示风险应降低为 1/100。这意味着必须设计和实现安全相关功能（防撞功能）提供足够的风险降低水平，以满足此性能要求。图 1.2 中的节点代表流程中的步骤，包括 HARA、确定安全相关功能的 $AgPL_r$、定义高级设计概念和系统级需求，以及设计和实现安全相关功能。

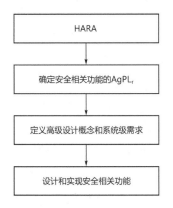

图 1.2 表示功能安全过程的简单有向图

结合 HARA 结果和安全相关功能的 AgPL$_r$ 的一个实例是配备防撞系统的自动农林机械。HARA 可能会识别出自动农林机械与障碍物发生碰撞、导致设备损坏或对附近人员造成伤害的潜在危险。基于该危险的严重性、暴露程度和可控性，确定防撞功能的 AgPL$_r$。在高级设计阶段，系统架构被设计为包含此功能，将特定的安全要求分配给负责检测障碍物并采取适当措施以避免碰撞障碍物的硬件和软件组件。通过遵循 GB/T 38874，可在清楚了解潜在危险和所需 AgPL$_r$ 的情况下开发防撞系统。

总之，GB/T 38874 提供了一种系统的方法来确保农林拖拉机和机械控制系统的功能安全。通过进行彻底的 HARA，确定安全相关功能的 AgPL$_r$，并使用此信息来指导安全相关系统的设计和实现，制造商可以开发出安全、有效运行的农林机械，降低相关风险。

2. 高级设计概念

高级设计概念是指在系统设计阶段，通过对系统的功能、性能、安全性、可靠性等进行分析和评估，确定系统的整体设计方案，包括系统的结构、模块划分、接口设计、算法设计等。高级设计概念需要考虑系统的可维护性、可扩展性、可重用性等因素，以保证系统具有良好的可操作性和可维护性。

在设计无差错系统时，需要从系统级需求出发，对系统的各项要求进行分析和评估，确定系统的高级设计概念。具体而言，需要从以下几方面进行考虑。

（1）功能需求：分析系统的各项功能需求，并确定实现这些功能所需的算法、数据结构、接口等。

（2）性能需求：分析系统的各项性能需求，包括响应时间、吞吐量、并发性等，并确定系统的硬件、软件、网络等资源需求。

（3）可靠性需求：分析系统的可靠性需求，包括系统的容错性、可恢复性等，并确定系统的备份、冗余、故障恢复等机制。

（4）安全性需求：分析系统的安全性需求，包括系统的数据安全、身份认证、访问控制等，并确定系统的安全策略、加密算法、身份认证机制等。

通过对这些需求进行分析和评估，可以确定系统的高级设计概念，并从整体上保证系统的正确性、安全性和可靠性。

下面结合 GB/T 38874 通过案例解析高级设计概念。

对实现农林机械功能安全至关重要的高级设计概念是指在安全相关系统中增加冗余和多样性。这种方法可确保系统在出现故障或错误的情况下也能继续安全运行。

以农用无人机为例，农用无人机负责监测农作物的健康状况和喷洒农药，即使存在潜在危险，如碰撞障碍物或意外释放农药，它也需要保持安全运行。

这种农用无人机的一个可能的高级设计概念是采用冗余和多样性的传感器来避免碰撞

障碍物。这可以通过使用多种类型的传感器来实现，如摄像头、激光雷达和超声波传感器，每种传感器可提供不同的视角和测量方法。通过结合来自这些传感器的数据，农用无人机可以更准确、更稳健地了解其环境，减小错误检测障碍物的可能性。

冗余机制还可以应用于农用无人机的控制系统。在这种情况下，可以实现多个独立的控制算法，每个控制算法都能够使农用无人机保持稳定飞行并执行所需的任务。如果其中一个控制算法失效或遇到问题，那么农用无人机可以切换到另一个控制算法以保持安全运行。

下面介绍一个具体案例：有一架在葡萄园中使用的无人机，它用于监测葡萄树的健康状况和喷洒杀虫剂。

无人机的控制系统具有 3 个独立的控制算法：为稳定飞行和精确导航而设计的初级控制算法，专注于避障和安全机动的二级控制算法，以及为紧急情况（如快速下降或返回）设计的三级控制算法。

在操作过程中，无人机会持续监控其控制算法和传感器的性能。如果任何组件出现故障或提供不可靠的数据，那么无人机可以切换到另一个控制算法或依靠其他传感器提供的数据来保持安全运行。

这种高级设计概念结合了控制算法与传感器的冗余和多样性，有助于确保无人机在面临潜在危险和系统故障时能够继续安全、有效地运行。定义高级设计概念可使事故风险显著降低，有助于实施更安全、更高效的农业作业。

3. 系统级需求

系统级需求是指在系统开发过程中，从用户需求、系统架构、软硬件平台等角度对系统进行分析，从而定义系统整体的功能、性能、安全性、可靠性等方面的要求和约束条件。系统级需求需要与用户需求进行匹配和协调，以保证系统开发过程中的设计和实现都能够满足用户的期望及需求。

系统级需求通常由系统的利益相关者（如用户、管理者等）提出，并由系统开发团队进行分析、明确和细化。

系统级需求对系统开发具有至关重要的作用。它为系统设计和实现提供了方向与指导，可以确保系统开发的方向正确，并且满足用户的实际需求。同时，系统级需求也为系统测试和验证提供了依据，可以保证系统的质量和安全性。

在通常情况下，系统级需求应当具有以下特征。

（1）明确性：系统级需求应当明确、具体，避免存在歧义和模糊。

（2）可测试性：系统级需求应当是可测试的，以便在开发过程中进行测试和验证。

（3）完整性：系统级需求应当完整，包含系统所需的所有功能和性能要求。

（4）一致性：系统级需求应当相互协调和一致，避免矛盾和重复。

（5）可追溯性：系统级需求应当可追溯，可以从系统开发过程中的各个阶段追溯到最初的需求来源。

在实践中，系统级需求通常以需求规格说明（Requirement Specification，RS）的形式进行记录和维护。需求规格说明应当清晰、详细地描述系统的功能、性能、安全性、可靠性等方面的需求，并对这些需求进行分类和优先级排序，以便系统开发团队根据需求规格说明进行系统设计和实现。

下面通过案例解析系统级需求。

系统级需求是指系统以安全、高效的方式执行其预期功能所必须满足的基本条件和特性。这些需求源自功能安全过程中确定的危险和风险分析及安全目标。在农林机械功能安全的背景下，系统级需求可能包括安全相关功能、性能标准、容错机制和系统接口。

以自动驾驶拖拉机为例，自动驾驶拖拉机用于执行犁地、种植和收割等任务，其安全相关功能包括与其他车辆保持安全距离、避开障碍物，以及在检测到紧急情况时停车。自动驾驶拖拉机的系统级需求可能包括以下几种。

（1）安全相关功能：通过使用控制算法和传感器，与其他车辆和障碍物保持安全距离。

如果在预定义的临界距离内检测到障碍物，则停车。

在发生紧急情况（如火灾或严重系统故障）时，自动关闭发动机和其他子系统。

（2）性能标准：传感器必须具有最小检测范围和精度，以确保实施可靠的障碍物检测和距离测量。

控制算法必须能够在各种环境条件（如不同地形、天气和照明条件）下使车辆保持稳定和安全运行。

制动系统必须能够在各种负载条件和运行速度下使拖拉机在规定的距离内停止。

（3）容错机制：采用用于进行障碍物检测的冗余和多样性的传感器，如摄像头、激光雷达和超声波传感器，以减小错误检测障碍物的可能性。

采用多个独立的控制算法，使自动驾驶拖拉机即使在出现异常或故障的情况下也能保持稳定运行并执行所需的任务。

集成自我监控和诊断功能，持续评估自动驾驶拖拉机系统的健康状况，并在检测到异常或故障时触发适当的操作。

（4）系统接口：为自动驾驶拖拉机系统组件（如传感和感知系统、决策和控制系统和执行系统等）之间的通信定义标准化接口。

确保与外部系统（如农场管理软件、GPS 和连接的其他农林机械）的兼容性和安全通信。

通过定义和满足这些系统级需求，自动驾驶拖拉机可以实现其预期功能，同时确保在各种条件下安全运行。这样不仅有助于降低事故风险，还有助于提高农业作业效率和可持续性。

下面探讨不同系统组件之间的关系，以及它们如何促进自动驾驶拖拉机的功能安全，并提供一个流程图来可视化这些组件之间的交互。

（1）传感和感知系统：该系统从各个传感器收集数据，如摄像头、激光雷达、超声波传感器和 GPS，以了解自动驾驶拖拉机所处的环境及其在环境中的位置。

（2）决策和控制系统：该系统处理来自传感和感知系统的传感器数据，运行控制算法，并决定自动驾驶拖拉机应该如何操作。它还监视自动驾驶拖拉机系统的健康状况，并在检测到异常或故障时触发适当的操作。

（3）执行系统：该系统接收来自决策和控制系统的控制命令，并将其转化为物理动作，如控制自动驾驶拖拉机的速度、转向和制动。

（4）人机界面（HMI）：人机界面为操作者提供与自动驾驶拖拉机进行交互、监控其操作并在必要时进行干预的方法。

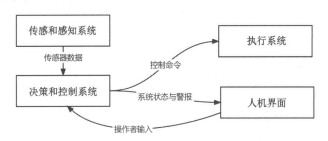

图 1.3　自动驾驶拖拉机系统组件之间的交互图

图 1.3 中定义了 4 个节点，代表自动驾驶拖拉机系统组件：传感和感知系统、决策和控制系统、执行系统，以及人机界面。该交互图还通过标有相应数据类型的有向边说明这些组件之间的数据流，如从传感和感知系统流向决策和控制系统的是"传感器数据"。

图 1.3 有助于理解自动驾驶拖拉机系统的复杂性，并强调了功能安全在确保可靠和安全操作方面的重要性。通过遵循 GB/T 38874，可以实现自动驾驶拖拉机的系统级需求，最终有助于实施更安全、更高效的农业作业。

1.3.3.2　安全目标和功能安全需求

【标准内容】

安全目标：

$AgPL_r$ 大于 QM 的每种危险状况都应与安全目标相关联。安全目标可涉及多种危险状况。如果已确定了类似的安全目标，则可合并为一个安全目标。

注：安全目标是 UoO 的顶层安全目标，由此导出功能安全需求，以避免各种危险状况下的不合理风险。

功能安全需求：

功能安全需求以更具体方式实现安全目标，确保 UoO 的功能安全。应从安全目标中导出足够的功能安全需求。功能安全需求继承了危险状况的 AgPL$_r$ 及其相关安全目标。

如果功能安全需求涉及类似的危险状况具有不同的 AgPL$_r$，则应实现最高的 AgPL$_r$。

如果适用，应对从安全目标中导出的每个功能安全需求进行安全状态评估。在技术安全需求中，应对转移到安全状态、保持安全状态进行定义。

在定义功能安全需求时，应考虑以下因素：

——系统性失效（参见 GB/T 38874.2—2020 的附录 E）；

——在预定环境条件（例如，参照 ISO 15003）下执行安全功能的能力；

——其他典型功能（参见 GB/T 38874.2—2020 的附录 F）

索引：本节标准内容源自 GB/T 38874.2—2020 的 7.3.1 节和 7.3.2 节。

【解析】

1. 安全目标

安全目标是指在系统操作过程中必须满足的安全条件或目标，旨在确保系统在发生故障或错误的情况下，能够保持安全控制。安全目标是 UoO 的顶层安全目标，通过一系列的安全性确定。安全目标通常定义在系统设计和开发的早期阶段，以确保整个系统的安全性能和功能安全需求得到满足。

（1）安全目标应该具有以下特点。

- 具体、明确：安全目标必须具有明确的定义和具体的操作步骤，以确保能够正确实现。
- 可衡量性：安全目标必须能够被衡量和评估，以确定是否能够达到预期的安全性能。
- 可验证性：安全目标必须能够被测试和验证，以确保系统满足功能安全需求。
- 可追溯性：安全目标必须能够追溯到系统设计的早期阶段，以确保所有的安全性能和功能安全需求得到满足。
- 可操作性：安全目标必须能够在系统实际操作中实现，并且可以在需要时进行修改和调整。

（2）在确定安全目标时，需要考虑以下几方面。

- 参考国际/国家标准：在确定安全目标时，需要参考 GB/T 38874 等标准。
- 考虑系统所处的环境条件：在确定安全目标时，需要考虑系统所处的环境条件，包括温度、湿度、压力等。

- 考虑系统操作模式：在确定安全目标时，需要考虑系统操作模式，以确保在任何操作模式下都能够保持安全控制。

- 参考已有的安全性能和功能安全需求：在确定安全目标时，需要参考已有的安全性能和功能安全需求，以确保新的安全目标与已有的需求相互兼容。

通过确定安全目标，可以确保系统在设计和开发过程中满足预期的安全性能和功能安全需求，并且能够在系统操作过程中保持安全控制，从而保障人员、财产和环境的安全。

安全目标是针对某个特定的危险情况或某一类危险情况所制定的、具体的、可量化的、可验证的目标。安全目标描述的是系统在特定环境条件下需要满足的安全性能要求。在通常情况下，安全目标是从风险评估与危险和可操作性（HAZOP）分析等活动中得出的。

（3）安全目标需要具备以下几个要素。

- 危险情况描述：明确安全目标所针对的危险情况。

- 保护对象描述：明确需要保护的对象，如人、动物、环境、财产等。

- 安全性能描述：明确需要满足的安全性能要求，如减小危险发生的概率、减轻危险状况的影响等。

- 测试/验证描述：明确如何测试/验证安全目标是否得到满足。

安全目标是 UoO 的顶层安全目标，所有的功能安全需求都要从安全目标中导出。同时，每个 $AgPL_r$ 都需要与至少一个安全目标相关联，以确保在每种危险状况下都有明确的安全性能要求可供参考。此外，安全目标还需要与系统级需求相结合，以确保系统在满足系统级需求的同时，也能够满足安全目标的要求。

总之，安全目标是确保系统在特定环境条件下满足安全性能要求的关键因素，是从风险评估与 HAZOP 分析等活动中得出的、具体的、可量化的、可验证的目标。同时，安全目标也是导出功能安全需求的基础，需要与 $AgPL_r$ 和系统级需求相结合，以确保系统具备必要的安全性能。

2．功能安全需求

功能安全需求是指为了满足安全目标和应对危险状况所提出的针对特定安全功能的详细要求。它们通常是从安全目标中导出的，并且要求对特定的安全功能进行详细描述，以确保它们能够在所需的 $AgPL_r$ 下实现。

功能安全需求是从安全目标中导出的，是对安全目标所要求的系统功能或性能的具体描述，需要满足 GB/T 38874 对功能安全需求的要求。在定义功能安全需求时，需要考虑参照 ISO 15003 中提出的在预定环境条件下执行安全功能的能力。

（1）功能安全需求应该具有以下特点。

- 清晰、明确：功能安全需求必须能够清晰地描述系统所需实现的功能或性能，如需要满足的响应时间、控制精度等。

- 可验证性：功能安全需求必须是可验证的，也就是说，它们必须能够被测量、测试或检验。

- 可追溯性：功能安全需求必须能够追溯到安全目标，并与其他系统开发过程中的文档和工件建立连接。

- 完整性：功能安全需求必须覆盖所有的安全目标，以确保系统能够满足设计要求。

- 一致性：功能安全需求应该与其他相关文档和工件一致，如安全目标、安全概念等。

（2）在定义功能安全需求时，需要考虑以下几方面。

- 需求描述：功能安全需求应该清晰、明确、可验证，并能够与相应的安全目标、危险状况和 $AgPL_r$ 相关联。

- 功能安全级别：每个功能安全需求都应该指定其对应的 $AgPL_r$。这个级别应该基于危险状况的 HARA 结果指定。

- 功能安全性能：功能安全需求应该清晰地描述特定的功能安全性能，如 SIL、失效率、安全运行时间、故障检测和诊断要求等。

- 设计和实现要求：功能安全需求应该明确说明如何设计和实现特定的安全功能，包括硬件和软件要求、测试要求、验证要求、故障检测和诊断要求等。

- 验证和确认要求：功能安全需求应该明确说明如何验证和确认特定的安全功能是否达到了所需的 $AgPL_r$ 和安全性能。

- 可跟踪性：功能安全需求应该具有可跟踪性，以确保其可以追溯到相应的安全目标和危险状况。

总之，功能安全需求是指确保系统在特定的危险状况下达到所需 $AgPL_r$ 的详细要求。功能安全需求应该基于 HARA 和安全目标的分析定义，从而确保系统的功能安全性能可以得到满足。同时，它们应该具有清晰的描述，以便进行有效的测试、验证和确认。

3. 在预定环境条件下（参照 ISO 15003）执行安全功能的能力

在定义农林机械中的电气和电子设备的功能安全需求时，也可以参考 ISO 15003。这个标准专注于评估农业设备在各种环境条件下的性能，确保这些设备即使在极端或变化的环境条件下也能保持其安全功能的可靠性和有效性。

具体来说，在考虑功能安全需求时，应涵盖以下关键环境因素。

（1）温度：设备应能在极端高温或低温环境条件下稳定运行。这包括考虑设备的散热能力、在低温下的启动性能，以及材料在不同温度下的耐久性。

（2）湿度：应确保设备能在高湿或干燥条件下正常工作。这涉及防水防潮设计、电路板和其他敏感组件的保护，以及在湿度变化时保持性能稳定。

（3）电磁干扰：评估设备在强电磁环境下的抗干扰性能。这对于防止误操作或数据损坏至关重要，尤其是在靠近高电压线或在使用大量无线通信设备的场所。

除此之外，还需要考虑以下因素。

（1）振动和冲击：农业机械在操作过程中可能会经历各种振动和冲击。因此，设备的设计应确保能够承受这些物理应力，以确保长期的可靠性和性能稳定。

（2）尘埃和污染：农业环境中的尘土和其他污染物可能会对电子设备造成损害。因此，需要确保设备有适当的密封和过滤系统，以防止尘埃侵入。

（3）日照和紫外线：长时间暴露在阳光下可能对设备的某些部件造成损害，尤其是塑料部件和显示屏。因此，需要考虑使用抗 UV 材料和设计来减小日照造成的影响。

通过综合考虑这些因素，并在功能安全需求的定义中充分反映，可以确保农业机械和设备在实际的工作环境中能够可靠且安全地运行。这不仅提高了设备的效率和生产力，还大大降低了潜在的安全风险，为农业工作者提供了更高水平的安全保障。

4．系统性失效

在功能安全工程中，系统性失效（Systematic Failures）是指由系统设计、开发或生产阶段的缺陷或错误导致系统或组件无法满足安全要求的失效。与之相对的是随机失效（Random Failures），随机失效是指由材料或使用过程中的意外事件导致系统或组件无法满足安全要求的失效。

系统性失效是指在某一特定条件下，同一系统的多个组件同时失效，导致系统无法满足安全要求的状态。这种失效通常不能通过传统的质量控制方法检测到，因为这些方法通常只能检测单个组件的失效。这种失效对于系统的安全性能来说是非常危险的，因为它可能会导致系统在某些极端情况下无法达到安全要求，从而导致潜在的危险。

系统性失效包括以下几种。

- 规格性失效（Specification Failures）：由系统或组件的安全规范或安全要求书中的缺陷或错误导致系统或组件无法满足安全要求的失效。例如，安全规范没有考虑到某些危险状况或安全需求会导致规格性失效。

- 材料失效（Materials Failures）：由材料的质量问题或制造过程中的问题导致系统或组件无法满足安全要求的失效。例如，材料强度不足或制造过程中的缺陷会导致材料失效。

- 操作失效（Operational Failures）：由人为操作或维护不当导致系统或组件无法满足安全要求的失效。例如，忽略系统或组件的安全规范或要求进行操作或维护会导致操作失效。

为避免发生系统性失效，需要在系统设计、开发和生产过程中采用一系列质量控制方法，如采用严格的设计规范、采用严格的测试流程、进行制造过程的质量控制等，以确保系统或组件能够满足安全要求。同时，需要对系统或组件的运行过程进行监控和维护，以确保其能够持续满足安全要求。

在定义功能安全需求时，必须考虑系统性失效的可能性，并采取必要的措施来降低其风险。这包括采用可靠的设计和制造方法，确保系统的各个组件之间的兼容性和互操作性，并采取适当的维护和保养措施以保持系统的稳定性、可靠性。此外，还应该采用适当的测试和验证方法来检测、识别系统性失效的可能性，并采取必要的措施来纠正这些失效。

5. 降低风险的基本安全功能特征

基本安全功能（Basic Safety Function）是一种旨在降低风险的安全措施，通常被视为系统安全的第一道防线。这些措施可能是机械、电气、电子、软件等方面的措施。

在定义功能安全需求时，应考虑其他典型功能中的基本安全功能特征，主要包括以下几点。

- 具有单一目标：基本安全功能只能实现一项特定的安全目标。
- 可靠性高：基本安全功能需要具备高可靠性，以确保在需要时起作用。
- 独立性：基本安全功能应该独立于其他系统组件，以避免其他组件失效对其产生影响。
- 有效性：基本安全功能必须能够有效地降低风险，并且能够满足指定的安全性能。
- 监控性：基本安全功能应该具备监控机制，以确保其可靠性和有效性，并且能够发现故障或失效情况。

考虑以上特征有助于确保基本安全功能成功实现安全目标，并且降低风险。在定义功能安全需求时，还应该考虑如何对基本安全功能进行测试和验证，以确保其可靠性和有效性。

对于典型安全功能，降低风险的基本安全功能特征是指通过一定的设计和措施降低潜在危险发生的概率，并确保系统在发生故障或失效时能够自动进入安全状态，从而降低风险。

具体来说，这些特征可以包括以下几方面。

- 安全控制功能：在系统发生故障或失效时，可以使系统进入安全状态，从而降低风险。
- 信号处理功能：对于系统中的信号，应该采取适当的处理方法，以确保在发生故障或失效时，系统可以自动进入安全状态。
- 输入和输出功能：对于输入和输出功能，需要确保输入数据的可靠性和准确性，并对输出数据进行测试和验证，从而避免对系统造成不良影响。
- 数据存储和处理功能：对于数据存储和处理功能，需要采取适当的措施来确保数据的完整性和安全性，从而避免对系统造成危害。

- 通信功能：对于通信功能，需要采取适当的安全措施来确保通信的安全性和可靠性，从而避免对系统造成不良影响。

在定义功能安全需求时，考虑这些基本安全功能特征，可以确保系统在设计和实现过程中有效地降低风险，并且满足用户的功能安全需求。

1.3.3.3 MTTF_D 值

【标准内容】

危险失效（Dangerous Failure）：

SRP/CS 不能保持预期功能并由此产生的机械行为可导致危险状况的失效（以及共因失效导致的多种失效）。

危险失效率（Dangerous Failure Rate），即 λ_D ：

单位时间内所有危险失效组件所占的比例。

注：λ_D 是 MTTF_D 的倒数。

平均危险失效前时间（Mean Time to Dangerous Failure），即 MTTF_D：

预期危险失效前的平均时间。

注：MTTF_D 是 λ_D 的倒数。

MTTF_D 值：

在 GB/T 38874 中，MTTF_D：

——分为低、中、高 3 个等级；

——应考虑 SRP/CS 的每个通道（MTTF_DC）。

可根据表 1.6 直接计算 MTTF_D，或参见 GB/T 38874.2—2020 的附录 B 中的方法确定 MTTF_D。

表 1.6　平均危险失效前时间

指标	要求的 MTTF_D
低	3 年 ≤ MTTF_D < 10 年
中	10 年 ≤ MTTF_D < 30 年
高	≥ 30 年

注：由于 GB/T 38874.2—2020 的附录 B 中定义的 MTTF_D 计算方法仅适用于硬件，因此本书不对其进行详述。

索引：本节标准内容源自 GB/T 38874.1—2020 的 3.8 节、3.9 节、3.32 节和 GB/T 38874.2—2020 的 7.3.3 节。

【解析】

1. MTTF$_D$概述

根据 GB/T 38874 中的规定，MTTF$_D$是衡量功能安全的一个重要的指标，它代表系统或组件在达到危险失效状态之前预期的平均运行时间。MTTF$_D$主要分为三个等级，分别对应不同的安全要求级别。

（1）Low（低）：这个等级适用于较低的安全要求。在这个等级下，MTTF$_D$的范围是 3 年到 10 年之间。这意味着在这个等级下的系统或组件应在 3 年到 10 年的时间里运行而不发生危险失效。

（2）Medium（中等）：这个等级适用于一般的安全要求。在这个等级下，MTTF$_D$的范围是 10 年到 30 年之间。这意味着在这个等级下的系统或组件应在 10 年到 30 年的时间里运行而不发生危险失效。

（3）High（高）：这个等级适用于较高的安全要求。在这个等级下，MTTF$_D$的最小值是 30 年。这意味着在这个等级下的系统或组件应至少在 30 年的时间里运行而不发生危险失效。

不同的 MTTF$_D$反映了系统或组件在不同安全要求级别下所需的安全、可靠性水平。一般来说，安全要求越高，相应的 MTTF$_D$也应越高，表明系统或组件能在更长的时间内保持其安全功能而不发生危险失效。因此，这些等级的设定依据的是系统或组件的安全要求的严格程度，以及应用环境的危险性。

在定义功能安全要求时，正确理解和应用 MTTF$_D$的概念是至关重要的，它直接影响系统设计的安全性和可靠性。

在功能安全领域，MTTF$_D$不仅是衡量单个组件或系统可靠性的指标，而且在整个安全生命周期管理中扮演着关键角色。在设计和评估安全相关系统时，MTTF$_D$的准确估计和分类有助于确定必要的安全措施，以确保系统在预期的使用寿命内保持功能安全性。

对于不同的应用和行业，MTTF$_D$的具体要求可能有所不同。例如，在工业自动化、医疗设备或汽车行业中，系统和组件的可靠性要求往往更为严格，因此可能需要更高等级的 MTTF$_D$。而在某些低风险的应用中，较低等级的 MTTF$_D$可能就足够了。因此，在设计阶段就需要明确确定 MTTF$_D$，这有助于引导后续的工程决策和安全措施的实施。

此外，为了确保 MTTF$_D$的准确性，通常需要进行详尽的可靠性分析和测试。这包括对组件和系统的失效模式、效应和临界性的分析，以及定期的性能监测和维护。通过这些措施，可以及时发现潜在的危险失效并采取措施以防止其发生。

在实际应用中，还需要考虑外部环境因素对 MTTF$_D$的影响。例如，温度、湿度、振动和电磁干扰等环境因素可能加速系统的磨损和失效。因此，在评估 MTTF$_D$时，需要考虑这些环境因素，并确保系统设计能够在预期的工作环境中保持其安全性能。

MTTF$_D$ 的管理和优化是一个持续的过程。随着技术的发展和运行经验的积累，系统的安全性能可以不断提升。这可能包括采用新材料、改进设计或更新控制算法等措施，以延长系统的 MTTF$_D$，从而提高其整体的功能安全性。

2. MTTF$_D$、危险失效和 λ_D 的关系

衡量系统的可靠性，常常使用 MTTF$_D$ 和 λ_D 这两个指标。

危险失效是指系统在发生故障的情况下无法满足安全要求的失效状态。λ_D 是指单位时间内系统发生危险失效的概率。可以通过对系统进行设计和实验来计算、评估 λ_D。在危险失效模式下，系统失效会导致一个或多个危险事件的发生，包括有潜在危险的故障和不安全的故障。MTTF$_D$ 是指系统在设计寿命周期内，平均多长时间会发生一次危险失效，其单位通常是小时。

MTTF$_D$ 和 λ_D 是与系统可靠性相关的两个重要指标。MTTF$_D$ 表示在危险失效模式下，系统平均可以运行多长时间而不会发生失效，而 λ_D 则表示在单位时间内系统发生危险失效的概率。这两个指标有以下关系：

$$\mathrm{MTTF_D} = \frac{1}{\lambda_D}$$

即 MTTF$_D$ 是 λ_D 的倒数。这是因为在假设故障率是常数的情况下，可靠性与时间呈指数关系。因此，可以通过计算单位时间内系统发生危险失效的概率，即 λ_D，得出 MTTF$_D$。

计算 MTTF$_D$ 和 λ_D，可以采用 FMEA 和故障树分析（Fault Tree Analysis，FTA）等可靠性分析方法。FMEA 用于识别系统可能发生的故障模式、故障后果及故障的原因；FTA 则用于识别系统失效的所有可能原因，以及每个原因对系统失效的贡献度。

通过对系统进行可靠性分析，可以计算出系统的 MTTF$_D$ 和 λ_D，以便进行评估和验证系统的可靠性是否符合安全要求。

1.3.3.4 DC 值

【标准内容】

危险失效检测率（Dangerous Detected Failure Rate），即 λ_{DD}：

UoO 内检测到的失效率，检测到的失效不会导致风险增加或使风险增幅最小。如果未检测到，将导致风险立即增加。

诊断覆盖率（Diagnostic Coverage，DC）：
危险失效检测率 λ_{DD} 与总危险失效率 λ_D 的比值。

DC 值：
在 GB/T 38874 中，DC 分为低、中、高 3 个等级。可根据表 1.7 直接计算 DC 或参见

GB/T 38874.2—2020 的附录 C 中的方法计算 DC。

注 1：诊断覆盖率适用于全部或部分的高风险功能系统。例如，传感器和/或逻辑系统和/或末端部件。

注 2：对包含多个部件的 SRP/CS，使用平均值 DC_{avg}（参见 GB/T 38874.2—2020 的附录 C）。

表 1.7　诊断覆盖率（DC）

DC	$\dfrac{\sum \lambda_{DD}}{\sum \lambda_D} \times 100\%$
低	$0 \leqslant DC < 60\%$
中	$60\% \leqslant DC < 90\%$
高	$90\% \leqslant DC$

索引：本节标准内容源自 GB/T 38874.1—2020 的 3.7 节、3.10 节和 GB/T 38874.2—2020 的 7.3.4 节。

【解析】

在 GB/T 38874 中，DC 是指对于一个特定的安全相关功能，能够通过故障检测和诊断来发现其故障并采取必要的措施的能力，通常表示为百分数。DC 分为以下 3 个等级。

（1）低：$0 \leqslant DC < 60\%$。

如果 $0 \leqslant DC < 60\%$，则系统的诊断能力被认为有限。此时，对于该功能的故障检测和诊断可能存在漏洞，导致该功能的性能降低或不可用。

$0 \leqslant DC < 60\%$ 表明系统诊断能力不足，难以检测到危险失效事件，不能满足安全要求。因此，DC 必须大于或等于 60%。

（2）中：$60\% \leqslant DC < 90\%$。

如果 $60\% \leqslant DC < 90\%$，则系统的诊断能力被认为一般。此时，系统能够检测到大多数故障，并采取必要的措施来保证安全性能。

$60\% \leqslant DC < 90\%$ 表明系统可以检测和识别大多数危险失效事件，但是依然存在未检测到的事件。在这种情况下，必须进行风险评估，以确定未检测到的事件的影响和频率。

（3）高：$DC \geqslant 90\%$。

如果 $DC \geqslant 90\%$，则系统的诊断能力被认为良好。此时，系统能够高效地检测到故障，并采取必要的措施来保证安全性能。

$DC \geqslant 90\%$ 表明系统能够检测和识别几乎所有的危险失效事件。在这种情况下，风险评估的结果可以相对可靠地反映系统的风险水平。

对 DC 的计算，通常采用以下公式：

$$DC = (1 - PFD_{avg}) \times 100\%$$

式中，PFD_{avg} 为平均故障率下降（Probability of Failure on Demand average）指标，表示在系统需要执行安全功能时，系统未能正确响应的概率。

除 DC 的等级外，GB/T 38874 还规定了 DC 的具体内容，主要包括以下几点。

（1）故障检测的能力：系统能够检测到发生的故障，如传感器损坏、信号线路故障等。

（2）故障隔离的能力：当检测到故障时，系统能够确定故障的原因并采取必要的措施进行隔离。

（3）故障诊断的能力：系统能够确定故障的具体类型和位置，并采取必要的措施进行修复或替换。

（4）故障恢复的能力：当故障被隔离或修复后，系统能够恢复正常工作。

对于包含多个部件的 SRP/CS，可以使用平均诊断覆盖率（DC_{avg}）来代表整个系统的诊断能力。

具体来说，若对于一个包含 n 个部件的 SRP/CS，各个部件的诊断覆盖率分别为 $DC_1, DC_2, \cdots, DC_n$，则整个系统的 DC_{avg} 可以通过以下公式计算：

$$DC_{avg} = \frac{DC_1 + DC_2 + \cdots + DC_n}{n}$$

通过计算 DC_{avg}，可以更准确地评估整个系统的诊断能力，而不是只考虑单个部件的 DC。这有助于更全面地评估系统的安全性和可靠性，从而制定更好的功能安全策略。

1.3.3.5　类别、MTTF~DC~、DC 与 SRL 的选择

【标准内容】

共因失效（**Common-Cause Failure，CCF**）：

UoO 内单一事件引起的多种失效，这些失效无因果关系。

注：共因失效与共模失效不同，共模失效可由多种原因引起。

软件需求等级（**Software Requirement Level，SRL**）：

在预知条件下，安全相关部件执行软件安全相关功能的能力等级。

注：SRL 分为 4 类，即 SRL=B、1、2、3。

类别、MTTF~DC~、DC 与 SRL 的选择：

AgPL 与以下 4 个因素有关：

——类别（参见 GB/T 38874.2—2020 的附录 A）；

——MTTF~DC~（参见 GB/T 38874.2—2020 的附录 B）；

——DC（参见 GB/T 38874.2—2020 的附录 C）；

——SRL（参见 GB/T 38874.3—2020 的第 7 章）。

此外，系统设计时应考虑以下内容：

——第 3 类和第 4 类架构的 CCF（参见 GB/T 38874.2—2020 的附录 D）；

——仅允许由系统制造商授权的负责人（或服务商）对 AgPL 大于或等于"a"的 SRP/CS进行修改。

根据 GB/T 38874.4—2020 的第 11 章，应禁止未经授权的修改。

如图 1.4 所示，可采用可靠性指标（DC、SRL）和硬件类别（Cat）的多种组合实现AgPL$_r$。例如，高可靠的单通道体系结构与低可靠的双通道体系结构具有相同的 AgPL（见图 1.4）。

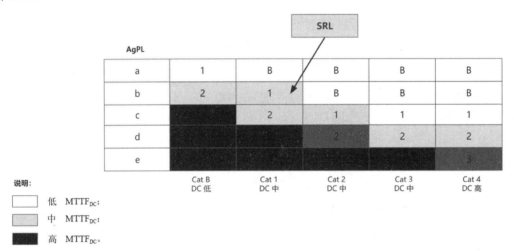

图 1.4 AgPL、类别、MTTF$_{DC}$、DC 和 SRL 之间的关系

图 1.4 中纵轴为 AgPL 值，横轴为硬件类别。对于给定的 AgPL，每个类别都有关联的DC、MTTF$_{DC}$ 和 SRL。

设计者应为 AgPL$_r$ 选择一个硬件类别。

注：当 AgPL 选择较高类别时，允许有较小的 MTTF$_{DC}$ 和/或 SRL 值。

索引：本节标准内容源自 GB/T 38874.1—2020 的 3.5 节、3.48 节和 GB/T 38874.2—2020的 7.3.5 节。

【解析】

1. AgPL、类别、MTTF$_{DC}$、DC 和 SRL 之间的关系

在 GB/T 38874 中，AgPL、类别、MTTF$_{DC}$、DC 和 SRL 等用于评估系统或组件的功能安全性能，它们之间的关系如下。

（1）AgPL 和类别的关系：AgPL 和类别是对危险进行分类的方法。在确定 AgPL 和类

别时，需要考虑危险性、暴露度和伤害可控性等因素。根据 GB/T 38874，AgPL 和类别之间的关系如下：AgPL b 对应类别 1、2，AgPL c 对应类别 3，AgPL d 对应类别 4。

（2）AgPL 和 $MTTF_{DC}$ 的关系：$MTTF_{DC}$ 是指平均危险失效前时间，考虑诊断覆盖率的影响。它是指当系统或组件在发生危险失效时，需要多长时间进行修复或重新配置，以确保系统或组件可以恢复到安全状态。$MTTF_{DC}$ 越长，系统或组件的可靠性越高。

（3）DC 和 SRL 的关系：DC 是指诊断覆盖率，即当系统或组件在发生危险失效时，能够检测到该失效的能力。DC 越大，系统或组件的可靠性越高。SRL 是指安全完整性水平，是对系统或组件功能安全性能的综合评估指标。根据 GB/T 38874，DC 和 SRL 之间的关系如下：$DC \geq 90\%$ 对应 SRL=3，$60\% \leq DC < 90\%$ 对应 SRL=2，$0 \leq DC < 60\%$ 对应 SRL=1。

AgPL、类别、$MTTF_{DC}$、DC 和 SRL 是 GB/T 38874 中常用的功能安全性能指标。它们在系统或组件的设计、开发和评估过程中起着重要的作用，有助于保证系统或组件的安全性和可靠性。

同时，AgPL、类别、DC、$MTTF_{DC}$ 和 SRL 也是功能安全的重要参数，它们之间的关系如下。

（1）AgPL 与类别、DC、$MTTF_{DC}$ 和 SRL 有关。AgPL 是针对某种危险状况的安全性能指标，与类别和 DC 直接相关。通常，AgPL 越高，要求的类别和 DC 越高，$MTTF_{DC}$ 越长，SRL 越高。

（2）类别与 DC、$MTTF_{DC}$ 和 SRL 有关。类别是安全功能需求的分类指标，用于指导系统安全功能设计和验证。通常，类别越高，要求的 DC 也越高，$MTTF_{DC}$ 越长，SRL 越高。

（3）DC 与 $MTTF_{DC}$ 和 SRL 有关。DC 是诊断能力的度量指标，与诊断方法和可靠性有关。DC 越高，要求的 $MTTF_{DC}$ 越长，SRL 越高。

（4）$MTTF_{DC}$ 与 SRL 有关。$MTTF_{DC}$ 是安全相关部件的可靠性要求指标，与 SRL 直接相关。通常，$MTTF_{DC}$ 越长，要求的 SRL 越高。

综上所述，这些参数在系统功能安全设计和验证过程中相互作用，需要综合考虑。在设计和验证过程中，需要根据实际情况选择合适的参数值，并进行充分的分析和评估，以确保系统满足安全性能要求。

2. 计算 $MTTF_{DC}$ 的方法

$MTTF_{DC}$ 是指在考虑系统性失效的情况下，SRP/CS 每个通道的平均危险失效前时间。计算 $MTTF_{DC}$ 的方法如下。

（1）对于 SRP/CS 每个通道，确定其分类和 SIL。

（2）对于 SRP/CS 每个通道，计算其 λ_D。

（3）对于 SRP/CS 每个通道，根据其 DC 和失效概率（PFD）计算其 $MTTF_D$。

（4）对于 SRP/CS 每个通道，根据其 DC 和 MTTF$_D$，计算其 λ_{DD}。

（5）对于 SRP/CS 每个通道，根据其 DC 和 λ_{DD}，计算其平均危险失效前时间（MTTF$_{DC}$）。

（6）对于整个系统，计算所有通道的 MTTF$_{DC}$ 的平均值，即系统的 MTTF$_{DC}$。

在 GB/T 38874 中，计算 MTTF$_{DC}$ 的方法包括以下步骤。

（1）识别每个通道中的所有部件，包括传感器、执行器、控制器和其他相关设备。

（2）确定每个部件的 λ_D 和 DC，以及每个部件是否具有内部或外部故障诊断能力。

（3）根据所识别的每个部件的 λ_D 和 DC，计算每个部件的 MTTF$_D$。

（4）根据通道的结构和部件的 λ_D，计算每个通道的 MTTF$_{DC}$。

（5）对于具有多个通道的系统，计算 MTTF$_{avg}$，并将其用于确定系统的 AgPL。

需要注意的是，在计算 MTTF$_{DC}$ 时，应考虑到所有可能导致危险失效的部件和系统级失效。此外，还应考虑所有可能影响部件和系统可用性的因素，如环境条件和操作、维护要求。

MTTF$_{DC}$ 的计算方法与通道分类相关。对于单独通道（CC1、CC2、CC3）和首要通道（PC），MTTF$_{DC}$ 的计算方法为

$$MTTF_{DC} = \frac{MTTF_D}{DC} \times k$$

式中，MTTF$_D$ 为每个部件的平均危险失效前时间；DC 为诊断覆盖率；k 为修正因子。修正因子 k 取决于通道分类和诊断方式（如硬件或软件）。

对于平等切换通道（HC）和不等切换通道（NC），MTTF$_{DC}$ 的计算方法与上述方法略有不同。

3. 系统设计中对 CCF 的考虑

根据 GB/T 38874，第 3 类和第 4 类架构的 CCF 是系统设计中需要考虑的重要因素。

CCF 代表共因失效，即由同一因素或同一问题引起的多个部件或系统故障。第 3 类和第 4 类架构的 CCF 更为复杂，因为它们可能包括更多的复杂电子、软件和机械系统，并且它们在系统设计中需要更严格的要求和更高的安全性能水平。

为了减少第 3 类和第 4 类架构的 CCF，设计人员应该采用不同的策略，如增加冗余、隔离、防护和监测，以确保系统中的部件不会由于同一原因或同一问题而发生故障。此外，还需要对部件进行多样性评估和 CCF 评估，并进行必要的风险评估和测试，以验证系统的安全性。

当使用第 3 类和第 4 类架构时，需要考虑共性故障的影响。共性故障是指可能在多个通道或部件中出现的同一类型的故障。这些故障可能会导致故障树中的顶事件或底事件（故障树中的最终事件）的发生，从而导致系统的失效。

为了避免共性故障对系统性能的影响，需要采取一些措施。例如，使用不同的设计策略来避免共性故障，如冗余设计、隔离设计和多样性设计。此外，还需要采取一些测试和验证措施来确保系统不会受到共性故障的影响。例如，对系统进行完整性测试、边界值测试和应力测试，以识别和解除共性故障。

在考虑第 3 类和第 4 类架构时，还需要对 CCF 进行评估。CCF 代表共因失效，是指多个通道或部件之间的故障共同作用，导致系统失效。为了评估 CCF，需要分析系统中每个通道或部件之间的交互作用，并识别可能导致共性故障的因素。之后要采取措施来减小 CCF 的可能性，如采用隔离设计和多样性设计。

当考虑第 3 类和第 4 类架构时，需要采取一系列措施来避免共性故障和 CCF 的影响，以确保系统的安全性和可靠性。

4．采用 DC.SRL 和 Cat 的多种组合实现 AgPL$_r$

根据 GB/T 38874，在确定农业机械的 AgPL$_r$ 时，需要综合考虑 DC、SRL 和 Cat 这三个关键因素。这些因素的不同组合能够满足相同的 AgPL$_r$，体现了该标准在安全要求上的灵活性和多样性。

- DC：DC 衡量的是系统在发生危险失效时，能够检测到该失效的能力。DC 越大，意味着系统在发现和响应潜在故障方面的能力越强。
- SRL：SRL 是评估软件在满足特定安全功能要求方面的能力。不同的 SRL 表示软件在实现安全功能方面的不同需求和复杂度。
- Cat：Cat 指的是系统的架构类型，如单通道系统或双通道系统。架构类型会影响系统的冗余和故障容忍能力。

基于 GB/T 38874，通过合理地选择 DC、SRL 和 Cat 的组合，可以实现相同的 AgPL$_r$。例如，一个单通道系统（Cat B）可能通过较高的 SRL 和相对较大的 DC 来满足特定的 AgPL$_r$ 要求。相反，一个双通道系统（Cat A）可能通过较低的 SRL 但配合更大的 DC 来达到相同的 AgPL$_r$ 要求。这种差异反映了不同系统设计和安全策略在实现相同功能安全目标时的多样性。

这种组合方法强调了在系统设计过程中考虑所有相关因素的重要性，以确保既满足功能安全要求，又适应特定的应用环境和操作条件。因此，系统设计师在确定 AgPL$_r$ 时，应全面评估 DC、SRL 和 Cat 的组合，以选择最合适的配置，确保系统的安全性和可靠性。

我们可以通过比较两个案例——高可靠的单通道体系结构和低可靠的双通道体系结构来展示如何通过不同的 DC、SRL 和 Cat 组合来实现相同的 AgPL$_r$。这两种体系结构虽然在设计和可靠性方面有所不同，但它们可以通过不同的参数组合达到相同的 AgPL$_r$。

（1）案例一：高可靠的单通道体系结构。

- 结构特点：单通道系结构通常具有较高的 SRL，因为它依赖于单个通道的可靠性和性能。由于没有冗余，因此这种体系结构对单通道的可靠性和错误检测能力有更高的要求。

- DC.SRL 组合：假设这个系统的 DC 为 90%，SRL 为 3，Cat 为 B。虽然 DC 较高，但由于只有一个通道，所以系统的整体故障检测能力受限。

- $AgPL_r$ 实现：单通道体系结构由于其较高的 SRL，因此可以补偿较低的 DC，从而实现所需的 $AgPL_r$。

（2）案例二：低可靠的双通道体系结构。

- 结构特点：双通道体系结构提供了冗余，即使一个通道发生故障，另一个通道仍可维持系统运行。这种体系结构在单个通道的可靠性方面可能较低，但总体上提供了更高的故障容忍性。

- DC.SRL 组合：假设这个系统的 DC 为 70%，SRL 为 2，Cat 为 A。虽然单个通道的可靠性可能较低，但较高的 DC 和双通道设计共同提高了系统的整体可靠性。

- $AgPL_r$ 实现：双通道体系结构通过其冗余设计和相对较高的 DC，即使在 SRL 较低的情况下，也能满足相同的 $AgPL_r$ 要求。

通过以上两个案例可以看出，不同的 DC、SRL 和 Cat 组合可以实现相同的 $AgPL_r$。高可靠的单通道体系结构通过较高的 SRL 补偿了较低的 DC，而低可靠的双通道体系结构则通过其冗余设计和相对较高的 DC 来弥补 SRL 的不足。这种灵活性允许系统设计者根据具体的应用需求和环境条件选择最合适的安全策略和系统架构，同时确保满足功能安全的要求。

总之，GB/T 38874 提供了一个灵活的框架，允许通过不同的 DC、SRL 和 Cat 组合来满足相同的 $AgPL_r$，这使设计人员能够根据具体的应用需求和环境条件，选择最适合的安全策略和系统架构。

1.3.3.6　$AgPL_r$ 的实现

【标准内容】

E/E/PES 架构（E/E/PES Architecture）：

安全相关功能在电子控制单元（ECU）中的配置以及软硬件分类，包括通信。

$AgPL_r$ 的实现：

安全功能可由一个或多个 SRP/CS 实现。设计者可使用一种技术或多种技术组合。每个元素可包含基于 E/E/PES 的不同技术。SRP/CS 可与其他技术的安全措施相结合。例如，机械安全功能（如机械连接接触器）。

注：非 E/E/PES 的失效不在本部分范围内。

功能安全概念的开发应指定符合功能安全需求的单个或组合 SRP/CS 的特性。选择硬件类别、$MTTF_{DC}$、DC 和 SRL 时，应使单个或组合 SRP/CS 的最终 AgPL 等于或超过所分配的功能安全需求的所有 $AgPL_r$。

图 1.5 为执行安全相关功能任务的典型控制通道及其相关元件，包括输入（I）、E/E/PES（L）、输出/功率控制元件（O）及互连方法（如电气、光）。所有互连方法包含在 SRP/CS 中。

示例：输入端包含的速度传感器与光触发信号转换器相连接。

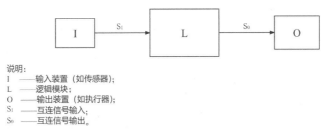

说明：
I ———— 输入装置（如传感器）；
L ———— 逻辑模块；
O ———— 输出装置（如执行器）；
S_I ———— 互连信号输入；
S_O ———— 互连信号输出。

图 1.5　安全相关部件组合框图

索引：本节标准内容源自 GB/T 38874.2—2020 的 3.12 节和 GB/T 38874.2—2020 的 7.3.6 节。

【解析】

1. 基于 SRP/CS 结合其他技术实现安全功能

在 GB/T 38874 中，安全功能可以由一个或多个 SRP/CS 实现，设计者可以采用一种技术或多种技术的组合。在实现安全功能时，可以使用多种技术来满足安全性能要求，包括硬件技术、软件技术、操作系统技术、信号处理技术、控制算法技术等。

每个 SRP/CS 元素可以包含基于 E/E/PES（Electrical/Electronic/Programmable Electronic System）的不同技术，如硬件技术中包含自检、红外传感器、红外探头、电子稳定器等；软件技术中包含错误检测和校正码、多重处理器、自适应软件等。

此外，SRP/CS 还可以与其他技术的安全措施相结合，如机械安全措施、操作者安全措施、环境安全措施等。例如，在汽车制造业中，当采用自动制动系统时，不仅需要通过制动系统的硬件技术和软件技术来保证安全性能，还需要通过驾驶员的反应时间、路面情况等多种因素来实现安全功能。

在选择安全技术时，需要考虑成本、安全性、可靠性等多个因素，确保选择的技术能够满足所需的安全性能要求。同时，需要对所选技术进行评估和验证，以确保其实际效果与设计要求相符。

例如，在某个系统中，可以使用一个由软件和硬件组成的 SRP/CS，还可以使用其他技术，如加密、防篡改等，以增强系统的安全性。在这种情况下，设计者需要对每个安全功能进行分析和评估，确定使用哪些技术实现，并且需要对不同技术之间的交互进行考虑和分析，以确保整个系统的安全性。

设计者还应该考虑各种技术的可靠性和复杂性，以确保系统的安全功能能够在整个寿命周期内保持可靠和有效。例如，使用一个高度复杂的加密算法来实现一个简单的安全功能，可能会增加系统的成本和复杂性，并且可能导致系统的可靠性下降。

在设计安全功能时，需要综合考虑多种技术和因素，以确保系统的安全性和可靠性。

除采用多个 SRP/CS 的组合实现安全功能以外，还可以采用其他技术的安全措施来提高安全性。例如，可以在 SRP/CS 中采用多重冗余，同时还可以采用一些诊断技术，如故障检测和隔离、多通道比较等，以提高系统的安全性。

此外，还可以在 SRP/CS 之外采用其他技术来提高系统的安全性。例如，可以在电源供应和地线上采用双重和/或冗余电气极性，以减小发生电气故障的可能性；可以采用外部监测和控制设备，如断路器、电子保护装置等，以保护电气设备免受故障的影响。这些技术措施可以与 SRP/CS 的措施结合使用，以提高系统的安全性。

总之，在设计安全功能时，需要考虑采用多种技术的组合，以提供最佳的安全性能，还需要根据系统的特点和要求选择最合适的技术方案，并在整个系统的寿命周期中对其进行评估和验证。

2. 功能安全概念的开发

在 GB/T 38874 中，要开发一个功能安全概念，需要定义并满足一系列功能安全需求。这些功能安全需求应指定符合需求的单个或组合 SRP/CS 的特性，以确保系统可以达到预期的安全性能水平。在选择合适的硬件类别、$MTTF_{DC}$、DC 和 SRL 等指标时，需要考虑这些指标的综合效果，以确保所选择的 SRP/CS 能够满足所有功能安全需求的 $AgPL_r$。

具体来说，为了达到所需的 $AgPL_r$，SRP/CS 的选择和设计应该考虑以下因素来实现功能安全需求的 AgPL。

（1）硬件类别：硬件类别是指硬件的可靠性等级。不同的硬件类别具有不同的 $MTTF_{DC}$ 和 DC。选择合适的硬件类别可以确保系统满足 $MTTF_{DC}$ 和 DC 的要求，以避免系统中的故障导致危险事件的发生。硬件类别越高，SRP/CS 的可靠性越高，可以支持的 AgPL 越高。在选择硬件类别时，应该根据系统安全性能需求进行评估，并选择符合要求的最低硬件类别。

（2）$MTTF_{DC}$：$MTTF_{DC}$ 是指单个通道的平均危险失效前时间。$MTTF_{DC}$ 越长，意味着单个通道越可靠，系统发生危险事件的风险越低。选择合适的 $MTTF_{DC}$ 可以确保单个通道的可靠性满足系统的要求，从而提高系统的安全性。对于 SRP/CS 的每个通道，应计算其 $MTTF_{DC}$。通常，$MTTF_{DC}$ 越长，SRP/CS 的可靠性越高，可以支持的 AgPL 越高。在选择

SRP/CS 时，应考虑其 MTTF$_{DC}$，以确保其可靠性足以支持所需的 AgPL。

（3）DC：DC 是指诊断覆盖率，即在故障发生时，系统能够检测到故障并进行处理的能力。DC 越高，意味着系统对故障的检测和处理能力越强，系统发生危险事件的风险越低。选择合适的 DC 可以确保系统能够检测和处理故障，从而提高系统的安全性。DC 越高，系统越能检测到 SRP/CS 中的故障，可以支持的 AgPL 越高。在选择 SRP/CS 时，应考虑其 DC，并根据所需的 AgPL 选择足够高的 DC。

（4）SRL：SRL 是指软件需求等级，它是根据系统的安全性能要求和可能产生的危险程度来确定的。不同的 SRL 需要满足不同的 AgPL 要求。选择合适的 SRL 可以确保系统的安全性满足要求。SRL 越高，SRP/CS 的安全性和可靠性越高，可以支持的 AgPL 越高。在选择 SRP/CS 时，应考虑其 SRL，并根据所需的 AgPL 选择足够高的 SRL。

考虑以上因素，可以选择单个或组合 SRP/CS 来实现所需的 AgPL。对于单个 SRP/CS，可以通过选择硬件类别、MTTF$_{DC}$、DC 和 SRL 来满足所需的 AgPL。对于组合 SRP/CS，可以将它们的 AgPL$_r$ 相加，并选择符合要求的组合 SRP/CS。在选择组合 SRP/CS 时，应考虑它们的相互作用和兼容性，并确保它们能够满足所需的 AgPL。

计算出单个或组合 SRP/CS 的 AgPL 是为了确保系统能够满足所有功能安全需求的 AgPL$_r$，需要不断地调整和优化 SRP/CS 的硬件类别、MTTF$_{DC}$、DC、SRL 等指标，直到达到所需的 AgPL$_r$ 为止。

3. 安全相关部件组合框图解析

安全相关部件组合框图是一个用于表示执行安全相关功能任务的典型控制通道的图示。其中包括 4 个基本元件：输入（I）、E/E/PES（L）、输出/功率控制元件（O）及互连方法（如电气、光）。

（1）输入（I）表示从传感器、开关、按钮等设备中接收输入信号。这些信号可能是电气信号、光信号等，需要通过适当的电路将其转换成数字信号。在安全相关部件组合框图中，输入（I）部分包含速度传感器和光触发信号转换器。速度传感器用于检测运动部件的速度，它可以是机械式的传感器（如轮速传感器）或非接触式的传感器（如霍尔传感器或磁编码器）。光触发信号转换器用于将传感器的输出信号转换成数字信号，输入 E/E/PES（L）。在这里，速度传感器是一个输入设备，其输出的模拟信号需要通过光触发信号转换器转换成数字信号，并输入 E/E/PES（L）。

（2）E/E/PES（L）是一个执行逻辑运算的设备，它接收输入信号，根据预设的逻辑算法进行运算，并输出相应的结果。E/E/PES（L）表示电子/电气/可编程电子系统，是控制系统的主体，执行安全相关功能任务。L 表示 E/E/PES 的所有元素，包括微控制器、逻辑电路、传感器接口等。在安全相关部件组合框图中，E/E/PES（L）接收由输入（I）输出的数字信号，通过逻辑运算获得相应的控制信号，并将其输出到输出/功率控制元件（O）中。

（3）输出/功率控制元件（O）是控制设备的一部分，其任务是接收来自 E/E/PES（L）的控制信号，将其转换成相应的电气信号、光信号，并输出到执行器或负载中。输出/功率控制元件（O）用于将 E/E/PES（L）的输出信号转换成机械控制信号或电气控制信号。例如，它可以是执行器，用于控制制动器或电动机的电源电压或电流。在安全相关部件组合框图中，输出元件由电动机和电源控制器组成。输出/功率控制元件（O）接收来自 E/E/PES（L）的控制信号，将其转换成光信号，并将其发送到执行器中。

（4）互连方法表示连接所有部件的方法，包括电气连接和光学连接。在安全相关部件组合框图中，互连方法通过 SRP/CS 实现，它是所有元件的安全相关部件的组合。互连方法（如电气连接、光学连接）连接各个部件的方式包括电缆、连接器、光纤等。在安全相关部件组合框图中，互连方法连接了各个部件，并将其组成一个完整的 SRP/CS。

总之，安全相关部件组合框图的设计目的是可视化执行安全相关功能任务所需的所有元件和它们之间的关系，以便评估系统的安全性能和确定安全要求。同时，安全相关部件组合框图还可以作为系统开发和验证的参考。安全相关部件组合框图提供了一个清晰的视觉表示，可以帮助人们理解系统中不同元素之间的关系和交互方式。它是功能安全开发过程中的一个重要工具，能够帮助开发人员识别潜在的故障点和风险，并采取相应的措施来提高系统的安全性和可靠性。

1.3.3.7　与其他功能安全标准的兼容性

【标准内容】

概述：

在以下情况下，允许使用由 GB/T 38874 以外的方法开发或评估系统和 SRP/CS，表明整个系统符合 GB/T 38874。

（1）应使用 GB/T 38874 中的风险分析确定 AgPLr。由表 1.8，应根据 AgPLr 确定 PL 或 SIL 以确定其他标准的要求。

表 1.8　AgPLr 与其他功能安全标准的兼容性

AgPLr	ISO 13849 PL	ISO 13849 危险失效率/h	IEC 61508 SIL	IEC 61508 危险失效率/h	ISO 26262 ASIL	ISO 26262 危险失效率/h
QM	—	—	无安全要求	—	QM	
a	a	$10^{-5} \sim 10^{-4}$	A（无特定安全要求）	—	A	见 GB/T 38874.2—2020 的 H.5 节 a）
b	b	$3 \times 10^{-6} \sim 10^{-5}$	1^{a}	$10^{-6} \sim 10^{-5}$	A	
c	c	$10^{-6} \sim 3 \times 10^{-6}$				
d	d	$10^{-7} \sim 10^{-6}$	2	$10^{-7} \sim 10^{-6}$	B	$10^{-8} \sim 10^{-7}$

续表

AgPL$_r$	ISO 13849 PL	ISO 13849 危险失效率/h	IEC 61508 SIL	IEC 61508 危险失效率/h	ISO 26262 ASIL	ISO 26262 危险 失效率/h
e	e	$10^{-8} \sim 10^{-7}$	3	$10^{-8} \sim 10^{-7}$	C	$10^{-8} \sim 10^{-7}$
—	—		4	$10^{-9} \sim 10^{-8}$	D	$<10^{-8}$
a 满足 AgPL$_r$= c 条件下的方法，见 GB/T 38874.2—2020 的 H.3 节 a）～d）						
注 1：除了平均危险失效率/h 的参数，还需要采取其他定性措施。例如，实现 AgPL$_r$ 所要求的系统（如软件开发过程）安全完整性。						
注 2：ASIL D 和 SIL 4 仅用于与 AgPL$_r$ 比较						

（2）当评估相同应用程序和表 1.8 中的等效 AgPL$_r$ 时，系统或 SRP/CS 应满足替代标准的所有要求。

注：QM 是一种具有很低风险的质量度量，与安全相关功能无关，因此与其他功能安全标准无对应关系。

IEC 61508 兼容系统或 SRP/CS：

（1）根据 IEC 61508 开发的硬件，高需求模式下的平均危险失效率完全满足 GB/T 38874 中的等效值，前提是硬件符合表 1.8 中相应的 SIL。

（2）如果 IEC 61508 使用的工具显示相应数值的危险失效率，则 SIL 1 硬件等同于 AgPL$_r$ 的 c 级。

（3）根据 IEC 61508 开发的软件，只要软件符合表 1.8 中相应的 SIL，就满足要求。GB/T 38874 过程也可用于软件开发。

（4）SIL1 软件可用于 AgPL$_r$=b 或 c。

ISO 13849 兼容系统或 SRP/CS 兼容系统：

符合 ISO 13849 的系统，如果满足以下要求，则符合 GB/T 38874 要求。

（1）根据表 1.8，ISO 13849 PL 等于或超过 GB/T 38874 的等效 AgPL$_r$。

（2）表 1.8 中等效 AgPL$_r$ 满足软件需求，或表 1.8 中等效 SIL 参照 IEC 61508 的要求。GB/T 38874 过程也可用于软件开发。

符合 ISO 26262 的兼容系统或 SRP/CS 的兼容系统：

如果满足以下要求，则符合 ISO 26262 的系统也符合 GB/T 38874。

（1）根据 ISO 26262 开发的硬件，只要硬件符合表 1.8 中相应的 ASIL，则高需求模式下的平均危险失效率完全满足 GB/T 38874 中的等效值。

（2）根据 ISO 26262 开发的软件，只要软件符合表 1.8 中相应的 ASIL，则完全满足 GB/T 38874 的要求。GB/T 38874 的过程也可用于软件开发。

（3）ASILA 软件可用于 AgPL$_r$=b 或 c。

索引：本节标准内容源自 GB/T 38874.2—2020 的 7.3.7 节和附录 H。

【解析】

1. GB/T 38874 与 ISO 13849、IEC 61508、ISO 26262 确定安全性能水平方法的异同

GB/T 38874、ISO 13849、IEC 61508 和 ISO 26262 这些标准都提供了确定安全性能水平的方法，但是它们针对的行业和应用场景略有不同，因此在确定 $AgPL_r$ 上的 PL 或 SIL 的要求方面也存在一些异同。GB/T 38874、ISO 13849、IEC 61508 和 ISO 26262 采用了不同的安全性能水平等级。

（1）GB/T 38874 是应用于农林机械领域的功能安全标准。

在 GB/T 38874 中，安全性能水平通过 $AgPL_r$ 来表示。$AgPL_r$ 由 DC 和 SRL 两个指标组成，其中 DC 是诊断覆盖率，SRL 是软件需求等级。DC 越高，表示系统对故障的诊断能力越强；SRL 越高，表示系统的安全性能要求越高。GB/T 38874 还引入了 $MTTF_{DC}$ 来表示安全相关部件的可靠性水平。

（2）ISO 13849 适用于机器安全的电气、电子和编程控制系统。

在 ISO 13849 中，安全性能水平通过 PL 来表示。ISO 13849 定义了 5 个不同的 PL：PL a 到 PL e。PL a 表示最低的安全性能要求，而 PL e 表示最高的安全性能要求。PL 是根据危险事件的影响和发生的概率来确定的。PL 由 PFH_d 和 DC_{avg} 两个指标组成，其中 PFH_d 表示每小时发生危险故障的概率，DC_{avg} 表示对危险故障的平均诊断覆盖率。PL 越高，表示系统的安全性能要求越高。

（3）IEC 61508 是应用于工业自动化控制系统、铁路信号系统等领域的功能安全标准。

IEC 61508 定义了 4 个不同的 SIL：SIL 1 到 SIL 4。SIL 1 表示最低的安全性能要求，而 SIL 4 表示最高的安全性能要求。SIL 是根据危险事件的影响和发生的概率来确定的。在 IEC 61508 中，安全性能水平通过 SIL 来表示。SIL 由 PFH 和 R 两个指标组成，其中 PFH 表示故障发生的概率，R 表示安全功能降低故障造成的风险的能力。SIL 越高，表示系统的安全性能要求越高。

（4）ISO 26262 是应用于汽车电子领域的功能安全标准。

在 ISO 26262 中，安全性能水平通过 ASIL 来表示。ISO 26262 定义了 4 个不同的 ASIL：ASIL A 到 ASIL D。ASIL A 表示最低的安全性能要求，而 ASIL D 表示最高的安全性能要求。ASIL 是根据危险事件的影响和发生的概率来确定的。ASIL 由 DAL 和 PMHF 两个指标组成，其中 DAL 表示开发过程的保障等级，PMHF 表示硬件故障的概率。ASIL 越高，表示系统的安全性能要求越高。

尽管这些标准使用了不同的术语和符号来表示安全性能水平，但它们的基本原则是相同的，即根据危险事件的影响和发生的概率来确定安全性能水平等级。

GB/T 38874、ISO 13849、IEC 61508 和 ISO 26262 定义了不同的安全性能水平等级，具体如下。

GB/T 38874：

$AgPL_r$ a、b、c、d、e。

ISO 13849：

PL a、b、c、d、e。

IEC 61508：

SIL 1、2、3、4。

ISO 26262：

ASIL A、B、C、D。

其中，a、b、c、d、e 和 1、2、3、4 及 A、B、C、D 分别表示不同的安全性能水平等级，它们之间的等效关系如下（基于表 1.8）。

$AgPL_r$ a 等效于 SIL A 等效于 ASIL A 等效于 PL a。

$AgPL_r$ b 等效于 SIL 1 等效于 ASIL A 等效于 PL b。

$AgPL_r$ c 等效于 SIL 1 等效于 ASIL A 等效于 PL c。

$AgPL_r$ d 等效于 SIL 2 等效于 ASIL B 等效于 PL d。

$AgPL_r$ e 等效于 SIL 3 等效于 ASIL C 等效于 PL e。

SIL 4 等效于 ASIL D，$AgPL_r$ 和 PL 无匹配项。

这些等效关系是相对的，不同标准所定义的具体等级可能会存在一些差异，因此在具体应用中需要根据实际情况进行具体分析和确定。

GB/T 38874、ISO 13849、IEC 61508 和 ISO 26262 均采用安全性能水平指标来描述系统或部件的安全性能，但它们在定义、评估和应用这些指标的方法上有所不同。

总体而言，虽然 GB/T 38874、ISO 13849、IEC 61508 和 ISO 26262 都是功能安全标准，但它们的范围和重点略有不同。在确定 $AgPL_r$ 上的 PL 或 SIL 的要求方面，它们的总体异同点如下。

- 定义安全性能水平的方法：虽然 GB/T 38874、ISO 13849、IEC 61508 和 ISO 26262 都是安全性能标准，但它们的范围和重点略有不同。在确定安全性能水平的方法上，GB/T 38874 主要适用于农林机械，使用 $AgPL_r$ 作为安全性能的描述；ISO 13849 专注于机械安全，使用 PL 作为安全性能的描述；IEC 61508 是一个跨行业的通用功能安全标准，使用 SIL 作为安全性能的描述；ISO 26262 专门针对道路车辆安全，使用 ASIL 作为安全性能的描述。这些不同的术语和方法反映了这些标准在应用领域和安全要求方面的特定重点。

- 评估方法：GB/T 38874、ISO 13849 和 ISO 26262 采用定量方法，即使用概率计算方法来确定系统或部件的安全性能水平；IEC 61508 采用定性方法，即基于经验、历史数据等因素来确定系统或部件的安全性能水平。

- 定义：GB/T 38874、ISO 13849、IEC 61508 和 ISO 26262 都提供了对 PL 或 SIL 的定义，但它们的定义略有不同，如在确定安全性能时应考虑的因素、适用范围等不同。

- 相关标准：GB/T 38874 适用于农林机械，ISO 13849 适用于机械系统，IEC 61508 适用于所有行业的电气、电子和编程控制系统，ISO 26262 适用于汽车行业的电气、电子系统。虽然这些标准的适用范围略有不同，但它们都旨在确保系统或部件的安全性能。

- 对技术措施的要求：GB/T 38874、ISO 13849、IEC 61508 和 ISO 26262 都要求采取适当的措施来确保系统或部件的安全性能，但它们采取的措施略有不同。例如，ISO 26262 对硬件和软件的控制要求更加严格，而 IEC 61508 注重系统整体的安全性能，不仅包括硬件和软件，还包括人员和环境因素。

相同点：

- 它们都采用了安全性能水平指标，分别是 $AgPL_r$、PL、SIL、ASIL，用于描述系统或部件的安全性能。

- 它们都采用了类似的方法来评估系统或部件的安全性能，如通过分析系统或部件的失效率、失效模式和失效影响等，计算出 $AgPL_r$、PL、SIL 或 ASIL。

- 它们都要求采用特定的技术和方法来实现、验证系统或部件的安全性能，并要求采取相应的安全措施来降低安全风险。

不同点：

- 它们定义的安全性能水平指标不完全相同。GB/T 38874 定义了 $AgPL_r$，ISO 13849 定义了 PL，IEC 61508 定义了 SIL，ISO 26262 定义了 ASIL。

- 它们的评估方法和标准也有所不同。例如，GB/T 38874 针对农林机械的安全性能进行了特别的规定和要求，ISO 13849 主要针对机械和电气系统，IEC 61508 主要针对工业控制系统和电气系统，ISO 26262 主要针对汽车电子系统。

- 它们定义和要求的技术及方法不完全相同。例如，GB/T 38874 要求采用 FMEA 等方法进行分析和评估，ISO 13849 要求采用可靠性分析与验证技术进行分析和评估，IEC 61508 要求采用 HAZOP、FTA 等技术进行分析和评估，ISO 26262 要求采用 HARA、FTA、FMEA 等技术进行分析和评估。

- 它们要求采取的安全措施不完全相同。例如，GB/T 38874 要求采取适当的措施来确保 SRP/CS 的安全性能和连通性，ISO 13849 要求采取可靠的电气、机械和软件措施来降低安全风险，IEC 61508 要求采取适当的控制措施来降低系统的安全风险，ISO 26262 要求采取适当的措施来保证系统的安全性、可靠性和完整性。

总体而言，GB/T 38874、ISO 13849、IEC 61508 和 ISO 26262 这些标准在安全性能水平的表示及计算方法上存在差异，但是它们都强调了安全性能的重要性，并提供了一套完整的安全性能表示和评估方法，目标都是确保系统或部件的安全性能，以防止潜在的人员伤亡或财产损失。

2. GB/T 38874、ISO 13849、IEC 61508 和 ISO 26262 的危险失效率等效情况

GB/T 38874、ISO 13849、IEC 61508 和 ISO 26262 都是功能安全标准，它们对危险失效率都有相应的要求，但是它们的定义和计算方法略有不同。

GB/T 38874 将危险失效率定义为安全相关部件失效导致系统失效的概率。该标准使用了 $AgRL_r$ 来表示安全性能水平，共有 5 个等级，从 $AgRL_r$ a 到 $AgRL_r$ e 等级升高，对应的危险失效率要求升高。其中，$AgPL_r$ e 要求最高，其危险失效率要求为 10^{-8} / h。

ISO 13849 将危险失效率定义为一个安全功能在特定时间内不能按照其预期执行的概率。该标准使用了 PL 来表示安全性能水平，共有 5 个等级，从 PL a 到 PL e 等级升高，对应的危险失效率要求也升高。其中，PL e 要求最高，其危险失效率要求为 $10^{-8} \sim 10^{-7}$ / h。

IEC 61508 将危险失效率定义为安全相关系统或部件失效时导致危险事件发生的概率。该标准使用了 SIL 来表示安全性能水平，共有 4 个等级，从 SIL 1 到 SIL 4 等级升高，对应的危险失效率要求也升高。其中，SIL 4 要求最高，其危险失效率要求为 $10^{-9} \sim 10^{-8}$ / h。

ISO 26262 将危险失效率定义为安全相关系统或部件失效导致无法满足其安全性能要求的概率。该标准使用了 ASIL 来表示安全性能水平，共有 4 个等级，从 ASIL A 到 ASIL D 等级升高，对应的危险失效率要求也升高。其中，ASIL D 要求最高，其危险失效率要求 $<10^{-8}$ / h。

需要注意的是，这些标准虽然在危险失效率的定义和计算方法上略有不同，但其最高等级的危险失效率要求非常接近，都在 $<10^{-9}$ / h 到 $<10^{-10}$ / h 之间。这说明这些标准都非常注重安全性能的保证，并且要求在设计、开发、测试和验证等各个阶段都严格控制危险失效率。

1.3.3.8 E/E/PES 的组合

【标准内容】

（1）每个系统制造商应根据 ISO 12100 对组合系统进行危险分析。还应根据 GB/T 38874.2 对组合系统进行风险分析评估（适用时）。假定第一个系统中的故障已由第一个系统制造商处理。因此，附加系统的制造商无须考虑第一个系统未改变部分是否符合 GB/T 38874。

（2）除通常认为第一个系统无失效以外，附加系统和系统之间控制交互应符合 GB/T 38874 的所有适用部分。

（3）系统之间的电子通信应根据 GB/T 38874 的相关要求进行评估，包括源自第一个系统的故障。

（4）系统应由制造商设计和评估，确保整机符合 ISO 4254 或 ISO 26322 的相应要求。

索引：本节标准内容源自 GB/T 38874.2—2020 的 7.3.8 节和附录 I。

【解析】

1. 组合系统的 ISO 12100 危险分析和 GB/T 38874 风险分析评估

ISO 12100 是一个国际标准，描述了机械安全的基本概念、设计和评估方法。在对组合系统进行危险分析时，首先应对系统的所有单独部件进行危险分析，并评估可能产生的危险和风险。其次应对组合系统进行危险分析，考虑系统中各个部件之间的相互作用，以及可能产生的新的危险和风险。

首先，进行危险分析，步骤如下。

（1）识别机械系统可能产生的危险和危险源。这些危险源包括机械运动、噪声、震动、温度、辐射、电磁场等。

（2）对机械系统的不同部件进行评估，确定其潜在的危险和风险。

（3）对机械系统进行风险分析评估，确定每个危险发生的概率和严重性，并对其进行分类。评估应考虑不同类型的操作者，如训练有素的操作者和非专业操作者。

（4）根据评估结果，采取必要的措施来消除或减少危险。这些措施包括设计改进、安全设备、警示标志、指示标志等。

其次，按照 ISO 12100 执行机械安全风险分析评估，步骤如下。

（1）定义机械系统：确定机械系统的范围、功能和特性，包括所有可能产生危险的部件和情况。

（2）危险识别：识别机械系统可能产生的危险和危险源，以及危险对人员、财产或环境可能产生的影响。

（3）危险评估：评估每个危险的严重程度和发生的可能性，并确定控制危险所需采取的措施。

（4）风险分析评估：评估危险的风险，即危险发生的可能性和可能产生的损害的严重程度。

（5）风险控制：确定采取的控制措施的类型和强度，并制定一份安全技术文件，包括必要的说明和警告。

（6）核查：检查控制措施是否有效，并记录安全技术文件的更改。

在 GB/T 38874 中，对于使用 E/E/PES 的组合系统，需要在适当的时候进行风险分析评估。具体来说，在以下情况下需要进行风险分析评估。

（1）组合系统或 E/E/PES 的设计发生重大变化时。

（2）组合系统或 E/E/PES 的应用范围发生重大变化时。

（3）事故或故障发生，导致机械系统或 E/E/PES 的性能下降或不符合预期时。

（4）需要确认控制措施是否适当和有效时。

（5）GB/T 38874 规定的其他情况。

风险分析评估应遵循 ISO 12100 的原则和方法，并根据 GB/T 38874 的要求进行，包括确定组合系统的应用和使用情况，识别潜在的危险和危险源，并评估其严重程度和发生的可能性，以及确定风险的级别及应采取的控制措施的类型和强度。所有这些信息都应记录在适当的文档中，供有关方面参考。

GB/T 38874 要求，在开发和评估农林机械的安全性时，根据 ISO 12100 进行危险分析，并在适用时进行风险分析评估。具体来说，当 GB/T 38874 中的 $AgPL_r$ 超过 ISO 12100 中所述的 PL_r，或者系统中包含与 GB/T 38874 定义的 E/E/PES 相关的功能时，应根据 GB/T 38874 进行风险分析评估。

最后，ISO 12100 和 GB/T 38874 都涉及对机械设备的危险分析和风险分析评估，但二者在方法和应用方面存在一些差异。

ISO 12100 是一个通用标准，适用于所有类型的机械设备，包括非电气设备和电气设备。该标准要求进行两个阶段的危险分析：首先，通过分析机械设备的各个部分、系统和功能来识别潜在的危险；其次，对已识别的危险进行评估和分类，确定相应的风险等级，并制定相应的风险控制措施。ISO 12100 提供了一些指导原则和方法，但没有规定具体的指标和计算方法，实际上，制造商可以自由选择采用何种方法。

GB/T 38874 是专门针对农林机械电气/电子系统的功能安全标准，主要用于对农林机械的 SRP/CS 进行风险分析评估。GB/T 38874 规定了具体的风险分析评估流程，包括几个特定的步骤和计算方法。例如，GB/T 38874 要求计算每个 SRP/CS 的危险失效率、$MTTF_D$ 和 SIL，并考虑多个 SRP/CS 在组合系统中的交互作用。

因此，ISO 12100 和 GB/T 38874 的主要区别在于以下几点。

- ISO 12100 适用于所有类型的机械设备，而 GB/T 38874 仅适用于农林机械电气/电子系统。

- ISO 12100 提供了一些指导原则和方法，而 GB/T 38874 规定了具体的风险分析评估流程。

- ISO 12100 没有规定具体的指标和计算方法，而 GB/T 38874 规定了计算危险失效率、MTTF$_D$、SIL 等指标的具体方法和公式。

综上所述，ISO 12100 和 GB/T 38874 都是重要的功能安全标准，但应用于不同的领域，并且具有不同的应用方法。

2. 组合系统符合 GB/T 38874 的要求

组合系统的要求包括第一个系统无失效、附加系统和系统之间控制交互符合 GB/T 38874 的所有适用部分。这意味着组合系统需要满足以下要求。

（1）第一个系统无失效：在组合系统中，第一个系统应当能够安全地执行其预定功能，并且不会产生任何危险或失效。第一个系统通常是指能够与其他系统进行交互的系统。

（2）附加系统的要求：组合系统中的附加系统应满足 GB/T 38874 的所有适用部分，包括对硬件、软件的安全性评估和验证，以及对硬件、软件的开发和测试的要求。附加系统的设计和开发应该基于整个组合系统的风险分析评估结果。

（3）系统之间控制交互：组合系统中的系统之间控制交互应该符合 GB/T 38874 的所有适用部分，包括对通信安全性的要求和对通信失效的处理。此外，还应当考虑组合系统中的控制策略、控制模式和控制变量的影响，并确保系统之间控制交互满足整个组合系统的安全性能要求。

组合系统的要求强调了系统之间的整合和控制交互安全性，需要满足 GB/T 38874 的相关要求，以确保整个组合系统的安全性。

在 GB/T 38874 中，要求附加系统和系统之间控制交互符合 GB/T 38874 的所有适用部分。这意味着在设计组合系统时，必须考虑附加系统和系统之间控制交互，以确保整个系统能够满足安全性能要求。

具体而言，组合系统必须满足以下要求。

（1）确定控制交互：需要确定附加系统和系统之间控制交互，并进行评估。

（2）确定控制交互的影响：需要评估控制交互对组合系统安全性的影响，并采取适当的措施减轻影响。

（3）采取措施确保控制交互的安全性：需要采取适当的措施来确保控制交互的安全性，如采取隔离措施、采用安全接口等。

总之，GB/T 38874 要求组合系统不仅要考虑附加系统本身的安全性，还要考虑附加系统和系统之间控制交互对组合系统安全性的影响，并采取相应的措施来确保控制交互的安全性。这样才能保证整个组合系统的安全性符合标准要求。

3. 根据 GB/T 38874 评估系统之间的电子通信

在系统之间的电子通信中，故障的发生可能会导致通信中断或信息错误，从而导致安全性风险。因此，为确保组合系统的安全性，GB/T 38874 要求对系统之间的电子通信进行评估。

对于组合系统中的电子通信，GB/T 38874 要求进行以下评估。

（1）识别每个系统之间的通信通道，包括输入通道、输出通道、数据传输通道等。

（2）对每个通信通道，进行电磁兼容性（EMC）分析，以确定是否存在电磁干扰问题。EMC 分析应考虑系统中所有可能存在的干扰源，包括电气干扰源、磁性干扰源、电磁辐射干扰源等。

（3）根据分析结果，采取必要的措施，如屏蔽、隔离、滤波等，以确保通信通道的可靠性和稳定性，并避免干扰问题对系统性能和安全性的影响。

（4）对于源自第一个系统的故障，应考虑其对其他系统通信通道的影响。例如，第一个系统发生故障导致通信中断，其他系统是否能够识别该故障并采取适当的措施，如切换到备用通道，以确保通信的可靠性和稳定性。

（5）对于所有通信通道，应进行必要的测试和验证，以确保其符合 GB/T 38874 的相关要求，包括可靠性、实时性、容错能力等。

针对组合系统中的电子通信，GB/T 38874 要求采取综合性的评估方法和措施，以确保其符合高安全性能要求。具体而言，评估应包括以下几方面。

（1）电子通信的安全性能要求：电子通信应满足相应的安全性能要求，包括保密性、完整性和可用性。例如，在汽车系统中，保密性要求防止未经授权的数据访问或信息泄露，完整性要求保证数据不会被篡改或损坏，可用性要求保证通信的稳定性和可靠性。

（2）通信故障的影响评估：评估应包括通信故障的影响，如通信中断或信息错误可能导致的安全性风险，以及如何处理这些风险。

（3）通信故障的诊断和恢复：应对通信故障进行诊断和恢复，以确保系统在故障发生时能够及时识别和处理，从而降低安全性风险。

（4）故障源头的识别和处理：评估还应包括故障源头的识别和处理。例如故障可能源自第一个系统，需要对第一个系统进行故障排除和修复，以避免对其他系统造成影响。

综上所述，GB/T 38874 要求对组合系统中系统之间的电子通信进行全面的评估和管理，以确保通信的安全性和可靠性，同时降低因通信故障导致的安全性风险。

4. ISO 4254 和 ISO 26322 的系统设计和评估要求

ISO 4254 和 ISO 26322 都是农林机械安全标准，旨在确保农林机械的设计与制造符合安全、卫生和环境保护的要求，以保障操作人员、环境和动物的安全。

ISO 4254 是一个农林机械安全标准，适用于农业中使用的悬挂式、半悬挂式和牵引式动力驱动机器等，不适用于农林拖拉机、农用飞机和气垫车辆、草坪和花园设备、机器特定的组件或功能。ISO 4254 要求适用的农林机械在设计及制造过程中必须考虑到使用与维修时可能存在的危险和风险，并采取相应的措施来消除或减少这些危险和降低其风险。该标准规定了农林机械的安全要求、风险评估和减轻措施。在 GB/T 38874 中，要求系统符合 ISO 4254 的相关要求，以确保整机的安全性。因此，系统制造商需要对整机进行风险评估，并采取必要的风险降低措施，以使系统满足 ISO 4254 的相关要求。

ISO 26322 也是一个农林机械安全标准，与 ISO 4254 的不同之处在于，其适用于农林窄轨和小型拖拉机，具体来讲，其适用于至少有两个轴为气胎轮，或者以履带代替车轮且最小固定或可调履带宽度不超过 1150mm 的窄履带拖拉机，以及空载质量不超过 600kg 的小型拖拉机。该标准规定了农林机械的安全要求、风险评估和降低措施。在 GB/T 38874 中，要求系统符合 ISO 26322 的相关要求，以确保整机的安全性。因此，系统制造商需要对整机进行风险评估，并采取必要的风险降低措施，以使系统满足 ISO 26322 的相关要求。

在 GB/T 38874 中，要求系统由制造商设计和评估，确保整机符合 ISO 4254 或 ISO 26322 的相应要求，这是为了保障农林机械或动物驱赶设备在设计与制造过程中的安全性和可靠性，以防止在使用与维修过程中对操作人员、环境和动物造成危害。

1.3.3.9 SRP/CS 的交联组合的总体 AgPL

【标准内容】

当具有各自独立 AgPL 的多个 SRP/CS 相结合时，可采用 GB/T 38874.2—2020 的附录 J 中的方法确定总体 AgPL。

索引：本节标准内容源自 GB/T 38874.2—2020 的 7.3.9 节。

【解析】

1. SRP/CS 串联估计和计算

在 GB/T 38874 中，SRP/CS 的交联组合是实现总体 AgPL 的一种方法。SRP 是指对于机器或车辆的安全性能水平有关键作用的部件，如制动系统、转向系统等；CS 是指通过监测和控制 SRP 来保证机器或车辆安全性能的系统，如安全控制器、传感器等。

在实现总体 AgPL 时，必须考虑 SRP 和 CS 之间的相互作用与交联，以确保系统可以达到所需的安全性能水平。具体来说，需要考虑以下几方面。

（1）SRP 的失效对 CS 的影响：必须确定每个 SRP 失效的影响，以及这些影响如何传递到 CS 中。例如，制动系统失效，那么 CS 必须能够检测到这种失效并采取适当的措施来确保车辆停止。

（2）CS 的失效对 SRP 的影响：必须确定每个 CS 失效的影响，以及这些影响如何传递到 SRP 中。例如，安全控制器失效，那么制动系统必须能够采取适当的措施来确保车辆停止。

（3）SRP 和 CS 之间的相互作用：需要评估 SRP 和 CS 之间的相互作用，以确定它们如何协同工作来实现总体 AgPL。例如，在制动系统和安全控制器之间需要确保正确的信号传递与响应时间，以确保车辆在需要时能够停止。

（4）SRP/CS 的交联组合对于实现总体 AgPL 至关重要，必须对它们之间的相互作用进行详细的分析和评估，以确保机器或车辆的安全性能可以达到所需的水平。

串联估计是在 SRP/CS 的交联组合中使用的一种方法，用于计算整个系统的总体 AgPL。它涉及对多个 SRP/CS 进行连接，以评估整个系统的安全性。

在串联估计中，每个 SRP/CS 的 PL 或 SIL 被视为输入。这些输入被组合起来，用于计算整个系统的 AgPL。这种计算方法要求每个 SRP/CS 都满足其安全性能要求，并且每个 SRP/CS 都必须与其前面的 SRP/CS 正确地交联。

例如，一个系统包括两个 SRP/CS，第一个具有 PL d，第二个具有 PL e，则整个系统的 AgPL 可以通过将两个 SRP/CS 的 PL 相加得出，即 AgPL=PL d + PL e。在这种情况下，假设两个 SRP/CS 之间的交联是正确的，则系统的总体 AgPL 将等于 PL d 和 PL e 的和。

值得注意的是，串联估计是一种相对简单的方法，但它需要保证各个 SRP/CS 之间的交联是正确的。如果这些交联没有正确实现，那么串联估计可能会高估系统的安全性。因此，在进行串联估计之前，必须对系统的安全性设计进行仔细规划和实施。

2. 计算执行安全功能的组合 SRP/CS 的总体 AgPL

在计算执行安全功能的组合 SRP/CS 的总体 AgPL 时，需要按照串联估计的方法进行计算。该方法包括以下步骤。

（1）确定每个 SRP/CS 的 AgPL：根据 GB/T 38874 的要求，对于每个 SRP/CS，应该根据其安全功能的重要性、复杂性和可靠性等指标，确定其 AgPL。

（2）计算每个 SRP/CS 的失效率：根据 GB/T 38874 的要求，每个 SRP/CS 的失效率应该根据其设计和实现过程中的安全性分析、测试数据、实验结果等进行计算。

（3）计算组合 SRP/CS 的失效率：根据串联估计的方法，计算组合 SRP/CS 的失效率。具体而言，对于每个 SRP/CS，将其失效率与后续 SRP/CS 的失效率进行组合计算，即可得到组合 SRP/CS 的失效率。

（4）确定组合 SRP/CS 的总体 AgPL：根据 GB/T 38874 的要求，根据组合 SRP/CS 的失效率和要求的 AgPL，确定组合 SRP/CS 的总体 AgPL。

需要注意的是，串联估计方法只适用于仅由 SRP/CS 组成的系统，而不能用于涉及其他元素（如传感器、执行器等）的系统。对于这些系统，需要使用并联估计方法计算总体

AgPL。此外，在计算总体 AgPL 时，还需要考虑 SRP/CS 之间的交联关系和其他因素的影响，以确保整个系统的安全性。

以下是两种 SRP/CS 的总体 AgPL 计算方法。

方法 1： 可根据 GB/T 38874.2—2020 的附录 G，计算执行安全功能的组合 SRP/CS 的总体 AgPL，步骤如下。

（1）确定最低 $AgPL_i$，即 $AgPL_{low}$。

（2）确定 SRP/CS_i 中 $AgPL_i=AgPL_{low}$ 的个数 N_{low}：$AgPL_i=AgPL_{low}$ 且 $N_{low} \leq N$。

（3）查找表 G.1 中系统故障——意外停止情况，以表 G.2 和表 G.3 为例，通过 GB/T 38874.2—2020 中的图 1.1 最终确认 $AgPL_r$。

方法 2： 计算执行安全功能的组合 SRP/CS 的总体 AgPL 需要进行串联和交联的估计。具体来说，串联估计涉及将所有的 SRP/CS 按照串联方式连接起来，并计算得出总体失效率，从而估计整个系统的 AgPL。交联估计则将不同的 SRP/CS 按照交联方式连接起来，计算得出总体失效率，从而估计整个系统的 AgPL。

对于串联估计，计算方法为

$$AgPL = \min(P_1 + P_2 + \cdots + P_n)$$

式中，$P_1,P_2,\cdots,P_n$ 分别表示各个 SRP/CS 的 PL，由失效率 λ 计算得出。

对于交联估计，计算方法为

$$AgPL = D\max(P_1 + P_2 + \cdots + P_n)$$

式中，D 表示修正因子，由于不同的 SRP/CS 之间的交联方式不同，因此修正因子的计算方法也不同；$P_1,P_2,\cdots,P_n$ 分别表示各个 SRP/CS 的 PL，由失效率 λ 计算得出。

需要注意的是，对于交联估计，修正因子 D 的取值不应超过 1，否则会使总体 AgPL 超过实际可达到的最大值。此外，在进行总体 AgPL 计算时，还需要考虑到不同 SRP/CS 之间的相互影响，以及不同失效模式的概率分布等因素。因此，计算总体 AgPL 需要进行详细的失效率分析和概率计算。

3. 数据通信

在组合系统中，不同的 SRP/CS 之间需要进行数据通信，如传输传感器信号或控制命令等。因此，在设计和评估组合系统时，需要特别注意数据通信的可靠性和兼容性。

首先，需要考虑布线方案，确保所有数据传输线路的可靠性和稳定性。这包括选择合适的传输介质和信号处理方法，以确保数据传输的准确性和可靠性。在 GB/T 38874 中，还要求进行 EMC 评估，以确保数据传输线路的兼容性和抗干扰能力。

其次，需要考虑软件的兼容性和互操作性。在组合系统中，不同的 SRP/CS 可能使用不同的软件和编程语言，因此需要考虑软件的兼容性和互操作性。此外，还需要对软件进行详细的测试和验证，以确保其在组合系统中正常运行，并且满足安全性能要求。

组合系统中的数据通信和软件兼容性是影响总体 AgPL 的重要因素之一。在设计和评估组合系统时，需要特别注意这些问题，并采取相应的措施来确保系统的安全性和可靠性。

在设计组合系统时，需要注意不同 SRP/CS 之间的数据通信，这些数据通信可能涉及布线和传输协议等方面。因此，在组合系统的设计中，需要考虑所有布线和数据通信，以确保整个系统的稳定性和可靠性。在数据通信的实现过程中，需要考虑软件的兼容性，以确保软件可以在组合系统中正常运行。

为了实现数据通信的兼容性，需要考虑以下因素。

（1）传输协议的兼容性：组合系统中的不同 SRP/CS 可能使用不同的传输协议，这些传输协议需要兼容才能确保数据通信的顺利进行。因此，在组合系统的设计中需要考虑各个 SRP/CS 之间的传输协议的兼容性。

（2）数据格式的兼容性：不同的 SRP/CS 可能使用不同的数据格式，这些数据格式需要兼容才能确保数据的正确传输和解析。因此，在组合系统的设计中需要考虑数据格式的兼容性。

（3）数据传输的实时性：在组合系统中，数据传输的实时性也是一个重要因素。不同的 SRP/CS 需要实时地传输数据，以确保整个系统的稳定性和可靠性。因此，在组合系统的设计中需要考虑数据传输的实时性。

总之，组合系统的设计需要考虑到所有 SRP/CS 之间的数据通信和软件兼容性问题，以确保整个系统的稳定性和可靠性。

4．SRP/CS 的复杂组合实现总体 AgPL

当 SRP/CS 的复杂组合实现需要进行总体 AgPL 评估时，在 SRP/CS 的复杂组合实现总体 AgPL 的情况下，可能需要使用 IEC 61508 或 ISO 26262 的适用部分中的方法来处理更复杂的硬件架构组合。这是因为这些标准中提供了一些原则和方法，以便人们更好地处理系统的安全性问题。

首先，需要根据实际情况选择使用 AgPL、ASIL 或 SIL 进行整体安全性评估。AgPL 适用于农林机械的安全性评估，而 ASIL、SIL 则分别适用于汽车电子和工业自动化等领域的安全性评估。

其次，需要考虑 AgPL、ASIL 和 SIL 之间的相关性。虽然这些评估指标之间存在一定的差异，但它们都关注在不同程度上减小系统失效的可能性和危险事件发生的概率。因此，可以通过考虑它们之间的相关性来选择适当的整体安全性评估方法。

如果需要对 SRP/CS 的复杂组合实现总体 AgPL 与 ASIL 或 SIL 进行比较，则需要确定它们之间的相关性。这可以通过对每个等级的安全需求和安全措施进行比较来实现。通过比较可以确定哪些安全需求和安全措施是相似的，以及哪些安全需求和安全措施是不同的。

在这个过程中，需要考虑到 SRP/CS 的复杂组合实现总体 AgPL 所需要满足的所有要求，并确保与其他级别的要求一致。此外，还需要根据实际情况和需求，确定合适的安全完整性水平，以便在复杂组合实现中采取相应的安全措施。

在更复杂的硬件架构组合中，通常需要考虑多个 SRP/CS 之间的交互作用和数据通信，这会增加系统的整体复杂性和安全风险。为了解决这些问题，可以使用 IEC 61508 或 ISO 26262 的适用部分中的方法，通过 AgPL、ASIL 和 SIL 之间的相关性来评估系统的整体安全性。

具体而言，需要先对每个 SRP/CS 的 AgPL、ASIL 或 SIL 进行评估，然后考虑它们之间的交互作用和数据通信。如果 SRP/CS 之间存在关键的交互作用，那么系统的 AgPL、ASIL 或 SIL 水平将受到影响。在评估系统的整体安全性时，需要考虑每个 SRP/CS 的贡献和它们之间的交互作用，以及系统中可能存在的其他因素，如环境和操作条件等。

举例说明：

某汽车制造商使用 ISO 26262 对汽车的安全相关系统进行评估。在汽车中，安全相关系统需要执行许多安全功能，如制动、稳定性控制和气囊部署等。安全相关系统通常由多个 SRP/CS 组成，如传感器、控制单元和执行器等。

对于汽车制造商来说，组合系统的总体 AgPL 至关重要，因为安全相关系统的失效可能会导致严重的后果。例如，制动系统失效，则车辆可能无法停止，从而导致交通事故。因此，汽车制造商需要对每个安全相关系统进行安全性分析，并计算组合系统的总体 AgPL。

汽车制造商可以使用 ISO 26262 中的原则和方法来计算组合系统的总体 AgPL。对于更复杂的硬件架构组合，可以使用 ASIL 和 SIL 之间的相关性来确定总体 AgPL。例如，一个组合系统包含一个高 ASIL 的组件和一个低 ASIL 的组件，那么组合系统的总体 AgPL 将取决于这两个组件的相关性，以及系统的整体可靠性。

因此，对于汽车制造商来说，评估组合系统的总体 AgPL 需要综合考虑硬件、软件和系统之间的相互作用，以确保汽车的安全相关系统可以在各种情况下正常工作。

总而言之，在进行组合系统的设计和评估时，需要考虑多个标准，包括 GB/T 38874、ISO 13849、IEC 61508 和 ISO 26262。其中，GB/T 38874 是针对农林机械的功能安全标准，要求制造商根据 ISO 12100 进行危险分析，同时在适用时进行风险分析评估。组合系统中的各个 SRP/CS 需要满足要求的 PL，可以使用串联估计来计算总体 AgPL，还需要注意组合 SRP/CS 之间的数据通信和软件兼容性。对于更复杂的硬件架构组合，可以使用 IEC 61508 或 ISO 26262 的适用部分中的方法，通过 AgPL、ASIL 和 SIL 之间的相关性来评估系统的整体安全性。整个设计和评估过程需要细致、严谨，以确保组合系统的安全性和可靠性。

第**2**章

农林拖拉机和机械控制系统安全相关部件的系统整体设计

2.1 目的和概述

【标准内容】

目的：

定义系统的详细设计，以满足整个安全相关系统的安全需求。

概述：

安全需求包括实现和确保功能安全的所有需求。在安全寿命周期内，在各层次级别上对安全需求进行详细的阐述和规定。图 2.1 列出了安全需求的不同层次。安全需求开发过程的完整表述见本书 2.2 节。为了对安全需求进行管理，建议使用恰当的需求管理工具。

GB/T 38874.3—2020 的附录 A 给出了 AgPL = e 时的功能安全评估示例。

索引：本节标准内容源自 GB/T 38874.3—2020 的 5.1 节和 5.2 节。

【解析】

1. V 模型

V 模型是一种软件开发方法，它将软件开发过程中的各个阶段及相应的测试阶段组织成一个 V 字形结构，从而形成一种直观、清晰的软件开发过程模型。V 模型的背景可以追溯到 20 世纪 80 年代，当时欧洲各国开始将软件质量标准纳入国家标准，V 模型就是其中一种被广泛采用的软件开发过程模型。软件开发的 V 模型如图 2.2 所示。

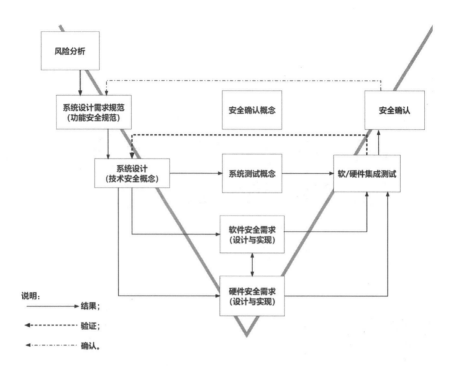

图 2.1　安全需求构建

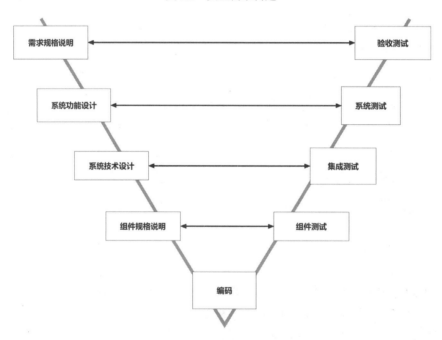

图 2.2　软件开发的 V 模型

V 模型的特点是以测试为中心，测试是贯穿整个软件开发过程的，它将软件开发过程划分为左侧的需求分析、设计及编码和右侧的组件测试、集成测试、系统测试、验收测试等过程，形成一个 V 字形结构。在 V 模型中，每个阶段都有对应的测试活动，代表了系统需求的追踪性，从需求分析阶段到设计阶段、实现阶段，测试活动始终是最重要的活动之一。也就是说，V 模型注重从需求分析到测试的完整性，并在后续阶段的测试中验证前一个阶段的结果。这种测试活动的交叉验证使得 V 模型具有更高的可靠性和质量保证，从而可以有效降低软件开发风险。

V 模型包括以下几个阶段。

（1）需求分析阶段：在需求分析阶段，软件开发团队与客户进行沟通和协作，分析和确定软件需求。在这个阶段，软件开发团队需要制定详细的需求文档，以确保软件开发工作符合客户的要求。在 V 模型中，需求分析阶段需要进行需求验收测试，测试的目的是验证需求是否完整、准确、一致和可行。

（2）设计阶段：在设计阶段，软件开发团队需要根据需求文档进行详细的设计工作，包括系统功能设计、系统技术设计等。在 V 模型中，设计阶段需要进行系统测试、集成测试，测试的目的是验证软件设计是否满足需求，是否可行、正确和一致。

（3）编码阶段：在编码阶段，软件开发团队需要根据设计文档进行编码工作，实现软件的功能。在 V 模型中，编码阶段需要进行组件测试，测试的目的是验证软件的各个组件是否符合设计要求，是否能够正确地实现功能。

（4）集成测试阶段：在集成测试阶段，软件开发团队将不同的模块进行集成，并进行测试。在 V 模型中，集成测试阶段需要进行集成测试，测试的目的是验证软件集成后是否能够满足系统要求，是否稳定、可靠和可维护。

（5）系统测试阶段：在系统测试阶段，测试团队将对整个软件系统进行测试，并验证系统是否符合客户的要求。在 V 模型中，系统测试阶段需要进行系统测试，测试的目的是验证软件系统是否满足需求，是否符合用户的要求，是否具有高质量和可靠性。

（6）验收测试阶段：在验收测试阶段，客户或最终用户对软件进行验收测试，以验证软件是否能够满足其要求和需求。在 V 模型中，验收测试阶段需要进行验收测试，测试的目的是验证软件是否符合用户的要求，能否满足用户的期望，是否达到标准。

V 模型是一种软件开发过程模型，具有以下特征。

（1）明确性和可控性：V 模型以测试为中心，从需求分析到验收测试的每个阶段都有相应的测试活动，使软件开发过程更加明确和可控。V 模型将软件开发过程划分为顶部和底部两个部分，顶部代表需求分析和设计阶段，底部代表实现阶段。这种明确的划分和测试活动贯穿整个软件开发过程，使软件开发过程更加可控和可预测。

（2）可追溯性：V 模型中的中心轴代表系统需求的追踪性，可以确保所有的需求都得到理解和满足，也可以确保测试的完整性。在 V 模型中，每个阶段都有相应的测试活动，测试活动的结果可以反馈到前一个阶段，以确保整个软件开发过程具有可追溯性。

（3）风险管理：通过 V 模型中的集成测试和系统测试等活动，软件开发团队可以在早期识别和处理问题，从而降低软件开发风险。在 V 模型中，测试活动的重要性得到了充分的体现，测试活动有助于软件开发团队识别和处理问题，从而降低软件开发风险。

（4）效率提升：V 模型中的测试活动始终是最重要的活动之一，测试活动的效率和质量能够对整个软件开发过程产生积极的影响。在 V 模型中，测试活动的重要性得到了充分的体现，提高测试活动的效率和质量，能够帮助软件开发团队提高软件开发效率和质量，从而加快产品的上市。

（5）可重用性：V 模型中的设计阶段和实现阶段可以产生可重用的设计及代码，从而提高软件开发效率和质量。在 V 模型中，设计阶段和实现阶段的重要性得到了充分的体现。

（6）质量保证：V 模型通过测试活动和质量保证活动，可以确保开发出来的系统能够符合用户的要求、满足用户的期望，具有高质量和可靠性。在 V 模型中，测试活动和质量保证活动的重要性得到了充分的体现，测试活动可以确保开发出来的系统具有高质量和可靠性，质量保证活动可以确保软件开发过程的质量。

（7）适用性广泛：V 模型适用于各种类型的软件开发项目，包括传统的瀑布式开发项目和敏捷式开发项目。在 V 模型中，需求分析和测试活动的重要性得到了充分的体现，这使得 V 模型特别适用于对软件质量和可靠性有较高要求的项目。

（8）便于管理和控制：V 模型中的测试活动的重要性在各个阶段都得到了充分的体现，这使得项目经理和测试经理能够更加方便地管理、控制测试活动。通过 V 模型中的测试活动，测试经理可以及时发现和处理问题，从而确保项目能够按照计划进行。

（9）提高软件开发团队的沟通和协作能力：V 模型中不同阶段之间的测试活动需要相关人员进行交互和沟通，这使得软件开发团队的沟通和协作能力得到提高。通过 V 模型中的测试活动，不同软件开发团队之间能够更加紧密地合作，从而提高软件开发效率和质量。

（10）降低测试成本和减少测试时间：通过 V 模型中的集成测试和系统测试等活动，软件开发团队可以在早期发现和处理问题，从而降低测试成本和减少测试时间。在 V 模型中，测试活动的重要性得到了充分的体现，测试活动可以帮助软件开发团队识别和处理问题，从而降低测试成本和减少测试时间。

总之，V 模型是一种有效的软件开发过程模型，它将软件开发过程和测试过程结合起来，从而提高了软件开发过程的质量和可靠性，还提高了软件开发效率，使整个软件开发过程更加规范和有序。它可以帮助软件开发团队提高软件开发效率和质量，降低软件开发风险和测试成本，减少测试时间，提高软件开发团队的沟通和协作能力。

2. 安全相关系统开发的 V 模型

安全相关系统开发的 V 模型是一种软件开发过程模型，它在传统 V 模型的基础上加入了针对安全性的特殊要求，包括系统安全规范、风险评估、安全需求、安全设计和测试等阶段。该模型强调在整个软件开发过程中将安全性纳入考虑，以保障系统的安全性。

安全相关系统开发的 V 模型包括以下几个阶段。

（1）安全规范阶段：在此阶段，系统开发团队将定义开发过程中需要遵循的安全规范和标准，以确保系统在设计和实现过程中具备足够高的安全性。

（2）风险评估阶段：在此阶段，系统开发团队将对系统进行风险评估，以识别潜在的安全威胁，并为后续的安全设计和测试活动提供依据。

（3）安全需求阶段：在此阶段，系统开发团队将定义系统的安全需求，包括安全功能、性能、可用性和可靠性等方面的需求，以满足系统安全性能要求。

（4）安全设计阶段：在此阶段，系统开发团队将设计系统的安全功能和架构，包括选择合适的安全机制、实现方案和技术等。

（5）安全测试阶段：在此阶段，系统开发团队将进行安全测试，包括对安全需求的验证、对安全机制的评估、对系统的渗透测试及安全漏洞的发现和修复等。

（6）系统集成测试阶段：在此阶段，系统开发团队将进行系统集成测试，包括对安全性进行测试和验证，以确保系统具备足够高的安全性。

（7）系统验收测试阶段：在此阶段，系统开发团队将进行系统验收测试，以确认系统符合预期的安全要求和功能需求，并且能够满足用户的期望和要求。

通过以上阶段，安全相关系统开发的 V 模型能够确保系统开发团队在整个开发过程中考虑了安全性，并采取了必要的措施来保护系统免受安全威胁。

3. 安全需求及安全需求阶段

系统的安全需求是指对系统安全性能、特征、功能、接口、限制、要求等进行描述和定义，以确保系统在操作、使用、存储和传输信息的过程中，具备相应的安全保障措施，能够防范和应对各种安全威胁与攻击。系统的安全需求的必要性主要体现在防范和应对各种安全威胁与攻击、保障数据安全、提高系统的可靠性和可用性、遵循相关法律法规、降低安全风险等方面。系统的安全需求能够提前识别和防范安全风险，从而降低安全风险，避免或减少潜在损失。系统的安全需求对于确保系统的安全性、稳定性和可用性具有重要意义，是软件开发中必不可少的一环。

在安全相关系统开发的 V 模型中，安全需求阶段是非常关键的一个环节。在此阶段，系统开发团队需要识别和定义系统的安全需求，包括安全功能、性能、可用性和可靠性等方面的需求，以满足系统安全性能要求。安全需求阶段的主要活动包括以下几方面。

（1）确定系统的安全需求：系统开发团队与系统所有利益相关者一起讨论，以确定系统的安全需求。这些需求包括但不限于身份验证和授权、加密、安全审计等。假设我们正在开发一个医疗健康领域的系统，需要确保该系统能够保护患者的隐私和数据安全。此时，系统开发团队将与所有系统利益相关者一起讨论，以确定该系统的安全需求。以下是一些可能的需求。

- 身份验证和授权：系统需要对用户进行身份验证和授权，以确保只有授权用户才能访问患者的敏感信息。

- 加密：系统需要对敏感信息进行加密，以防止未经授权的用户访问患者的个人数据。

- 安全审计：系统需要记录所有的访问和操作，并在需要时提供审计日志。

- 安全性能：系统需要保证在大量用户同时访问时的安全性能，以确保系统能够快速响应用户的请求并提供可靠的服务。

- 数据备份和恢复：系统需要定期备份数据，并确保在灾难性事件发生时能够对数据进行恢复。

（2）制定安全需求文档：系统开发团队要制定一份安全需求文档，用于记录系统的所有安全需求。该文档应该包括详细的安全功能需求、性能要求、可用性和可靠性要求等信息，以便后续的开发和测试团队使用。例如，系统开发团队可以编写一份安全需求规范，其中包括系统的安全功能需求、性能要求、可用性和可靠性要求等信息。

（3）审核和验证安全需求文档：系统开发团队要对安全需求文档进行审核和验证，以确保所有的安全需求都得到了充分的考虑和确认。例如，系统开发团队可以与管理团队和用户讨论，以确保自己正确地理解了系统的安全需求，并且自己的解决方案符合他们的要求和期望。

（4）更新和维护安全需求文档：在安全相关系统开发的后续过程中，如果安全需求发生变化，系统开发团队应该及时更新和维护安全需求文档。例如，系统开发团队发现系统需要满足更严格的数据隐私法规，则应该更新安全需求文档以确保自己的解决方案能够满足这些法规的要求。

安全需求阶段是安全相关系统开发过程中非常重要的一环。通过对系统的安全需求进行识别、定义、审核和验证，可以确保系统能够满足用户的要求和期望，提高系统的安全性和可靠性，从而降低安全风险和减小损失。

4．安全寿命周期

安全寿命周期是由微软公司于 2004 年提出的一种软件安全管理方法，其目的是在软件开发的全过程中，不断地考虑和实施相应的安全措施，以确保软件具备必要的安全功能和性能。安全寿命周期是一种综合性的、全方位的软件安全管理方法，旨在提高软件的安全性、稳定性和可靠性，降低软件开发和维护过程中的安全风险和成本。

安全寿命周期的定义包括以下几方面。

（1）安全寿命周期用于在软件开发过程中，将安全设计、开发、测试、部署、维护等环节贯穿其中，以确保软件具备必要的安全功能和性能。

（2）安全寿命周期是一种综合性的、全方位的软件安全管理方法，它将安全性纳入软件开发和维护的全过程，以确保软件的安全性、稳定性和可靠性。

（3）安全寿命周期的实施需要遵循一系列安全标准，以确保软件的安全性、稳定性和可靠性。

 要求

2.2.1 前提条件和安全需求的构建

【标准内容】

前提条件：

前提条件是功能安全概念（见 GB/T 38874.2—2020 的第 7 章）。

安全需求的构建：

在功能安全概念阶段，通过构建功能安全需求描述安全系统的基本功能，以实现安全目标。技术安全概念规范以技术安全需求的形式规定了功能安全需求在系统架构中的基本配置。系统架构由软件和硬件组成。

硬件安全需求完善并固化了技术安全需求（本书不对此进行详细介绍）。

软件安全需求从技术安全概念需求和底层硬件需求中导出（详见本书第 3 章）。

本条规定了系统设计过程中技术安全概念需求规范中所采用的方法，奠定了无差错系统设计的基础。

> 索引：本节标准内容源自 GB/T 38874.3—2020 的 5.3 节和 5.4.1 节。

【解析】

无差错系统设计是指通过设计和实现可靠的硬件、软件系统，使该系统在运行时不会出现任何故障或错误。这种设计理念广泛应用于对系统的可靠性要求较高的领域，如航空航天、医疗器械、汽车电子、铁路交通等。无差错系统设计的目的是确保系统在运行时可以达到高可用性和高可靠性，保证系统的安全性和稳定性，降低故障率和维护成本，提高系统性能和效率。

在无差错系统设计中，需要采用一系列的技术和方法，具体如下。

（1）采用可靠性高的硬件和软件组件，以降低故障率。

（2）采用冗余设计，包括硬件冗余和软件冗余，以提高系统的可用性和可靠性。

（3）采用多层次的系统结构，实现系统功能的分层和分治，提高系统的容错能力。

（4）采用设计测试和验证技术，确保系统在设计和实现阶段就能满足高可靠性要求。

（5）采用错误检测和纠正技术，及时发现和纠正系统中的错误与故障。

无差错系统设计需要对系统的整个寿命周期进行严格的管理和控制，包括需求分析、设计、实现、测试、验收和维护等阶段。在设计和实现阶段，需要采用工程化的方法和规范，遵循国际标准和行业标准，确保系统具备高安全性和可靠性。在验收和维护阶段，需要进行实时监测和管理，及时发现和处理系统中的错误与故障。

无差错系统设计是一个综合性的工程学科，涉及多个学科领域的知识和技术，是保障现代化社会基础设施安全和稳定运行的关键之一。

2.2.2　功能安全概念

2.2.2.1　技术安全概念的一般需求

【标准内容】

技术安全概念文档包括系统技术安全需求。

每个技术安全需求应与上一级的安全需求相关联（如通过交叉引用），可包含：

——其他技术安全需求；

——功能安全需求。

注：采用恰当的需求管理工具可提高追溯性。

技术安全概念需求的实现应考虑可行性、无歧义性、一致性和完整性。

技术安全概念应考虑以下因素：

（1）所有安全目标和功能安全需求。

（2）所有相关规范、标准和法律法规。

（3）安全分析工具（FMEA、FTA 等）的分析结果。在系统开发过程中，安全分析为技术安全概念提供迭代支持。

在系统设计过程中，技术安全概念的完整性不断迭代完善。为确保完整性：

（1）应指定技术安全概念的版本及有关基础来源的版本。

（2）应符合变更管理的要求（见 GB/T 38874.4—2020 的第 11 章）。因此，技术安全需求应结构化与格式化，为修改过程提供支持。

（3）应对技术安全需求（见 GB/T 38874.4—2020 的第 6 章）进行复查。

技术安全概念应考虑寿命周期的所有阶段（包括生产、用户操作、维护和报废）。

索引：本节标准内容源自 GB/T 38874.3—2020 的 5.4.2.1 节。

【解析】

1. 技术安全概念文档

技术安全概念文档是 GB/T 38874 中的一个重要概念。技术安全概念文档是一个关键的文档，指的是对功能安全进行详细说明和解释的文档。它包含所有相关的技术安全需求，旨在确保技术安全性能得到满足。该文档记录了系统设计和实现的技术安全需求，包括技术安全性能指标和设计规则。它还包含用于验证技术安全性能的测试计划和方法。假设有一个针对自动驾驶汽车的技术安全概念文档，在这个文档中可以包括下列内容。

（1）系统技术安全需求。例如，自动驾驶汽车在高速公路上行驶时，必须能够及时响应前方障碍物的出现并避免碰撞。

（2）技术安全性能指标。例如，自动驾驶汽车必须能够在特定时间内检测到障碍物，并在适当的时间内采取必要的措施，以避免碰撞。

（3）设计规则。例如，自动驾驶汽车必须采用先进的传感器和相应的控制系统，以实现高效的障碍物检测和避免碰撞。

（4）测试和验证方法。例如，汽车的技术安全性能可以通过仿真测试或在控制环境中进行测试来验证。

技术安全概念文档是功能安全管理过程中的重要文档，旨在确保整个软件开发和验证过程都能满足所需的技术安全性能要求。以上例子说明了技术安全概念文档的重要性和需要记录的关键信息。技术安全概念文档有助于确保系统设计和实现满足功能安全要求，并且有足够的数据来测试和验证系统的技术安全性能。

2. 系统技术安全需求的定义及要求

定义：系统技术安全需求是指在 GB/T 38874 中，对于一个特定的系统或子系统，需要满足的技术安全性能要求的详细描述。这些要求包括硬件、软件、通信和系统架构等方面，以确保系统的安全性能达到预期目标。

系统技术安全需求通常由系统设计人员或安全工程师编写，可以根据上级需求文档中的要求进行编写。系统技术安全需求应该是可测量的，并且应该根据系统的架构和特点进行描述。

例如，对于一辆汽车的制动系统，系统技术安全需求可能包括以下几方面。

（1）制动系统的实时性能要求，如踩制动踏板到制动器响应的时间要求。

（2）制动系统的可靠性要求，如制动系统故障率不超过特定的值。

（3）制动系统的通信安全要求，如制动信号与其他系统之间的安全通信要求。

（4）制动系统的环境安全要求，如对制动系统操作温度、湿度等环境条件的要求。

上述系统技术安全需求是确保制动系统的安全性能达到预期目标的关键因素，并且需要在整个软件开发和测试过程中进行跟踪与验证，以确保系统符合设计要求并满足预期的安全性能目标。

要求：每个技术安全需求应与上一级的安全需求相关联。

每个技术安全需求应与上一级的安全需求相关联，以确保整个技术安全概念文档中的所有需求都能够追溯到顶级安全需求。例如，每个技术安全需求都应该与功能安全需求相关联，这些功能安全需求应该与系统安全需求相关联。这种上下级之间的关联性是非常重要的，因为它确保了整个系统的安全性能是整体的，而不是一堆没有联系的零散需求。

此外，采用恰当的需求管理工具可以提高追溯性。需求管理工具可以用来跟踪所有需求的实现情况，以确保它们在系统设计和实现中得到了满足。

需求追溯性是指能够追溯每个需求的来源、变更历史和与之相关的其他需求、设计元素、验证活动、测试用例等。在功能安全评估中，需求追溯性是非常重要的，因为它有助于确保系统整个安全寿命周期中的每个阶段都得到了充分的考虑，从而提高了系统的安全性和可靠性。例如，需求跟踪矩阵可以用于跟踪功能安全需求和技术安全需求的实现情况，以确保它们都得到了满足。通过采用这种工具，系统开发团队更好地管理需求，以确保整个系统的安全性能得到满足。

3. 技术安全概念需求的实现

技术安全概念需求的实现应考虑可行性、无歧义性、一致性和完整性，以确保技术安全概念能够准确地反映功能安全的要求，并且能够在实际系统设计中有效地实现。

（1）可行性：技术安全概念需求应该是可实现的。这意味着在制定技术安全概念时，必须考虑技术限制、可用技术、成本和时间等实际情况。例如，在汽车中实现碰撞检测系统，需要考虑传感器的位置和类型、传感器数据的处理方式及适当的算法等因素。

（2）无歧义性：技术安全概念需求应该是明确的，不会产生歧义或误解。为了实现这一点，技术安全概念需求应该采用清晰的术语和定义，避免使用不确定的或模糊的语言。例如，"可靠性高"可能会有多种不同的解释，因此更好的描述方式是使用具体的指标和目标。

（3）一致性：技术安全概念需求应该与功能安全概念需求相一致。这意味着技术安全概念应该能够满足功能安全概念中所要求的安全性能指标和目标，并与之相协调。例如，功能安全概念需要实现的安全性能级别为 ASIL C，那么技术安全概念应该相应地进行设计和实现。

（4）完整性：技术安全概念需求应该涵盖所有的功能安全概念需求。这意味着技术安全概念应该覆盖所有的系统组件和功能，并与功能安全概念需求相对应。例如，在开发一款汽车控制系统时，技术安全概念需要涵盖所有的汽车控制功能，以确保系统能够满足所有的功能安全要求。

技术安全概念应考虑以下因素。

（1）所有安全目标和功能安全需求：技术安全概念应该包括所有安全目标和功能安全需求，以确保系统能够达到设计的安全水平。这些安全目标和功能安全需求应该在系统的整个寿命周期中得到追踪与更新。例如，在汽车行业中，一个安全目标是确保车辆不会在行驶过程中突然失去控制，因此该安全目标具有相应的功能安全需求，如 ESC 系统等。

（2）所有相关规范、标准和法律法规：技术安全概念应该考虑所有相关规范、标准和法律法规，以确保系统的安全性符合行业标准和法律法规要求。例如，在医疗设备领域，ISO 13485 是一个重要的标准，它规定了医疗设备制造商必须遵守的质量管理要求。

（3）安全分析工具（FMEA、FTA 等）的分析结果：技术安全概念应该基于安全分析工具的分析结果进行开发，以便发现和解决潜在的安全问题。例如，在铁路交通领域中，一列火车可能会出现的安全问题可以通过 FMEA 进行分析，以识别潜在的危险和开发必要的安全措施。在系统开发过程中，安全分析为技术安全概念提供迭代支持。通过不断地分析和改进技术安全概念，可以确保系统的安全性能符合预期并满足所有的安全要求。

总之，GB/T 38874 中的技术安全概念是实现功能安全的重要组成部分。技术安全概念文档包括系统技术安全需求。技术安全概念文档描述了实现功能安全的技术安全需求，其实现应考虑可行性、无歧义性、一致性和完整性。每个技术安全需求应与上一级的安全需求相关联，并包含其他技术安全需求和功能安全需求。采用恰当的需求管理工具可以提高追溯性，确保技术安全需求实现的完整性和一致性。

4．为确保技术安全概念的完整性应进行的活动

在系统设计过程中，技术安全概念的完整性不断迭代完善，为确保其完整性应进行的活动如下。

（1）应指定技术安全概念的版本及有关基础来源的版本：在技术安全概念的制定过程中，需要明确技术安全概念的版本及有关基础来源的版本。这样可以确保在技术安全概念修改和迭代过程中，能够准确追溯各个版本之间的变更情况和基础来源。例如，在汽车行业中，车辆的功能安全设计需要遵循 ISO 26262，对于每个开发阶段都需要明确系统版本号和所基于的 ISO 26262 的版本号。

（2）应符合变更管理的要求：技术安全概念的制定和迭代过程需要符合变更管理的要求，确保技术安全需求的修改和变更得到记录与跟踪，包括变更的原因、影响范围、验证结果等。例如，在航空航天领域中，需要根据 AS9100 的要求，对技术安全需求进行变更管理。

（3）应对技术安全需求进行复查：为确保技术安全概念的完整性，需要对其进行复查，包括内部复查和外部复查。内部复查主要由软件开发团队进行，通过对技术安全需求进行审核和评审，检查技术安全概念的准确性和完整性。外部复查由第三方机构或审核团队进行，通过对技术安全需求进行审查和验证，确认技术安全需求的有效性和适用性。例如，在铁路交通领域中，需要根据 EN 50126 的要求，对技术安全需求进行复查。

总体而言，在系统设计过程中，技术安全概念的完整性至关重要。为确保技术安全概念的完整性，应进行以下活动：①版本控制，对技术安全概念及有关基础来源进行版本控制，以确保不同版本之间的一致性；②变更管理，根据变更管理的要求，对技术安全需求进行结构化和格式化，以支持修改过程的管理和控制；③复查，对技术安全需求进行复查，以确保技术安全概念的准确性和完整性。通过上述活动，可以有效保证技术安全概念的完整性，从而提高系统设计的安全性和可靠性。

5. 技术安全概念应考虑寿命周期的所有阶段

技术安全概念在系统的整个寿命周期的所有阶段都应该被考虑到，包括生产、用户操作、维护和报废等阶段。在每个阶段，都需要对技术安全概念进行评估和验证，以确保系统在该阶段的安全性和可靠性。

（1）在生产阶段，技术安全概念需要考虑制造和装配过程中的安全性，如工作场所安全、作业指导书的正确性、检验和测试的有效性等。此外，还需要考虑制造和装配过程中可能出现的故障和问题，以及如何应对这些故障和问题。

（2）在用户操作阶段，技术安全概念需要考虑如何确保系统在正常使用时的安全性和可靠性，包括用户界面的设计、安全使用指南、预防意外事件发生的措施等。此外，还需要考虑如何应对用户犯错或不正确使用系统时可能出现的问题。

（3）在维护阶段，技术安全概念需要考虑如何确保系统在维修与保养时的安全性和可靠性，如维修流程的安全性、操作手册的正确性、维修工具和设备的可靠性等。

（4）在报废阶段，技术安全概念需要考虑如何处理废弃物和剩余材料，以及如何确保废弃物和剩余材料不会对环境及人体造成危害。

技术安全概念需要贯穿系统的整个寿命周期，涵盖各个阶段，并考虑每个阶段可能出现的问题和挑战，以确保系统在整个寿命周期内的安全性和可靠性。

2.2.2.2　技术安全概念规范（概述、状态和时间）

【标准内容】

概述：

技术安全概念应包括满足 SRP/CS 设计要求的软硬件安全需求，并应符合本书 2.2.2.1 节中的规定。

状态和时间：

应规定所有的工作状态下 SRP/CS 的行为、组件以及其接口。工作状态包括：

——启动；

——正常运行；

——停机；

——复位后重启；

——合理可预见的异常运行状态（如降级的运行状态）。

特别地，应准确描述失效行为及其响应，也可包含附加的应急运行功能。

技术安全概念应为每个功能安全需求规定一个安全状态：转移到安全状态、保持安全状态。应特别规定关闭 SRP/CS 是否立即进入安全状态，或者仅通过可控停机操作才能进入安全状态。

技术安全概念应规定每个功能安全需求从出现错误至进入安全状态的最大持续时间（响应时间）。技术安全概念中应规定每个子系统和子功能的响应时间。

如果直接停机不能进入安全状态，则应确定一个时间段。在此期间，所有子系统和子功能应执行应急操作功能。在技术安全概念中，应记录应急操作功能。

索引：本节标准内容源自 GB/T 38874.3—2020 的 5.4.2.2.1 节和 5.4.2.2.2 节。

【解析】

1. 技术安全概念规范（概述）

技术安全概念应包括软硬件安全需求，以确保满足系统安全相关的 SRP/CS 设计要求。

在 GB/T 38874 中，技术安全概念文档包括系统技术安全需求，其中系统技术安全需求涵盖软硬件方面的安全要求。在硬件方面，系统技术安全需求可能涉及电路设计的电气安全要求、EMC 要求、接口安全性能要求等；在软件方面，系统技术安全需求可能涉及软件设计的安全性能要求、输入输出处理的安全要求、存储和保护敏感数据的安全要求等。

在实践中，为了确保满足 SRP/CS 设计要求，需要在技术安全概念文档中明确指定软硬件安全需求，并在开发过程中跟踪和验证这些需求的实现。这可以通过使用一系列技术手段来实现，如使用安全设计方法和工具、开展相关的安全测试和验证等。

2. 技术安全概念规范（状态和时间）

在规定的工作状态下，需要考虑系统在不同状态下的行为和响应，以确保系统的安全性。在通常情况下，工作状态包括启动、正常运行、停机、复位后重启，以及合理可预见的异常运行状态（如降级的运行状态）。对于每个工作状态，需要准确描述系统的行为和响应，以保证系统的安全性和可靠性。

在技术安全概念规范的状态和时间方面，应规定所有的工作状态下 SRP/CS 的行为、组件以及其接口，工作状态包括以下几个。

（1）启动：在启动状态下，系统处于启动过程，还未达到正常运行状态，此时系统可能存在启动失败、启动延迟、启动流程不完整等风险。因此，在技术安全概念中，需要明确系统启动时的安全需求，如启动时的自检程序、初始化流程等。例如，在汽车中，系统在启动状态下需要完成诊断检查、设备初始化、车速检测等流程，确保系统正常运行。

（2）正常运行：在正常运行状态下，系统按照预定的功能和安全性能要求工作，此时需要满足系统的功能安全和技术安全需求。在技术安全概念中，需要明确系统在正常运行状态下的安全需求，如实时监控系统状态、安全性能的保持等。例如，在工业自动化系统中，系统在正常运行状态下需要对输入输出信号进行实时监控，确保信号的正确性和可靠性。

（3）停机：在停机状态下，系统暂停了正常运行状态下的功能和安全性能，此时需要满足停机状态下的安全需求，如保持安全状态、防止未授权人员操作等。例如，在电力系统中，当发生故障或需要维护时，系统需要停机，此时需要防止未授权人员操作，确保系统处于安全状态。

（4）复位后重启：在复位后重启状态下，系统重启并回到正常运行状态，此时需要满足系统的安全需求，如启动自检、清除错误状态等。例如，在航空电子设备中，当发生故障或错误时，系统需要重启，此时需要启动自检、清除错误状态，确保系统正常工作。

（5）合理可预见的异常运行状态（如降级的运行状态）：在合理可预见的异常运行状态下，系统可能出现降级状态或功能的部分失效，此时需要满足系统在此状态下的安全需求，如提供应急措施、减小危险等。例如，在飞行控制系统中，当飞机遭遇恶劣天气或其他突发事件时，系统可能出现降级状态，此时需要提供应急措施、减小危险，保障飞行安全。

应准确描述失效行为及其响应。失效行为是指组件在运行过程中出现的异常行为，如电子元件的短路或断路等。对于失效行为，系统需要及时检测并进行响应，以确保系统的安全性。此外，还需要考虑附加的应急运行功能，以应对一些特殊情况，如紧急制动或突发事件等。

因此，在技术安全概念规范中，需要对所有工作状态下 SRP/CS 的行为、组件以及其接口进行准确描述，以确保系统在各种情况下的安全性和可靠性。

技术安全概念应为每个功能安全需求规定一个安全状态，以确保系统在出现故障或错误时仍然能够维持安全性。安全状态通常包括两种类型：转移到安全状态和保持安全状态。

转移到安全状态是指系统在检测到故障或错误时，会采取措施切换到安全状态，以避免潜在的危险或损害。例如，当汽车的 ABS 检测到车轮正在打滑时，会切换到安全状态以避免车辆失控。

保持安全状态是指系统在出现故障或错误时，仍然能够保持安全性，而不是立即转移到安全状态。例如，当电梯故障时，即使不能移动，仍然可以保持安全状态，以确保人员安全。

技术安全概念应特别规定关闭 SRP/CS 是否立即进入安全状态，或者仅通过可控停机操作才能进入安全状态。这是因为在某些情况下，直接关闭系统可能会导致更高的风险和更大的损害，而通过可控停机操作可以更好地控制系统进入安全状态的过程。

此外，技术安全概念还应规定每个功能安全需求从出现错误至进入安全状态的最大持续时间，也称为响应时间。这是为了确保系统在发生故障或错误时，能够及时采取措施，从而避免或最小化损害。例如，当飞机发生故障时，响应时间必须足够短，以确保飞机能够及时采取措施，避免事故发生。

如果直接停机不能进入安全状态，则应确定一个时间段。在此期间，所有子系统和子功能应执行应急操作功能。这些应急操作功能应在技术安全概念中记录，并确保它们能够在出现故障或错误时得到有效执行。例如，当核电站发生故障时，应急操作功能包括紧急关闭反应堆，以避免核泄漏。

总之，技术安全概念中规定的安全状态、响应时间和应急操作功能等都是为了确保系统在发生故障或错误时能够及时采取措施，以避免或最小化损害。

2.2.2.3 技术安全概念规范（安全架构、接口和边界条件）

【标准内容】

应对安全架构及其子组件进行描述。应特别规定所采取的技术性措施。技术安全概念应描述以下组件（如适用）：

——传感器系统，分别记录每个物理参数；

——混合数字和模拟输入输出单元；

——处理单元，分别说明每个算术单元/离散逻辑单元；

——执行系统，分别说明每个执行器；

——显示器，分别说明每个指示单元；

——各种机电组件；

——组件间的信号传输；

——系统外部与 SRP/CS 间的信号传输；

——电源。

应规定 SRP/CS 组件间的接口、机器中与其他系统和功能间的接口以及用户接口。

应规定 SRP/CS 的限定条件及边界条件，这特别适合寿命周期各阶段所有环境条件的极值。

索引：本节标准内容源自 GB/T 38874.3—2020 的 5.4.2.2.3 节。

【解析】

在技术安全概念规范的安全架构、接口和边界条件方面，需要对 SRP/CS 的各个组件进行描述，应规定 SRP/CS 组件间的接口、机器中与其他系统和功能间的接口以及用户接口。这些描述需要包括以下内容。

（1）传感器系统：需要分别记录每个传感器系统的参数，包括传感器的型号、品牌和精度等。

（2）混合数字和模拟输入输出单元：对于每个输入输出单元，需要详细说明其输入和输出的电气特性与工作方式，以及与其他组件的接口。

（3）处理单元：需要说明每个算术单元和离散逻辑单元的工作原理与性能参数。

（4）执行系统：需要说明每个执行器的类型、工作原理和性能参数。

（5）显示器：需要说明每个指示单元的类型、显示内容和精度等。

（6）各种机电组件：需要说明每个机电组件的型号、品牌和精度等。

（7）组件间的信号传输：需要描述各个组件之间的信号传输方式，包括信号的类型、数据传输速率和传输方式等。

（8）系统外部与 SRP/CS 间的信号传输：需要描述系统外部与 SRP/CS 间的信号传输方式，包括接口类型、通信协议和数据格式等。

（9）电源：需要说明电源的类型及电压、电流和容量等参数。

在此基础上，需要规定 SRP/CS 组件间的接口、机器中与其他系统和功能间的接口以及用户接口，以确保组件之间的正确连接和通信。同时，需要规定 SRP/CS 的限定条件及边界条件，以确保系统在各种环境条件下都能正常工作。这些限定条件及边界条件包括机器的工作环境、电源电压范围、通信距离、数据传输速率和通信协议等。

总之，技术安全概念规范的安全架构、接口和边界条件是技术安全概念的重要内容。这一方面的规范应对安全架构及其子组件进行描述，并特别规定所采取的技术性措施。其中需要描述的组件包括传感器系统、混合数字和模拟输入输出单元、处理单元、执行系统、显示器、各种机电组件、组件间的信号传输、系统外部与 SRP/CS 间的信号传输、电源。同时，应规定 SRP/CS 组件间的接口、机器中与其他系统和功能间的接口以及用户接口。还应规定 SRP/CS 的限定条件及边界条件，这特别适合寿命周期各阶段所有环境条件的极值。这些规范可以为技术安全概念的设计和实现提供有力支持。

第 3 章

农林拖拉机和机械控制系统安全相关部件的软件设计

3.1 软件开发计划

3.1.1 目的和概述

【标准内容】

目的：

确定并计划软件开发的各阶段，包括 GB/T 38874.3—2020 的第 7 章描述的软件开发过程以及 GB/T 38874.4—2020 的第 11 章中必要的支持过程。

概述：

图 3.1 说明了软件开发过程。在以下各条和表格中解释了图中方框内容。

应根据要求的 SRL 选择适当的技术或方法。影响软件安全完整性的因素很多，不存在对任意系统均适用的（各种技术和方法的）组合通用算法。对于特定系统，在安全计划制定时应提出合适的安全性技术或方法，所选择的技术或方法应符合本书 3.1.3 节的要求。

> 索引：本节标准内容源自 GB/T 38874.3—2020 的 7.1.1 节和 7.1.2 节。

【解析】

1. 软件开发应根据要求的 SRL 选择适当的技术或方法

GB/T 38874 要求，软件开发应根据要求的 SRL 选择适当的技术或方法，以确保软件的安全性和完整性。不同的 SRL 需要采用不同的技术或方法来保证软件的安全性和完整性。

例如，对于高等级的 SRL，需要采用更为严格和复杂的技术或方法，如形式化方法和模型检测等；对于低等级的 SRL，可以采用相对简单的技术或方法，如静态代码分析和单元测试等。下面分别介绍一些常见的软件开发技术或方法。

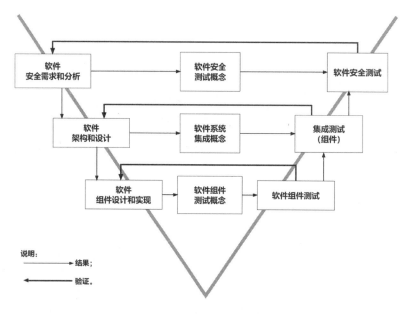

图 3.1　软件开发的 V 模型

（1）静态代码分析（Static Code Analysis）：静态代码分析是一种在编译器运行之前对代码进行分析的技术。静态代码分析器可以检查代码中的错误、漏洞和不良实践，并生成警告和错误报告。它可以识别代码中的常见漏洞，如空指针引用、缓冲区溢出和未初始化变量等。

（2）单元测试（Unit Testing）：单元测试是一种测试方法，用于测试程序的单个部分（单元）是否按照预期工作。通过单元测试，软件开发人员可以检查每个单元是否按照预期工作，并确保它们之间没有任何错误。单元测试通常使用自动化测试框架进行。

（3）形式化方法（Formal Methods）：形式化方法用于设计和验证计算机系统。它使用形式化规范来描述系统的行为，并使用数学方法来验证系统是否满足规范。形式化方法可以检测系统中的错误、漏洞和安全问题，并提供严格的证明。

（4）模型检测（Model Checking）：模型检测是一种自动化验证技术，用于检查有限状态系统是否满足给定的规范。模型检测器会自动生成系统模型，并使用模型检查算法来查找系统中的错误、漏洞和安全问题。模型检测可以发现许多常见的漏洞，如死锁、活锁和资源争用等。

（5）模型驱动开发（Model-Driven Development）：模型驱动开发是一种软件开发方法，它使用模型来指导和自动化软件开发过程。软件开发人员使用图形化工具创建和编辑模型，并使用代码生成器将模型转换为源代码。模型驱动开发可以提高软件开发效率和质量，并减少软件开发成本。

总之，软件开发应根据要求的 SRL 选择适当的技术或方法。静态代码分析、单元测试、形式化方法、模型检测和模型驱动开发等都是常见的软件开发技术或方法。

对于低等级的 SRL，可以采用相对简单的技术或方法，如静态代码分析和单元测试等。静态代码分析是一种基于静态分析技术的软件安全检测技术，可以检查程序中潜在的安全漏洞和缺陷，如缓冲区溢出、代码注入和格式字符串漏洞等。单元测试是一种基于黑盒测试的软件测试方法，可以对软件的单个模块或功能进行测试，并检查其是否满足指定的功能要求和性能要求等。

对于中等级和高等级的 SRL，可以采用形式化方法和模型检测等技术或方法，以确保系统的安全性和完整性。形式化方法是一种基于数学逻辑的精确分析方法，可以用来验证系统的安全性和完整性。例如，可以使用形式化规范语言，如 Z、B 和 VDM 等，来描述系统的规范和约束，并使用形式化验证工具来检查系统的正确性和安全性。模型检测是一种基于状态空间的验证技术，可以自动地检查系统是否满足指定的要求。例如，可以使用模型检测工具来分析系统的安全性和完整性，并生成证明或反例。

总之，根据要求的 SRL 选择适当的技术或方法可以提高系统的安全性和完整性，并确保系统在开发、测试和运行过程中符合标准的要求。不同的技术或方法适用于不同的 SRL 和系统规模，因此在选择和应用这些技术或方法时，需要根据具体的需求进行评估和决策。

2. 影响软件安全完整性的因素很多，不存在对任意系统均适用的（各种技术和方法的）组合通用算法

影响软件安全完整性的因素很多，主要包括以下几方面。

（1）软件开发寿命周期管理：包括需求分析、设计、实现、测试、集成和维护等各个阶段的管理。不同的软件开发过程和寿命周期管理方法对软件安全完整性有不同的影响。因此，需要在软件开发过程中采用合适的管理方法和技术，以确保软件安全性。

（2）安全需求分析：安全需求分析是指在软件设计和开发过程中，对软件安全性的需求进行分析和确定。安全需求分析需要考虑软件的使用场景、安全威胁、风险评估等因素。根据分析结果确定软件的安全性能要求和开发目标，是确保软件安全性的关键环节之一。

（3）代码设计：代码设计是指对软件系统的结构、模块、接口和数据流进行规划与设计。安全的代码设计需要考虑安全需求分析的结果，采用合适的设计模式、接口和数据结构等，以确保软件安全性。

（4）代码实现：代码实现是将代码设计结果转换成计算机可执行代码的过程。安全的代码实现需要采用合适的编程语言和编码规范，以及符合安全要求的编程方法和技巧，避免代码缺陷和漏洞。

（5）测试和验证：测试和验证是确保软件安全性的最后一道防线。测试和验证需要采用合适的测试技术或方法，包括静态代码分析和动态测试，对软件进行全面、系统的测试和验证，以确保软件安全性。

3. 对于特定系统，在安全计划制定时应提出合适的安全性技术或方法，所选择的技术或方法应符合本书 3.1.3 节的要求

在针对特定系统制定安全计划时，需要充分考虑系统的功能需求、SRL、安全性目标和特殊要求等因素，选择符合标准要求的安全性技术或方法。例如，对于需要实现高安全性的农林拖拉机控制系统，可以采用双重执行器、红外传感器等技术，以保障系统安全性。同时，针对特定系统的开发环境和目标用户等因素，可以选择不同的开发技术或方法，如迭代式开发和模型驱动开发等，以适应不同的需求。

这些安全性技术或方法包括以下内容。

（1）安全需求分析：通过对系统安全需求的分析和识别，确定系统的安全需求和功能，为后续开发提供指导。

（2）安全架构设计：通过对系统功能和安全需求的分析，设计出满足安全性能要求的系统架构，为后续开发提供指导。

（3）安全编码规范：建立针对特定系统的安全编码规范，包括代码编写、代码审查等流程，以确保代码的安全性。

（4）安全测试：采用多种测试方法，如静态代码分析、黑盒测试、白盒测试等，对系统进行全面的安全测试，以发现和修复潜在的安全漏洞。

（5）安全评估和认证：对系统进行全面的安全评估和认证，以确保系统满足相应的 SRL 和标准要求。

在选择技术或方法时，还需要考虑其可行性和可靠性。例如，当选择模型驱动开发方法时，需要确保使用的建模语言符合标准要求，并且能够生成正确的代码。同时，还需要考虑模型与实际代码的一致性，以及模型更新和维护的可行性。当选择静态代码分析技术时，需要确保分析工具的准确性和完整性，以及分析结果的可靠性。因此，在选择技术或方法时，需要进行综合评估，以确保其满足特定系统的开发需求和安全性能要求。

总之，GB/T 38874 要求，软件开发应根据要求的 SRL 选择适当的技术或方法，并且针对特定系统提出合适的安全性技术或方法，同时要考虑其可行性和可靠性。这些要求旨在提高农林拖拉机和机械控制系统的软件安全性、可靠性，以保障用户的安全和提高生产效率。

3.1.2　前提条件

【标准内容】

本阶段的前提条件是：

——要求的 SRL，由功能安全概念阶段的 AgPL、$MTTF_{DC}$、DC 及类别确定；

——系统验证计划；

——技术安全概念；

——功能安全需求和安全目标。

索引：本节标准内容源自 GB/T 38874.3—2020 的 7.1.3 节。

【解析】

GB/T 38874 中包括多个开发阶段，如功能安全概念阶段、系统验证计划阶段、技术安全概念阶段、功能安全需求和安全目标阶段等。

1．功能安全概念阶段

在功能安全概念阶段，需要确定要求的 SRL。SRL 的确定依赖于多个因素，如 AgPL、$MTTF_{DC}$、DC 及类别。这些因素有助于确保系统的安全性能达到预期的标准。例如，对于农林拖拉机控制系统，如果 $AgPL_r$ 为 $AgPL_r$ e，那么需要采用更为严格和复杂的开发技术或方法，以确保系统的安全性。

在功能安全概念阶段，需要通过 AgPL、$MTTF_{DC}$、DC 及类别等指标来确定要求的 SRL，该 SRL 会直接影响到后续的软件开发工作。之后需要制定系统验证计划，明确系统的验证方法和目标，以便后续的软件开发工作能够满足验证的需求。同时，需要制定技术安全概念，确定系统的设计方案、技术要求等，以确保系统安全性能的实现。在功能安全需求和安全目标阶段，需要明确系统的功能安全需求和安全目标，以便后续的软件开发工作能够针对这些需求和目标进行。

例如，对于一款农林拖拉机控制系统的开发，功能安全概念阶段需要确定要求的 SRL 为 SRL 3，系统验证计划需要明确验证的目标和方法，技术安全概念需要考虑系统的设计和技术要求，如采用双重执行器、红外传感器等技术，功能安全需求和安全目标需要明确系统的安全性能要求，如实现紧急制动、安全停机等功能。这些前提条件的确定，对于后续的软件开发工作至关重要。

2．系统验证计划阶段

在系统验证计划阶段，需要制定系统验证计划。该计划应考虑到系统的整体功能、性能和安全性等方面，以确保系统能够满足 SRL 的要求。例如，可以对系统的功能进行全面的测试和验证，以确保系统能够在各种操作条件下正常运行，并且符合安全性能要求。

在系统验证计划阶段，需要制定系统验证计划，以验证系统是否满足功能安全需求和安全目标。系统验证计划应包括验证方法、验证环境、验证内容、验证工具等。

例如，在农林拖拉机控制系统的开发中，可采用以下验证方法。

（1）静态代码分析：使用静态代码分析工具对软件源代码进行分析，检查是否存在潜在的安全漏洞或错误。

（2）动态测试：在实际运行环境下，对系统进行模拟测试，以检测系统的安全性和稳定性。

（3）模型检测：通过对系统模型进行检测，验证系统是否满足安全性能要求。

（4）白盒测试：对系统内部结构进行测试，以检测系统的安全性和正确性。

在验证环境方面，可以使用模拟器、仿真器、测试平台等工具对系统进行测试。

验证内容应包括对系统的所有功能安全需求和安全目标进行验证。例如，对于农林拖拉机控制系统，可能需要验证其针对不同控制状态的安全功能是否正常工作，如制动、转向等。

此外，还需要选择合适的验证工具，以支持上述验证方法和验证内容的实现。

总之，在系统验证计划阶段，需要根据具体的功能安全要求和安全目标，制定合适的系统验证计划，选择合适的验证方法、验证环境、验证内容和验证工具，以保证系统的安全性和稳定性。

3. 技术安全概念阶段

在技术安全概念阶段，需要选择安全性技术或方法。选择安全性技术或方法应考虑到系统的特殊需求和 SRL 要求。例如，对于农林拖拉机控制系统，可以采用双重执行器、红外传感器等技术，以确保系统的安全性。同时，需要确保选择的技术或方法符合 GB/T 38874 的要求。

在技术安全概念阶段，需要确定用于实现功能安全的技术措施和安全概念。以下是可以采取的一些技术措施和安全概念。

（1）冗余性设计：通过将多个安全相关元素实现在系统中，确保系统的可靠性和容错性。例如，在农林拖拉机控制系统中，可以使用双重执行器和冗余传感器来提高系统的可靠性。

（2）隔离性设计：通过物理或逻辑隔离来确保系统的安全性。例如，在农林拖拉机控制系统中，可以通过隔离控制器和执行器来限制故障的扩散范围，确保系统的安全性。

（3）安全监测和自检：通过对系统的实时监测和自检，及时发现并处理故障，以确保系统的安全性。例如，在农林拖拉机控制系统中，可以使用红外传感器、倾斜传感器等监测设备对系统进行实时监测和自检，及时发现并处理故障。

（4）安全通信协议：通过采用安全通信协议保证系统数据的安全传输。例如，在农林拖拉机控制系统中，可以使用基于 TLS 或 IPSec 的安全通信协议，对系统数据进行安全传输。

总之，在技术安全概念阶段，需要选择适当的技术措施和安全概念，以满足功能安全需求和安全目标。

4．功能安全需求和安全目标阶段

在功能安全需求和安全目标阶段，需要制定功能安全需求和安全目标。制定功能安全需求和安全目标应考虑到系统的整体性能、安全性能和可靠性等方面，以确保系统能够满足用户的需求和达到预期的标准。例如，对于农林拖拉机控制系统，需要制定相关的功能安全需求和安全目标，如使用双重执行器、提高系统的故障检测和纠正能力等，以确保系统的安全性和可靠性。

在功能安全需求和安全目标阶段，需要明确系统的功能安全需求和安全目标，以确保系统的安全性能达到要求。具体来说，这个阶段需要完成以下任务。

（1）确定 SRL：根据农林拖拉机和机械控制系统的特点与使用环境等因素，确定系统的 SRL。

（2）定义安全目标：针对不同的 SRL，制定相应的安全目标，包括安全功能目标、安全失效目标和安全性能目标等。

（3）定义安全需求：根据安全目标和 SRL，明确系统的安全需求，包括安全功能需求、安全失效需求和安全性能需求等。例如，对于需要实现高安全性的农林拖拉机控制系统，可以制定如下的安全需求。

① 安全功能需求：确保系统能够正确响应各种操作和指令，避免因操作失误或故障导致事故发生。

② 安全失效需求：在系统发生故障或失效时，能够及时检测和诊断，并采取相应的措施以确保系统的安全性。

③ 安全性能需求：确保系统在各种操作条件下都能够满足安全性能要求，如响应时间、准确性和可靠性等。

（4）进行安全性能评估：根据安全需求和 SRL，对系统进行安全性能评估，以确保系统能够满足相应的安全性能要求。

3.1.3 要求

3.1.3.1 阶段的确定

【标准内容】

对于软件开发过程，应确定如何完成软件开发的各阶段（见图 3.1），还应考虑项目的范围和复杂性。可完全参照图 3.1 进行各阶段的软件开发，或者如果生成的所有工作产品涵盖了多个阶段，则可将这些阶段合并。

注：如果使用的方法不能清晰地区分各阶段，通常将这些阶段合并。例如，基于模型的开发过程、软件架构设计和软件实现可由同一计算机辅助开发工具自动生成。

可通过分配活动和任务来添加其他阶段。

示例：在 ECU 的安全确认之前，可增加数据集成作为单独的阶段。根据其功能分布，ECU 的安全确认可采用不同方式，作为特定的 ECU 测试或组合来控制网络测试，可在组件系统的测试位置或在试验车辆上进行测试。

索引：本节标准内容源自 GB/T 38874.3—2020 的 7.1.4.1 节。

【解析】

1．软件开发各阶段的考虑

GB/T 38874 要求，对于软件开发过程，应确定如何完成软件开发的各阶段。在通常情况下，可以参照软件开发的 V 模型，将软件开发过程分为需求分析、设计、编码、测试等阶段，并确保每个阶段的工作产品符合标准的要求。此外，还需要考虑项目的范围和复杂性，对软件开发过程进行合理的规划和管理。

GB/T 38874 要求对软件开发过程进行明确的规划和管理，确保软件开发的各个阶段有序、高效地完成。同时，应根据项目的范围和复杂性，采用合适的软件开发过程模型，并在不同阶段生成对应的工作产品。在软件开发过程中，各阶段应该清晰、可追溯，能够保证软件开发的高质量和安全性。

如果使用的方法不能清晰地区分各阶段，则通常将这些阶段合并。例如，在基于模型的开发（MBD）过程中，可能会采用统一建模语言（UML）进行建模，将需求分析、设计、编码、测试等阶段整合在一个模型中。软件设计阶段可能会采用面向对象的设计方法，对系统的结构、组件和接口等进行设计。软件实现阶段则涉及具体的编程工作，将设计好的系统实现为可执行的程序。

例如，在基于 V 模型的软件开发过程中，软件开发过程被分为需求分析、设计、编码、测试等阶段。在每个阶段，应该产生明确的工作产品，如需求规格说明、系统架构设计文档、软件组件设计文档、实现代码、单元测试报告、集成测试报告等。这些工作产品应该经过测试和验证，确保符合相应的标准和要求，同时确保在软件开发过程中不会出现遗漏或错误。

在基于模型的开发过程中，不同阶段的工作产品可以由同一计算机辅助开发工具自动生成。例如，使用计算机辅助开发工具进行模型开发，模型可以转换为软件设计和实现的相关代码，从而省去了手动编写代码的过程，提高了软件开发效率。在这种开发过程中，应确保模型与实际需求的一致性，同时模型生成的代码应符合相应的标准和规范，以确保软件开发过程的质量和安全性。

在软件开发过程中，需要保证生成的所有工作产品符合 GB/T 38874 的要求，并进行严格的测试和验证。只有这样才能确保软件的安全性和可靠性。

总之，GB/T 38874 要求对软件开发过程进行严格的规划和管理，确保软件开发过程的质量和安全性。不同的软件开发过程模型都应该在各个阶段生成明确的工作产品，并且这些工作产品应经过测试和验证，从而确保软件开发过程的高效、可靠和安全。

2. 可通过分配活动和任务来添加其他阶段

在软件开发过程中，可以通过分配活动和任务来添加其他阶段。这表示在 V 模型的基础上，可以根据项目的要求和复杂性添加额外的开发阶段。例如，在 ECU 的安全确认之前，可增加数据集成作为单独的阶段。数据集成可以确保系统中所有的数据都能被正确传输和处理，并且所有的数据传输都符合安全要求，从而减少系统的故障和降低安全风险。

在进行 ECU 的安全确认时，可以采用不同的方式。例如，可以将特定的 ECU 测试作为控制网络测试的一部分，也可以在组件系统的测试位置或在试验车辆上进行测试。这些测试可以确保 ECU 的安全性能符合要求，并且在实际应用中能够正常运行。

GB/T 38874 要求在软件开发过程中应该根据项目的要求和复杂性对开发阶段进行灵活调整，并且应该采取适当的方法和工具来确保软件的安全性和可靠性。在添加额外的开发阶段时，应该考虑其对整个软件开发过程的影响，并确保它们能够有效地促进软件开发的进展。

假设我们正在为拖拉机的 ECU 开发软件。ECU 负责控制拖拉机的各种功能，如发动机、变速箱和液压系统等的功能。由于 ECU 是与安全相关的组件，因此为 ECU 开发软件需要遵循 GB/T 38874 中的软件开发流程。

按照 GB/T 38874，我们需要遵循 V 模型进行软件开发。V 模型是一种软件开发模型，强调对软件寿命周期的每个阶段进行测试和验证。V 模型由几个阶段组成，包括需求分析、设计、编码、测试等。

我们也可以根据项目的要求和复杂性添加额外的开发阶段。例如，在 ECU 的安全确认之前，可增加数据集成作为单独的阶段。在这个阶段，我们可以整合软件开发各个阶段产生的数据，进行数据分析，以确保软件满足安全性能要求。

在数据集成阶段之后，我们可以对 ECU 进行安全确认。根据 ECU 的功能，可以通过不同的方式进行安全确认。例如，可以将特定的 ECU 测试作为控制网络测试的一部分，也可以在组件系统的测试位置或在试验车辆上进行测试，以验证 ECU 的安全性能是否符合要求。

总之，我们需要按照 GB/T 38874 遵循 V 模型进行软件开发。我们还可以根据项目的要求和复杂性添加额外的开发阶段。在示例中，在 ECU 的安全确认之前添加了一个数据集成阶段。安全确认可以通过多种方式完成，具体取决于 ECU 的功能。

3.1.3.2　过程的灵活性

【标准内容】

活动和任务可从一个阶段转移到另一个阶段。

索引：本节标准内容源自 GB/T 38874.3—2020 的 7.1.4.2 节。

【解析】

GB/T38874 为农林拖拉机和机械控制系统软件的功能安全开发提供了指南。软件的功能安全开发的一个重要方面是软件开发过程，此过程必须足够灵活以适应项目的特定需求，同时还要遵守 GB/T38874 中的指南和要求。

软件开发过程灵活性的一个重要方面是活动和任务可以从一个阶段转移到另一个阶段。这意味着软件开发团队可以根据需要调整软件开发过程，以解决软件开发过程中可能出现的任何问题或变更。

假设在软件测试阶段发现了一个重大问题，需要进行额外的分析和调试。软件开发团队可能决定将一些测试活动转移至更早的阶段，如软件设计阶段，以便在流程的早期识别和解决问题。这种任务转移有助于确保软件开发过程保持在正轨上，同时还使软件开发团队在出现任何问题时加以解决。

在软件开发过程中，当确定新功能或需求时，软件开发团队可能需要将一些活动和任务从一个阶段转移到另一个阶段，以确保这些新功能或需求得到妥善处理。假设在需要大量测试的软件设计阶段确定了一项新功能，软件开发团队可能决定将一些测试活动转移到软件测试阶段，以确保新功能在发布前经过全面测试。

总之，软件开发过程的灵活性对于确保软件满足必要的功能安全要求，同时解决软件开发过程中出现的任何问题或变更至关重要。将活动和任务从一个阶段转移到另一个阶段是这种灵活性的一个重要方面，因为它允许软件开发团队根据需要调整软件开发过程，以确保软件开发项目的成功。

3.1.3.3　过程时间表

【标准内容】

应制定时间表说明软件开发各阶段和产品开发过程间的关系，包括设备级的集成步骤。

索引：本节标准内容源自 GB/T 38874.3—2020 的 7.1.4.3 节。

【解析】

根据 GB/T 38874，应制定时间表来描述软件开发各阶段与产品开发过程间的关系，包括设备级的集成步骤。该时间表应为软件开发团队提供清晰的路线图。

时间表中通常包括以下阶段。

（1）需求分析：这个阶段涉及收集并记录系统和软件需求。需求文档应清楚地概述系统的预期用途、性能规格和相关的安全要求。

（2）系统设计：在这个阶段，软件开发团队需要基于需求分析进行详细的系统设计，包括软件架构、算法和数据结构设计。

（3）软件设计：在这个阶段，软件开发团队的设计将用于实现系统的软件模块。

（4）实现：这是实际编写和测试软件的阶段。实现应遵循设计文档并满足需求文档中概述的要求。

（5）集成：在这个阶段，将软件模块组合在一起并进行测试，以确保它们作为一个系统正常工作。

（6）验证：在这个阶段，对软件进行测试以确保其满足系统安全要求。这个阶段包括确保软件执行其预期功能的功能测试和确保其在所有条件下安全运行的安全测试。

（7）发布：软件一旦经过验证，就可以发布使用。

时间表中还应包括设备级的集成步骤，如在目标硬件上安装和测试软件。这些集成步骤可确保软件在目标硬件环境中正常运行并满足所有安全要求。

例如，有一个拖拉机控制系统的软件开发项目，该项目的时间表可能如下。

（1）需求分析：1 个月。

（2）系统设计：2 个月。

（3）软件设计：2 个月。

（4）实现：3 个月。

（5）集成：1 个月。

（6）验证：2 个月。

（7）发布：1 个月。

除上述阶段外，时间表中还可能包括设备级的集成步骤，具体如下。

（1）硬件安装：1 周。

（2）软件安装：2 周。

（3）集成测试：1 周。

3.1.3.4　适用性和支持过程

【标准内容】

适用性：

参照表 3.1 完成软件安全需求规格说明后，应将软件安全需求分配到相应的过程活动中。

表 3.1　软件安全需求规格说明

技术/方法 a	章条号	SRL=B	SRL=1	SRL=2	SRL =3
1 采用自然语言描述需求规格说明	3.2.2.1.1	+	+	+	+
2a 非形式化方法 a,b	3.2.2.1.1	+	+	x	x
2b 半形式化方法 b	3.2.2.1.2	+	+	+	+
2c 形式化方法 b	3.2.2.1.3	+	+	+	+
3 计算机辅助规格说明工具	3.2.2.1.4	o	o	+	+
4a 软件安全需求检查 a	3.2.2.4	+	+	+	+
4b 软件安全需求遍历	3.2.2.4	+	+	x	x

表 3.1～表 3.6 的使用说明见 3.1.3.6 节。

注 1：第 2c 项中总结了具有完整语法定义和完整语义定义的可执行的建模方法。形式化方法允许形式验证和自动测试用例生成。示例中包括支持形式验证的状态机。

注 2：第 2b 项中总结了具有完整语法定义和完整语义定义的不可执行的建模方法。示例中包括结构化分析/设计和图形化建模方法，如 UML 类图或方框图

a 应依照 SRL 选择适当的技术/方法。替代或等效的技术/方法用数字后的字母表示，仅需满足其中一种技术/方法。

b 在基于模型的代码生成开发中，软件架构设计方法应该应用到功能模型中，功能模型为代码生成的基础

—— +方法适用。如不适用，在计划阶段应记录这些理由。

—— o 不推荐或不建议使用。

—— x 不适用

支持过程：

应制定以下支持过程的计划，作为软件开发过程的一部分。

（1）工作产品应按照 GB/T 38874.4—2020 的第 13 章进行归档。

（2）应按照 GB/T 38874.4—2020 的第 11 章进行软件变更管理。

（3）工作产品的配置管理。

注：过程（2）包括由变更导致的软件不同分支的处理策略（包含这些分支的合并）。

索引：本节标准内容源自 GB/T 38874.3—2020 的 7.1.4.4 节和 7.1.4.5 节。

【解析】

1. 适用性

GB/T 38874 的软件开发要求中，强调了软件开发的适用性，即将软件安全需求分配到相应的过程活动中，以确保软件开发过程的质量和安全性。这个过程涉及将已确定的软件安全需求与软件开发的各个阶段进行对应和分配，从而确保整个软件开发过程都能够满足安全性能要求。

具体而言，软件安全需求规格说明中应该包含具体的安全需求，如数据安全、功能安全、接口安全等。这些安全需求应该根据软件开发的各个阶段进行分类和分配。例如，在需求分析阶段，应将软件安全需求转化为具体的功能需求，以便软件设计人员能够根据这些需求进行系统设计。在软件实现和测试阶段，应将软件安全需求转化为具体的测试用例和测试方案，以便软件测试人员能够对软件的安全性进行全面的测试。以下是一个具体的例子。

假设对一个农林拖拉机控制系统需要开发一款控制软件，该软件具有以下安全需求。

（1）系统对外部攻击具有一定的抵御能力。

（2）系统内部的数据传输和存储必须安全、可靠。

（3）系统必须具备良好的容错性和自动恢复能力。

根据 GB/T 38874 的要求，这些安全需求需要分配到不同的软件开发阶段中，以确保软件开发过程的质量和安全性。

在需求分析阶段，应将这些安全需求转化为具体的功能需求，如在系统设计中增加一些安全措施以应对外部攻击，或者在系统设计中增加一些数据传输和存储的安全性检测机制。在软件设计阶段，需要根据这些功能需求进行具体的系统设计，并且将安全需求转化为具体的设计要求，如在软件设计中增加数据加密和解密模块，或者在软件设计中增加自动恢复机制。在软件实现和测试阶段，需要将安全需求转化为具体的测试用例和测试方案，以便软件测试人员能够对软件的安全性进行全面的测试。

通过这样的安全需求分类和分配过程，可以确保软件开发过程的质量和安全性，从而提高农林拖拉机和机械控制系统的安全性、可靠性。

2. 支持过程

根据 GB/T 38874，软件开发应由多个流程支持，包括工作产品归档、软件变更管理和工作产品的配置管理。

（1）工作产品应按照 GB/T 38874.4—2020 的第 13 章进行归档。

归档工作产品的目的是确保所有相关文档和工件以受控方式存储，以便在软件开发过程中促进可追溯性的提高和方便验证。工作产品可能包括软件需求规格说明、软件设计文档、测试计划、测试报告和其他工件。GB/T 38874.4—2020 的第 13 章规定了工作产品归档的要求，包括安全存储的需要，以及适当命名约定和版本控制的使用。

在软件开发过程中，各种工作产品被创建和修改，如软件安全需求规格说明、软件设计文档、编程代码等。这些工作产品的管理对于软件开发的成功至关重要。因此，GB/T 38874 要求对这些工作产品进行规范的归档和记录，以确保这些工作产品得到妥善保存，方便后续查找和使用。GB/T 38874 明确了应归档哪些工作产品、如何归档及归档的时机等方面的要求。

例如，在软件开发过程中，软件开发人员在创建软件安全需求规格说明时，应按照 GB/T 38874.4 的要求对其进行归档。归档过程应包括对软件安全需求规格说明的版本控制，以便记录不同版本的变化情况，以及所有重要的审查和批准记录。

（2）应按照 GB/T 38874.4—2020 的第 11 章进行软件变更管理。

软件变更管理是在整个软件开发过程中识别、评估和管理软件变更的过程，包括变更请求的识别、影响分析、审批流程、实施和验证。GB/T 38874.4—2020 的第 11 章规定了软件变更管理的要求，包括对变更管理计划、变更管理程序及适当工具和技术的使用的要求。

在软件开发过程中，出于各种原因，如需求变更、错误修复等，软件工作产品可能需要进行修改，这时就需要进行软件变更管理。GB/T 38874 要求对软件变更进行管理，确保软件变更得到妥善处理，防止因软件变更导致错误和风险。GB/T 38874 明确了软件变更管理的要求，包括变更的流程、变更的分类、变更的文档记录等。

例如，在软件开发过程中，如果需要更改软件安全需求规格说明，则应按照 GB/T 38874.4—2020 的要求进行软件变更管理。在软件变更管理过程中，应记录变更请求的详细信息，包括变更的原因和影响等，并由相应的管理人员进行审查和批准。变更完成后，还应更新相关的工作产品和文档记录。

软件变更管理包括由变更导致的软件不同分支的处理策略（包含这些分支的合并）。

软件变更管理是软件开发的一个重要方面，它涉及对软件在整个开发寿命周期中所做的变更的管理。软件变更管理的目标是确保对软件产品所做的任何变更在实施之前都能得到适当的记录、审查、测试和批准，以避免对整个软件开发过程产生任何负面影响。

GB/T 38874 为农林拖拉机和机械控制系统功能安全背景下的软件变更管理提供了指南。根据该标准，软件变更管理计划应作为软件开发过程的一部分制定，该计划应包括以下活动。

- 变更的识别和记录：对软件的任何变更都应以清晰、简洁的方式进行识别和记录，包括对软件需求、设计、实施或测试的更改。
- 影响分析：应进行影响分析以确定变更对软件的潜在影响，包括任何与安全相关的方面。

- 变更审查：变更应由相关利益相关者审查，包括软件开发团队、安全团队和任何其他相关方。该审查应包括对变更的潜在影响的讨论，以及对安全要求或安全目标的必要变更的审查。

- 更改测试：应对更改进行测试，以确保它满足软件要求和安全要求。这可能包括回归测试、集成测试或其他类型的必要测试。

- 批准和实施：变更经过审查和测试后，应按照既定程序批准和实施。这可能包括更新软件文档、生成新的测试用例或更新软件配置。

此外，GB/T 38874 还强调了管理因变更而产生的不同软件分支的重要性。当对软件进行更改时，可能会创建不同的分支，每个分支都有自己的一组修改。应根据需要适当地记录、管理和合并这些分支，以确保软件保持一致并满足既定的安全要求。

农林机械环境中软件变更管理的一个例子是拖拉机制动系统软件控制算法的变更。此变更可能是为了响应用户的反馈或提高车辆的整体安全性。在实施之前，需要对变更进行适当的识别、记录、影响分析、审查、测试和批准，以确保它满足所有安全要求，并且不会对制动系统的整体性能产生负面影响。如果变更导致创建了不同的软件分支，则还应对这些分支进行适当的管理和必要的合并，以保持一致性并确保软件满足所有安全要求。

（3）工作产品的配置管理。

工作产品的配置管理是识别、组织和控制在整个软件开发过程中对软件及相关工件所做的更改的过程，包括软件版本、硬件版本、配置项和其他相关工件的识别与管理。GB/T 38874 规定了配置管理的要求，包括对配置管理计划、配置标识、配置控制、配置状态核算和配置审计的要求。

例如，当需求发生变化时，软件开发人员需要修改软件设计文档，编程代码也需要进行修改。此时，需要确保所有相关的工作产品都被更新，以确保其一致性和正确性。GB/T 38874 要求在软件开发过程中实施工作产品的配置管理，以确保软件的正确性和一致性。

在软件开发过程中，如果软件开发人员需要对软件进行修改，则需要按照 GB/T 38874 的要求进行工作产品的配置管理。在配置管理过程中，需要对工作产品进行版本控制，并记录每个版本的配置情况。

在为农林拖拉机和机械控制系统开发软件的情况下实施支持过程的示例如下。

- 存档工作产品：软件开发团队可能会使用文档管理系统来存储和管理所有相关的工作产品。该系统可以包括版本控制、访问控制及备份和恢复程序，以确保所有工作产品都得到安全存储并在需要时可用。

- 软件变更管理：软件开发团队可能会使用变更管理工具来跟踪和管理所有软件变更请求。该工具可以包括用于请求、批准和实施更改的工作流，以及用于跟踪和报告更改状态的机制。

- 配置管理：软件开发团队可能会使用配置管理工具来管理所有软件版本、硬件版本和相关工件。该工具可以包括用于识别和控制更改、跟踪更改状态及执行审计以确保所有配置都得到适当记录与控制的机制。

3.1.3.5 软件开发阶段

【标准内容】

在软件开发的每个阶段，应根据 SRL（如圈复杂度、测试覆盖率和缺陷率）选择适当的开发方法、工具及其实施准则。

在开发阶段开始时，可根据应用领域适当调整以上选择。

除人工编码外，选择的方法可应用于基于模型的开发，其中源代码或目标代码根据模型自动生成。

注：选择合适的方法可降低软件开发的复杂度。

索引：本节标准内容源自 GB/T 38874.3—2020 的 7.1.4.6 节。

【解析】

1. 总体解析

在软件开发的每个阶段，应根据圈复杂度、测试覆盖率和缺陷率等软件可靠性指标选择适当的开发方法、工具及其实施准则。这些指标可用于评估软件开发不同阶段的软件质量。

圈复杂度是衡量软件代码复杂度的指标，可用于标识软件代码中独立路径的数量。高圈复杂度表示软件代码复杂且难以测试和维护，这可能导致更多错误。因此，应选择适当的开发方法和工具，降低圈复杂度，提高软件代码质量。

测试覆盖率用于衡量软件代码被测试的程度，测试覆盖率高表明软件代码已经过全面测试。提高测试覆盖率有助于在软件开发过程的早期识别和修复错误，降低错误风险并提高软件的整体可靠性。

此外，可以使用基于模型的开发等软件开发方法来降低软件开发的复杂度。基于模型的开发涉及使用状态机和流程图等图形符号开发软件模型，并由模型自动生成源代码。这样有助于减少编程错误并提高软件的整体可靠性。

总之，根据 SRL 选择适当的开发方法、工具及其实施准则，有助于降低软件开发的复杂度，提高软件的质量和可靠性。

2. 根据 SRL 选择适当的开发方法、工具及其实施准则

在软件开发的每个阶段，软件开发团队需要根据 SRL 选择适当的开发方法、工具及其实施准则。具体来说，需要根据以下几方面进行选择。

（1）圈复杂度（CyclomaticComplexity）：圈复杂度是指软件代码中的控制流路径数量。更高的圈复杂度可能导致更多的错误和漏洞，因此需要选择能够减小圈复杂度的开发方法和工具。

（2）测试覆盖率（Test Coverage）：测试覆盖率是指测试用例能够覆盖源代码的百分比。更高的测试覆盖率可以减少未发现的错误和漏洞，因此在软件开发过程中需要选择适当的测试方法和工具，以提高测试覆盖率。

（3）缺陷率（Defect Rate）：缺陷率是指软件代码中的错误数量。更高的缺陷率可能导致更多的安全问题，因此需要选择能够降低缺陷率的开发方法和工具。

根据应用领域的不同，还需要适当调整以上选择。例如，对于农林拖拉机和机械控制系统，软件开发团队需要重点关注系统的安全性和可靠性，并选择能够满足 GB/T 38874 的要求的开发方法和工具。

除人工编码外，还可以选择基于模型的开发方法，在这种方法中，源代码或目标代码可以根据模型自动生成，可以提高软件开发效率和减少错误。

综上所述，选择合适的开发方法、工具及其实施准则可以降低软件开发的复杂度，并提高软件的安全性和可靠性。

例如，对于圈复杂度较高的软件代码，可以采用代码重构的方法来降低圈复杂度；对于测试覆盖率不足的软件代码，可以使用代码覆盖率工具来提高测试覆盖率；对于缺陷率较高的软件代码，可以借助静态分析工具来发现错误和漏洞。

3. 基于模型的开发

GB/T 38874 强调了根据软件需求和应用领域选择适当的开发方法、工具及其实施准则的重要性，还强调了使用基于模型的开发自动生成源代码或目标代码、降低软件开发复杂度的潜在好处。

基于模型的开发是一种软件开发方法，专注于创建软件模型，而不是编写源代码。软件模型是软件的表示，可以对其进行操作和分析，以检查其正确性和完整性。软件模型可用于自动生成源代码或目标代码。基于模型的开发因其潜在优势（包括提高生产率、缩短软件开发时间和提高软件质量）而被广泛应用于航空航天、汽车和医疗设备等安全关键行业。

在农业中使用基于模型的开发的一个例子是为拖拉机发动机开发 ECU。ECU 负责控制发动机的性能、燃油效率和排放。ECU 的软件必须可靠、高效和安全，以确保拖拉机正常运行并防止事故发生。软件开发团队可以使用基于模型的开发方法创建代表 ECU 功能和行为的软件模型。软件开发团队也可以使用软件工具来分析模型的正确性，并针对各种场景测试其行为。这种方法有助于缩短软件开发时间、提高软件质量并提高拖拉机的安全性和可靠性。

总之，根据软件需求和应用领域选择适当的开发方法、工具及其实施准则对于实现符合安全标准的高质量软件至关重要。基于模型的开发是一种有助于降低软件开发复杂度和提高软件质量的方法，尤其适用于安全关键行业。

3.1.3.6 使用表格

【标准内容】

表 3.1～表 3.6 列出了每种技术或方法与 4 种 SRL 间的关系，用符号 "+"、"o" 或 "x" 表示。

—— +方法适用。如不适用，在计划阶段应记录这些理由。

—— o 不推荐或不建议使用。

—— x 不适用。

表 3.2　软件架构设计

技术/方法 [a]	章条号	SRL=B	SRL=1	SRL=2	SRL =3
1a 非形式化方法 [a]	3.2.2.1.1	+	+	x	x
1b 半形式化方法	3.2.2.1.2	+	+	+	+
1c 形式化方法	3.2.2.1.3	+	+	+	+
2 计算机辅助规格说明工具	3.2.2.1.4	o	o	+	+
3a 软件架构审查 [a]	3.3.2.4	+	+	+	+
3b 软件架构遍历	3.3.2.4	+	+	x	x
表 3.1～表 3.6 的使用说明见 3.1.3.6 节					
a 应依照 SRL 选择适当的技术/方法。替代或等效的技术/方法用数字后的字母表示，仅需满足其中一种技术/方法					
—— +方法适用。如不适用，在计划阶段应记录这些理由。					
—— o 不推荐或不建议使用。					
—— x 不适用					

表 3.3　软件设计和开发——支持工具和编程语言

技术/方法 [a]	章条号	SRL=B	SRL=1	SRL=2	SRL=3
1 工具和编程语言					
1.1 合适的编程语言	3.4.2.1.1	+	+	+	+
1.2 强类型编程语言	3.4.2.1.2	o	+	+	+
1.3 语言子集	3.4.2.1.3	o	+	+	+
1.4 工具和编译器：增加使用的可信度	3.4.2.1.4	o	+	+	+
1.5 使用可信/经验证的软件组件（如可用）	3.4.2.1.5	o	o	+	+
2 设计方法					
2.1a 非形式化方法 [a]	3.2.2.1.1	+	+	x	x
2.1b 半形式化方法	3.2.2.1.2	+	+	+	+
2.1c 形式化方法	3.2.2.1.3	+	+	+	+
2.2 防御性编程	3.4.2.1.6	o	o	o	+

续表

技术/方法 a	章条号	SRL=B	SRL=1	SRL=2	SRL=3
2.3 结构化编程	3.4.2.1.7	o	+	+	+
2.4 模块化方法					
2.4.1 软件组件尺寸限制	3.4.2.1.8	o	+	+	+
2.4.2 软件复杂度控制	3.4.2.1.9	o	o	o	+
2.4.3 信息隐藏/封装	3.4.2.1.10	o	o	+	+
2.4.4 子程序和函数中仅一个入口/一个出口	3.4.2.1.8	o	+	+	+
2.4.5 完全定义的接口	3.4.2.1.8	o	+	+	+
2.5 可信/经验证的软件组件库	3.4.2.1.11	+	+	+	+
2.6 计算机辅助设计工具	3.4.2.1.12	o	o	o	+
3 设计和编码规范					
3.1 使用编码规范	3.4.2.1.13	o	+	+	+
3.2a 不使用动态变量或对象	3.4.2.1.14	o	+	+	+
3.2b 在线检查动态变量的创建	3.4.2.1.15	o	o	o	+
3.3 限制使用中断	3.4.2.1.16	o	o	o	+
3.4 指针的定义使用	3.4.2.1.17	o	o	o	+
3.5 递归的限制使用	3.4.2.1.18	o	o	o	+
4 设计和代码验证					
4a 软件设计和/或源代码审查	3.4.2.2	+	+	+	+
4b 软件设计和/或源代码遍历	3.4.2.2	+	+	x	x
表 3.1～表 3.6 的使用说明见 3.1.3.6 节					
a 应依照 SRL 选择适当的技术/方法。替代或等效的技术/方法用数字后的字母表示，仅需满足其中一种技术/方法					
—— +方法适用。如不适用，在计划阶段应记录这些理由。					
—— o 不推荐或不建议使用。					
—— x 不适用					

表 3.4　软件组件测试

技术/方法 a	章条号	SRL=B	SRL=1	SRL=2	SRL=3
1 静态分析					
1.1 边界值分析	3.5.2.1.1	+	+	+	+
1.2 检查单	3.5.2.1.2	o	o	o	o
1.3 控制流分析	3.5.2.1.3	o	o	+	+
1.4 数据流分析	3.5.2.1.4	o	o	+	+
2 动态分析和测试	3.5.2.1.5				
2.1 边界值分析的测试用例	3.5.2.1.6	o	o	o	+
2.2a 结构测试覆盖（入口点）	3.5.2.1.7	o	o	+	x
2.2b 结构测试覆盖（语句）	3.5.2.1.7	o	o	+	+
2.2c 结构测试覆盖（分支）	3.5.2.1.7	o	o	+	+
3 单元测试					
3.1 等价类和输入分区测试	3.5.2.1.8	o	o	+	+

农林机械控制系统软件功能安全标准解析与实践

续表

技术/方法 a	章条号	SRL=B	SRL=1	SRL=2	SRL=3
3.2 边界值分析	3.5.2.1.1	o	o	+	+
3.3 测试用例执行（测试用例由模型生成）	3.5.2.1.9	o	o	o	+
4 性能测试	3.5.2.1.10				
4.1 响应时间和内存约束	3.5.2.1.11	o	+	+	+
4.2 性能需求测试	3.5.2.1.2	o	+	+	+
4.3 雪崩/压力测试	3.5.2.1.13	o	o	o	+
5 接口测试	3.5.2.1.14	o	o	o	+
表 3.1～表 3.6 的使用说明见 3.1.3.6 节					
a 应依照 SRL 选择适当的技术/方法。替代或等效的技术/方法用数字后的字母表示，仅需满足其中一种技术/方法					
—— +方法适用。如不适用，在计划阶段应记录这些理由。					
—— o 不推荐或不建议使用。					
—— x 不适用					

表 3.5　软件集成测试（组件）

技术/方法 a	章条号	SRL=B	SRL=1	SRL=2	SRL=3
1 功能测试或黑盒测试	3.6.2.4.1	+	+	+	+
2 等价类和输入划分测试	3.5.2.1.8	o	o	+	+
3 性能测试					
3.1a 资源约束分析	3.5.2.1.10	o	+	x	x
3.1b 响应时间和内存约束	3.5.2.1.11	o	+	+	+
3.2 性能需求测试	3.5.2.1.12	o	o	+	+
3.2 雪崩/压力测试	3.5.2.1.13	o	o	o	+
表 3.1～表 3.6 的使用说明见 3.1.3.6 节					
a 应依照 SRL 选择适当的技术/方法。替代或等效的技术/方法用数字后的字母表示，仅需满足其中一种技术/方法					
—— +方法适用。如不适用，在计划阶段应记录这些理由。					
—— o 不推荐或不建议使用。					
—— x 不适用					

表 3.6　软件安全测试

技术/方法 a	章条号	SRL=B	SRL=1	SRL=2	SRL=3
1 软件安全需求测试					
1.1a ECU 网络内的测试 a	3.7.2.1.1	o	+	+	x
1.1b 硬件在环测试	3.7.2.1.2	o	+	+	+
1.1c 机器内测试	3.7.2.1.3	o	+	+	+
表 3.1～表 3.6 的使用说明见 3.1.3.6 节					
a 应依照 SRL 选择适当的技术/方法。替代或等效的技术/方法用数字后的字母表示，仅需满足其中一种技术/方法。					
注：1.1a、1.1b、1.1c 中的测试代表测试环境					
—— +方法适用。如不适用，在计划阶段应记录这些理由。					
—— o 不推荐或不建议使用。					
—— x 不适用					

选择的方法应与各个 SRL 相对应。替代或等效的技术或方法用数字后的字母来标识。但应至少选择一项标记"+"的替代或等效的技术或方法。

也可使用表 3.1～表 3.6 中未列出的特定技术或方法。如果替换表 3.1～表 3.6 中的技术或方法，则该技术或方法应具有相等或更高的 SRL。

索引：本节标准内容源自 GB/T 38874.3—2020 的 7.1.4.7 节。

【解析】

GB/T 38874.3 提供了表 3.1～表 3.6，列出了每种技术或方法与 4 种 SRL 间的关系，用于表示技术或方法与 SRL 间关系的符号是"+"、"o"或"x"。

符号"+"表示技术或方法适用于相应的 SRL。如果技术或方法不适用，则应在计划阶段记录其原因。符号"o"表示不推荐或不建议使用该技术或方法。符号"×"表示该技术或方法不适用。

选择的技术或方法应与 SRL 相对应。替代或等效的技术或方法用数字后的字母来标识。至少应选择一项标记"+"的替代或等效的技术或方法。也可以使用表 3.1～表 3.6 中未列出的特定技术或方法。如果一个技术或方法被用来替代表 3.1～表 3.6 中的一个技术或方法，则它应该具有相同或更高的 SRL。

例如，表 3.4 显示了 SRL 和边界值分析之间的关系，被标记为"+"，这意味着边界值分析适用于所有 SRL。另外，数据流分析被 SRL=B 和 SRL=1 标记为"o"，这意味着不推荐或不建议将其用于这些 SRL，但它适用于 SRL=2 和 SRL=3。

总之，GB/T 38874.3 中的表格提供了根据 SRL 选择适当的软件开发技术或方法的指南，有助于确保软件开发过程符合所需的 SRL。

3.2　软件安全需求规格说明

3.2.1　目的、概述和前提条件

【标准内容】

目的：

第一个目的是从技术安全需求中导出包括 SRL 在内的软件安全需求。

第二个目的是验证软件安全需求是否与技术安全概念相一致。

概述：

软件安全需求规格说明应从系统技术安全概念需求中导出，并标识为软件安全需求。至少应考虑以下几方面。

（1）在软件中充分实现技术安全概念；

（2）系统配置和架构；

（3）E/E/PES 硬件设计；

（4）安全相关功能的响应时间；

（5）外部接口，如通信接口；

（6）影响软件性能的物理要求和环境条件；

（7）安全软件的修改需求。

系统软硬件开发应迭代进行。在进一步指定和细化软件安全需求与软件架构的过程中，对硬件架构会产生影响。因此，软硬件开发需要密切配合。

前提条件：

软件安全需求规格说明的前提条件如下。

——符合 3.1 节的软件项目计划；

——符合 2.2.2 节的技术安全概念；

——符合硬件类别（略）。

> 索引：本节标准内容源自 GB/T 38874.3—2020 的 7.2.1～7.2.3 节。

【解析】

GB/T 38874 为农林拖拉机和机械控制系统安全相关部件（包括软件）的开发提供了要求与建议。在这种情况下，软件开发的一个重要方面是从系统技术安全概念要求中推导出软件安全需求。

根据 GB/T 38874，软件安全需求规格说明应从系统技术安全概念需求中导出，并标识为软件安全需求。这意味着软件应充分贯彻系统技术安全理念。此外，软件安全需求还应考虑系统配置和架构、E/E/PES 硬件设计、安全相关功能的响应时间、外部接口、影响软件性能的物理要求和环境条件、安全软件的修改需求。

为保证软件开发系统化、迭代式地进行，软硬件开发应紧密配合。软件安全需求与软件架构的指定和细化，可能会对硬件架构产生影响。因此，系统软硬件开发应迭代进行。

例如，为拖拉机制动系统开发安全相关的软件组件，系统技术安全理念要求拖拉机制动系统必须能够在紧急情况下使拖拉机在规定的距离内完全停止。源自该技术安全理念的软件安全需求可能包括对控制制动系统的软件响应时间的要求、软件计算拖拉机速度和距离的准确性，以及与其他安全相关部件通信的接口要求。系统中的硬件设计也可能受到这些软件安全需求的影响，因为硬件必须能够提供必要的处理能力和内存来支持软件的功能。

总之，GB/T 38874 强调了从系统技术安全概念需求中导出软件安全需求规格说明，以及确保软硬件开发紧密配合的重要性。通过遵循这些指南，软件开发人员可以确保他们开发的软件不仅功能正确，而且满足整个系统的安全要求。

3.2.2　要求

3.2.2.1　软件安全需求规格说明方法

【标准内容】

软件安全需求规格说明应与表 3.1 相一致。

> 索引：本节标准内容源自 GB/T 38874.3—2020 的 7.2.4.1 节。

【解析】

1．软件安全需求规格说明浅析

软件安全需求规格说明应考虑软件开发的形式化方法和半形式化方法。形式化方法具有完整语法定义和完整语义定义，并且允许形式验证和自动测试用例生成。半形式化方法具有完整语法定义和完整语义定义，但不可执行。

形式化方法为软件开发提供了一种严格的方法，使软件能够通过数学证明满足安全要求。形式化方法用于确保航空航天、铁路和汽车等各个领域的安全关键软件的正确性。形式化方法的示例中包括模型检查、定理证明和抽象解释。

模型检查是一种形式化方法，它通过详尽地探索模型的所有可能状态来检查模型是否满足给定的规范要求。模型检查可以应用于不同类型的模型，包括状态机和 Petri 网。

定理证明是一种形式化方法，它使用数理逻辑来证明程序的正确性。定理证明涉及先定义一组公理，然后使用逻辑推理规则从这些公理中得出结论。

抽象解释是一种静态分析技术，它可以在不执行程序的情况下推断程序的属性。抽象解释涉及通过分析程序的抽象域来近似程序的行为，抽象域是程序可能状态的简化表示。

半形式化方法不提供正确性的数学证明，但提供软件开发的结构化方法。半形式化方法的示例中包括结构化分析/设计和图形建模方法，如 UML 类图或方框图。

结构化分析/设计是一种开发软件的方法，强调将软件系统划分为更小的组件并分析它们的行为和交互。结构化分析/设计涉及使用数据流图和结构图等图形模型来表示系统的结构与行为。

UML 类图是一种图形建模方法，它根据类、属性和类之间的关系来表示系统的结构。方框图是另一种图形建模方法，它使用块和箭头表示系统的结构与行为。

总之，在软件开发过程中使用形式化方法和半形式化方法为软件开发提供了一种结构化的方法，并确保软件满足安全要求。形式化方法为软件开发提供了经过数学证明的方法，而半形式化方法为软件开发提供了更实用的方法。方法的选择应基于所需的安全级别和软件系统的复杂性。

2．非形式化方法、软件安全需求检查

非形式化方法、软件安全需求检查应依照 SRL 选择适当的技术/方法。替代或等效的技术/方法用数字后的字母表示，仅需满足其中一个技术/方法。

非形式化方法是指没有完整语法定义或完整语义定义的技术或方法。非形式化方法是不以数学为基础的技术，如审查、走查和检查。这些方法可用于检测缺陷和验证软件质量。然而，它们的有效性可能会因审查人的技能和经验而异。因此，非形式化方法的选择应基于 SRL。例如，SRL=1 可能只需要代码审查，而 SRL=4 可能需要更严格的方法，如形式验证。非形式化方法的示例中包括自然语言需求、用例和非正式图表。在软件安全需求的上下文中，可以使用非形式化方法以更灵活和易于理解的方式定义软件安全需求。然而，非形式化方法也有局限性，如软件安全需求的模糊性和不一致性，可能导致安全功能的错误实现。因此，有必要根据 SRL 选择适当的技术/方法，SRL 是衡量潜在危害严重程度的指标。

如果使用自然语言需求等非形式化方法来指定拖拉机控制系统的软件安全需求，则应根据 SRL 检查这些需求，以确保它们满足适当的安全级别。如果 SRL=2，则应使用 FTA 或 FMEA 等合适的技术来补充自然语言需求。

3．非形式化方法、半形式化方法、形式化方法

在基于模型的代码生成中，软件架构设计方法应该应用到功能模型中，功能模型为代码生成的基础。

基于模型的代码生成是一种由系统行为模型自动生成代码的技术。它可以提高软件开发效率、减少错误并促进软件认证。然而，基于模型的代码生成在软件开发过程中需要高度形式化，生成代码的质量取决于模型的质量。因此，软件架构设计方法应该应用到功能模型中，以确保模型满足软件安全需求并适用于代码生成。

例如，在拖拉机控制系统的软件开发中，功能模型可以用状态机表示，它显示了系统响应事件和输入的行为。首先，将基于组件的设计和基于模型的安全分析等软件架构设计方法应用于功能模型，以确保模型满足软件安全需求并适用于代码生成。其次，将由功能模型自动生成代码，从而降低手动编码因人为错误而导致的风险。

3.2.2.1.1　采用自然语言描述需求规格说明与非形式化方法

【标准内容】

目标：

应采用自然语言（口语和书面语）描述需求规格说明，并描述完整概念。

描述：

在系统开发的相应阶段，非形式化方法应提供系统描述方法，即通常采用自然语言、图表等方式描述规格说明、设计说明或结构组成。

索引：本节标准内容源自 GB/T 38874.3—2020 的 7.2.4.1.1 节和 7.2.4.1.2 节。

【解析】

1. 采用自然语言描述需求规格说明

GB/T 38874 为农林拖拉机和机械控制系统定义了 4 个 SRL，包括代表最低安全级别的 SRL=B 到代表最高安全级别的 SRL=3。GB/T 38874 要求以清晰、明确的方式指定软件安全需求。指定软件安全需求有不同的方法，GB/T 38874 定义了适合每个 SRL 的方法。

在软件安全需求规格说明方法方面，GB/T 38874 规定应使用自然语言来描述 SRL=B、1、2、3 的需求。这意味着需求应以非技术人员都可以理解的方式编写，使用简单的语言来描述系统的预期行为。可以使用自然语言来指定软件安全需求，如英语或项目的利益相关者容易理解的其他语言。

这是因为自然语言描述是一种灵活的方法，允许利益相关者轻松传达他们的要求和期望。例如，利益相关者可以通过说"系统必须能够在 100ms 内检测并响应任何危险情况"来指定软件安全需求。此要求应以自然语言清楚地说明，并且应很容易被负责实施它的软件开发人员理解。

例如，拖拉机控制系统软件安全需求的自然语言描述可能是"当操作者按下紧急停止按钮时，拖拉机必须能够在 10m 内停止"。此要求清晰、明确，所有利益相关者都可以轻松理解。

使用自然语言来指定软件安全需求有几个优点：易于理解，易于编写，并且需要的技术专业知识少。但是，自然语言描述方法也可能不如其他方法那么精确和结构化，这使验证和确认需求变得更加困难。

然而，对于 SRL=2 和 SRL=3，自然语言描述方法本身是不够的。除自然语言方法外，还必须使用更正式的方法来指定软件安全需求。对于 SRL=B 和 SRL=1，可以使用结构化分析/设计等半形式化方法和 UML 类图或方框图等图形化建模方法。这些方法提供了一种更精确和结构化的方式来指定软件安全需求，从而更容易确保所有要求都得到满足。

对于 SRL=2 和 SRL=3，可能需要更正式的方法，如正式建模方法或数学建模方法。这些方法用于提供高水平的保证，即软件安全需求已被正确和完整地指定。形式化方法通常用于医疗设备、飞机系统和核电站等安全关键系统。

总之，指定软件安全需求方法的选择取决于正在开发的系统的 SRL。自然语言描述方法适用于 SRL=B、SRL=1、SRL=2 和 SRL=3，但对于 SRL=2 和 SRL=3，可能需要更正式的方法，如结构化分析/设计、图形化建模方法或正式建模方法。

2. 非形式化方法

GB/T 38874 要求使用软件安全需求规格说明方法来确保农林拖拉机和机械控制系统中的软件是安全的。提到的方法之一是使用非形式化方法进行系统描述。此方法涉及使用自然语言和图形表示（如图表）来描述软件需求、设计和结构。

在系统开发的相应阶段，非形式化方法应提供一种系统描述方法，通常采用自然语言、图表等来描述软件需求、设计和结构。这些方法对于以可能不熟悉形式化方法的利益相关者易于理解的方式交流想法和概念很有用。

例 1：在拖拉机控制系统的设计阶段，可以使用非形式化方法来创建一个方框图，以显示系统的不同组件及其连接方式。之后可以使用该方框图将系统设计传达给利益相关者，如工程师、项目经理和客户等。

例 2：在拖拉机软件的开发中，可以使用非形式化方法用自然语言描述系统需求，可以包括"如果安全，则系统应该阻止拖拉机运行"等陈述。该方法还可用于创建图表，如流程图，以说明系统的设计和结构。这种方法可以帮助软件开发团队更直观地了解系统的需求、设计和结构。

非形式化方法适用于 SRL=B 和 SRL=1，不适用于 SRL=2 和 SRL=3。

SRL=B 为最低的 SRL，而 SRL=3 为最高的 SRL，这表明非形式化方法适用于 SRL=B 和 SRL=1，但不适用于 SRL=2 和 SRL=3。这是因为更高的 SRL 需要更严格和正式的方法来确保系统安全、可靠。

例如，在拖拉机的安全关键系统的开发中，可以使用模型检查等形式化方法来确保系统满足 SRL=2 或 SRL=3 的要求。模型检查涉及分析系统的数学模型以检查潜在的错误或不一致。

对于需要更高级别保证的安全关键系统，如 SRL=2 和 SRL=3 的系统，仅靠非形式化方法可能是不够的。在这种情况下，应该考虑更严格的方法，如形式化方法，这种方法可以为系统的安全性和正确性提供更高的置信度。

非形式化方法的实践案例如下。

GB/T 38874 指定应根据 SRL 使用不同级别的严格程度来定义软件安全需求。非形式化方法仅被认为适用于较低的 SRL（SRL=B 和 SRL=1），但不适用于较高的 SRL（SRL=2 和 SRL=3）。这背后的原因是，更高的 SRL 需要更严格和正式的方法来确保系统的可靠性与安全性。

非形式化方法通常涉及自然语言描述、图表和软件需求的其他非形式化表示。这些方法更加灵活，可以很容易地被不同背景的人理解，但可能缺乏更多安全关键系统所需的精确度、清晰度和一致性。

例如，对于基本农业灌溉系统（SRL=B 或 SRL=1）的软件开发，可能不会有很高的安全风险，并且自然语言描述或流程图等非形式化方法足以指定软件安全需求。

又如，对于自动农用拖拉机（SRL=2 或 SRL=3）的软件开发，安全风险相当高，需要更正式的方法来确保系统的安全性和可靠性。用于指定软件安全需求的正式方法可能包括数学模型、正式语言或其他提供更高级别的精确性、清晰性和一致性的严格技术。

下面用图来比较为上述两种情况指定软件安全需求的非形式化方法和形式化方法。

对于基本农业灌溉系统（SRL=B 或 SRL=1），可以使用如图 3.2 所示的非形式化方法。

对于自动农用拖拉机（SRL=2 或 SRL=3），需要更正式的方法（见图 3.3）来保证系统的安全性和可靠性。

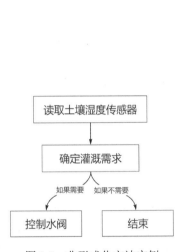

图 3.2 非形式化方法实例

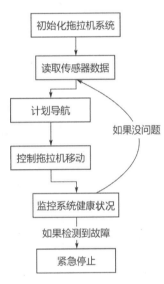

图 3.3 形式化方法实例

图 3.2 使用一个简单的流程图来表示读取土壤湿度传感器、确定灌溉需求和控制水阀所涉及的步骤。相比之下，图 3.3 使用更详细的系统组件及其交互表示，包括初始化拖拉机系统、读取传感器数据、计划导航、控制拖拉机移动、监控系统健康状况和紧急停止等程序。

通过遵循 GB/T 38874 并使用适当的方法来指定软件安全需求，软件开发人员可以确保农林拖拉机和机械控制系统的可靠性与安全性，最终实现更安全、更高效的操作。

3.2.2.1.2 半形式化方法

【标准内容】

目标：

半形式化方法应明确一致地表达概念、规格说明或者结构组成，以便检测出差错和遗漏。

描述：

在系统开发的相应阶段，应采用软件实现的半形式化方法对系统在规格说明、设计或者结构组成等方面进行描述。

示例：数据流图、有限状态机/状态转换图。

在适当情况下，应使用样机或模型演示进行分析，演示系统行为的各方面。模型演示可提高系统满足需求的可信度。

索引：本节标准内容源自 GB/T 38874.3—2020 的 7.2.4.1.3 节。

【解析】

1. 半形式化方法解析

半形式化方法是一种介于非形式化方法和形式化方法之间的建模方法，它可以提供更明确一致的表达，并且更易于检测出差错和遗漏。半形式化方法具有完整语法定义和完整语义定义，但是不像形式化方法那样可执行。

半形式化方法可以采用结构化分析/设计和图形化建模方法，如 UML 类图或方框图。这些方法可以提供一些语法和语义规则，使描述和设计规格说明的过程更加规范、一致，减少差错和遗漏。例如，在 UML 类图中，可以定义类、属性、方法等概念，并通过继承、关联等关系将它们组织起来。

一种常见的半形式化方法是结构化分析/设计。该方法使用方框图及其他符号表示系统的结构和功能，以及不同组件之间的交互。这些符号具有完整语法定义和完整语义定义，可以帮助软件开发人员在软件设计及实现过程中避免差错和遗漏。

另一种常见的半形式化方法是 UML 类图。该方法使用图形符号表示系统的类、对象和它们之间的关系。这些符号也具有完整语法定义和完整语义定义，可以帮助软件开发人员在软件设计及实现过程中更好地理解和描述系统结构与行为。

半形式化方法在软件开发过程中扮演着重要的角色，它可以帮助软件开发人员以一致的方式表达概念、规格说明或者结构组成，从而减少差错和遗漏。在 GB/T 38874 中，半形式化方法适用于 SRL=B、1、2、3 这 4 个等级。这意味着在这些等级下使用半形式化方法进行建模及规格说明是被允许和鼓励的。半形式化方法可以帮助软件开发人员更好地理解需求和设计，减少差错和遗漏，提高软件开发效率和软件质量。

半形式化方法可以提高软件开发的一致性和准确性，适用于 GB/T 38874 中规定的 4 个 SRL。结构化分析/设计和 UML 类图是两种常见的半形式化方法，它们可以帮助软件开发人员更好地理解和描述系统结构与行为。

2. 数据流图、有限状态机/状态转换图

GB/T 38874 要求使用半形式化方法从规格说明、设计或者结构组成等方面描述系统，下文中给出的半形式方法的两个示例是数据流图（DFD）和有限状态机（FSM）/状态转换图（STD）。这些图是系统行为的图形表示，可用于指定系统的功能。

数据流图是通过系统的数据流的可视化表示。数据流图由 4 个主要元素组成：流程、数据存储、外部实体和数据流。流程代表将输入数据转换为输出数据的功能，数据存储代表存储数据的存储库，外部实体代表数据的源或汇，数据流代表数据在元素之间的移动。例如，在拖拉机控制系统的上下文中，数据流图可用于描述系统各个组件（如传感器、执行器和控制器）之间的数据流。

数据流图是通过系统的数据流的可视化表示，它显示了数据如何进入和离开系统，数据如何在系统内进行处理，以及与系统交互的实体。在农林拖拉机和机械控制系统的上下文中，数据流图可用于表示系统各个组件之间的数据流。例如，数据流图可用于模拟拖拉机发动机控制单元、变速器控制单元和液压控制单元之间的通信。

有限状态机/状态转换图是半形式化方法的另一个示例。有限状态机是基于有限数量的状态和它们之间的转换来描述系统行为的。状态转换图是有限状态机的图形表示，它显示状态、触发转换的事件及进行转换时的操作。在农林拖拉机和机械控制系统的背景下，有限状态机/状态转换图可用于模拟系统响应不同输入和事件的行为。它们用于根据有限数量的状态和它们之间的转换来描述系统的行为。有限状态机/状态转换图由连接它们的节点（状态）和边（转换）组成。节点代表系统的状态，边代表系统从一种状态到另一种状态的转换。例如，在拖拉机控制系统的上下文中，有限状态机/状态转换图可用于描述系统的各种状态，如空闲、移动、转弯及它们之间的转换。

例如，有限状态机/状态转换图可用于模拟拖拉机动力输出（PTO）系统的行为。该图将显示 PTO 系统的状态（如打开、关闭、接合）、触发转换的事件（如开关位置、发动机转速）及进行转换时的操作（如 PTO 离合器接合、PTO 离合器分离）。

除了半形式方法，GB/T 38874 还建议使用样机或模型来演示系统行为的各方面。样机或模型可用于分析系统的行为，并提高系统满足特定要求的能力。

以下通过简单的示例说明如何使用数据流图和有限状态机/状态转换图来进行建模及规格说明。

1）数据流图

半形式化方法旨在明确一致地表达概念、规格说明或者结构组件，以便检测出差错和遗漏。

数据流图是半形式方法的一个示例，它以图形方式表示通过系统的数据流。数据流图显示了输入如何通过各种处理步骤转换为输出，从而更容易理解不同系统组件之间的关系。

下面给出一个半自动农用拖拉机系统的简化示例，该系统的数据流图如图 3.4 所示。

如图 3.4 所示，半自动农用拖拉机系统的数据流图包含以下几个组件。

- 输入（传感器、GPS）：表示提供拖拉机环境和位置信息的数据源。

- 导航模块：处理传感器数据和 GPS 数据以确定拖拉机的当前位置，并进行路径规划。

- 引导模块：根据导航数据生成引导命令，以引导拖拉机沿着所需路径运行。

- 控制模块：将引导命令转化为执行器控制信号，如转向、油门和制动信号。

- 安全模块：监控控制信号和系统状态，以确保拖拉机在安全范围内运行。

- 输出（执行器、显示器）：最终输出，包括执行器控制信号和显示给操作者的信息。

组件之间的箭头表示它们之间的数据流，标签表示正在传输的数据类型。数据流图提供明确一致的系统可视化表示，从而使软件开发人员更容易识别设计中的潜在差错或遗漏。

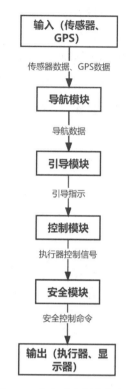

图 3.4　半自动农用拖拉机系统的数据流图

通过使用数据流图等半形式化方法，软件开发人员可以提高系统规范的清晰度和一致性，从而打造更可靠、更安全的农林拖拉机和机械控制系统。

2）有限状态机/状态转换图

有限状态机/状态转换图是半形式化方法，可帮助系统设计人员和软件开发人员以明确一致的方式表示系统行为。它们提供系统状态的可视化表示，以及由特定事件或条件触发的这些状态之间的转换。下面以拖拉机发动机控制系统为例，对此进行详细分析。

有限状态机：有限状态机由一组状态、这些状态之间的转换，以及在这些转换期间或处于特定状态时执行的操作组成。在拖拉机发动机控制系统示例中，有 4 种状态（关闭、空闲、运行和错误）和基于事件或条件（如启动、停止、加速、减速、检测错误和重置错误）的多个转换。

状态转换图：状态转换图是有限状态机的图形表示，将状态显示为节点，将转换显示为节点之间的有向边。边上的标签表示触发转换的事件或条件。

拖拉机发动机控制系统的状态转换图如图 3.5 所示。

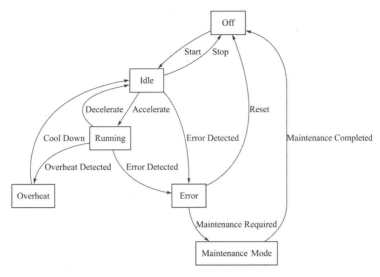

图 3.5　拖拉机发动机控制系统的状态转换图

如图 3.5 所示，该拖拉机发动机控制系统的状态转换图中包含以下几个状态。

- 熄灭（Off）：发动机关闭。

- 怠速（Idle）：发动机怠速运转，不主动推动拖拉机。

- 运行（Running）：发动机正在运行并主动推动拖拉机。

- 过热（Overheat）：发动机过热。

- 错误（Error）：在发动机中检测到错误。

- 维护模式（Maintenance Mode）：发动机处于维护模式。

状态之间的有向边表示转换，边上的标签表示触发转换的事件或条件。状态转换图提供了系统行为明确一致的可视化表示，从而使软件开发人员更容易识别设计中的潜在差错或遗漏。

以下根据提供的状态转换图和流程来分析该拖拉机发动机控制系统。

（1）Off：发动机的初始状态为"关闭"，表示发动机当前处于非活动状态。

（2）当发生"Start"事件时，系统从"Off"状态转换到"Idle"状态。这意味着发动机已启动，但并未主动推动拖拉机，而以怠速运转。

（3）在"Idle"状态下，可能发生 3 个事件。

- "Accelerate"事件使发动机进入"Running"状态，主动推动拖拉机。

- "Stop"事件使系统返回"Off"状态，关闭发动机。

- 如果检测到错误，则"Error Detected"事件会将系统转换为"Error"状态。

（4）在"Running"状态下，发动机积极工作并为拖拉机提供动力。在此状态下，可能发生 3 个事件。

- "Decelerate"事件使系统返回"Idle"状态，此时发动机仍处于开启状态，但不会主动推动拖拉机。

- 如果检测到错误，则"Error Detected"事件会将系统转换为"Error"状态。

- 如果发动机变得太热，则"Overheat Detected"事件使系统进入"Overheat"状态。

（5）在"Overheat"状态下，发动机需要冷却以防止损坏。一旦"Cool Down"事件发生，就表明发动机温度已恢复正常，系统将返回"Idle"状态。

（6）"Error"状态表示在发动机中检测到错误。从这里开始，可能发生 2 个事件。

- "Reset"事件使系统返回"Off"状态，表明错误已解决并且发动机已重新启动。

- "Maintenance Required"事件将系统转换为"Maintenance Mode"状态，这意味着发动机需要技术人员或机械师的关注。

（7）在"Maintenance Mode"状态下，拖拉机在进行必要的维修或调整之前无法运行。一旦这些操作完成，"Maintenance Completed"事件就会将系统转换为"Off"状态，从该状态可以重新启动发动机。

通过使用有限状态机/状态转换图等半形式化方法，软件开发人员可以提高系统规范的清晰度和一致性，从而打造更可靠、更安全的农林拖拉机和机械控制系统。

总之，有限状态机/状态转换图是设计和开发复杂系统（如农林拖拉机和机械控制系统）的宝贵工具。通过使用这些半形式方法来表示系统行为，软件开发人员可以确保系统的设计明确一致，从而使农业设备更安全、更可靠。

3. 示例

以半形式化方法对农林拖拉机和机械控制系统安全相关部件的软件开发进行建模及规格说明。

根据 GB/T 38874，半形式化方法是一种明确一致地表达概念、规格说明或者结构组成的方法。下面是对农林拖拉机和机械控制系统安全相关部件软件开发的半形式化建模及规格说明。

首先，需要对系统进行建模，明确系统的各个组成部分，使用 UML 类图对系统进行建模的示例如下。

算法 3.1：系统建模示例

```
// 安全相关部件类
class SafetyRelatedComponent {
    private int id;
    private String name;
    private String description;
```

```
    private SafetyLevel safetyLevel;
}

// 控制系统类
class ControlSystem {
    private int id;
    private String name;
    private String description;
    private List<SafetyRelatedComponent> safetyRelatedComponents;
}

// 机械系统类
class MechanicalSystem {
    private int id;
    private String name;
    private String description;
    private List<SafetyRelatedComponent> safetyRelatedComponents;
}

// 农林拖拉机类
class AgriculturalTractor {
    private int id;
    private String name;
    private String description;
    private ControlSystem controlSystem;
    private MechanicalSystem mechanicalSystem;
}

// 安全等级枚举
enum SafetyLevel {
    B,
    1,
    2,
    3
}
```

在上面的代码中，定义了安全相关部件类、控制系统类、机械系统类和农林拖拉机类，每个类都有一个 ID、名称、描述和安全相关部件（如果适用），还定义了安全等级枚举，用于指定系统的安全等级。

其次，需要对系统的功能需求进行规格说明，示例如下。

算法 3.2：对系统的功能需求进行规格说明

```
// 农林拖拉机需要能够启动发动机
public void startEngine() {
```

```
    // ...
}

// 农林拖拉机需要能够停止发动机
public void stopEngine() {
    // ...
}

// 农林拖拉机需要能够前进
public void goForward() {
    // ...
}

// 农林拖拉机需要能够后退
public void goBackward() {
    // ...
}

// 农林拖拉机需要能够转向
public void turn() {
    // ...
}
```

在上面的代码中，定义了农林拖拉机的功能需求，包括启动发动机、停止发动机、前进、后退和转向。这些功能需求的实现可以在具体的代码实现中进一步详细说明。

通过使用半形式化方法进行建模及规格说明，我们可以更清晰地表达系统的设计和功能需求，以便在后续的软件开发过程中更准确地实现系统。

3.2.2.1.3　形式化方法

【标准内容】

目标：

形式化方法是基于数学的软件开发方法，应包括形式化概念、规格说明、设计和结构组成技术。

描述：

在系统规范、设计或实现的相应阶段，形式化方法应提供对系统的描述方法。形式化方法用严格的符号表示描述结果，通过数学分析检查各种类型的一致性或正确性。此外，在适当情况下，应由机器对描述结果进行分析，其严格程度类似于编译器对源程序的语法检查；或模型演示系统行为的各方面。模型演示可提高系统满足形式化需求的可信度，增加对特定行为的认知。

形式化方法通常应提供一种形式化语言（通常采用离散数学的表示形式）、语言推理技术以及各种形式分析，以检查需求描述的正确性。

索引：本节标准内容源自 GB/T 38874.3—2020 的 7.2.4.1.4 节。

【解析】

1．形式化方法适用的 SRL 情况解析

在 GB/T 38874 中，软件安全需求规格说明是整个安全相关软件开发过程的关键部分。软件安全需求规格说明定义了软件的安全要求，以确保其在预期的使用环境中安全、可靠地运行。

形式化方法是设计和验证系统的一种严格而系统的方法。它们使用数学技术和工具来指定、建模、分析系统的行为与属性。通过使用形式化方法，系统设计人员可以确保系统满足安全要求并在所有可能的条件下正确运行。形式化方法涉及使用数学模型来描述软件的行为并证明软件满足某些属性或要求。形式化方法可以应用于软件开发过程的各个阶段，如需求分析、设计和实现等。

形式化方法适用于 SRL=B、1、2、3，这是因为安全关键系统（如农林机械中的系统）需要对其正确性和安全性具有高度信心。形式化方法对于安全关键系统特别有用，因为它们提供了一种严格验证软件是否满足安全要求的方法。形式化方法通过严格验证系统设计和实现的正确性，提供了一种达到这种置信度的方法。

形式化方法可用于系统行为建模，指定其要求和约束，并验证系统是否满足这些要求和约束。它们还可用于由正式模型自动生成代码，从而确保代码是正确的。形式化方法的示例中包括模型检查、定理证明和抽象解释。模型检查涉及系统地探索模型的所有可能状态以验证某些属性是否成立。定理证明涉及使用数学逻辑来证明系统具有某些属性。抽象解释涉及通过抽象出一些细节并验证抽象的行为是否具有某些属性来分析程序的行为。它们可用于验证系统设计的各方面，如功能正确性、安全属性和性能特征。

以下是如何将形式化方法应用于安全关键系统开发的示例。

假设需要为火车的制动系统开发软件，该软件必须确保火车在必要时能够安全、快速地停下来。我们使用形式化方法来指定软件的安全要求并验证软件是否满足这些要求。

首先，创建一个正式模型，它可以描述火车和制动系统的行为。

其次，通过模型检查来验证模型是否具有某些属性，如"当制动时火车将在一定距离内停止"。

一旦验证了模型具有相应的属性，就使用定理证明来证明系统具有相同的属性。这涉及使用数学逻辑来推理系统的行为并证明其正确运行。

最后，使用测试及其他验证技术来确保可以正确实现系统并识别剩余的差错和遗漏。通过使用形式化方法，可以确保系统满足安全要求，并将在预期的使用环境中正确运行。

2. 形式化方法简述

GB/T 38874 强调了形式化方法在农林拖拉机和机械控制系统软件开发中的重要性。形式化方法提供了一种使用严格的数学符号来描述系统的方法，可以对其进行分析，并检查其一致性和正确性，这有助于确保系统满足所需的安全要求。

在软件安全需求规格说明的上下文中，有两种方式可以使用形式化方法：一种是系统的描述可以被机器分析以检查语法和其他正确性问题，这类似于编译器检查程序语法的方式；另一种是创建系统模型并将其用于演示系统在各种场景中的行为。

形式化方法通常涉及使用形式化语言，这是一种用于描述系统的数学符号。该语言由语言推理技术和各种形式的分析支持，以检查软件安全需求规格说明的正确性。这些方法通常用于航空航天、医疗和运输等安全关键行业。

可用于描述系统行为的形式化方法的一个示例是有限状态机。有限状态机是一种数学模型，它将系统的行为表示为一组状态、转换和动作。有限状态机可用于对范围较广的系统进行建模，包括数字电路、通信协议和控制系统。可用于描述系统行为的形式化方法的另一个示例是 Z 表示法。Z 表示法是一种用于描述软件系统的形式化规范语言，用于以精确和明确的方式定义系统行为。

总之，形式化方法对于确保安全关键行业的软件系统安全至关重要。它们提供了一种使用严格的数学符号来描述系统的方法，可以对其进行分析和检查，以确保其一致性和正确性。形式化方法的使用可以提高系统设计人员对系统满足形式化要求能力的信心，及其对系统行为的理解。

3. 可用于描述系统行为的形式化方法

形式化方法使用数学技术来证明或验证软件的正确性。形式化方法的一个示例是模型检查，它涉及分析系统模型的行为以检查它是否具有某些属性。形式化方法是指用于建模、分析和验证软件系统的一组数学技术。这些技术依靠严格的数学推理来确保软件正确无误。形式化方法在安全关键系统中特别有用，在这种系统中，即使是很小的错误也会造成灾难性的后果。例如，模型检查工具可用于通过检查拖拉机控制系统中的软件组件是否满足某些安全要求来确保其安全运行。

FMEA：FMEA 是一种识别和预防系统中潜在故障、故障原因及其影响的系统方法。FMEA 涉及将系统分解成组件并识别每个组件的潜在故障模式，以及分析每种故障模式以确定其对系统性能和安全的潜在影响。例如，FMEA 可用于识别拖拉机控制系统中可能导致危险行为的潜在软件故障，并确保在软件部署前解决这些问题。又如，FMEA 可用于识别拖拉机制动系统中的潜在故障模式，分析制动系统的组件，如制动片、液压管路和主缸等，并分析每个组件的潜在故障模式。通过识别潜在的故障模式及其影响，工程师可以设计和采取安全措施来防止这些故障的发生。

Z 表示法：Z 表示法是一种形式化规范语言，用于描述软件系统的要求、行为和设计。它使用一组符号和规则来描述系统属性及它们之间的关系。例如，在拖拉机控制系统中，Z 表示法可用于指定负责监控发动机温度的软件组件的输入和输出行为。该符号有助于确保软件在所有可能的条件下正确和安全地运行。

以下是使用 Z 表示法来指定农用车辆中安全关键系统的软件安全要求的示例。

指定一项软件安全要求，即当车辆在陡坡（坡度大于 30 度）上行驶时，最高速度不得超过 20 千米/小时。使用 Z 表示法，我们可以将此要求写成如下形式。

```
MaxSpeedOnIncline == 20 km/h
MaxInclineAngle == 30 degrees

DriveOnIncline ==
 FORALL speed, angle
 WHERE angle > MaxInclineAngle
 IMPLIES speed <= MaxSpeedOnIncline
```

在本规范中，MaxSpeedOnIncline、MaxInclineAngle 分别为表示最大速度和倾斜角度的常数。DriveOnIncline 操作是使用 FORALL 量词定义的，以指定该要求适用于速度和角度的所有可能值。IMPLIES 运算符用于表示如果倾斜角度大于最大允许角度，则车速必须小于或等于最大速度的条件。

之后可以将该规范用作测试和验证的基础，以确保软件满足农用车辆的安全要求。

总之，安全关键系统的软件开发需要使用一系列技术和方法来确保软件没有错误并满足安全要求。形式化方法、FTA 和 FMEA 是安全关键系统的软件开发中用于确保软件安全、可靠的几种技术。

3.2.2.1.4　计算机辅助规格说明工具

【标准内容】

目标：

为了确保需求的一致性和完整性，可使用计算机辅助规格说明工具生成需求规格说明。

描述：

该技术应生成电子格式的规格说明，以便审查评估的一致性和完整性。通常这种技术不仅支持规格说明的创建，也可用于项目寿命周期的设计及其他阶段。

索引：本节标准内容源自 GB/T 38874.3—2020 的 7.2.4.1.5 节。

【解析】

1. 计算机辅助规格说明工具适用的 SRL 情况解析

计算机辅助规格说明工具是旨在协助生成、管理和验证需求规格说明的软件应用程序。

它们在处理复杂系统（如农林机械中的系统）时特别有用，在这些系统中确保需求的一致性和完整性对于功能安全至关重要。

目标：使用计算机辅助规格说明工具的主要目标是确保需求的一致性和完整性。这些工具有助于管理大量需求，维护相关需求之间的可追溯性，并确保它们完整且没有矛盾或歧义。

描述：计算机辅助规格说明工具生成电子规范，可以轻松审查和评估需求的一致性和完整性。这些工具通常提供额外的功能，如版本控制、变更跟踪和需求关系的可视化。它们还可以用于项目寿命周期的其他阶段，如设计和验证，以确保信息的无缝流动并保持可追溯性。

适用性：计算机辅助规格说明工具的适用性取决于正在开发的系统的 SRL。SRL 是基于与系统相关的复杂性和潜在风险划分的，较高的 SRL 表示更复杂的系统具有更大的潜在危害。

SRL=B、1：SRL=B、1 的系统复杂性和潜在风险相对较低。在这种情况下，计算机辅助规格说明工具的应用可能不会带来实质性好处，因为与使用这些工具的开销和成本可能超过使用它们的优势。对于更简单的系统，传统的需求管理方法（如电子表格或文档）可能足以确保需求的一致性和完整性。此外，软件开发团队的重点可能更好地指向项目的其他方面，如设计和测试，而不是投入时间与资源来学习和使用计算机辅助规格说明工具。

SRL=2、3：SRL=2、3 的系统表现出更高的复杂性和潜在风险。在这种情况下，使用计算机辅助规格说明工具变得更加相关和有益。系统复杂性的升高和需求数量的增加要求使用更加结构化、更加高效的需求管理方法。计算机辅助规格说明工具可以通过提供自动一致性检查、相关需求之间的可追溯性和版本控制等功能来显著改进流程。

SRL=2、3 的系统遇到安全关键场景的可能性更高。在这种情况下，对严格且一致的需求管理流程的需求变得更加重要。计算机辅助规格说明工具可以帮助软件开发团队确保所有与安全相关的要求得到适当解决，从而降低安全相关问题和潜在事故的风险。

此外，计算机辅助规格说明工具通常提供与其他软件开发工具的集成，如设计、仿真和测试工具。这种集成可以简化软件开发流程，进一步提高项目团队的效率。

总之，计算机辅助规格说明工具的适用性取决于正在开发的系统的 SRL。虽然这些工具可能不会给 SRL=B、1 的系统带来显著好处，但它们可以在管理 SRL=2、3 的更复杂的安全关键系统的需求方面发挥关键作用。通过确保需求的一致性和完整性，计算机辅助规格说明工具有助于将系统的风险降至最低，并促进这些高风险系统更高效地开发。

结合 GB/T 38874 的内容，可以采用多种计算机辅助规格说明工具来确保需求的一致性和完整性，尤其是对于 SRL=2、3 的系统。

2. 确保需求的一致性和完整性

GB/T 38874 要求正式规定和记录软件安全需求。为了确保需求的一致性和完整性，可使用计算机辅助规格说明工具生成需求规格说明。

计算机辅助规格说明工具使用形式化方法和自动推理方法来规范需求。这些工具通常提供图形或文本用户界面，允许用户以结构化格式输入和编辑需求。这些工具应用各种分析技术来检查需求的一致性和完整性。此外，这些工具通常提供可追溯性和变更管理功能，允许用户跟踪需求变更并确保它们与系统的其他部分保持一致。

以下提供一个完整的示例，展示对于 SRL=2、3 的系统如何采用 IBM Rational DOORS 这种计算机辅助规格说明工具确保需求的一致性和完整性。

在此示例中，给出一个 SRL=2 的软件驱动的农林机械系统，该系统涉及具有多个安全关键功能（如障碍物检测、导航和紧急停止机制）的自动驾驶拖拉机。IBM Rational DOORS 可用于确保该系统需求的一致性和完整性。

（1）定义需求层次结构：在 IBM Rational DOORS 中，可以定义表示系统功能分解的需求层次结构。对于自动驾驶拖拉机，高级需求可能包括障碍物检测、导航和紧急停止机制。这些高级需求可以进一步分为详细的子需求，如特定的传感器输入、算法和执行器输出等。

（2）可追溯性：IBM Rational DOORS 提供了在需求、测试用例和设计工件之间创建可追溯性链接的能力。就自动驾驶拖拉机而言，可以在高级需求与其相应的详细子需求、设计组件和测试用例之间创建链接。这种可追溯性有助于确保系统在设计和测试阶段满足所有需求，并允许在进行更改时进行有效的影响分析。

（3）一致性和完整性检查：IBM Rational DOORS 提供内置的一致性检查功能来验证需求的逻辑一致性。如果障碍物检测系统和导航系统的需求之间存在冲突，那么 IBM Rational DOORS 可以标记这些不一致以供审查和解决。此外，IBM Rational DOORS 可以帮助验证所有高级需求是否都通过相应的详细子需求来解决，从而确保完整性。

（4）版本控制和变更管理：IBM Rational DOORS 支持版本控制，允许随时间跟踪需求变更。在对需求进行变更时，可以查看历史记录并比较不同版本。此功能对于自动驾驶拖拉机的安全关键系统特别有用，因为它有助于在整个软件开发过程中保持清晰且可审计的需求演变记录。

（5）协作和沟通：IBM Rational DOORS 允许团队成员在工具内审查、评论和批准需求，从而促进团队成员之间的协作。利益相关者可以收到需求变更通知并参与讨论，确保每个人都了解情况并参与软件开发过程。

通过在 SRL=2 的自动驾驶拖拉机系统的软件开发中使用 IBM Rational DOORS，软件开发团队可以确保需求的一致性、完整性和可追溯性。这最终有助于降低安全相关问题和潜在事故的风险，从而使农林机械系统更稳健、更可靠。

3.2.2.2 非安全相关功能、详细程度、一致性和软硬件的依存性

【标准内容】

非安全相关功能：

如果 E/E/PES 执行安全功能以外的功能，则应描述这些功能或引用相关的规格说明。

如果需求规格说明包括非安全需求和安全需求两方面，则应明确地标识后者。

详细程度：

软件安全需求规格说明应足够详细，以实现软件中的安全相关功能。

一致性：

应实现软件安全需求与技术安全需求之间的双向可追溯性。

软硬件的依存性：

软件安全需求规格说明应描述软硬件之间安全相关的依存性（如相关）。

索引：本节标准内容源自 GB/T 38874.3—2020 的 7.2.4.2～7.2.4.5 节。

【解析】

1．非安全相关功能

GB/T 38874 要求，软件安全需求规格说明应包括安全需求和非安全需求。区分这两种类型的需求并在需求规格说明中明确地标识安全需求非常重要。此外，如果 E/E/PES 执行安全功能以外的功能，则这些功能也应在需求规格说明中进行描述或引用。

非安全相关功能是指对系统安全没有贡献的功能。例如，拖拉机的信息娱乐系统功能被视为非安全相关功能，因为它对拖拉机操作的安全性没有贡献。相比之下，拖拉机的制动系统功能被视为安全功能，因为它直接有助于拖拉机操作的安全性。

在记录软件安全需求规格说明时，明确区分安全需求和非安全需求非常重要。这可以通过使用不同的标题或将每个需求标记为安全需求或非安全需求来实现。

例如，拖拉机的软件安全需求规格说明可能包括以下需求。

安全需求：

（1）制动系统应能使拖拉机以最大速度行驶时在 5m 内完全停止。

（2）发动机停机系统应在检测到安全关键故障后 2s 内启动。

（3）限速系统应防止拖拉机运行速度超过其最大安全运行速度。

非安全需求：

（1）信息娱乐系统应包括触摸屏显示器。

（2）空调系统应保持客舱内舒适的温度。

（3）拖拉机应具有用于移动设备的蓝牙连接功能。

通过清楚地识别安全需求，可以更轻松地确保系统所有安全方面的问题都得到了适当的考虑和解决。此外，通过描述或引用非安全相关功能，更容易理解系统的全部范围，并确保所有必要的功能都已包含在软件安全需求规格说明中。

2．详细程度

软件安全需求规格说明足够详细对于确保软件的设计和实现符合所需的安全标准至关重要，所需的详细程度取决于系统的复杂性、与系统相关的风险级别及适用的安全标准的要求。

一般而言，软件安全需求规格说明应对软件必须执行的安全功能及对软件行为的约束或限制提供清晰、明确的描述，还应描述软件如何与其他系统组件交互，包括传感器、执行器和其他软件或硬件组件。

下面给出一个医疗设备软件系统的示例，该软件必须在用户和设备之间提供安全有效的界面，并执行各种安全关键功能，如监控设备的性能并对异常或错误做出适当响应。

该系统的软件安全需求规格说明需要提供软件在一系列操作条件和故障模式下的行为的详细描述，这可能包括对软件的错误处理机制、故障检测和恢复机制，以及不同操作模式下的整体系统行为的详细描述。

该系统的软件安全需求规格说明还需要描述对软件行为的约束，如对响应时间的限制或在特定环境条件下运行的需要。此外，还应就软件如何与系统的其他组件（如传感器和执行器）交互提供明确的指导，以确保维护整体系统安全。

总之，软件安全需求规格说明所需的详细程度取决于系统的具体需求和适用的安全标准。确保软件安全需求规格说明提供足够的细节以确保软件在更大的系统上下文中安全有效地运行是至关重要的。

3．一致性

GB/T 38874 中软件安全需求规格说明的一致性要求指出，软件安全需求和技术安全需求之间应具有双向可追溯性。这意味着软件安全需求应可追溯到技术安全需求，反之亦然，要确保两者之间的一致性。

例如，考虑对拖拉机制动系统的要求，技术安全需求可能规定拖拉机应该能够在一定距离内完全停止以避免发生碰撞。软件安全需求可以指定制动系统能够通过软件控制来实现该需求。双向可追溯性可以确保技术安全需求或软件安全需求的任何变化都反映在另一方面，保持两者之间的一致性。

为此，可以使用可追溯性矩阵来跟踪技术安全需求和软件安全需求之间的关系。可追溯性矩阵可以在整个软件开发过程中更新，从软件安全需求规格说明到测试和验证，以确保满足所有需求并保持一致性。

4. 软硬件的依存性

GB/T 38874 要求，软件安全需求规格说明应描述系统的软件和硬件组件之间的安全相关依赖关系。这一点很重要，因为软件和硬件通常紧密集成在安全关键系统中，其中一个发生故障便可能导致另一个发生故障。

例如，在拖拉机控制系统中，软件安全需求规格说明应描述软件和硬件组件（如传感器、执行器和 ECU）之间的交互及依赖关系。如果其中一个组件发生安全相关故障，那么可能会影响整个系统的运行，包括软件。

为确保正确描述系统的软件和硬件组件之间的安全相关依赖关系，软件安全需求规格说明应包括对硬件接口的清晰、完整描述和每个接口的安全相关要求，包括指定软件使用的输入和输出信号的硬件安全要求，以及用于在软件和硬件组件之间交换数据的通信协议的安全相关要求。

总之，软件安全需求规格说明应对系统的软件和硬件组件之间的安全相关依赖关系进行完整、详细的描述，以确保整个系统的安全性和可靠性。

3.2.2.3　软件安全需求规格说明

【标准内容】

软件安全需求规格说明应涵盖以下方面（如相关）：

——使系统达到或保持安全状态的功能；

——在 ECU、传感器、执行器和通信系统中，与故障检测、故障指示和故障处理相关的功能；

——与软件自身故障检测、指示和处理相关的功能（软件自检功能）；

注 1：既包括操作系统中软件自检，也包括特定应用程序针对系统故障检测的自检。

——与安全功能在线和离线测试有关的功能；

注 2：车辆在启动和运行期间，需要进行自检。

注 3：这里特指客户服务或其他 E/E/PES 中安全功能的可测试性。

——允许对软件进行安全修改的功能；

——非安全相关功能的接口；

——性能和反应时间；

——电子控制单元软硬件之间的接口。

注 4：接口也包括程序调试和配置。

软件安全需求规格说明应包括：

（1）上述所列各功能的 SRL；

（2）对软件安全需求的进行软件安全确认的验收准则。

索引：本节标准内容源自 GB/T 38874.3—2020 的 7.2.4.6 节。

【解析】

1：解析 a

根据 GB/T 38874，软件安全需求规格说明应涵盖与系统达到或保持安全状态的功能相关的几方面。其一是确保系统安全的功能。软件的设计方式应使其能够检测和防止不安全情况发生，如异常或意外行为、错误和故障，并对其做出适当响应以确保系统保持安全。

其二是与 ECU、传感器、执行器和通信系统中的故障检测、故障指示、故障处理相关的功能。此功能对于确保系统能够检测和处理这些组件中可能出现的故障以防止发生不安全情况至关重要。例如，对于发动机控制系统，软件应该能够检测和处理与燃油喷射、点火及其他发动机部件相关的故障，以维持发动机的安全运行。

其三是软件自检功能，可以检测、指示和处理软件自身可能出现的任何故障。此功能对于确保软件的可靠性和防止发生不安全情况至关重要。例如，对于 ABS，软件应具有自检功能，可以检测软件中的任何故障并通过车辆的仪表板向驾驶员提供指示。

值得注意的是，软件自检功能也涉及操作系统。操作系统应具有自检功能，可以检测并报告在其运行过程中可能发生的任何故障。此外，特定的应用程序应具有自检功能，旨在检测系统故障并将其报告给驾驶员或操作者。

总之，软件安全需求规格说明应涵盖使系统达到或保持安全状态的功能，与 ECU、传感器、执行器和通信系统中的故障检测、故障指示、故障处理相关的功能，以及软件自检功能。软件自检功能也涉及操作系统。

2．解析 b

GB/T 38874 指出，软件安全需求规格说明应涵盖与安全功能在线和离线测试有关的功能。车辆在启动和运行期间，需要进行自检，以确保安全功能正常运行。此外，确保在客户服务或涉及 E/E/PES 的其他活动期间可以测试安全功能也很重要。

在线安全测试的一个例子是在车辆运行期间持续监控安全关键参数，如制动压力或发动机转速等，以确保它们保持在安全运行范围内。如果任何参数超过限值，则安全功能将被激活，车辆将安全停止。

离线安全测试的一个例子是在软件开发或维护活动期间测试安全功能。例如，可以通过模拟障碍物来测试在车辆即将与障碍物碰撞时启动制动器的安全功能。

软件安全需求规格说明应规定进行安全测试的程序，包括测试用例、测试环境和验收准则，还应规定验证安全功能的方法，如测试、检查、分析或模拟。

3．解析 c

（1）允许对软件进行安全修改的功能：软件安全需求规格说明应涵盖允许对软件进行安全修改的功能，包括允许在维护软件系统整体安全的同时进行更新、升级或更改的功能。

例如，农用拖拉机软件系统可能具有一项功能，即允许对操作系统软件进行安全更新，同时确保软件的安全关键组件保持不变。

（2）非安全相关功能的接口：软件安全需求规格说明应涵盖软件必须具有的非安全相关功能的接口，包括与其他软件系统、硬件设备和通信网络的接口。

例如，农用拖拉机软件系统可能具有与 GPS 的接口，该接口提供位置数据，但这对拖拉机的安全来说并不重要。

（3）性能和反应时间：软件安全需求规格说明应涵盖软件系统的性能和反应时间，包括软件的计算速度和准确性，以及系统快速响应安全相关事件的能力。

例如，农用拖拉机软件系统可能具有对系统检测和响应地形变化或其他安全相关条件的速度的要求。

（4）ECU 软硬件之间的接口：软件安全需求规格说明应涵盖 ECU 软硬件之间的接口，包括用于在系统的硬件和软件组件之间传输数据的通信协议的要求，以及系统调试和配置的要求。

例如，农用拖拉机软件系统可能具有用于在 ECU 硬件和操作系统软件之间传输数据的通信协议的要求，以及用于调试和配置系统的工具的要求。

4．解析 d

GB/T 38874 规定，软件安全需求规格说明应包括两个关键要素：SRL 和进行软件安全确认的验收准则。

（1）SRL：SRL 是衡量软件安全需求的 SIL 的指标。它定义了危害的严重程度，以及减轻危害所需的风险降低水平。SRL 有 4 个等级，从 SRL B 到 SRL 3 依次升高。SRL 应根据系统的风险分析来确定。

如果拖拉机的软件控制发动机的转速，那么安全要求可能是发动机的转速不应超过特定的速度限值。可以根据与保持速度限值的软件故障相关的风险，为该安全要求分配一个 SRL。如果风险很高，则 SRL 可能会设置为 SRL 3。

（2）进行软件安全确认的验收准则：该验收准则定义了软件安全需求被认为满足的条件。应基于证明软件满足安全要求的客观证据，为每个 SRL 指定验收准则，包括测试、分析和验证活动。

如果安全要求是拖拉机的软件应该防止发动机的转速超过特定速度限值，那么验收准则可能包括测试软件以验证它确实可以防止发动机的转速超过速度限值。这可能涉及对软件执行功能测试、分析源代码以识别潜在问题，以及验证软件是否满足分配给要求的 SRL 的安全标准。验收准则的定义方式应确保软件安全有效地用于其预期用途。

3.2.2.4　软件安全需求验证

【标准内容】

应审查软件安全需求，确定是否符合 3.2.2.1～3.2.2.3 节的要求。也应复查软件安全需求，验证与技术安全概念是否一致。还应评审表 3.6 中定义的测试规范和测试报告，验证其是否符合软件安全需求。软件开发人员也应参加验证工作。验证方法可为检查或遍历（定义见 GB/T 38874.1）。

索引：本节标准内容源自 GB/T 38874.3—2020 的 7.2.4.7 节。

【解析】

1. 软件安全需求验证简析

GB/T 38874 规定了开发农林拖拉机和机械控制系统安全相关部件的要求。此类系统中软件开发的一个重要方面是软件安全需求验证，这是评审和检查软件安全需求是否已正确定义、记录及是否符合 GB/T 38874 的要求的过程。

在软件安全需求验证过程中，软件开发人员、测试人员应对软件安全需求进行评审和检查，确保其完整、正确、明确。他们还应确保软件安全需求与系统的技术安全概念一致。此外，他们还应验证表 3.6 中定义的测试规范和测试报告是否符合软件安全需求。

软件安全需求验证方法主要有两种：检查和遍历。检查涉及检查软件安全需求和相关文件，以验证其完整性、正确性和一致性。检查可以通过人工检查或使用专门的检查工具来完成。遍历涉及测试软件，以验证其是否满足安全需求。遍历可以使用边界值分析、等价划分和决策覆盖分析等技术来完成。

假设软件安全需求指定必须以提供故障安全行为的方式实现某个安全关键功能。在软件安全需求验证过程中，软件开发人员将检查软件安全需求，以确保它是完整的、正确的和明确的。他们还将检查软件安全需求是否与系统的技术安全概念一致。此外，他们还将验证表 3.6 中定义的测试规范和测试报告是否符合软件安全需求。他们可能会使用检查工具或通过人工检查来执行此验证。

假设软件安全需求指定软件必须检测和诊断 ECU、传感器、执行器、通信系统中可能发生的任何故障。在软件安全需求验证过程中，软件开发人员将检查软件安全需求，以确保它是完整的、正确的和明确的。他们还将检查软件安全需求是否与系统的技术安全概念一致。此外，他们还将验证表 3.6 中定义的测试规范和测试报告是否符合软件安全需求。他们可能会使用边界值分析或决策覆盖分析等遍历技术来测试软件并确保其满足安全需求。

2. 软件安全需求检查和软件安全需求遍历

软件安全需求检查和软件安全需求遍历是验证软件安全需求是否符合 GB/T 38874 的要求的两种方法。

软件安全需求检查是指通过人工检查软件安全需求文档，确认其是否符合 GB/T 38874 要求的各项内容，如是否包括必要的安全功能、安全级别是否正确等。这种方法需要专业的检查人员，能够提高软件安全需求的质量，防止出现漏洞和错误。

假设农林机械控制系统的软件安全需求规格说明中提到，系统必须能够检测到车辆转向操作的异常，如果检测到异常，则应该能够自动制动并停止车辆的行驶。在进行软件安全需求检查时，检查人员需要确认该需求是否清晰、明确，是否符合 GB/T 38874 对软件安全需求的要求。

软件安全需求遍历是指通过模拟各种可能的使用情况和故障条件，测试软件安全需求是否能够在系统中正确实现和执行。这种方法需要专业的测试人员和测试环境，可以发现在实际使用过程中可能出现的安全问题。

假设农林机械控制系统的软件安全需求规格说明中提到，系统必须能够在行驶过程中检测到车辆转向角度是否符合安全要求，如果不符合，则应该能够自动制动并停止车辆的行驶。在进行软件安全需求遍历时，测试人员需要模拟车辆行驶过程中检测车辆转向角度是否符合安全要求的情况，并确认系统是否能够正确实现该安全要求。

总体来说，软件安全需求检查和软件安全需求遍历是验证软件安全需求是否符合 GB/T 38874 的要求的重要方法，两者结合可以提高软件安全需求的质量和可靠性，确保农林拖拉机和机械控制系统的安全性。

以下通过示例说明如何通过软件安全需求检查和软件安全需求遍历验证软件安全需求是否符合 GB/T 38874 的要求。

（1）软件安全需求检查示例。

假设有一个软件安全需求：所有的输入数据必须进行验证，以确保它们不会引起系统故障。在进行软件安全需求检查时，可以考虑以下几个问题。

- 是否有其他软件安全需求与此需求相冲突或相互排斥？
- 需要验证哪些类型的输入数据？
- 验证的方式是什么（如是否需要检查数据格式、数据范围、数据类型等）？
- 验证后的结果如何处理（如是否需要生成错误消息或日志等）？

（2）软件安全需求遍历示例。

假设有一个软件安全需求：必须确保系统中只有被授予足够高的权限的用户才能执行敏感操作。在进行软件安全需求遍历时，可以考虑以下几个问题。

- 用户如何被验证和识别？

- 用户权限如何与敏感操作相关联？

- 如何定义和维护用户权限？

- 用户权限是否可以被继承或限制？

- 如何处理用户权限验证失败的情况？

以上示例强调了安全需求的目的是确保只有具有适当授权的用户能够执行敏感操作，从而更严格地控制对敏感操作的权限。这种方法符合最小特权原则，并且有助于提高系统的整体安全性。以上示例仅作为参考，实际的软件安全需求检查和遍历可能涉及更多的问题和因素。

3. 软件安全需求验证适用的 SRL 情况解析

根据 GB/T 38874，软件安全需求验证是开发农林拖拉机和机械控制系统软件的一个关键方面。GB/T 38874 规定了两种不同的软件安全需求验证方法：软件安全需求检查和软件安全需求遍历。

软件安全需求检查涉及检查软件安全需求，以确保它们满足指定的标准。检查过程适用于 SRL=B、1、2、3。在这种方法中，一组检查人员负责检查软件安全需求，以确定需求中的问题或差距。检查人员可以在软件开发团队内部或外部，并且应该了解相关领域和软件开发过程。

例如，在为拖拉机开发软件的情况下，软件安全需求检查可能涉及一组软件工程师检查软件安全需求，以确保它们包含所有必要的安全功能。检查人员还可以检查这些需求是否符合与拖拉机相关的其他安全标准或法规。

软件安全需求遍历涉及对软件安全需求的逐步检查，以确定需求中的问题或差距。遍历过程适用于 SRL=B、1。在这种方法中，一组检查人员负责检查每个需求，以确保其完整、准确且满足指定的标准要求。

例如，在为联合收割机开发软件的情况下，软件安全需求遍历可能涉及软件工程师检查软件安全需求规格说明中的每项需求，以确保其清晰、简洁且符合相关的安全标准。检查人员还可能会检查这些需求是否符合与联合收割机相关的其他安全标准或法规。

总之，软件安全需求验证是开发农林拖拉机和机械控制系统软件的一个重要方面。软件安全需求检查和软件安全需求遍历这两种方法提供了不同的方式来识别软件安全需求中的问题或差距。软件安全需求验证方法的选择取决于 SRL 和软件开发团队的偏好与专业知识。

3.3 软件架构设计

3.3.1 目的、概述和前提条件

【标准内容】

目的：

软件架构设计的目的是利用软件组件使所有软件需求结构化，确定实现软件的方法。软件架构应确保所分配的软件组件满足所有软件安全需求。

概述：

软件架构以层次结构的形式表示软件组件及其调用关系。应从静态（如所有软件组件的接口和数据流图）和动态（如执行顺序和时序）两方面进行描述。

前提条件：

软件架构开发的前提条件是软件安全需求规格说明非常成熟。

索引：本节标准内容源自 GB/T 38874.3—2020 的 7.3.1～7.3.3 节。

【解析】

1. 目的

软件架构设计是安全相关软件开发过程中的重要环节。它涉及设计和组织软件组件的过程，以确保满足和有效实施所有软件安全需求。软件架构设计的目的是提供软件系统的结构概览及其实现方式。它有助于识别软件系统所需的组件，以及它们的交互和接口。

根据 GB/T 38874，软件架构应确保所分配的软件组件满足所有软件安全需求。软件架构设计方式应能够满足 SIL 和安全相关性能等级等安全要求。软件架构应该能够确保功能安全和整个系统的安全。

例如，在车辆制动系统等安全关键系统的软件开发中，软件架构应确保所分配的软件组件满足所有软件安全需求，如故障安全行为、冗余和诊断功能。传感器、执行器和控制器等软件组件需要以满足软件安全需求，并确保系统安全的方式进行设计和集成。

软件架构设计还应考虑性能、可扩展性、可维护性和模块化等因素。软件架构应该确保系统满足所需的性能水平，同时保持一定程度的可扩展性，以适应未来的变化。软件组件的设计和集成方式应便于将来维护与修改。

总之，软件架构设计对于确保安全关键系统的安全性和可靠性起着至关重要的作用，它有助于确保在软件系统中满足和有效实施所有安全需求。

2. 概述

软件架构设计是开发安全、可靠的农林拖拉机和机械控制系统软件的关键步骤。它涉

及设计软件组件的结构及其交互，以满足系统要求，包括安全要求。软件架构设计应从静态和动态两个角度进行描述。

（1）静态角度：描述软件架构的静态结构，如软件组件之间的接口和数据流等，使用方框图、数据流图或 UML 类图等来表示。软件架构的静态视图可用于确保软件组件的接口满足要求，并验证软件组件是否可以按预期进行交互。

（2）动态角度：描述软件架构的动态行为，如软件组件的执行顺序和时序等，使用序列图或状态图之类的图来表示。软件架构的动态视图可用于确保软件组件在不同场景下正确运行并满足安全要求。

例如，对于农用拖拉机的制动控制系统，软件架构设计应描述制动控制系统软件组件与传感器、制动执行器（BS）和 ECU 的交互。软件架构设计还应该指定这些软件组件之间的数据流，以及它们在不同场景下的执行顺序，如正常制动、紧急制动和转弯制动。软件架构设计应确保制动控制系统满足安全要求，如安全停车距离和响应时间，并在不同工况下可靠运行。

3．前提条件

软件架构设计是安全相关软件开发过程中至关重要的一步，它提供了软件组件及其交互的结构表示。然而，在启动软件架构设计之前，必须确保软件安全需求得到明确定义和充分理解。这是因为软件架构必须满足所有的软件安全需求。

软件安全需求规格说明是规定软件安全需求的文件，它描述了为确保软件安全运行而必须实现的功能和性能。软件安全需求规格说明是软件开发过程的基础，贯穿于整个软件开发寿命周期。

例如，软件安全需求指定系统必须能够检测和响应失控，那么软件架构设计必须包括能够检测失控并触发适当响应的软件组件。软件架构设计还必须确保响应在要求的时间范围内执行，并且不会干扰其他安全相关功能。

总之，软件架构设计依赖于软件安全需求规格说明。软件安全需求规格说明为软件架构设计提供了必要的信息。它可确保所有安全相关功能都被纳入软件架构，并确保它们按预期运行。

3.3.2 软件架构设计要求

3.3.2.1 软件架构设计方法

【标准内容】

应根据表 3.2 进行软件架构开发。

索引：本节标准内容源自 GB/T 38874.3—2020 的 7.3.4.1 节。

【解析】

根据 GB/T 38874，在软件架构设计阶段可以使用不同的方法，具体取决于系统的 SRL。GB/T 38874 定义了软件架构设计的 6 种方法：非形式化方法、半形式化方法、形式化方法、计算机辅助规格说明工具、软件架构审查和软件架构遍历。每种方法适用于不同的 SRL。以下对每种方法及其适用的 SRL 进行详细说明。

1. 非形式化方法

非形式化方法使用自然语言、图表或其他图形符号对软件架构进行非形式化的描述。此方法是 6 种方法中结构最少且最灵活的方法。它依靠系统设计人员和软件开发人员的专业知识来交流、记录软件架构设计过程。非形式化方法的一个例子是自由形式的图表和草图。非形式化方法适用于 SRL=B、1，不适用于 SRL=2、3。例如，在 SRL=B 的情况下，可以用非形式化方法通过方框图、流程图或其他高级图表来描述软件架构。

2. 半形式化方法

半形式化方法结合了软件架构的非形式化描述和形式化描述，使用一些数学符号和概念来记录软件架构设计过程。半形式化方法的一个例子是 UML 类图。半形式化方法适用于 SRL=B、1、2、3。例如，在 SRL=B 的情况下，可以用半形式化方法使用自然语言和 UML 类图来描述软件架构。

3. 形式化方法

形式化方法使用数学符号来描述软件架构，使用数学符号和概念来记录、验证软件架构设计。此方法是 6 种方法中最严谨和结构化的方法。形式化方法的一个例子是 Z 表示法。形式化方法适用于 SRL=B、1、2、3。例如，在 SRL=B 的情况下，可以用形式化方法使用 Z、B 或 Alloy 等技术来描述软件架构。

4. 计算机辅助规格说明工具

计算机辅助规格说明工具是为正式规格说明的创建和管理提供自动化支持的软件工具。此方法使用软件工具来协助规范和验证软件架构设计。这些工具可能包括代码生成器、模型检查器和定理证明器。计算机辅助规格说明工具适用于 SRL=2、3。例如，在 SRL=3 的情况下，可以用计算机辅助规格说明工具使用 MATLAB、Simulink 或 SCADE 等技术生成软件架构的正式模型。

5. 软件架构审查

软件架构审查是用来验证软件架构设计是否满足安全要求的方法。此方法涉及检查软件安全需求，以确保它们完整、一致和正确。可以手动或借助软件工具执行此审查。软件架构审查适用于 SRL=B、1、2、3。例如，在 SRL=2 的情况下，可以通过软件架构审查来验证软件架构设计是否满足安全要求。

6．软件架构遍历

软件架构遍历是一种用于跟踪软件安全需求到软件架构设计，以确保所有软件安全需求都已得到满足的方法。此方法涉及通过软件架构设计跟踪软件安全需求，以确保它们已被正确实现。可以手动或借助软件工具执行此遍历。软件架构遍历适用于 SRL=B、1，不适用于 SRL=2、3。例如，在 SRL=B 的情况下，可以通过软件架构遍历确保所有软件安全需求都已经通过人工处理跟踪到软件架构设计。

总之，每种软件架构设计方法都有其优点和缺点，适用于不同的 SRL。软件架构设计方法的选择取决于正在开发的软件的复杂性和关键性。

需要注意的是，这些方法并不相互排斥，可以结合使用，具体取决于系统的 SRL 和软件架构的复杂性。此外，如果有等效或替代方法，则其只要符合安全要求，就可以使用该方法。

3.3.2.2　设计方法特性

【标准内容】

所选的设计方法应支持下列特性。

（1）具备抽象、模块化、封装及其他使复杂度可管理的特征。

（2）描述：

——功能性；

——软件组件间的信息流；

——过程控制和有关时序；

——时间约束；

——并发过程（如相关）；

——数据结构及其特性；

——设计中的假设及其依存性。

（3）开发人员及相关人员对设计方法非常了解。

（4）具备软件修改能力。

（5）测试。

索引：本节标准内容源自 GB/T 38874.3—2020 的 7.3.4.2 节。

【解析】

1．解析标准内容（1）

软件架构设计应支持某些特征，如抽象、模块化、封装及其他使复杂度可管理的特征。

这些特征对于设计既有效又高效的软件架构至关重要。

抽象涉及将软件组件的接口与其实现分离。它通过降低系统复杂性、隐藏不必要的细节及提供更高级别的软件视图来简化系统。例如，对于在 Web 应用程序中负责处理用户输入的组件，可以抽象用户输入组件以提供更通用的接口，如"处理用户输入"，而不是指定每种可能的输入类型。

模块化涉及将软件系统划分为更小的、独立的和自包含的模块，这些模块可以单独开发和维护。模块化有助于降低系统复杂性，提高系统可重用性、可维护性和灵活性。例如，一个组件负责处理软件系统中的数据库操作，通过将该组件模块化，可以使其独立于其他系统组件进行开发和测试，从而更易于维护和修改。

封装涉及通过提供用于访问其功能的、定义明确的接口来限制对软件组件内部工作的访问。封装有助于确保软件组件的内部状态和行为保持一致性、安全性。例如，对于一个负责处理软件系统中用户身份验证的组件，通过封装该组件的内部功能，可以防止未经授权的用户进行访问或修改。

总之，选择支持这些特征的软件架构设计方法对于开发一个安全、可靠的软件系统至关重要，这样开发的系统可以随着时间的推移进行有效维护和修改。

2．解析标准内容（2）

所选的软件架构设计方法应包括以下描述。

（1）功能性：软件架构设计方法应描述每个软件组件应执行的功能，以及不同软件组件间的交互，以确保满足所有功能要求。

示例：在农用拖拉机中，软件架构设计方法应描述不同软件组件（如发动机控制单元、变速箱控制单元和液压控制单元）的功能，以及它们如何交互，以确保农用拖拉机正常运行。

（2）软件组件间的信息流：软件架构设计方法应描述不同软件组件间如何交换信息，如数据格式、数据传输速率和错误处理机制。

示例：在林业机械中，软件架构设计方法应描述信息如何在控制单元、传感器和执行器等不同软件组件间流动，以确保数据传输的准确、可靠。

（3）过程控制和有关时序：软件架构设计方法应描述控制系统所涉及的过程，包括时序约束及不同过程如何相互交互。

示例：在联合收割机中，软件架构设计方法应描述控制谷物收割系统所涉及的过程，如切割机构、脱粒机构和谷物清理机构的时间限制。

（4）时间约束：软件架构设计方法应描述控制系统所涉及的不同过程的时间约束，如安全关键功能的最长响应时间。

示例：在农作物喷雾器中，软件架构设计方法应描述控制喷洒系统所涉及的不同过程的时间限制，如喷嘴控制单元的最长响应时间，以防止过度喷洒。

（5）并发进程（如相关）：软件架构设计方法应该描述如何处理并发进程，包括不同进程间的同步和通信机制。

示例：在果园喷洒器中，软件架构设计方法应该描述喷洒、转向和监控等不同过程是如何同时处理的，以及信息是如何在这些过程间交换的。

（6）数据结构及其特性：软件架构设计方法应描述不同软件组件使用的数据结构及其特性，如大小、格式和有效范围。

示例：在播种机中，软件架构设计方法应描述排种器使用的数据结构，如种子大小、形状和每孔种子数。

（7）设计中的假设及其依存性：软件架构设计方法应描述在设计过程中所做出的假设及其对其他组件或外部因素的依存性。

示例：在施肥机中，软件架构设计方法应描述在设计过程中所做出的假设，如肥料分配模式和可能影响肥料分配的环境因素。

3．解析标准内容（3）、（4）、（5）

（1）开发人员及相关人员对设计方法非常了解：在进行软件架构设计时，所选的设计方法应该是软件开发团队中的所有成员都熟悉和理解的方法。这样可以确保设计方案能够被清晰地传达和理解，同时也可以提高设计的可维护性和可更新性，因为每个相关人员都能够理解和修改设计方案。软件开发团队应该根据自己的情况选择最适合自己的设计方法，并确保每个成员都熟悉和理解该方法。

（2）具备软件修改能力：在进行软件架构设计时，应该考虑到软件修改的可能性，并采用相应的设计方法。软件修改包括错误修复、功能增强、性能优化等。软件架构设计应该支持对软件进行修改，并确保修改不会影响系统的整体稳定性和安全性。例如，可以采用模块化的设计方法，将软件拆分为多个模块，每个模块都有独立的功能和接口。这样在进行软件修改时就只需修改相应的模块，而不需要修改整个系统，从而降低了修改的风险。

（3）测试：在进行软件架构设计时，应该考虑到进行软件测试的可能性，并采用相应的设计方法。软件测试可以帮助软件开发团队发现和修复软件中的错误与缺陷，提高软件的质量和可靠性。软件架构设计应该支持软件测试，并确保测试可以覆盖所有的功能和性能要求。例如，可以采用模块化的设计方法，将软件拆分为多个模块，每个模块都有独立的测试计划和测试用例。这样在进行软件测试时就可以分别对每个模块进行测试，从而提高测试的效率和准确性。

总之，在进行软件架构设计时，应该考虑到进行软件修改和测试的可能性，并采用相应的设计方法。同时，软件开发团队中的所有成员都应该熟悉和理解所选的设计方法，以确保设计方案能够被清晰地传达和理解。

3.3.2.3　软件架构的组成、详细程度、软件架构的可追溯性

【标准内容】

软件架构的组成：

应开发基于软件安全需求的软件架构，该软件架构描述了安全相关软件组件的层次结构。

注：在软件架构的顶层，通常包含基础软件（如板级支持包、操作系统和硬件抽象层）和应用软件。

详细程度：

软件架构分层结构的最底层应为软件单元。

在开发软件架构时，应使安全相关软件单元尽量小。

软件架构的可追溯性：

应实现软件架构和软件安全需求之间的双向可追溯性。

索引：本节标准内容源自 GB/T 38874.3—2020 的 7.3.4.3～7.3.4.5 节。

【解析】

1. 软件架构的组成

安全关键系统的软件架构由安全相关软件组件的层次结构组成，这些软件组件协同工作以实现系统的安全和功能要求。根据 GB/T 38874，软件架构应基于软件安全需求规格说明进行开发，并应描述安全相关软件组件的层次结构。

在软件架构的顶层，通常有两类软件组件：基础软件和应用软件。基础软件（如板级支持包、操作系统和硬件抽象层）提供支持应用软件的底层功能。应用软件实现系统所需的特定性能和功能。

软件架构应该是模块化的，这意味着它应该由相对较小的、独立的软件组件组成，这些软件组件可以组合成更大的系统。每个软件组件都应该有明确定义的接口，并负责一组特定的任务。这使得系统的维护和修改变得容易，并且能够单独测试各个软件组件。

例如，一个采矿车辆的安全关键系统，其软件架构可能包括一个包含操作系统和硬件抽象层的基础软件层，以及一个包含用于控制车辆运动、监控传感器和与其他系统通信的模块的应用软件层。运动控制模块可能由几个较小的软件组件组成，每个软件组件负责实现运动控制模块的特定功能，如加速、制动和转向。这些较小的软件组件将通过定义良好的接口相互通信，从而可以轻松修改和测试各个组件。

总之，在安全关键系统（如农林机械系统）的软件架构的顶层，有两类主要软件组件：基础软件和应用软件。

关于软件架构的组成，需要注意以下几个关键点。

（1）基础软件：基础软件是指为硬件提供低级接口的软件。它包括硬件设备的软件驱动程序、操作系统服务和软件组件间进行通信的中间件。基础软件通常由第三方供应商或硬件制造商提供。

（2）应用软件：应用软件是指特定用于应用程序并运行在基础软件之上的软件。它包括实现系统功能的软件组件，如控制算法、用户界面和通信协议。

（3）关注点分离：基础软件和应用软件的分离有助于管理软件架构中的复杂度。基础软件为硬件提供标准化接口，而应用软件则侧重于实现系统的特定功能。

（4）模块化：基础软件和应用软件都应该是模块化的，以便于开发、测试和维护。这意味着将软件分解成更小、更易于管理的软件组件，这些软件组件可以独立开发和测试。

（5）接口设计：基础软件和应用软件间的接口应该明确定义与标准化，以避免出现兼容性问题并降低出错风险。

示例：在拖拉机的控制系统中，基础软件可能包括操作系统、传感器和执行器的驱动程序，以及通信中间件。应用软件可能包括控制发动机、变速器、液压系统和用户界面的组件。基础软件为硬件提供标准化接口，而应用软件则侧重于实现拖拉机的特定功能。软件架构设计成模块化的，每个软件组件负责执行特定任务，如发动机控制或传感器数据采集。基础软件和应用软件间的接口是标准化的，以避免出现兼容性问题并降低出错风险。

2．详细程度

软件架构的详细程度规定软件架构分层结构的最底层应为软件单元，根据 GB/T 38874，软件架构应采用分层方法构建，最底层为软件单元，这些软件单元应尽量小，以确保软件的安全性和可维护性。

关于软件架构的详细程度，需要注意以下几个关键点。

（1）软件单元：软件单元是指软件的最小可测试和可重用组件。安全相关软件单元应设计得尽量小，以降低复杂性、提高安全性及便于维护。这些软件单位应该是明确定义的和独立的。软件单元的示例包括函数、类和模块。

（2）安全关键软件单元：安全关键软件单元对机器或其操作者的安全有直接影响，在整个软件开发过程中必须仔细识别和管理它们。

（3）最小化软件单元：最小化软件单元很重要，因为较小的软件单元通常更容易测试和验证其正确性、安全性。同时，最小化软件单元还可以减小可能出现的错误的影响，因为错误的范围仅限于较小的代码段。

例如，为农林机械中的安全关键控制系统开发软件，软件架构设计应包括尽量小且定义明确的软件单元。处理来自传感器的输入的软件单元可以定义为单个函数，该软件单元可以独立测试并在整个软件中重复使用，从而降低出错风险。

又如，在林业机械紧急停止系统的软件开发中，软件架构应设计为包括尽量小的软件单元，以确保安全关键逻辑在紧急情况下能够可靠地执行紧急停止功能。

再如，为拖拉机开发 ABS，软件架构设计将采用分层方法，最底层由小型软件单元组成，如车轮速度和压力传感器、每个车轮的控制单元。上面各层将建立在这些软件单元的基础上，以实现更复杂的功能，如集成来自所有车轮的输入并确定要施加的适当制动力的中央控制单元。软件单元将设计得尽量小，并且具有安全机制，以确保它们相互隔离和保护。详细设计将指定这些软件单元如何连接，以及它们如何与其他软件组件交互。

3. 软件架构的可追溯性

软件架构的可追溯性是指跟踪和验证软件安全需求、设计、实现、测试组件之间关系的能力。在 GB/T 38874 的背景下，可追溯性对于确保在整个软件开发寿命周期中满足安全要求至关重要。

为了实现软件架构和软件安全需求之间的双向可追溯性，有必要建立一个清晰一致的可追溯矩阵，将每个软件安全需求映射到软件架构的一个或多个元素上。这种映射应该是双向的，这意味着每个软件架构元素都应该链接到一个或多个软件安全需求，并且每个软件安全需求都应该链接到一个或多个软件架构元素。

例如，考虑一个软件安全需求，该需求指定需要冗余传感器来监控连接到拖拉机的农具的位置。软件架构设计应包括实现此冗余的组件，如软件架构设计应包括处理冗余传感器输入的组件，以及一个决策逻辑单元，用于基于这些输入选择正确的计量算法。这些软件组件中的每一个都应该链接到指定冗余的软件安全需求，而软件安全需求应该链接到实现它的软件组件。

通过在软件架构和软件安全需求之间实现双向可追溯性，可以验证软件开发过程中的每个阶段是否都满足软件安全需求。这有助于确保最终软件产品安全、可靠地用于农林机械。

总之，软件架构的可追溯性是指软件架构的可追溯到软件安全需求，反之亦然。这可确保软件架构满足软件安全需求，并提供其符合安全标准的依据。

关于软件架构的可追溯性需要注意以下几个关键点。

（1）软件架构与软件安全需求之间的可追溯性应该是双向的：这意味着应该能够从安全需求追溯到架构，并从架构回溯到需求。这可以确保软件架构的设计和实现满足所有相关的安全需求，并且所有安全需求都得到了适当的实现。

（2）在整个软件开发过程中建立和维护可追溯性：这涉及需求分析、设计、编码、测试等各个阶段，要确保所有阶段都符合安全需求。

（3）跟踪和记录对软件体系结构或安全要求的更改：任何更改都应该清楚地记录下来，并且应该可以追溯到相关的安全需求。这有助于在软件开发过程中及时识别和解决可能影响系统安全性的问题。

例如，软件安全需求指定软件必须设计为确保在驾驶员踩下制动踏板时制动系统被激活。软件架构设计师可以设计一个软件模块来监控制动踏板并在驾驶员踩下制动踏板时激活制动系统。软件架构文档应包括对其所涉及的软件安全需求的引用。同样，软件安全需求文档应该引用满足需求的软件架构模块。

假设在软件开发过程中，将软件安全需求修改为要求制动系统必须在特定时间内启动。软件架构设计师可能需要修改软件架构模块以满足此需求。软件架构文档应该更新以反映修改，并且修改应该追溯到触发它的软件安全需求。同样，应该更新软件安全需求文档以反映修改和相应的软件架构模块。

3.3.2.4　软件架构验证和安全相关软件组件的组合

【标准内容】

软件架构验证：

应验证软件架构。应检查设计的软件架构是否满足软件安全需求。还应审查表 3.5 中定义的测试规范和测试报告，以验证是否与软件安全架构一致。软件开发人员应参与验证活动。验证方法可分两种：检查或遍历（定义见 GB/T 38874.1），可酌情处理（见表 3.2）。

安全相关软件组件的组合：

如果嵌入式软件包含不同 SRL 的安全相关和非安全相关软件组件，那么总体 SRL 取决于 SRL 最低的软件组件。除非根据控制系统需要，能够证明软件组件之间充分独立。SRL 2 或 SRL 3 应符合 GB/T 38874.3—2020 的附录 B 的要求。

> 索引：本节标准内容源自 GB/T 38874.3—2020 的 7.3.4.6 节和 7.3.4.7 节。

【解析】

1. 软件架构验证

GB/T 38874 要求农林拖拉机和机械控制系统的软件架构必须经过验证，以确保其满足软件安全需求。验证过程包括测试软件架构，以确认它满足软件安全需求。

软件架构验证过程涉及检查设计的软件架构，以确保其满足软件安全需求。这可以通过功能测试或黑盒测试、等价类和输入分区测试、性能测试、资源约束分析、响应时间和内存约束测试、性能需求测试、雪崩/压力测试来完成。

功能测试涉及测试软件架构的功能，以确保其满足软件安全需求。这包括测试软件架构对不同输入的响应，并确保它执行正确的操作以响应特定的输入场景。

性能测试涉及测试软件架构，以确保其满足性能要求。这包括检查软件架构的响应时间是否在指定的限制范围内，以及是否满足任何其他性能要求。

资源约束分析涉及分析软件架构，以确保其满足资源约束，如内存或处理能力限制。这可以确保软件架构可以在可用的硬件上运行并执行所需的功能。

雪崩/压力测试涉及在极端条件下测试软件架构，以确保其可以处理可能面临的最大工作负载情况。这包括在高负载（如多个并发用户请求）条件下测试软件架构，以确保其能够处理工作负载情况。

GB/T 38874强调了软件架构验证在确保农林拖拉机和机械控制系统软件安全方面的重要性。软件架构验证涉及检查设计的软件架构是否满足为系统指定的软件安全需求，还涉及审查测试规范和测试报告，以验证它们是否与软件安全架构一致。软件开发团队应参与验证活动，以确保对软件架构及其安全影响有完整的了解。

GB/T 38874推荐了两种软件架构验证方法：检查和遍历。检查涉及检查软件架构设计文档，以识别潜在的安全问题和违反软件安全需求的情况。检查可能涉及一组专家，他们从不同的角度（如安全性、可靠性和性能等角度）检查软件架构设计。遍历涉及检查软件架构实现，以验证其是否满足设计规范和安全需求。这可能涉及测试软件组件及其交互，以确保它们的行为正确且安全。

例如，在农林机械系统的软件开发中，可以通过检查软件架构设计文档来验证软件架构，以确保满足所有软件安全需求，并且软件架构结构良好且模块化。遍历可能涉及测试软件组件，以确保它们在不同的条件和场景下正确、安全地运行。验证活动可能由软件开发人员和安全专家组成的团队执行，他们检查和实施软件架构设计，以识别潜在的安全问题并确保在部署系统之前解决这些问题。

2. 安全相关软件组件的组合

安全相关控制系统软件开发的一个重要方面是安全相关软件组件的组合。如果嵌入式软件同时包含具有不同 SRL 的安全相关软件组件和非安全相关软件组件，则总体 SRL 由软件组件的最低 SRL 决定。这意味着即使一个软件组件具有更高的 SRL，总体 SRL 也会受到 SRL 最低的软件组件的限制。

为了克服这一限制，有必要证明软件组件彼此独立，这意味着 SRL 较高的软件组件的安全性不依赖于 SRL 较低的软件组件的安全性。这可以通过分析软件组件之间的交互并证明它们不会影响彼此的安全性来完成。

必须仔细管理嵌入式软件中安全相关软件组件和非安全相关软件组件的组合，以确保总体 SRL 满足 GB/T 38874 的要求。这可能需要证明软件组件的独立性，以提高总体 SRL。

以下是对本节要点的一些额外解释和示例。

（1）应分析和确定软件安全需求。

分析和确定软件安全需求是开发安全关键软件的重要步骤。这涉及识别潜在危险、评估其严重程度及确定必要的安全措施，以减轻这些危险。例如，就农林机械而言，潜在危险可能包括与障碍物的碰撞、翻车或操作者被机械缠住。软件安全需求可能包括具有自动紧急制动、翻车保护结构或安全防护装置等功能或结构。

（2）应确保软件架构与软件安全需求一致。

设计的软件架构应满足软件安全需求。这涉及识别安全关键功能和组件，并确保它们得到适当的设计和实现。例如，软件安全需求是防止机器在发动机运行时意外移动，则软件架构可能包括安全关键组件，如在发动机关闭之前防止机器移动的安全联锁系统。

（3）软件开发人员及相关人员对设计方法非常了解。

软件开发人员及相关人员对所选的软件架构设计方法要非常了解。这可以确保软件架构设计得到有效沟通和实现，并且可以识别和解决潜在的问题或挑战。例如，软件架构设计方法是使用 Simulink 进行基于模型的开发，则软件开发人员及相关人员应该对 Simulink 和相关工具非常了解，这样才能有效地实现软件架构。

（4）工具软件修改能力。

设计的软件架构应具有根据需要修改和更新软件的能力。这对于维护软件和解决软件使用过程中可能出现的问题非常重要。例如，软件架构是使用模块化方法设计的，那么在不影响整个系统的情况下修改和更新单个软件组件可能会更容易。

（5）测试。

测试是软件开发的一个重要方面，尤其是对于安全关键软件。应对软件架构进行测试，以确保它满足软件安全需求和预期的功能要求。这涉及一系列的测试方法，如功能测试、性能测试和雪崩/压力测试。例如，软件架构包含具有紧急制动或翻车保护等功能的安全关键组件，则应对软件架构进行测试，以确保这些组件在各种场景下有效运行。

软件组件的设计与实现

3.4.1　目的和前提条件

【标准内容】

目的：

第一个目的是详细说明安全相关软件组件的功能，该组件由软件架构定义。

第二个目的是生成通过编译的源代码（代码、模型等），源代码应易读、可测试、可维护。

第三个目的是验证软件架构是否已正确、全面地实现。

前提条件：

软件组件设计与实现的前提条件为：

——软件项目计划（见 3.1.1～3.1.3.5 节）；

——软件需求（见 3.2.2.1～3.2.2.3 节）；

——软件架构（见 3.3.2.1～3.3.2.3 节）；

——软件验证计划（见 GB/T 38874.4—2020 的第 6 章）。

索引：本节标准内容源自 GB/T 38874.3—2020 的 7.4.1 节和 7.4.3 节。

【解析】

1．目的

GB/T 38874 概述了在软件组件的设计与实现过程中必须满足的各种需求。

详细说明安全相关软件组件的功能是指提供对软件架构定义的安全相关软件组件功能的详细说明。该说明应涵盖安全相关软件组件功能的所有方面，包括输入、输出、状态转换和相关的安全约束。这些信息对于确保安全相关软件组件满足预期的安全要求及正确集成到整个系统架构中非常重要。

（1）详细说明安全相关软件组件的功能。

这个目的是通过软件架构实现的，软件架构提供系统结构和行为的高级描述。软件架构应描述软件组件负责的安全功能，以及它们之间的交互。

例如，考虑用于拖拉机制动系统的安全相关软件组件，该组件功能的详细说明可能包括有关来自各种传感器的输入信号的信息，用于确定何时施加、施加多大制动力的逻辑，以及安全约束，如最大允许减速率或最小停止距离。

（2）生成易读、可测试、可维护的源代码。

这个目的是指确保软件组件的源代码易读、可测试、可维护。这涉及遵循既定的编码规范，以及使用适当的编程语言和工具。具体来讲，是指创建易于被其他软件开发人员理解的源代码，可以有效地测试其正确性和安全性，并且可以根据需要轻松对其进行维护和更新。

这个目的很重要，因为必须对软件组件进行彻底测试，以确保其安全性和可靠性。如果源代码难以阅读或修改，则在测试过程中识别和修复缺陷可能非常具有挑战性。

例如，编码规范可能规定变量名称具有描述性且易于理解，代码应有详细记录，函数应模块化且可重用。适当的编程工具可能包括调试器、代码分析器和模拟环境。

（3）验证软件架构是否已正确、全面地实现。

这个目的是指确保软件架构在软件组件中得到了正确和全面的实现。这涉及根据软件架构中指定的软件安全需求测试软件组件，以及验证软件组件是否与整个系统的软件架构正确集成，以确保软件组件按预期运行并满足预期的安全要求。

必须验证软件架构以确保它已被正确和全面地实现。此验证过程可能涉及审查源代码、进行功能测试及验证软件是否满足系统的软件安全需求。

例如，测试可能涉及使用模拟技术来验证软件组件在各种操作条件下的行为，或者进行单元测试以确保软件组件中的各个功能正常运行。集成测试将涉及验证软件组件是否与其他组件和整个系统的软件架构正确集成。

又如，考虑一个控制农用车辆液压系统的安全相关软件组件，其软件架构将定义软件组件的输入和输出，以及它负责的安全功能，如防止液压系统过载或失效。软件组件将在源代码中实现，源代码必须易读、可测试、可维护。在测试过程中，软件组件将接受各种测试，如功能测试（确保其正确执行其安全功能）和压力测试（确保其能够处理意外输入或负载条件）。最后验证软件以确保其已正确、全面地实现并且满足系统的软件安全需求。

2. 前提条件

GB/T 38874 强调了农林拖拉机和机械控制系统软件开发背景下设计与实现软件组件的前提条件。

（1）软件项目计划：软件项目计划是指概述软件项目的目标、范围和进度的综合文档，它还包括资源分配、风险管理和质量保证计划。软件项目计划有助于软件开发团队了解项目的背景和目标，并有效地分配资源。

（2）软件需求：软件需求规定了软件系统应该做什么及其功能和性能特征。需求文档应该是明确的、完整的和一致的。软件需求为设计软件架构和定义软件组件提供了基础。

（3）软件架构：软件架构描述了软件系统的高层结构，包括软件组件及其交互和外部接口。软件架构应与软件安全需求相一致，并反映软件安全需求。软件架构可作为设计和实现软件组件的蓝图。

（4）软件验证计划：软件验证计划概述了用于验证软件是否符合要求和安全目标的技术/方法。软件验证计划包括测试用例、测试程序和验收准则。软件验证计划可确保软件组件经过彻底测试并且满足安全目标。

假设一家农林机械制造商打算为拖拉机开发一个控制系统软件。在这种情况下，软件项目计划将概述软件项目的目标、范围、进度和所需资源。软件需求将定义软件系统的功能和性能特征，如控制拖拉机的运行速度和方向、监控发动机性能及在出现安全隐患时提醒操作者。软件架构将描述软件组件,如用户界面、控制逻辑和传感器接口,以及它们的交互和外部接口。软件验证计划将概述用于验证软件是否符合要求和安全目标的技术/方法,如测试控制逻辑对不同输入和紧急情况的响应。

总之,GB/T 38874 中软件组件的设计与实现的前提条件强调了软件项目计划、软件需求、软件架构、软件验证计划的重要性,以确保软件系统的安全性和可靠性。

3.4.2 软件组件设计与实现方法的要求

3.4.2.1 软件组件设计与实现方法

【标准内容】

软件的设计和开发应符合表 3.3 的规定。

> 索引:本节标准内容源自 GB/T 38874.3—2020 的 7.4.4.1 节。

【解析】

1. 总体要求解析

GB/T 38874 规定了开发农林拖拉机和机械控制系统的安全相关软件组件的要求及流程,并概述了在软件设计和开发阶段对支持的工具和编程语言的若干要求,还概述了设计方法、设计和编码规范,以及设计和代码验证。

(1)工具和编程语言。

GB/T 38874 要求使用合适的编程语言和强类型编程语言,以及提高软件组件可信度的语言子集、工具和编译器。此外,它还建议使用可用的可信/经验证的软件组件。

例如,农林机械制动系统的软件组件可以用 C 或 C++等语言进行编程。所使用的编程语言应该具有强类型,以防止因类型不匹配而导致出错。此外,该软件组件可能会使用已被证明对特定任务可靠且高效的语言子集。

(2)设计方法。

GB/T 38874 指定了几种设计方法,如非形式化方法、半形式化方法和形式化方法,以及防御性编程和结构化编程。此外,它还推荐了用于设计软件组件的模块化方法,包括软件组件尺寸限制、软件复杂度控制、信息隐藏/封装,以及子程序和函数中仅一个入口/一个出口。该标准还要求为软件组件完全定义接口,以及使用可信/经验证的软件组件库和计算机辅助设计工具。

例如,农林机械制动系统的软件组件可以使用模块化方法设计,每个模块都有一个定义明确的接口和信息隐藏/封装,以防止意外访问变量或函数。此外,还可以使用防御性编程方法设计软件组件,包括检查输入参数、验证数据范围和添加错误处理机制等技术。

（3）设计和编码规范。

GB/T 38874 概述了一些应遵循的设计和编码规范，如不使用动态变量或对象、限制使用中断、指针的定义使用及递归的限制使用。该标准还建议对动态变量的创建进行在线检查，以防止内存泄漏和引入意外行为。

例如，农林机械制动系统的软件组件可以在不使用动态变量或对象的情况下进行编程，以防止内存泄漏。中断的使用可能仅限于关键事件，并且指针的使用可能被明确定义和记录，以避免指针错误。

（4）设计和代码验证。

GB/T 38874 要求通过设计和/或源代码审查或遍历来审查、验证软件组件。此验证应确保软件组件是根据前文所述的设计和编码规范开发的。

例如，农林机械制动系统软件组件可能会接受设计审查，以确保其设计遵循 GB/T 38874 中概述的建议。还可以通过模拟或测试工具对软件进行测试，以验证其是否满足规定的要求并且没有错误。

2．工具和编程语言与 SRL 适用性的关系

表 3.3 中概述了在软件组件设计与实现过程中使用的工具和编程语言与 SRL 适用性的关系。SRL 是系统中软件组件的安全关键级别的度量指标。SRL 越高，对软件组件的开发、验证和确认的要求就越严格。

（1）合适的编程语言适用于 SRL=B、1、2、3。

合适的编程语言适用于所有 SRL。编程语言的选择应考虑安全性、可靠性、可维护性等因素。应使用合适的编程语言来开发安全相关软件组件。编程语言的选择应考虑正在开发的系统的特定需要和要求。

不同的编程语言具有不同的优缺点，选择合适的编程语言可以提高软件开发效率、减少错误和提高软件质量。GB/T 38874 并没有指定使用哪种编程语言，而是要求根据具体情况选择合适的编程语言。

一般来说，编程语言应该具备以下特点：易于学习和使用、稳定性高、具有良好的性能、可移植性好、可扩展性强、安全性高等。不同的编程语言适用于不同的 SRL。

例如，C 和 C++适用于 SRL=B、1、2、3，Java 适用于 SRL=B、1、2、3，Ada 适用于 SRL=2、3，Python 适用于 SRL=B、1 等。

（2）强类型编程语言适用于 SRL=1、2、3，SRL=B 时不建议使用。

强类型编程语言是指执行严格类型检查的语言，其有助于防止错误发生并提高软件的安全性和可靠性。强类型编程语言应该用于安全相关软件组件。强类型编程语言可确保为变量分配特定数据类型，这有助于防止类型不匹配和空指针取消引用等错误发生。SRL 降

低可能导致系统故障。

强类型编程语言在编译时会检查变量的类型是否正确，从而减少了一些常见的编程错误，提高了代码的可靠性。SRL 越高，对代码可靠性的要求越高。当 SRL=B 时，因为强类型编程语言的类型检查机制可能会增加代码的复杂度和开发成本，所以不建议使用。

（3）语言子集适用于 SRL=1、2、3，SRL=B 时不建议使用。

语言子集是编程语言的一种受限形式，它删除了某些被认为不安全或容易出错的语言功能。例如，MISRA C 是 C 语言的一个子集，它限制了编程语言某些特性的使用，以提高软件的安全性和可靠性。

在编写代码时，使用语言子集可以限制编程语言某些特性的使用，从而降低代码的复杂度和减少错误。语言子集可以限制使用某些功能、关键字或语法结构，从而使代码更加简单易懂、易于维护和测试。当 SRL=B 时，因为使用语言子集可能会增加代码的复杂度和开发成本，所以不建议使用。

例如，MISRA C 是 C 语言的一个子集，它限制使用某些可能导致不安全的代码的功能，如某些指针操作的使用和某些语言结构的使用。SPARK 是 Ada 的一个子集，它提供额外的安全特性，如形式化验证工具和自动代码生成，以提高软件的安全性和可靠性。

（4）工具和编译器（增加使用的可信度）适用于 SRL=1、2、3，SRL=B 时不建议使用。

使用可靠的工具和编译器可以提高代码的质量和可靠性，从而增加软件的可信度。SRL 越高，对软件的可靠性要求越高。

在软件开发过程中，软件开发人员使用各种工具和编译器来编写、调试、测试代码。这些工具和编译器的质量、可靠性对于软件的安全性、可靠性至关重要。因此，在 GB/T 38874 中，建议使用经过验证的、可信的、符合标准的工具和编译器来提高软件的安全性、可靠性。

当 SRL=B 时，开发安全相关部件不需要使用可靠的工具和编译器，因为其具有较低的安全级别，所以软件开发人员可以使用更灵活、更便捷的工具和编译器来完成开发工作。

例如，在 SRL=3 的情况下开发一个农林拖拉机的安全相关部件，软件开发人员可以使用经过验证的、可信的、符合标准的 Eclipse IDE 和 GCC 来编写、调试、测试代码，以提高软件的安全性、可靠性。

（5）使用可信/经验证的软件组件（如可用）适用于 SRL=2、3，SRL=B、1 时不建议使用。

在软件开发过程中，软件开发人员可以使用第三方软件组件来加速开发进程并提高软件的质量和可靠性。然而，这些软件组件本身可能存在缺陷或漏洞，这可能导致整个系统的安全性受到影响。因此，在 GB/T 38874 中，建议使用经过验证的、可信的、符合标准的软件组件来提高软件的安全性和可靠性。

在 SRL=B、1 的情况下，开发安全相关部件不需要使用可信/经验证的软件组件，因为其具有较低的安全级别，所以软件开发人员可以使用未经验证的软件组件来完成开发工作。但是，在 SRL=2、3 的情况下，使用可信/经验证的软件组件可以帮助软件开发人员确保软件的安全性和可靠性，从而满足更高的安全标准。

例如，在 SRL=2 的情况下开发一个农林拖拉机的安全相关部件，软件开发人员可以使用符合标准且经过验证的第三方软件组件来加速开发进程并提高软件的安全性和可靠性。

总之，软件开发工具和编程语言的选择应考虑软件组件的 SRL，更高的 SRL 对所使用的工具和编程语言有更严格的要求与限制。

3. 设计方法与 SRL 适用性的关系

GB/T 38874 中规定，不同的 SRL 需要使用不同的设计方法来确保软件的安全性和可靠性。以下是设计方法与 SRL 适用性的关系。

（1）非形式化方法适用于 SRL=B、1，不适用于 SRL=2、3。

非形式化方法指的是没有形式化定义或规范的方法，如自然语言、图形等方法。非形式化方法在 SRL=B、1 的情况下是适用的，因为这些等级的要求相对较低，不需要过多的形式化规范和证明，并且非形式化方法更容易理解和实现。但在 SRL=2、3 的情况下，要求更高，需要更严格的规范和证明，因此非形式化方法不再适用。

例如，对于 SRL=B 的系统，可以使用非形式化方法来开发一些简单的软件组件，如输入验证或日志记录。但是，对于更高 SRL 的系统，如 SRL=3 的系统，必须使用更严格的方法来确保软件组件的正确性和安全性，如半形式化方法或形式化方法。

（2）半形式化方法适用于 SRL=B、1、2、3。

半形式化方法指的是介于非形式化方法和形式化方法之间的方法，如状态图、数据流图等方法。半形式化方法通常涉及使用某种形式的工具或技术来设计和开发软件组件，如状态转换图、Petri 网、有限状态机等。半形式化方法可以提高软件组件的正确性和安全性，同时也可以保持相对较低的开发成本和较少的开发时间。半形式化方法在所有 SRL 下都适用，因为它既有一定的形式化定义或规范，又相对容易理解和实现。

例如，对于 SRL=2 的系统，可以使用半形式化方法来开发一些较为复杂的软件组件，如控制逻辑或数据存储单元。通过使用半形式化方法，可以确保软件组件的正确性和安全性，同时也可以保持相对较低的开发成本和较少的开发时间。

（3）形式化方法适用于 SRL=B、1、2、3。

形式化方法指的是基于严格的数学逻辑、形式化语言等的方法，如模型检测、定理证明等方法。形式化方法是一种使用数学符号与逻辑来描述、证明软件组件的正确性和安全性的方法。它通常涉及先使用形式化规范语言（如 Z、B、CSP 等）来描述软件组件的行为和属性，然后使用形式化验证工具来检查规范是否满足特定的属性。形式化方法可以提供更严格的规范和证明，可以保证软件组件的正确性和安全性，因此在所有 SRL 下都适用。但是，由于形式化方法需要使用专业的工具或技术，相对复杂和耗时，因此其在低 SRL 情况下可能不太实用。

例如，对于 SRL=3 的系统，可以使用形式化方法来开发一些安全关键软件组件，如控制器。通过使用形式化方法，可以确保软件组件的正确性和安全性，同时也可以提供更高的信任度和保证。

（4）防御性编程适用于 SRL=3，SRL=B、1、2 时不建议使用。

防御性编程（Defensive Programming）是一种编程技术，旨在确保软件在面对异常情况时仍能保持正确性和稳定性。它通常包括添加输入验证、错误处理和异常处理等机制，有助于避免产生常见的错误和漏洞。

防御性编程是指在软件设计和实现过程中采取一系列预防措施，以防止或减少系统错误和故障的发生。防御性编程可以提高软件的安全性和可靠性，特别是在 SRL=3 的情况下，需要使用更高的防御性措施来确保系统的安全性和可靠性。在 SRL=3 的情况下，由于安全要求较高，因此可以使用防御性编程以增加软件的可信度，进而避免产生常见的错误和漏洞。但是在低 SRL，即 SRL=B、1、2 的情况下，由于安全要求相对较低，使用防御性编程可能会增加代码的复杂度和开发成本，从而降低软件的可维护性和可测试性，因此不建议使用该方法。

例如，在农林拖拉机控制系统中，如果要求 SRL=3，那么可以使用防御性编程来增加代码的可靠性和健壮性。例如，在输入控制信号之前，可以添加输入验证和错误处理机制，以帮助程序员避免输入错误或恶意输入导致的安全问题。但在 SRL=B、1、2 的情况下，由于安全要求较低，使用防御性编程可能会增加代码的复杂度和开发成本，从而降低软件的可维护性和可测试性，因此不建议使用该方法。总之，需要根据实际情况来选择是否使用防御性编程。

（5）结构化编程适用于 SRL=1、2、3，SRL=B 时不建议使用。

结构化编程是一种基于模块化设计的编程方法，它将程序划分成多个小模块，通过定义输入、输出、流程控制、错误处理等方式，使代码的逻辑更加清晰、可读性更好，并且方便维护和修改。在软件开发项目中，结构化编程被广泛使用，特别是在大型软件项目中。

在 GB/T 38874 中，结构化编程并不适用于 SRL=B。这是因为在低 SRL 的安全相关部件软件中，要求对软件开发过程进行更为严格的控制，需要避免对程序逻辑的不可控制和过度抽象，使代码的可信度更高。而结构化编程虽然在大型软件项目中被广泛使用，但其基于模块化设计的复杂度可能会超出 SRL=B 所要求的软件开发控制的范畴，从而使该 SRL

下的安全相关部件软件难以满足安全要求。

例如，在农林拖拉机控制系统中，如果采用结构化编程，则程序会被划分成多个小模块，其中每个小模块都由多个子程序组成。虽然这种模块化的设计方法能够提高代码的可读性和可维护性，但是对于 SRL=B 情况下的安全相关部件软件来说，这种设计方法会增加代码的复杂度和错误率，降低代码的可信度。因此，在 SRL=B 的情况下，应该选择更加简单且易于控制的编程方法，如结构化编程的简化版本或其他非结构化编程方法。

4. 设计方法（模块化方法）与 SRL 适用性的关系

在 GB/T 38874 中，软件组件设计和实现方法对安全相关部件软件的开发提供了一些具体的指导。其中，模块化方法是一种常用的设计方法，以下是模块化方法与 SRL 适用性的关系。

（1）软件组件尺寸限制（模块化方法）适用于 SRL=1、2、3，SRL=B 时不建议使用。

在高 SRL 的安全要求下，软件的安全性和可靠性需要得到更高的保障。因此，在高 SRL 的情况下，软件组件的尺寸应该尽可能小，以便于测试和维护，同时也能减小代码出错的概率。但是，在 SRL=B 的情况下，这种限制可能过于严格，会影响软件开发的效率和灵活性，所以不建议使用。

例如，在高 SRL 的情况下，可以将复杂的算法或功能拆分成多个组件，每个组件实现一个独立的功能，这样可以保证软件组件之间的关系更为清晰，并且减小代码出错的概率。但在最低 SRL 的情况下，这种做法可能会造成过多的软件组件，导致系统过于复杂且难以维护。

（2）软件复杂度控制适用于 SRL=3，SRL=B、1、2 时不建议使用。

软件复杂度控制是一种有效的方法，可以减少软件设计中的错误和缺陷。在高 SRL 的安全要求下，软件复杂度需要受到严格的控制。但是，在低 SRL 的安全要求下，过于严格的软件复杂度限制可能会影响软件的开发效率，并且增加开发成本。

例如，在高 SRL 的情况下，可以使用面向对象编程（OOP）的方法来控制软件复杂度。通过封装、继承和多态等方法，将复杂的软件系统划分成多个独立的类和对象，使每个对象仅需关注自己的功能，从而降低系统复杂度。但在低 SRL 的情况下，过于严格的软件复杂度控制可能会影响软件的灵活性和可扩展性。

（3）信息隐藏/封装适用于 SRL=2、3，SRL=B、1 时不建议使用。

信息隐藏/封装是指将软件组件的内部实现细节隐藏起来，只公开软件组件的接口。这样做可以防止外部代码对内部实现进行不合适的访问和修改，从而提高软件的安全性和可维护性。在 SRL=B、1 的安全要求下，由于软件组件的实现并不需要太高的保密性，因此信息隐藏/封装的开销可能会比较高，不建议使用。在 SRL=2、3 的安全要求下，软件组件实现的保密性变得更为重要，信息隐藏/封装成为必要的手段，用于确保软件系统的安全性。

例如，在农林拖拉机控制系统中，某个控制算法可能会使用到一些敏感的农业数据，如农作物生长状态、土壤湿度等。在这种情况下，应该采用信息隐藏/封装技术来保证这些数据的安全性，以避免这些数据被恶意篡改、泄露等。

（4）子程序和函数中仅一个入口/一个出口适用于 SRL=1、2、3，SRL=B 时不建议使用。

子程序和函数是软件开发过程中常见的重要模块，使用一个入口/一个出口的方法可以避免一些潜在的逻辑错误和不安全的情况发生。在高 SRL 的安全要求下，使用一个入口/一个出口的方法可以增加软件的可信度和安全性。在低 SRL 的安全要求下，使用一个入口/一个出口的方法可能会增加代码的复杂度和开发成本。

例如，在农林拖拉机控制系统中，某个控制算法可能包含多个子程序和函数，使用一个入口/一个出口的方法可以确保这些模块的正确性和可靠性。使用这种设计方法可以减小模块之间的相互影响和耦合，降低代码的复杂度，从而提高软件的可维护性和可靠性。

（5）完全定义的接口适用于 SRL=1、2、3，SRL=B 时不建议使用。

在软件开发过程中，接口定义对于软件的正确性和可靠性非常重要。在高 SRL 的安全要求下，必须定义接口以确保软件组件之间的正确交互。这些接口必须是完全定义的，即必须规定所有输入和输出。这样可以避免产生未定义的状态和不可预知的结果。在较低 SRL 的安全要求下，可能不需要完全定义的接口，因为系统的安全级别较低，并且需要开发的软件更为简单。

例如，在 SRL=1 的系统中，安全控制模块必须与其他模块正确交互，以确保系统的正确性。在这种情况下，必须完全定义接口，以确保模块之间的正确交互。

（6）可信/经验证的软件组件库适用于 SRL=B、1、2、3。

为了确保软件的正确性和可靠性，软件开发人员必须使用可信/经验证的软件组件。可信/经验证的软件组件库是一种集成了多个软件组件的库，这些软件组件经过了严格测试和验证，因此是可信的。在高 SRL 的安全要求下，必须使用可信/经验证的软件组件库来开发安全相关软件组件。在低 SRL 的安全要求下，使用可信/经验证的软件组件库可能是非必须的，但也是一种好的实践。

例如，在 SRL=2 的系统中，软件开发人员可以使用可信/经验证的软件组件库来开发安全相关软件组件。这些软件组件已经被验证过，并且可以确保软件组件的正确性和可靠性。

（7）计算机辅助设计工具适用于 SRL=3，SRL=B、1、2 时不建议使用。

计算机辅助设计工具是一种帮助软件开发人员开发和测试软件的工具。这些工具在软件开发过程中非常有用，可以提高软件开发效率并减小错误率。

计算机辅助设计工具适用于 SRL=3，SRL=B、1、2 时不建议使用。这是因为较低的 SRL

通常需要更低的设计复杂度和更少的工具支持，而使用复杂的设计工具可能会增加开发难度、增大错误率。在较低 SRL 的安全要求下，使用计算机辅助设计工具可能会增加不必要的开发成本和复杂性，因此不建议使用。在最高 SRL 的安全要求下，软件需要进行更严格的测试和验证，因此使用计算机辅助设计工具可以提高软件开发效率和减小错误率。

例如，在 SRL=3 的农林拖拉机和机械控制系统的软件开发中，可以使用计算机辅助设计工具来辅助实现更复杂的功能，如故障检测和诊断等。这些工具可以提高软件开发效率，并确保软件符合严格的测试和验证要求。

5. 设计和编码规范与 SRL 适用性的关系

在软件组件设计和实现方法中，设计和编码规范是非常重要的，因为它们直接影响软件的质量和安全性。

（1）使用编码规范适用于 SRL=1、2、3，SRL=B 时不建议使用。

使用编码规范是确保软件质量和可维护性的重要手段。编码规范是一组规则和指南，旨在确保编写的软件满足一定标准和最佳实践，如代码的可读性、可重用性、可移植性、可测试性等标准。在 GB/T 38874 中，使用编码规范适用于 SRL=1、2、3，SRL=B 时不建议使用。这是因为在低 SRL 的情况下，对软件的安全性能要求较低，因此可能不需要使用编码规范来确保软件的质量和可维护性。但是，在高 SRL 的情况下，使用编码规范可以提高软件的质量和可维护性，从而提高软件的安全性能。

例如，对于 SRL=1 的软件，可能只需要确保软件的基本功能能够正常工作，而不需要过多考虑代码的质量和可维护性。但是，对于 SRL=3 的软件，需要确保软件的安全性能，因此需要使用编码规范来确保软件的质量和可维护性，以便更容易进行测试、修改和维护。

（2）不使用动态变量或对象适用于 SRL=1、2、3，SRL=B 时不建议使用。

动态变量或对象是指在程序运行期间分配内存的变量或对象，其使用会提高软件的复杂性。软件的 SRL 越高，其安全性和可靠性能要求越高，因此不使用动态变量或对象可以降低软件的复杂性，提高软件的安全性和可靠性。在 SRL=B 时，为了提高软件的可维护性，可以使用适量的动态变量或对象。

例如，在一个机械控制系统中，需要对一些变量动态分配内存，这些变量的值会根据运行时刻的不同而变化，如系统负荷、传感器的测量值等。在 SRL=1、2、3 的情况下，这些变量的使用会提高软件的复杂性，因此应当尽可能不使用。在 SRL=B 的情况下，可以考虑使用适量的动态变量。

（3）在线检查动态变量的创建适用于 SRL=3，SRL=B、1、2 时不建议使用。

在线检查动态变量的创建是指在程序运行期间检查动态变量的创建是否成功，以及所分配的内存大小是否合适。这项检查可以有效减少内存溢出、野指针等错误的发生。但是，这项检查需要耗费一定的系统资源，因此在较低 SRL 的情况下，使用此项检查可能会影响软件的性能，降低软件的安全性和可靠性。

例如，在一个机械控制系统中，需要使用动态变量存储大量的数据，为了避免动态分配内存过程中发生错误，可以在线检查动态变量的创建，以确保所分配的内存大小合适。但是，在较低 SRL 的情况下，使用此项检查可能会对软件的性能产生负面影响，因此不建议使用。

（4）限制使用中断适用于 SRL=3，SRL=B、1、2 时不建议使用。

中断是指一种特殊的事件，它会中断当前正在执行的程序，转去执行另外一段特定的代码。中断通常用于响应硬件或软件事件，如传感器输入或定时器定时等。虽然中断可用于处理实时事件，但是在控制系统中，中断可能会引入一些不确定性和延迟，因此 GB/T 38874 建议限制中断的使用。

具体来说，GB/T 38874 规定，在 SRL=3 的系统中，中断只能在紧急情况下使用，并且需要通过安全性验证来确保其正确性和可靠性。在 SRL=B、1、2 的系统中，虽然没有直接禁止中断的使用，但是也不建议频繁使用中断，因为它可能会引入一些安全风险。

限制使用中断的主要原因是，在控制系统中，中断会引入一些不确定性和延迟，这可能会导致系统响应速度变慢，影响系统的可靠性和稳定性。此外，在使用中断时，需要保证中断处理程序的正确性和可靠性，这也增加了系统开发和测试的难度与成本。

例如，一个控制系统需要定时采集传感器数据并对其进行处理，可以使用定时器来触发一个中断事件，在中断处理程序中进行数据采集和处理操作。但是，在使用中断时，需要保证中断处理程序的正确性和可靠性，同时需要考虑中断引入的不确定性和延迟可能对系统的响应速度及稳定性产生的影响。因此，在设计和实现控制系统时，需要综合考虑中断的使用和限制。

（5）指针的定义使用适用于 SRL=3，SRL=B、1、2 时不建议使用。

指针是一种特殊类型的变量，用于保存另一个变量的地址，即指向该变量。指针可以帮助程序员实现更高效的代码，但也具有潜在的安全风险。在高安全性和可靠性的软件开发中，指针的使用需要严格控制。

在 GB/T 38874 中，限制指针的使用是为了减少指针操作带来的潜在错误和安全问题。在 SRL=3 的情况下，使用指针需要特别注意其正确性和可靠性，因此必须进行严格的定义和管理。但是，在较低 SRL 的情况下，由于对软件质量的要求较低，不需要使用指针的高级功能，因此不建议使用指针。

例如，在一个控制系统的代码中，指针可以用于跟踪另一个对象，如传感器数据。在 SRL=3 的情况下，需要在编程过程中对指针进行限制和管理，如确保指针的值不会指向无效的地址或已被释放的内存。但是，在较低 SRL 的情况下，应该尽可能避免使用指针，以减少潜在的错误和安全问题。

（6）递归的限制使用适用于 SRL=3，SRL=B、1、2 时不建议使用。

递归是一种函数调用自身的方法，在某些情况下可以简化代码实现。但是，如果在递归过程中出现错误，则可能会导致系统崩溃或陷入死循环，因此在安全相关部件软件中使用递归需要特别注意。为了确保安全，GB/T 38874 规定在 SRL=B、1、2 时不建议使用递归，只有在 SRL=3 的情况下才建议使用递归。

在 GB/T 38874 中，限制递归的使用是为了减少程序中可能出现的无限递归或堆栈溢出等问题。在 SRL=3 时，允许使用递归，但需要限制递归的深度和次数，以避免出现死循环或堆栈溢出等问题。此外，在使用递归时需要仔细考虑可能出现的所有情况，以确保程序的正确性和安全性。但是，在较低 SRL 的情况下，由于对软件质量的要求较低，使用递归可以使程序更加简单，因此不建议完全禁止使用递归。

例如，一个车辆控制系统需要根据传感器数据来调整车速。为了确保速度调整的准确性，可以使用递归来处理不同的传感器数据。在实现时，需要限制递归的深度和次数，并进行充分的测试和验证，以确保系统的正确性和安全性。

6. 设计和代码验证与 SRL 适用性的关系

设计和代码验证是软件开发过程中非常重要的一环，用于确保软件的正确性和安全性。以下是设计和代码验证与 SRL 适用性关系。

（1）软件设计和/或源代码审查适用于 SRL=B、1、2、3。

在 GB/T 38874 中，软件设计和/或源代码审查是指对软件设计和源代码进行评估、审查，以确保它们符合标准和规范，并且能够满足安全性和可靠性要求。这项操作是在整个软件开发寿命周期中进行的，包括需求分析、设计、编码和测试等阶段。

在所有 SRL 中，软件设计和/或源代码审查都是非常重要的质量控制措施。这个过程有助于发现并修复设计和实现中的错误及缺陷，并确保软件满足安全要求和规范。在更高 SRL 的情况下，这个过程可能会更加严格和详细。

软件设计和/或源代码审查是对软件开发过程中的软件设计和源代码进行评估、审查的过程。通过审查可以发现软件设计和源代码中的错误及潜在的安全问题，以便及时进行修复和改进。

在 SRL=B、1、2、3 的情况下，软件设计和/或源代码审查都是必要的，因为虽然这些 SRL 的安全要求不同，但是都需要验证、确认软件设计和源代码是否符合标准及规范。在 SRL=B 的情况下，软件设计和/或源代码审查可以通过手动的方式进行，而在更高 SRL 的情况下，可能需要使用自动化工具辅助进行。

（2）软件设计和/或源代码遍历适用于 SRL=B、1，不适用于 SRL=2、3。

在 GB/T 38874 中，软件设计和/或源代码遍历是指对软件设计和源代码进行逐行检查，以发现潜在的安全漏洞和错误。这项操作是在编码阶段进行的，目的是确保代码符合标准和规范，并且能够满足安全性和可靠性要求。

在 SRL=B、1 的情况下，软件设计和/或源代码遍历可以通过手动的方式进行，但是在更高 SRL 的情况下，使用自动化工具进行代码检查会更加高效和准确。然而，在 SRL=2、3 的情况下，软件的复杂度和规模往往比较大，自动化工具的检查结果可能不够全面和准确，因此软件设计和/或源代码遍历不适用于这种情况。

例如，一个制造商正在开发一款农林拖拉机的控制软件，其需要符合 GB/T 38874 中的 SRL 要求，那么在设计和代码验证方面，软件开发人员需要在各个开发阶段进行审查和检查，以确保软件能够满足安全性和可靠性要求。例如，在需求分析阶段，他们需要对需求进行审查，以确保所有安全要求都得到满足。

3.4.2.1.1 合适的编程语言

【标准内容】

目标：

可选择支持 GB/T 38874 的编程语言，特别是防御性编程、结构化编程和断言。所选择的编程语言应易于代码验证，便于程序开发、验证和维护。

描述：

编程语言的定义应无歧义。语言应是面向用户或面向问题的，而不是面向机器的处理器/平台的。应使用广泛使用的语言（如 C、C++、Ada）或其子集，而不使用专用语言。

除了已经提到的特性，语言或其子集还应提供：

——块结构；

——编译时进行类型检查。

编程语言应支持：

——使用易于管理的小型软件组件（见 3.4.2.1.8 节）；

——限制访问特定软件组件中的数据；

——定义变量的作用范围；

——其他类型的防差错结构。

如果系统安全运行依赖于实时约束条件，则编程语言还应提供异常/中断处理。程序语言还应有合适的转换器（如编译器、汇编器、链接器和定位器）、现成的软件组件库、调试器及用于版本控制和开发的工具。

程序语言应避免以下不利于验证的特性：

（1）无条件跳转（子程序调用除外）；

（2）递归；

（3）动态变量或对象、堆栈或指针的过度使用；

（4）应用层的中断处理；

（5）循环、程序块或子程序的多入口或多出口；

（6）隐式变量初始化或声明；

（7）变体记录和等价类；

（8）过程参数。

注：低级语言（尤其是汇编语言）出现问题往往是由于处理器/平台的面向机器的性质。理想语言的属性是，在程序设计和使用时其执行结果是可预见的。给定一种适当定义的编程语言，存在一个子集确保程序执行结果可预见。尽管许多静态约束有利于确保执行结果可预见，但该子集通常不能被静态确定。例如，通常需要证明数组索引在边界内且不引起数值溢出。

索引：本节标准内容源自 GB/T 38874.3—2020 的 7.4.4.1.1 节。

【解析】

1．目标解析

GB/T 38874 建议选择合适的编程语言，以便于进行代码验证，以及程序开发、验证和维护。具体而言，该标准建议选择支持防御性编程、结构化编程和断言的编程语言，尤其是符合 GB/T 38874 要求的编程语言。

防御性编程是一种编码实践，涉及预测软件系统中的潜在错误和漏洞并采取措施来防止或减轻它们。结构化编程是一种编码方法，强调将程序分解为更小、更易于管理的部分，使其更易于阅读、编写和维护。断言是嵌入代码中的语句，用于检查特定条件并提醒软件开发人员注意错误或意外结果。

选择支持这些实践的、合适的编程语言可以极大地提高软件的安全性和可靠性。例如，Ada、SPARK 和 MISRA C 等编程语言广泛用于安全关键系统，并以支持防御性编程和结构化编程而闻名。这些编程语言还提供强大的类型检查、内存管理及其他功能，使编写安全、可靠的代码变得更加容易。

总之，选择合适的编程语言对于确保农林拖拉机和机械控制系统软件的安全性、可靠性至关重要。通过选择支持防御性编程、结构化编程和断言的编程语言，软件开发人员可以降低软件中出现错误和漏洞的风险，并使其更易于验证和维护。

2. 描述解析 a

GB/T 38874 概述了用于软件组件设计和实现的、合适的编程语言的描述。

合适的编程语言应支持 GB/T 38874，其中包括防御性编程、结构化编程和断言。这有助于保证代码质量，以及提高系统的安全性和可靠性。此外，合适的编程语言应易于代码验证，便于程序开发、验证和维护。这有助于减少错误并提高整体效率。

编程语言应该是明确的和面向用户或面向问题的，而不是面向机器的处理器/平台的。它应该是一种广泛使用的语言（如 C、C++、Ada）或其子集。这一点很重要，因为广泛使用的语言拥有庞大的软件开发人员社区和可用的支持资源，使查找和解决问题变得更加容易。

编程语言还应提供块结构并在编译时进行类型检查。这有助于确保代码的结构良好，并且可以在任何类型的错误运行并引发问题之前及早发现它们。

此外，编程语言应支持使用易于管理的小型软件组件，限制访问特定软件组件中的数据，定义变量的作用范围，并提供其他类型的防差错结构。

例如，C++是一种广泛使用的编程语言，支持许多功能，如块结构、编译时进行类型检查和面向对象编程。此外，C++拥有庞大的软件开发人员社区和可用的支持资源，使其成为符合 GB/T 38874 要求的软件开发编程语言的理想选择。

以下是基于 GB/T 38874 提供的更多细节介绍和示例。

（1）编程语言的明确定义。

编程语言的明确定义意味着该语言的语法和语义应该清晰、准确。这很重要，因为歧义会导致软件开发过程中的混乱和错误。例如，考虑 C 和 C++之间的区别。尽管 C++是 C 的超集，但它具有其他功能，如类和模板，如果使用不当，则可能会造成歧义。

（2）语言应该面向用户。

面向用户的语言意味着该语言的设计应该使程序员更容易编程。这与面向机器的处理器/平台的语言形成对比，后者会使编程更加困难。例如，要求程序员理解处理器指令集的底层细节的语言就不是面向用户的语言。

（3）使用广泛使用的语言或其子集。

使用广泛使用的语言或其子集意味着使用的语言应该广为人知，并且拥有大量熟悉它的软件开发人员社区。这很重要，因为这可以确保有大量的软件开发人员可以从事该项目并维护代码。例如，C 和 C++是广泛使用的语言，并且拥有庞大的软件开发人员社区。

（4）提供块结构。

提供块结构意味着该语言应该有办法将相关语句组合成一个代码块。这很重要，因为这有助于组织代码并使其更易于理解。例如，在 C++中，代码块由大括号{}分隔。

（5）编译时进行类型检查。

编译时进行类型检查是指编译器在编译时检查变量和表达式的类型。这很重要，因为这有助于在软件开发过程中在代码运行之前尽早发现错误。例如，在 C++中，如果将变量声明为整数但用作字符串，则编译器将产生错误。

（6）支持使用易于管理的小型软件组件。

支持使用易于管理的小型软件组件意味着该语言应该能够处理可以轻松重用和维护的小型代码模块。这很重要，因为这可以促进代码重用，并且有助于使代码更加模块化和更易于理解。例如，在 C++中，类可以看作封装相关数据和功能的小型软件组件。

（7）支持限制访问特定软件组件中的数据。

支持限制访问特定软件组件中的数据意味着该语言应该有机制来控制对软件组件内数据的访问。这很重要，因为这有助于强制执行数据封装并防止对数据进行意外更改。例如，在 C++中，private 关键字可用于限制对类内数据的访问。

（8）支持定义变量的作用范围。

支持定义变量的作用范围意味着该语言应该有一种方法来定义变量在代码中的寿命周期和可见性。这很重要，因为这有助于防止产生意外的副作用并使代码更易于理解。例如，在 C++中，在函数内声明的变量具有局部作用域，并且仅在该函数内可见。

（9）支持其他类型的防差错结构。

支持其他类型的防差错结构意味着该语言应具有防止错误和促进良好编程实践的内置机制。这很重要，因为这有助于在软件开发过程的早期发现错误并防止它们成为更严重的问题。例如，在 C++中，const 关键字可用于防止对变量的意外更改，try-catch 块可用于捕获异常和处理错误。

3．描述解析 b

在软件组件设计和实现方法中对合适的编程语言的描述包括几个旨在支持安全、可靠地进行软件开发的关键特性。

一个重要特性是支持实时约束和异常/中断处理。这对于需要对意外事件或错误做出快速和适当响应的安全关键系统至关重要。实时约束是指软件必须在特定时间范围内响应某些事件或输入，通常以毫秒或微秒为单位。异常/中断处理是指编程语言检测和处理程序执行过程中发生的错误或异常情况的能力。

另一个重要特性是提供适当的工具和库，如编译器、汇编器、链接器和定位器。这些工具可帮助软件开发人员更高效、更准确地编写和测试代码，从而减小出现错误或漏洞的可能性。库提供了可以在软件的不同部分之间重复使用和共享的预写代码，从而减少了软件开发时间并提高了软件可靠性。

该描述还强调了编程语言中应避免的几个特性，以支持软件验证。例如，无条件跳转（子程序调用除外），递归，动态变量或对象、堆栈或指针的过度使用，应用层的中断处理，循环、程序块或子程序的多入口或多出口，隐式变量初始化或声明，变体记录和等价类，以及过程参数等，都会增加验证软件正确性的难度。

例如，使用无条件跳转会产生难以理解和验证的意大利面条式代码；使用递归会导致堆栈溢出和其他与内存相关的错误；过度使用动态变量或对象会导致内存泄漏和其他与资源相关的错误；使用中断会导致竞争条件和其他与并发相关的错误；使用多入口或多出口会使程序中的控制流更难推理；在测试软件时使用变体记录和等价类会导致错误；使用过程参数会使推断程序行为变得更加困难。

以下是程序语言应避免的不利于软件验证的特性相关解析和示例。

（1）无条件跳转（子程序调用除外）：无条件跳转是一种编程语言特性，允许程序无条件地将控制转移到代码的不同部分，会使代码难以理解和验证。例如，在C++中，go to语句是无条件跳转的一种形式。为了避免使用go to语句，程序员可以使用结构化编程结构，如if else、while和for循环，这些结构有助于使代码更易于理解。

（2）递归：递归是一种编程技术，其中函数调用自身来执行任务。递归很难遵循，并且可能导致堆栈溢出。程序员可以使用迭代代替递归来执行任务。与递归相比，迭代更容易遵循并且不容易出错。

（3）动态变量或对象、堆栈或指针的过度使用：动态变量、对象、堆栈和指针是会使代码难以验证的编程语言特性。例如，C++中的动态内存分配允许程序员在程序执行期间分配内存，这使程序员很难确定内存分配和释放的位置。程序员可以使用静态内存分配或智能指针来管理内存，而不使用动态内存分配。

（4）应用层的中断处理：应用层的中断处理是一种编程技术，其中中断由应用程序代码而不是操作系统来处理，会使代码更难验证，并且可能导致意外行为。程序员可以使用操作系统级中断处理来确保中断处理的正确，而不使用应用层的中断处理。

（5）循环、程序块或子程序的多入口或多出口：函数中的多入口或多出口会使代码更难理解和验证。例如，在C++中，具有多入口或多出口的函数可能在函数中间有一个return语句。程序员可以为每个函数使用一个入口和一个出口，而不使用多入口和多出口。

（6）隐式变量初始化或声明：隐式变量初始化或声明是一种编程语言功能，会使代码更难理解和验证。例如，在C++中，可以在不初始化的情况下声明变量。如果在初始化之前使用变量，则可能会导致意外行为。程序员可以显式初始化变量来确保行为正确，而不是隐式初始化或声明变量。

（7）变体记录和等价类：变体记录和等价类是一种编程语言特性，会使代码更难理解和验证。变体记录是根据字段值不同具有的不同类型的记录。等价类是具有相同属性的记录组。程序员可以使用结构化记录和数据类型来确保行为正确，而不使用变体记录和等价类。

（8）过程参数：过程参数是一种编程语言特性，会使代码更难理解和验证。例如，在C++中，一个函数可以有很多过程参数，这会使函数的用途很难理解。程序员可以使用结构或类来将相关数据组合在一起，而不使用过程参数。

总之，适用于安全关键软件开发的编程语言应该提供对实时约束和异常/中断处理的支持，以及适当的工具和库，还应避免使验证软件正确性变得更加困难的特性。

4．描述解析 c

为软件组件的设计和实现选择合适的编程语言的目的是确保该语言是可预测的并且能够产生可靠的结果，这在农林拖拉机和机械控制系统等安全关键系统中尤为重要。

由于处理器/平台的面向机器的性质，使用低级语言（尤其是汇编语言）可能会出现问题。因此，建议使用面向用户或面向问题的高级语言。这些语言应该是被广泛使用的，并提供块结构和编译时进行类型检查等特性。

理想的编程语言应该定义明确，其执行结果应该是可预见的。为确保可预见性，应定义语言的子集，并保证其执行结果可预见。虽然许多静态约束有利于确保执行结果可预见，但该子集通常不能被静态确定。例如，通常需要证明数组索引在边界内且不会引起数值溢出。

3.4.2.1.2　强类型编程语言或准则检查

【标准内容】

目标：

应采用强类型语言或编程实践降低故障率，强类型语言或编程实践允许使用编译器或静态分析工具进行高级检查。

描述：

当对强类型编程语言进行编译或静态分析时，需检查变量类型的用法（如过程调用和外部数据访问）。如果用法不符合预定义规则，则编译失败并产生错误消息。

注：这种语言通常允许通过基本语言数据类型（如整数类型、实数类型）定义用户自定义的数据类型。这些类型的用法可与基本类型完全相同。强制对数据类型进行严格检查确保其正确使用。即使程序由单独编译的单元构建，仍需对整个程序进行强制检查。即使对单独编译的软件单元进行引用，这些检查也可确保过程参数个数及类型的匹配。

索引：本节标准内容源自 GB/T 38874.3—2020 的 7.4.4.1.2 节。

【解析】

1. 目标解析

使用强类型编程语言或编程实践旨在降低软件开发过程中的故障率。强类型是指编程语言中数据类型的强制执行，这有助于在编译时而不是运行时捕获错误。这意味着使用强类型编程语言或编程实践有助于在软件执行之前识别错误，减少错误、崩溃和其他可能影响系统安全的问题的发生。

在 GB/T 38874 的背景下，强类型编程语言或编程实践的使用尤为重要。安全关键系统中的错误可能会造成严重后果，如人受伤或死亡。因此，使用强类型编程语言或编程实践有助于确保控制这些系统的软件组件尽可能没有错误。

强类型编程语言或编程实践还允许使用编译器或静态分析工具进行高级检查。这些工具可以帮助软件开发人员识别类型不匹配或变量使用无效等问题，进一步提高软件的稳健性和可靠性。

强类型编程语言的示例包括 Java、C#、Swift 和 Rust。在这些语言中，数据类型是严格执行的，存在任何类型不匹配或其他问题，编译器都将引发错误。强类型编程实践包括避免使用全局变量、尽量减少指针的使用，以及使用描述性变量名使代码更易于理解和维护。

（1）使用强类型编程语言。

强类型编程语言是一种在编译期间由编译器显式声明和检查变量类型的语言。使用强类型编程语言有助于防止错误发生，如在操作中使用错误类型的变量或访问越界数组索引。强类型编程语言的示例包括 Java、C#、Swift 和 Rust。

通过使用强类型编程语言，软件开发人员可以在与类型相关的错误变成运行时错误之前尽早发现它们，以降低软件的整体故障率并使其更加可靠。此外，由于显式声明了每个变量的类型，因此每个变量的用途和预期行为更容易理解，从而使代码更易于阅读和维护。

（2）使用强类型编程实践。

有许多强类型编程实践可以降低软件开发的故障率，如代码审查、单元测试和持续集成等。例如，使用代码分析工具，可以自动检查代码是否存在空指针取消引用、缓冲区溢出和内存泄漏等常见错误。

代码分析工具通过分析程序的源代码并应用一组预定义的规则来检测潜在错误。通过及早发现错误，软件开发人员可以在代码编译之前修复它们，从而在以后的调试中节省大量时间和精力。此外，代码分析工具还可以执行编码规范和最佳实践，从而提高代码库的整体质量和可维护性。

总之，通过使用强类型编程语言或编程实践来降低软件开发的故障率，软件开发人员可以开发出更可靠和更易于维护的软件。

2．描述解析

使用强类型编程语言是安全关键系统中软件组件设计和实现的一个重要方面，因为强类型编程语言对数据类型及其使用实施了更严格的规则，这有助于减小出错的可能性并提高程序的可靠性。

在强类型编程语言中，每个变量都必须用特定的数据类型声明，编译器或静态分析工具会检查变量的用法是否与其声明的类型一致。如果用户不遵守预定义的规则，如在函数调用或外部数据访问期间不遵守预定义的规则，则编译器可能产生错误消息并进行提示。这有助于在软件开发过程的早期发现错误，并降低引入可能影响系统安全的错误的风险。

例如，考虑一个计算数字平方的函数，在强类型编程语言中，函数签名可能如下。

算法 3.3：强类型编程语言函数签名

```
int square(int x) {
    return x * x;
}
```

参数 x 声明为整数，返回值也是整数。如果使用非整数参数（如字符串或浮点数）调用函数，那么编译器将产生错误并阻止代码被编译。

强类型编程语言使用用户自定义的数据类型，这些数据类型是根据强类型编程语言提供的基本语言数据类型定义的。例如，程序员可能会定义一个名为 Temperature 的自定义数据类型，它以摄氏度为单位表示温度值。在强类型编程语言中，它将检查温度变量的使用是否与其声明的类型一致，以确保程序不会意外地将温度值与其他类型的数据混合。

对于软件组件设计和实现中强类型编程语言相关的要点，以下给出进一步的解释和示例。

（1）检查变量使用情况。

当编译或静态分析用强类型编程语言编写的程序时，编译器或静态分析工具会检查变量在程序中（如在过程调用和外部数据访问中）的使用情况。如果使用情况不符合预定义的规则，那么编译器将编译失败并产生错误消息。

使用强类型编程语言有助于防止由不匹配的数据类型引起的错误发生。例如，一个程序期望一个变量是一个整数，但它被传递了一个字符串，编译器将检测到错误并阻止程序运行，而不是允许程序运行并可能导致意外行为或错误。Python 中此类错误的一个示例如下，它是一种动态类型的语言。

算法 3.4：Python 示例

```
def add_numbers(x, y):
    return x + y


result = add_numbers(5, "7")
```

在这段代码中，add_numbers()函数需要两个整数参数，但传递的第二个参数是一个字符串。当运行这段代码时，将导致 TypeError 并显示消息"+:'int'和'str'不支持的操作数类型"，表明程序试图添加一个整数和一个字符串。

（2）严格检查数据类型。

强类型编程语言要求严格检查数据类型，即使对于用户自定义的数据类型也是如此，以确保在整个程序中以正确和一致的方式使用变量。例如，在强类型编程语言 C++中，可以使用结构定义用户自定义的数据类型。

算法 3.5：强类型编程语言 C++的用户自定义模型

```cpp
struct Person {
    string name;
    int age;
};

void print_person(Person p) {
    cout << "Name: " << p.name << endl;
    cout << "Age: " << p.age << endl;
}

int main() {
    Person john = {"John Doe", 30};
    print_person(john);
    return 0;
}
```

在这段代码中，一个 Person 结构被定义为一个字符串类型的姓名字段和一个整数类型的年龄字段。print_person()函数将 Person 对象作为参数并打印其姓名和年龄。因为 C++是一种强类型编程语言，所以编译器将确保只有一个 Person 对象被传递给 print_person()函数，而不是另一个数据类型的变量。

（3）整个程序检查。

强类型编程语言需要检查整个程序，即使它是由单独编译的单元组成的，以确保程序的所有部分都符合相同的规则和数据类型。例如，在强类型编程语言 Java 中，类中的所有方法和变量都必须定义为特定的数据类型。

算法 3.6：强类型编程语言 Java 的定义模型

```java
public class Calculator {
    private int num1;
    private int num2;

    public Calculator(int n1, int n2) {
```

```
    num1 = n1;
    num2 = n2;
}

public int add() {
    return num1 + num2;
}

public static void main(String[] args) {
    Calculator calc = new Calculator(5, 7);
    System.out.println(calc.add());
}
}
```

在这段代码中，一个 Calculator 类定义了两个私有整数类型的变量 num1 和 num2，以及一个初始化它们的构造函数，通过 add()方法返回 num1 和 num2 的和。因为 Java 是一种强类型编程语言，所以编译器将确保程序中对 num1 和 num2 的所有使用都与其声明的数据类型一致，即使跨多个方法和文件也是如此。

综上所述，使用强类型编程语言是确保安全关键系统中软件组件安全、可靠的重要措施。通过对数据类型及其使用实施更严格的规则，强类型编程语言有助于减小出错的可能性并提高软件质量。

3.4.2.1.3　语言子集

【标准内容】

目标：

语言子集的使用应降低编程错误率并提高错误检测率。

描述：

应检查编程语言，确定未定义、易出错或分析困难的编程结构（如使用静态分析方法）。然后应去除这些编程结构，并定义一个语言子集。此外，还应记录所使用的语言子集结构安全的原因。

索引：本节标准内容源自 GB/T 38874.3—2020 的 7.4.4.1.3 节。

【解析】

1. 目标解析

语言子集是软件开发中用于减少编程错误和改进错误检测机制的常用技术。语言子集是指被认为比完整语言更安全、更可靠的编程语言的一组受限制的特性。通过使用语言子集，程序员被迫遵守某些编码约定并避免使用某些已知容易出错的语言功能。这有助于降低语言的复杂性，防止发生编程错误。

有许多为各种编程语言创建的语言子集的例子。例如，在 C++中，MISRA C++标准定义了被认为比完整语言更安全、更可靠的语言子集，该语言子集包括对某些语言特性的限制，如运算符重载、异常和动态内存分配。该标准还包括有关编码约定和错误处理的指南。

又如，在 Java 中，JPL 标准定义了被认为比完整语言更安全、更可靠的语言子集，该语言子集包括对某些语言功能的限制，如 go to 语句的使用限制和通用代码中原始类型的使用限制。该标准还包括有关编码约定和错误处理的指南。

使用语言子集有助于减少软件项目中的编程错误。但是，需要注意的是，语言子集的有效性取决于它的定义和执行情况。如果语言子集没有明确定义，或者程序员没有接受过遵循它的培训，那么它可能无法有效地减少编程错误。此外，使用语言子集会增加软件开发的成本并提高其复杂性，因为程序员可能需要学习新的编码约定并在语言子集的约束下工作。

2．描述解析

使用语言子集是 GB/T 38874 推荐的农林拖拉机和机械控制系统的安全相关软件组件的设计与实现方法。使用语言子集的目标是降低编程错误率并提高错误检测率。

为了定义语言子集，先使用静态分析方法检查编程语言，以识别未定义、易出错或分析困难的编程结构，然后去除这些编程结构，并定义一个语言子集。定义语言子集的目的是限制可能引入编程错误或复杂代码分析的某些语言特性的使用，同时仍然允许程序员使用语言的基本特性。

定义语言子集可以方便静态分析工具的使用，静态分析工具可以在代码执行之前分析代码并检测错误。使用具有受限语言特性的语言子集可以简化分析过程，减少可能导致系统故障的错误。此外，记录所使用的语言子集结构安全的原因有助于将来进行代码维护和修改。

例如，在开发用于农林机械控制系统的安全相关软件时，可以定义一个语言子集，其中仅包含被认为安全且高效的 C 语言的一个子集。该语言子集可能不包括一些已知容易出错且难以分析的特性，如指针运算、堆内存分配和递归。通过使用该语言子集，软件开发人员可以确保代码更易于分析且不易出错，从而提高系统的整体安全性。

对于语言子集相关的要点，以下给出进一步的解释和示例。

（1）检查编程语言。

检查编程语言涉及分析编程语言，以识别未定义、易出错或分析困难的编程结构。例如，编程语言允许使用空指针，这可能是潜在的错误来源，因为空指针可能导致崩溃或未定义的行为。通过识别和理解编程语言的局限性及潜在风险，软件开发人员可以设计出不易出错的软件组件。

（2）定义语言子集。

一旦识别出有问题的编程结构，软件开发人员就可以定义编程语言的子集，以消除或降低错误风险。该语言子集可以设计为仅允许包含已被证明可靠且可预测的安全编程结构。例如，由于 C 语言具有许多容易出错的编程结构，因此开发了一个被称为"Safe-C"的 C 语言子集，它去除了这些编程结构并提供了额外的安全功能。

（3）记录所使用的语言子集结构安全的原因。

记录所使用的语言子集结构安全的原因及其提供的安全优势非常重要。该记录文档可用于为未来的软件项目提供信息，并将软件的安全功能传达给利益相关者。例如，对于安全关键系统，软件开发团队可能会使用语言子集来消除缓冲区溢出的风险，并将该语言子集的使用记录为系统安全案例的一部分。

总之，使用语言子集可以通过降低编程错误率来提高软件组件的安全性和可靠性。通过仔细分析编程语言，识别有问题的编程结构，并定义一个语言子集来消除或减少这些编程结构，软件开发人员可以开发出更安全、更不易出错且更易于维护的软件。

3. SRL 适用性解析及示例分析

语言子集适用于 SRL=1、2、3，SRL=B 时不建议使用。

语言子集用于安全关键系统，可以降低编程错误率，并使检测和分析错误变得更加容易。通过从编程语言中删除有问题或容易出错的编程结构，软件开发人员可以创建出更安全、更可靠的代码库。

例如，考虑一个负责监视和控制自动农用拖拉机运行速度的软件组件，由于其安全关键特性，该软件组件被归类为 SRL=2。在这种情况下，软件开发团队可能会决定使用 C 语言的一个子集，如 MISRA C，以确保实现更高的安全性和可靠性。MISRA C 是一组编码指南，旨在提高用 C 语言编写的代码的安全性和可移植性，特别是对于安全关键系统很有效。

MISRA C 有助于避免陷入 C 语言编程中的常见陷阱，具体如下。

- 未定义行为：MISRA C 限制使用可能导致未定义行为的编程结构，如未初始化的变量或无界数组访问。

- 易出错的编程结构：MISRA C 不鼓励使用像 go to 语句这种易出错的编程结构，这种编程结构会产生意大利面条式代码，并且难以遵循程序的控制流。

- 分析困难的编程结构：MISRA C 建议避免使用静态分析工具难以分析的编程结构，如函数指针或动态内存分配。

通过遵守 MISRA C，软件开发团队可以降低编程错误率，使软件组件更可靠，更容易分析潜在问题。反过来，这有助于确保整个自动农用拖拉机系统的安全，防止事故发生并将风险降至最低。

总之，在安全关键系统（如 SRL=1、2、3 的系统）中使用 MISRA C 等语言子集可以显著提高软件组件的安全性和可靠性。然而，对于 SRL=B 的系统，安全不是主要问题，可能没有必要使用语言子集，因为使用语言子集的潜在好处可能不会超过其带来的额外开销。

以下给出语言子集 SRL 适用性的完整示例。

我们考虑一个更具体的示例，该示例是用于 SRL=2 的自动农用拖拉机系统的软件组件。该软件组件负责监控各种传感器并控制拖拉机的转向系统。在这种情况下，我们将使用 MISRA C 作为实现软件组件的语言子集。

假设在软件组件中有 3 个主要任务。

- 读取传感器数据（如 GPS、激光雷达和车轮编码器的数据）。

- 处理传感器数据以确定所需的转向角。

- 控制转向系统以达到所需的转向角。

使用 MISRA C，该软件组件的代码结构如下。

算法 3.7：MISRA C 示例

```c
#include <stdint.h>
#include "MISRA_C_header.h"

// Function prototypes
static void read_sensor_data(sensor_data_t *data);
static int16_t process_sensor_data(const sensor_data_t *data);
static void control_steering_system(int16_t desired_steering_angle);

// Main function
int main(void)
{
    sensor_data_t data;
    int16_t desired_steering_angle;

    while (1)
    {
        read_sensor_data(&data);
        desired_steering_angle = process_sensor_data(&data);
        control_steering_system(desired_steering_angle);
    }

    return 0;
}
```

```
// Function definitions
static void read_sensor_data(sensor_data_t *data)
{
    // Code to read sensor data (GPS, LIDAR, wheel encoder)
}

static int16_t process_sensor_data(const sensor_data_t *data)
{
    int16_t desired_steering_angle;

    // Code to process sensor data and calculate desired steering angle

    return desired_steering_angle;
}

static void control_steering_system(int16_t desired_steering_angle)
{
    // Code to control the steering system
}
```

在此示例中，我们遵循 MISRA C 以确保实现安全的编程实践。例如，我们使用<stdint.h>中的标准整数类型，避免使用全局变量，并将所有函数声明为静态函数，除非它们需要外部链接。此外，我们避免使用易出错的编程结构，如 go to 语句和动态内存分配，因为它们可能会导致不可预测的行为。

将 MISRA C 等语言子集与 GB/T 38874 结合使用，有助于确保自动农用拖拉机系统等安全关键系统中软件组件的安全性和可靠性。

3.4.2.1.4　工具和编译器——增加使用的可信度

【标准内容】

目标：

在软件包的开发、验证及维护过程中，为避免编译器失效造成的问题，应采用经验证的工具和编译器。

描述：

应使用在多数项目中经验证的编译器。避免使用未经验证或有严重问题的编译器，除非能保证编译器可正确运行。如果编译器存在轻微问题，则应标识相关的语言，并在安全相关项目中尽量避免使用。

注1：该描述基于大量项目经验。不成熟的编译器不利于软件开发，一般不适用于安全相关软件的开发。

注2：目前不存在一种通用方法可证明所有工具或编译器的正确性。

索引：本节标准内容源自 GB/T 38874.3—2020 的 7.4.4.1.4 节。

【解析】

1. 目标解析

GB/T 38874 中概述的工具和编译器——增加使用的可信度强调了在安全相关软件包的开发、验证及维护过程中使用经验证的工具和编译器的重要性。这对于避免由编译器故障引起的潜在问题至关重要，这些问题可能导致安全关键系统出现危险情况。

（1）使用经验证的编译器：经验证的编译器已经在各种项目中进行了广泛的测试和使用，确保了其可靠性和稳定性。使用经验证的编译器可以减小在安全相关软件中引入由编译器生成的错误的可能性，这些错误可能导致系统故障。GCC（GNU 编译器集合）是一种广泛使用且经过充分测试的编译器，支持各种编程语言，包括 C、C++、Objective-C、Fortran、Ada 等，其很长的成功使用历史、广泛的用户群、丰富的文档和积极的发展使其成为安全相关软件项目的可靠选择。

（2）避免使用未经验证或有严重问题的编译器：未经验证或有严重问题的编译器可能会产生不正确或不可靠的代码，这可能会危及系统的安全。在安全相关软件项目中，必须避免使用此类编译器，或者在不可避免的情况下采取必要的预防措施。由测试和项目经验有限的小团队开发的新的开源编译器可以被视为未经验证的编译器，在安全相关软件项目中使用这样的编译器是有风险的，因为它可能没有像成熟的编译器那样经过严格的测试和错误修复。

（3）识别和避免使用有问题的语言功能：如果编译器已知特定语言功能存在问题，则应在安全相关软件项目中避免使用这些功能。这可以降低编译器生成的错误影响系统安全的风险。假设特定编译器的特定 C++功能存在问题，如 lambda 函数。在这种情况下，软件开发人员应避免在安全相关软件项目中使用该功能，或者确保他们了解与使用该功能相关的限制和风险。

总之，遵守 GB/T 38874 中概述的工具和编译器——增加使用的可信度相关要求，有助于确保使用可靠且经验证的工具和编译器开发、验证及维护安全相关软件组件，降低由编译器引起的软件错误的风险，最终有助于确保安全关键系统的整体安全性和可靠性。

2. 描述解析

使用经验证的工具和编译器的重要性在于，编译器故障可能会在生成的代码中引入意外错误，从而导致系统故障，甚至导致安全关键系统的灾难性故障。为避免这种情况的发生，软件开发人员应该使用已经在广泛的项目中经过全面测试和验证的编译器。

不成熟的编译器可能没有进行足够的测试或缺乏广泛的用户群，这可能会导致软件开发问题。由于不成熟的编译器生成错误的可能性很大，因此它通常不适合用于开发安全相关软件。成熟的编译器已经过广泛的测试、错误修复和改进，这使其成为安全相关软件开发的可靠选择。

例如，一家为汽车制动系统开发安全相关软件的公司应避免使用新的或未经验证的编译器，因为它可能会在代码中引入意外错误，从而导致制动系统失灵。相反，该公司应该选择使用经验证的编译器，因为该编译器在类似项目中具有很长的成功使用历史。

目前不存在一种通用方法可证明所有工具或编译器的正确性。但是，软件开发人员可以通过选择具有可靠记录、广泛用户群，以及经常性维护的编译器来增加他们对编译器的信心。

例如，GCC 和 Clang 是两个广泛使用的编译器，具有丰富的文档、庞大的用户社区和活跃的开发用户，这使它们成为安全相关软件开发的可靠选择。但是，软件开发人员仍应了解这些编译器的所有已知问题或限制，并采取必要的预防措施，如避免使用有问题的语言功能或使用静态分析工具来捕获潜在问题。

总之，通过遵守 GB/T 38874 中概述的工具和编译器——增加使用的可信度相关要求，软件开发人员可以最大限度地降低编译器在安全相关软件中生成错误的风险。这是通过使用经验证的编译器，避免使用未经验证或有严重问题的编译器，以及了解所选编译器的所有已知问题或限制来实现的。这样做可以为安全关键系统的整体安全性和可靠性提供支持。

3．SRL 适用性解析及示例分析

工具和编译器适用于 SRL=1、2、3，SRL=B 时不建议使用。这是因为 SRL=B 的系统具有较低的安全风险，并且确保使用经验证的工具和编译器所需的额外努力可能无法通过降低安全影响来证明是合理的。

对于 SRL=1、2、3 的系统，使用经验证的工具和编译器至关重要。在这些 SRL 的情况下，如果发生故障，则正在开发的系统会对安全产生更高的潜在影响。因此，必须将软件开发过程中使用的工具和编译器引入错误的风险降至最低。

对于 SRL=B 的系统，由于故障对系统安全性的潜在影响被认为较低，因此对使用经过验证的工具和编译器的要求并不像在更高安全等级的系统中那样严格。但是，即使在这个等级下，采用可靠的工具和编译器来保持整个软件开发过程的质量和一致性仍然是一个良好的做法。

例如，考虑一个工业机器人的安全关键系统，该系统的 SRL=2。该系统包括一个软件组件，用于控制机器人的移动，以避免与物体和工人发生碰撞。

（1）工具和编译器的选择：软件开发团队应该选择像 GCC 这样经验证的编译器，它具有很长的成功使用历史、广泛的用户群、丰富的文档和积极的发展。软件开发团队还应使用可靠的软件工具进行版本控制、代码审查和静态分析，以确保代码的质量和一致性。

（2）过程分析：在软件开发过程中，软件开发团队应遵循使用所选工具和编译器的最佳实践与指南，这可能包括以下几点。

- 使用已知稳定、可靠的特定版本的编译器。
- 遵循编码规范和指南以避免使用已知会导致问题或难以通过编译器或静态分析工具分析的语言功能。
- 定期审查代码以确保它符合编码规范和指南。
- 使用静态分析工具来识别代码中可能未被编译器捕获的潜在问题。

（3）代码示例：假设软件开发团队正在使用 C 语言和 GCC，他们应该避免使用有问题的语言功能，如 go to 语句，它会使代码难以理解和维护。相反，他们可以使用 for 循环和 if 语句等结构化编程结构来控制代码流。

算法 3.8：C 语言结构化编程代码示例

```c
#include <stdio.h>

void move_robot(int direction) {
    if (direction == 1) {
        printf("Moving forward\n");
    } else if (direction == 2) {
        printf("Moving backward\n");
    } else if (direction == 3) {
        printf("Turning left\n");
    } else if (direction == 4) {
        printf("Turning right\n");
    } else {
        printf("Invalid direction\n");
    }
}

int main() {
    int direction = 0;
    scanf("%d", &direction);
    move_robot(direction);
    return 0;
}
```

通过遵循 GB/T 38874 中概述的工具和编译器——增加使用的可信度相关要求，软件开发团队可以确保工业机器人的安全关键系统软件组件可靠且稳健，从而最大限度地降低工具和编译器在软件开发过程中引入错误的风险。

3.4.2.1.5　使用可信/经验证的软件组件（如可用）

【标准内容】

目标：

对于每个新应用，为避免软硬件组件的重新验证和设计，应使用可信/经验证的软件组件。允许开发者使用尚未正式验证或严格验证、但已被大量使用的组件。

描述：

该方法应验证软件组件不存在系统性设计故障和/或操作失效。仅在极少数情况下，使用可信的软件组件（经使用验证的）可作为达到所要求的 SRL 的唯一保证措施。对于多功能复杂组件（如操作系统），应确定哪些功能已得到充分验证。例如，自检程序检测硬件故障，若在运行周期内无硬件故障发生，则自检程序是未经验证的。

如果经验证已达到要求的 SRL 或者符合下列准则，则软件组件是充分可信的：

——不改变影响安全相关功能的需求规范（如果经验证判定点和查找表的变更不影响安全相关功能，则可接受变更）；

——至少有一年的运行历史；

——软件组件的使用经验应符合系统要求，并在使用中增加软件组件的使用经验（如在不同的应用系统中）；

——无安全相关功能失效。

注 1： 某些失效在一种环境中与安全无关，但在另一种环境中却是安全相关的，反之亦然。

为了验证软件组件符合上述准则，应记录以下内容：

（1）每个系统及其组件的准确标识，包括验证过程中使用的版本号（软件和硬件版本）；

（2）标识有统计意义的用户样本和使用时间（如服务年限）；

（3）采样过程；

（4）检测并记录失效以及排除故障的过程。

注 2： 如果经验证满足所要求的准则（形成文档记录），则这种方法可用于整个软件系统（也可由供应商提供）。

索引：本节标准内容源自 GB/T 38874.3—2020 的 7.4.4.1.5 节。

【解析】

1. 目标解析

GB/T 38874 中概述的使用可信/经验证的软件组件（如可用）的目标是最大限度地减少对每个新应用程序的软硬件组件进行重新验证和设计的需要。使用可信/经验证的软件组件

（如可用允许）软件开发人员使用已被广泛使用的现有组件，即使它们没有经过正式或严格的验证。

该目标背后的基本原理是在安全相关系统的开发过程中节省时间、精力和资源。使用具有可靠记录的、可信/经验证的软件组件有助于降低出错的风险，从而使整个系统更加安全。此外，使用此类组件可以加快开发速度，因为这些组件已经在其他应用程序中进行了测试和验证。

示例：假设一家公司正在为化工厂开发安全关键系统，该系统的功能之一是监测反应器中的压力，并在压力超过特定阈值时采取适当的措施。该公司可以选择从头开始开发新的压力监控软件组件，或者使用已在类似应用程序中广泛使用过的、可信/经验证的软件组件。

使用可信/经验证的压力监控软件组件，有以下几点好处。

（1）减少开发时间：由于该软件组件已在类似应用程序中广泛使用过，因此很可能已经对其进行了测试和验证，从而可以减少开发时间。

（2）提高系统安全性：由于该软件组件已在其他安全关键应用程序，因此其更有可能经过了广泛的测试和调试，这意味着它不太可能包含导致安全隐患的错误。

（3）节省资源：从头开始开发新软件组件需要在时间、精力和成本方面进行大量投资。通过使用可信/经验证的软件组件，该公司可以将这些资源分配给系统的其他部分，从而有可能提高系统的整体质量。

总之，GB/T 38874 中概述的使用可信/经验证的软件组件（如可用）旨在提高安全相关系统开发过程的效率和安全性。通过使用可信/经验证的软件组件，软件开发人员可以减少开发时间、节省资源，同时提高系统安全性。

2．描述解析

GB/T 38874 中概述的使用可信/经验证的软件组件（如可用）的"描述"部分提供了在安全相关系统中使用此类软件组件的指南。

（1）验证软件组件不存在系统设计故障和/或操作失效。

原因：确保安全相关系统中使用的软件组件没有系统设计故障和/或操作失效，有助于减小系统故障或事故的可能性。此验证过程可以增加人们对系统安全性和可靠性的信心。

数据：美国国家标准与技术研究院（NIST）的一项研究估计，软件错误每年给美国造成约 600 亿美元的经济损失。彻底验证软件组件可以显著降低代价高昂的错误发生的可能性，并提高系统的整体安全性和可靠性。

示例：一家开发汽车制动系统的公司可能会使用可信/经验证的 ABS 控制模块。在将该模块集成到他们的系统中之前，他们会验证该模块是否经过了广泛的测试并且不存在系统设计故障和/或操作失效。

在汽车行业，ISO 26262 提供了确保道路车辆功能安全的指南。在验证 ESC 系统等安全相关系统的软件组件时，软件开发人员应遵循 ISO 26262，以确保软件组件不存在系统设计故障和/或操作失效。

（2）使用可信的软件组件（经使用验证的）可作为达到所要求的 SRL 的唯一保证措施。

原因：在某些情况下，可能无法正式验证软件组件的每个方面。在这种情况下，使用在类似应用程序中具有经验证的安全性和可靠性记录的软件组件可以提供合理的可信度。

数据：根据 VDC Research 的一项调查，近 30%的嵌入式系统工程师报告，他们的项目因软件质量问题而出现进度延误。在某些情况下，使用可信的软件组件可以帮助软件开发人员避免此类延误。

示例：在开发对安全至关重要的铁路信号系统时，工程师可能会决定使用已在全球类似系统中成功部署的可信联锁组件。尽管该组件可能尚未针对正在开发的特定系统进行正式验证，但其在类似系统中的广泛使用及成功运行为其安全性和可靠性提供了合理的可信度。

又如，一家航空公司正在为一架新飞机开发飞行控制软件，其可能会选择使用在同类飞机中具有长期安全、可靠运行历史并且值得信赖的自动驾驶组件，即使它尚未针对特定机型进行正式验证。

（3）确定多功能复杂组件的哪些功能已得到充分验证。

原因：复杂组件（如操作系统）可能具有多种功能，并且并非所有功能都与安全相关。确定哪些功能已经过充分验证以确保它们满足安全要求至关重要。

数据：根据 Embedded Market Forecasters 的一项调查，大约 40%的嵌入式系统开发人员报告，他们的项目由于使用了第三方组件（包括操作系统）而出现软件错误。识别和验证这些组件的安全关键功能有助于减小软件错误发生的可能性并提高系统安全性。

示例：在工业机器人安全关键系统的开发中，工程师可能会选择使用具有多种功能的商用现成实时操作系统（RTOS）。他们必须分析 RTOS 以确定哪些功能是与安全相关的（如任务调度、进程间通信），并确保在用于安全关键应用程序之前这些功能已经过充分验证。

又如，一家医疗设备制造商正在开发输液泵的安全关键系统，其选择使用商用现成 RTOS，因此必须确定 RTOS 的哪些功能已经过充分验证并且适合在其安全关键系统中使用。

（4）软件组件充分可信的准则。

原因：为被视为完全值得信赖的软件组件建立明确的准则，有助于确保在不同的安全相关系统和应用程序中对软件组件进行一致的评估与选择。

数据：欧洲核子研究组织（CERN）制定了评估安全相关系统中软件组件可信度的指南，

这些指南可以帮助软件开发人员评估软件组件是否满足安全要求，并提供一致的方法来评估软件组件在不同安全相关系统和应用程序中的可信度。

示例1：如果满足以下准则，则可以认为用于监测天然气管道系统压力的软件组件是完全可信的。安全相关功能要求没有变化，至少有一年的运行历史，在不同管道上有足够的使用经验，没有与安全相关的功能故障。

示例2：发电厂控制系统软件开发人员正在选择用于监视和控制反应堆温度的软件组件，如果满足以下准则，则可以认为一个组件是值得信赖的。安全相关功能要求没有变化，至少有一年的运行历史，有足够的使用经验，没有与安全相关的功能故障。

总之，GB/T 38874中概述的使用可信/经验证的软件组件（如可用）的"描述"部分提供了在安全相关系统中使用此类软件组件的指南。通过遵循这些指南，软件开发人员可以确保他们使用的软件组件有助于提高系统的整体安全性和可靠性。这有助于软件开发人员在为其安全相关系统选择和使用软件组件时做出明智的决定。

3. SRL适用性和示例解析

使用可信/经验证的软件组件与具有较高SRL（如SRL=2、3）的系统更相关。不建议用于较低SRL（如SRL=B、1），因为这些系统发生故障的潜在后果不那么严重，并且使用受信任/经验证的软件组件可以降低触发潜在故障的风险。

使用可信/经验证的软件组件适用于较高SRL的原因如下。

（1）更高的SRL代表更关键的系统，其中故障可能导致严重后果，如造成生命损害或重大环境破坏。在这些情况下，使用具有可靠记录的软件组件以最大限度地降低故障风险至关重要。

（2）受信/经验证的软件组件已经过广泛测试并且具有成功运行历史，从而减小了发生故障的可能性并提高了人们对其性能的信心。

（3）对于更高的SRL，获得和使用可信/经验证的软件组件所需的额外成本和工作，可以通过提高系统安全性和可靠性的保证来证明是合理的。

示例：考虑一个负责管理化工厂的工业过程控制系统，该系统具有多项与安全相关的功能，如将温度和压力保持在安全范围内，以及在发生故障时启动紧急关闭程序。由于在发生故障时极有可能造成严重后果，因此系统已被指定为SRL=3。

在这种情况下，软件开发人员应使用受信/经验证的软件组件（如可用）来实现与安全相关的功能。例如，他们可能会选择使用经过广泛测试并且在类似的安全关键应用程序中具有可靠记录的可信/经验证的RTOS。

为确保正确使用受信/经验证的软件组件，软件开发人员应该注意以下几点。

- 根据系统的安全要求评估RTOS，并确保它已针对预期用途进行了充分验证。

- 记录 RTOS 的版本及其获得的所有适用的安全认证或资格。
- 采用安全关键开发框架，如 SafeR TOS 或 Integrity RTOS，它们专为安全关键应用程序而设计，并且已通过认证符合 IEC 61508 或 ISO 26262 等安全标准。

通过遵循这些步骤并使用受信/经验证的软件组件，软件开发人员可以显著提高工业过程控制系统的安全性和可靠性，同时满足与 SRL=3 相关的严格要求。

3.4.2.1.6　防御性编程

【标准内容】

目标：

编程时应使用防御性编程方法，检测在程序执行期间出现的异常控制流、异常数据流或数值，并以可接受的确定方式进行响应。

描述：

在编程期间，可用多种技术检测控制异常或数据异常。在系统编程过程中，应系统地应用这些技术以减小数据流错误的可能性。软件应设计内在的容错机制适应设计本身的缺陷，这些缺陷由设计或编码错误或错误的需求造成。有两组重叠防御技术，第一组技术包括以下内容：

——变量范围检查；

——数值合理性检查；

——程序入口参数的类型、维数和范围的检查。

第一组技术有助于确保程序控制的输入数据的合理性，输入数据的合理性包括程序函数与变量的物理意义两方面。

应将只读参数和可读写参数分开，并对其访问进行检查。函数应将所有参数视作只读参数。字面常量不应被写访问。这有助于检测变量的意外覆盖或误用。容错软件的设计应可"预计"本身环境中的失效或可在正常或预计条件之外使用，并以可预计方式运行。

第二组技术包括：

——利用物理意义检查输入变量和中间变量的合理性；

——检查输出变量的影响，宜直接观察系统的状态变化；

——通过软件检查其配置，包括预期硬件的存在和可访问性，以及软件本身的完整性，尤其重要的是软件维护过程后保持其完整性。

有些防御性编程技术也可处理外部失效，如控制流顺序检查。

索引：本节标准内容源自 GB/T 38874.3—2020 的 7.4.4.1.6 节。

【解析】

1. 目标解析

防御性编程的目标是确保软件组件是使用防御性编程方法开发的，旨在检测程序执行期间出现的异常控制流、异常数据流或数值，并以可接受的确定方式进行响应。

防御性编程背后的主要思想是增强安全关键系统的健壮性、可靠性和容错能力。通过预测和解决潜在问题，防御性编程有助于最大限度地减少故障和意外行为，这对于具有严格安全要求的系统至关重要。

示例：考虑一个负责控制自动驾驶汽车的安全关键系统，该系统接收来自各种传感器（如激光雷达、摄像头和 GPS）的输入数据，并根据这些数据做出驾驶决策，如调整速度、改变车道和制动。

在这种情况下，应该应用防御性编程技术来确保软件能够处理意外或异常的输入数据，并以可接受的确定方式进行响应，从而最大限度地降低事故风险。

（1）变量范围检查：软件应确保仅在其预期范围内访问变量，以防止代码不同部分之间的意外交互引发潜在问题。

（2）数值合理性检查：系统应验证从传感器接收的输入数据的合理性（如车速、到障碍物的距离），并丢弃可能导致做出错误驾驶决策的不合理数据。

（3）程序入口参数的类型、维数和范围的检查：软件应在处理数据之前验证程序入口数据的类型、维数和范围是否有效并与预期相符。

通过应用这些防御性编程技术，自动驾驶汽车控制系统可以检测和处理异常控制流、异常数据流或数值，即使在出现意外输入数据或条件的情况下也能确保系统安全、可靠地运行。

2. 描述解析

GB/T 38874 要求使用防御性编程方法来检测和响应程序执行期间出现的异常控制流、异常数据流或数值。防御性编程的目的是尽量减小系统编程过程中数据流错误的可能性。GB/T 38874 建议系统地应用各种技术来减小数据流错误的可能性。软件应设计内在的容错机制，以适应由设计或编码错误或错误的需求造成的缺陷。

（1）变量范围检查：该技术确保变量只能在它们打算使用的范围内访问。它有助于防止程序其他部分对变量进行意外修改，并减小由于变量误用而引入错误的可能性。

示例：在 C++ 中，可以在函数内使用局部变量，这些变量只能在该函数内访问，并且可防止在函数外访问它们。

（2）数值合理性检查：该技术涉及检查程序中使用的数值是否在合理范围内，或者它们在给定上下文中是否有意义。它有助于检测由不正确的计算、数据损坏或与数值相关的其他问题引起的错误。

示例：在计算给定位置的平均温度的程序中，可以检查所得温度是否在物理上可能的范围内（如-100 摄氏度到 100 摄氏度之间）。

（3）程序入口参数的类型、维数和范围的检查：通过验证程序入口参数的类型、维数和范围，该技术可以确保输入数据与程序的预期一致。这有助于防止因输入数据不正确或输入参数误用而导致的错误。

示例：在计算长方形面积的程序中，可以检查输入的长、宽数据是否为正数，以确保输入数据有效。

（4）将只读参数和可读写参数分开：该技术涉及将只读参数和可读写参数分开并检查它们的访问权限。这有助于检测变量的意外覆盖或误用，并确保不会无意中修改文字常量或只读参数。

示例：在 C++中，可以使用 'const' 关键字来定义只读参数，以防止它们被意外修改。

（5）利用物理意义检查输入变量和中间变量的合理性：该技术涉及根据问题域的物理意义或上下文验证输入变量和中间变量。这有助于识别由不正确的输入数据、计算或其他可能导致不合理值的因素引起的错误。

示例：在计算物体速度的程序中，可以检查所得速度是否在物理上合理的范围内（如不超过光速）。

（6）检查输出变量的影响：该技术涉及监视由输出变量直接引起的系统状态变化。这有助于验证系统的行为是否与预期一致，并识别意外后果或副作用。

示例：在调节房间温度的控制系统中，可以监控实际温度变化以确保输出变量（如加热器功率）具有预期效果。

（7）检查软件配置：该技术包括检查预期硬件的存在和可访问性，以及软件本身的完整性。在维护过程之后保护软件完整性尤为重要。

示例：在控制电机的嵌入式系统中，可以检查电动机驱动器硬件是否正确连接并且可访问，以及控制电动机的软件在固件更新后有没有错误或损坏。

（8）使用断言和前提条件：该技术涉及使用断言和前提条件来检查在程序执行期间的各个点对程序状态所做出的假设。这有助于及早发现错误并防止它们在程序执行的后期引发问题。

示例：在对数字列表进行排序的程序中，可以使用断言在排序算法运行后检查列表是否正确排序。

（9）错误处理和异常处理：在程序中结合错误处理和异常处理机制有助于以可控、可预测的方式管理并响应运行时错误或异常情况。该技术可确保程序可以继续运行或在出现意外错误时优雅地终止。

示例：在从文件读取数据的程序中，可以使用异常处理机制来管理文件未找到或损坏的情况，从而允许程序通知用户并优雅地终止运行。

（10）日志记录和监控：在程序中实施日志记录和监控有助于跟踪其执行并检测意外行为或错误。该技术可用于调试、性能分析和系统维护。

示例：在 Web 服务器应用程序中，可以记录传入请求的数量、处理每个请求所花费的时间及遇到的错误，以帮助软件开发人员识别系统中的潜在问题。

（11）输入验证和清理：验证和清理用户输入可确保程序仅处理有效且安全的数据，从而降低错误和安全漏洞（如注入攻击）的风险。

示例：在 Web 服务器应用程序中，可以验证和清理用户输入以防止 SQL 注入漏洞或跨站点脚本（XSS）漏洞。

（12）代码审查和静态分析：执行代码审查和使用静态分析工具有助于在执行程序前识别潜在问题，如编码错误、安全漏洞或编码规范的偏差。该技术有助于提高软件质量和安全性。

示例：在开发安全关键应用程序的过程中，可以执行定期代码审查并使用静态分析工具来确保代码符合所需的质量与安全性标准。

（13）单元测试和集成测试：实施单元测试和集成测试有助于验证各个软件组件及其交互是否正常工作并满足指定要求。这些测试有助于在软件开发过程的早期发现错误，降低最终产品出现缺陷的风险。

示例：在计算各种几何图形面积的程序中，可以对每种几何图形面积计算函数进行单元测试和集成测试，以确保程序正确处理不同图形的输入和输出。

防御性编程技术通过系统地检测和处理内部（如变量滥用）及外部（如控制流顺序检查）的潜在异常，帮助软件开发人员开发更健壮的、容错能力更强的软件。该技术有助于提高软件的整体质量、安全性和可靠性。

通过结合这些额外的防御性编程技术，软件开发人员可以进一步增强程序的健壮性、安全性和可靠性，使程序更能抵抗错误和故障。

3. SRL 适用性和示例解析

防御性编程适用于 SRL=3，因为此等级的系统需要最高级别的安全性和可靠性。但是对于 SRL=B、1、2，不推荐使用防御性编程的说法是不准确的。事实上，防御性编程对于所有 SRL（包括 SRL=B、1、2）都是有益的，因为它有助于开发更健壮的、容错能力更强的软件。防御性编程的适用性具体取决于与每个 SRL 相关的特定安全要求和风险因素。

SRL=B 的系统需要较低级别的安全性，软件开发人员可以选择仅实施防御性编程技术的一个子集，专注于系统最关键的方面。随着 SRL=1、2 的系统的安全要求增加，软件开发人员可以采用更高级的防御性编程技术来进一步增强系统的安全性和可靠性。

示例：考虑一个安全关键系统，该系统控制仓库中自动导引车（AGV）的移动（SRL=3）。负责 AGV 导航和障碍物检测的软件必须具有最高级别的安全性，以避免发生碰撞并保护仓库中的人员。

（1）代码结构和组织：以模块化的方式组织代码，将功能分成不同的函数或类，以提高代码的可读性、可维护性和可测试性。

（2）输入验证和清理：验证从 AGV 传感器中接收的数据在用于计算之前是否符合预期的范围和格式要求。

算法 3.9：输入验证和清理代码示例

```
def validate_sensor_data(sensor_data):
    if not isinstance(sensor_data, list):
        raise ValueError("Invalid sensor data format")
    for value in sensor_data:
        if not isinstance(value, float) or value < 0:
            raise ValueError("Invalid sensor data value")
    return True
```

（3）错误处理和异常处理：处理错误和异常情况，确保 AGV 在出现意外错误时能够继续运行或安全停止。

算法 3.10：错误处理和异常处理代码示例

```
try:
    validate_sensor_data(sensor_data)
except ValueError as e:
    print("Error:", e)
    # Take appropriate action, such as stopping the AGV or using backup sensors
```

（4）记录和监控：记录 AGV 的移动、传感器数据和遇到的错误。这有助于识别潜在问题并提高系统性能。

（5）单元测试和集成测试：对 AGV 的导航功能模块进行单元测试和集成测试，以确保系统正确处理不同组件（如传感器和执行器）的输入和输出。

在本示例中，采用防御性编程技术来增强 AGV 控制软件的安全性和可靠性，确保其满足 SRL=3 的系统的严格要求。该技术也可用于 SRL 较低（如 SRL=B、1、2）的系统，以提高其安全性和可靠性。

3.4.2.1.7　结构化编程

【标准内容】

目标：

应使用结构化编程方法设计并编写程序，在不执行程序的情况下对其进行分析。

描述：

为了减小结构复杂度，应采取以下措施：

（1）将程序划分为较小的软件组件，确保其功能尽可能隔离且所有的交互是显式的。

（2）使用结构化方法（如顺序、循环和选择）组成软件组件的控制流。

（3）使通过软件组件的路径数量少，并使输入和输出参数之间的关系尽量简单。

（4）避免复杂分支。尤其要避免高级语言中的无条件跳转（go to）语句。

（5）如果可能，使循环约束条件参数化。

（6）避免使用复杂的计算作为分支和循环判断的条件。优先使用上述方法，而不是其他更有效率方法，除非效率绝对优先。

索引：本节标准内容源自 GB/T 38874.3—2020 的 7.4.4.1.7 节。

【解析】

1. 目标解析

软件组件设计和实现中结构化编程的目标是使用结构化编程方法设计并编写程序，在不执行程序的情况下对其进行分析。结构化编程背后的主要思想是将复杂的程序分解为更小、更易于管理的模块或子程序。这种模块化方法允许软件开发人员通过将程序逻辑分成独立的部分来创建更可靠和更高效的代码，这些部分可以更容易地进行测试和调试。

结构化编程方法是通过遵循模块化、简单性和清晰控制流的原则来实现的。

使用结构化编程方法的目标如下。

（1）提高可读性：结构化编程提倡使用简单易懂的结构，使代码对软件开发人员而言更具可读性和易懂性。

（2）增强可维护性：通过将程序划分为具有显式交互的、更小的、独立的软件组件，软件开发人员可以更轻松地修改、更新或修复单个软件组件，而不会影响系统的整体功能。

（3）更轻松地进行调试和分析：清晰的控制流和更少的软件组件路径，使识别潜在问题和分析程序变得更加简单，无须执行程序。

（4）降低复杂性：避免复杂分支（尤其是无条件跳转）可实现更直接和可预测的控制流，从而降低程序的整体复杂性。

（5）子程序模块化：结构化编程鼓励关注点分离，使得在不同上下文中重用和组合软件组件变得更容易。

考虑一个简单的温度控制系统，该系统负责读取当前温度，将其与所需的设定值进行比较，并相应地打开或关闭加热元件。使用结构化编程方法，程序的设计原则如下。

（1）将程序划分为三个软件组件，用于实现以下功能：①读取当前温度；②将当前温度与设定值进行比较；③控制加热元件。

（2）使用结构化的控制流，如顺序、循环和选择语句，来定义这些软件组件之间的交互。

（3）避免复杂分支（尤其是无条件跳转），使通过软件组件的路径数量少。

（4）参数化循环约束条件（如传感器数据的采样率），以便更容易修改程序的行为。

（5）对分支和循环判断的条件使用简单的计算，如将当前温度与设定值进行比较，避免使用复杂的数学表达式。

通过遵循这些原则，生成的程序将更易于理解、分析和维护，最终实现更可靠和更稳健的温度控制系统。

示例：结构化编程方法包括使用结构化的控制流（如顺序、循环和选择语句），以及避免使用非结构化分支结构（如 go to 语句）。通过使用结构化编程方法，软件开发人员可以创建更易于阅读和理解的程序，并且不易出错。目标是创建无须实际执行即可分析的程序。

使用结构化编程方法编写的代码片段如下。

算法 3.11：使用结构化编程方法编写的代码片段

```
if (x > 0) {
  y = 2 * x;
} else {
  y = x / 2;
}
```

在这段代码中，if else 语句用于根据变量 x 的值来确定变量 y 的值。这段代码易于理解和分析，逻辑清楚地分为两种不同的情况。相比之下，使用 go to 语句编写的类似代码片段如下。

算法 3.12：使用 go to 语句编写的类似代码片段

```
if (x > 0) go to label1;
y = x / 2;
go to end;
label1:
y = 2 * x;
end:
```

这段代码难以理解和分析，因为控制流不清晰，逻辑分散在整段代码中。使用 go to 语句还会使代码更容易出错且难以调试。

总之，使用结构化编程方法可以帮助软件开发人员创建更易于理解、分析和维护的程序。通过将复杂的程序分解成更小、更易于管理的模块或子程序并使用清晰、结构化的控制流结构，软件开发人员可以创建更可靠、更高效、更不容易出错的程序。

2．描述解析

GB/T 38874 建议在软件组件设计和实现中使用结构化编程方法，以降低复杂性并提高可维护性。以下是结构化编程的关键点。

（1）将程序划分为较小的软件组件，确保其功能尽可能隔离且所有交互都是显式的，即明确的。通过将程序划分为较小的软件组件，程序变得更容易理解和修改，并且错误更容易定位和更正。

例如，将执行复杂计算的程序划分为执行特定计算（如加法或乘法）的较小的子程序可能是有益的。

（2）使用结构化方法（如顺序、循环和选择）组成软件组件的控制流。结构化控制流提高了代码的可读性，从而使程序的逻辑和功能更容易理解。

例如，在要求用户输入数据的程序中，可以使用结构化控制流来验证输入数据并确保其满足程序的要求。

（3）使通过软件组件的路径数量少，并使输入和输出数据之间的关系尽量简单。通过限制通过软件组件的路径的数量，该程序变得更容易预测，更易于测试、验证和维护。

例如，在对用户输入数据进行多次计算的程序中，可以使用一系列较小的子程序来处理数据，每个子程序都有特定的输入和输出，从而简化了程序的控制流。

（4）避免复杂分支。尤其要避免高级语言中的无条件跳转（go to）语句。复杂分支会使代码更难阅读和理解，从而导致错误并降低可维护性。

例如，可以使用条件语句来确定是否应执行代码，而不是使用无条件跳转语句跳过一部分代码。这有助于简化代码，使代码更易于阅读和理解。

（5）如果可能，使循环约束条件参数化。这意味着使用循环中的硬编码值，使用可以在必要时轻松更改的变量或参数。这有助于使代码更灵活、更易于修改。

（6）避免使用复杂的计算作为分支和循环判断的条件。优先使用上述方法，仅在效率绝对优先时才使用其他更有效率的方法。

建议采取上述措施，因为它们有助于使代码更易于理解、修改和验证。通过降低结构复杂性，代码变得易于测试、维护。

例如，考虑一个程序来计算数字列表的平均值。使用结构化编程方法，可以编写以下代码。

算法 3.13：计算数字列表的平均值的结构化编程代码示例

```
sum = 0
count = 0
for num in numbers:
    sum += num
```

```
   count += 1
if count > 0:
   average = sum / count
else:
   average = 0
```

在这段代码中，循环约束条件使用数字变量进行参数化，在列表中的所有数字上迭代计算数字的总和并计数。循环后，代码在计算平均值之前检查计数是否大于零。如果列表为空，则这有助于避免划分为零。这段代码易于阅读和理解，从而更容易验证和维护。

对于结构化编程的描述，还包含以下要点和示例。

GB/T 38874 中概述的结构化编程用于开发农林拖拉机和机械控制系统安全相关部件，应使用结构化编程方法设计并编写程序，在不执行程序的情况下对其进行分析。这是通过采取某些措施减小结构复杂度实现的。

第一个措施是将程序划分为较小的软件组件，这些软件组件在功能上尽可能隔离并具有显式交互。这有助于管理程序的复杂性，并且孤立地对每个软件组件进行推理。

第二个措施是使用结构化方法（如顺序、循环和选择）组成软件组件的控制流。这种方法可确保程序的控制流易于遵循和理解。这有助于对代码进行调试、维护和修改。

第三个措施是最大限度地减少通过软件组件的路径数量，并尽可能使输入和输出数据之间的关系简单。这有助于降低程序的不同部分之间意外相互作用的潜力，并使程序更具可预测性。

第四个措施是避免复杂分支，尤其要避免高级语言中的无条件跳转（go to）语句。这有助于使程序的控制流更加透明且易于理解，从而使代码的正确性更容易推理。

例如，考虑一个软件组件，该软件组件可以计算一组输入温度的平均值。使用结构化编程方法，可以编写以下代码。

算法 3.14：计算一组输入温度的平均值的结构化编程代码示例

```
// Input: an array of temperature values
// Output: the average temperature

double calculateAverageTemperature(double* temperatures, int numTemperatures)
{
  double sum = 0;
  for (int i = 0; i < numTemperatures; i++)
  {
   sum += temperatures[i];
  }
  double average = sum / numTemperatures;
  return average;
}
```

该软件组件遵循结构化编程的原理，将程序定义为单个函数，该函数的功能是计算一组输入温度的平均值。程序的控制流是使用循环方法构造的，以求输入温度的和并计算平均值。

3. SRL 适用性和示例解析

结构化编程适用于 SRL=1、2、3，因为它有助于创建更易于理解、维护和分析的程序，而无须执行程序。这对于安全相关系统尤为重要，因为结构良好的程序可以减小错误和意外行为发生的可能性。不建议将结构化编程用于 SRL=B，因为该等级的系统的安全要求不那么严格，并且可以使用其他编程方法。

结构化编程适用于 SRL=1、2、3 的原因如下。

（1）提高可靠性：对于安全相关系统，使用结构化编程方法可以更轻松地识别和修复潜在问题，从而有助于提高软件的可靠性。

（2）验证更容易：结构化编程有助于使程序验证更容易，这对于具有更高安全要求的系统至关重要。

（3）更好的可维护性：随着安全相关系统的发展或需求更新，使用结构化编程方法可确保软件保持可维护性，并且可以在对整体功能影响最小的情况下实施更改。

示例：考虑一个 SRL=2 的安全相关工业控制系统，该系统负责监控化学反应器中的温度和压力，并在超过定义的阈值时触发警报或关闭反应过程。

该系统的结构化编程方法如下。

（1）将程序划分为较小的软件组件。

- 软件组件 A：从传感器中读取温度和压力数据。
- 软件组件 B：检查温度和压力是否超过定义的阈值。
- 软件组件 C：在实测值超过阈值时触发警报或关闭反应过程。

（2）使用结构化方法组成软件组件的控制流，以实现这些软件组件之间的交互。

- 顺序：读取传感器数据，对其进行分析，并根据结果采取行动。
- 循环：持续监测温度和压力。
- 选择：根据分析结果决定采取适当的行动（如触发警报、关闭反应过程）。

（3）尽量减少通过软件组件的路径数量，并简化输入和输出参数之间的关系。

（4）避免复杂分支（尤其是无条件跳转），确保控制流清晰、直接。

（5）参数化循环约束条件，如传感器数据的采样率。

（6）对分支和循环判断的条件使用简单的计算，在确定是否超过阈值时避免使用复杂的数学表达式。

总之，对这个 SRL=2 的安全相关工业控制系统使用结构化编程方法设计并编写程序，可使程序更易于理解、维护和分析，可确保系统更加可靠和稳健，满足所需的安全要求。

3.4.2.1.8　模块化方法

【标准内容】

目标：

应使用模块化方法将软件系统分解为容易理解的模块，以降低系统的复杂度。

描述：

模块化方法（模块化）预先设定了软件项目设计、编码和维护阶段的多个规则。根据所采用的设计方法，这些规则有所不同。对于本文档，以下规则适用：

——软件组件应有明确定义的单个任务或功能（适用于表 3.3 第 2.4.1 项和第 2.4.4 项）。

——软件组件之间的连接应受到限制并严格定义；单个软件组件应有很强的一致性（适用于表 3 第 2.4.5 项）。

——应建立子程序库，提供软件组件的多个等级（适用于表 3.3 第 2.4.5 项）。

——软件组件大小应以编码规范中的指定值为限（适用于表 3.3 第 2.4.1 项）。

——软件组件应仅有一个入口和一个出口（适用于表 3.3 第 2.4.4 项）。

——软件组件应通过其接口与其他软件组件进行通信。使用全局变量或公共变量时，应结构良好、访问受控，并在每个实例中合理使用（适用于表 3.3 第 2.4.5 项）。

——所有软件组件接口应充分文档化（适用于表 3.3 第 2.4.5 项）。

——软件组件接口应仅包含其功能所需的参数（适用于表 3.3 第 2.4.5 项）

索引：本节标准内容源自 GB/T 38874.3—2020 的 7.4.4.1.8 节。

【解析】

1．目标解析

GB/T 38874 强调了模块化方法在软件组件设计和实现中的重要性。使用模块化方法的目的是将软件系统分解为容易理解的模块，以降低系统的复杂度并使系统更易于管理。通过将软件系统分解为模块，可以独立开发和测试每个模块，对一个模块的更改将对其他模块产生最小的影响。

模块化方法在安全相关系统中尤为重要，因为它有助于降低软件开发错误的风险。将复杂的系统分解为较小的、易于管理的模块可以使识别和纠正错误变得更加容易，也可以使验证每个模块的正确性变得更加容易。

模块化方法的示例包括将系统分为子系统，每个分解之后的子系统都有自己的功能和数据结构集，以及使用接口来定义子系统之间的相互作用。这可以使用各种编程语言来完成，包括 C、C++、Java 和 Python。

例如，在农业控制系统中，可以开发一个模块用来管理拖拉机行驶的速度和方向，开发另一个模块用来管理种子钻的操作。这些模块将独立开发和测试，并使用定义明确的接口相互通信。这将使识别和纠正每个模块中的错误变得更加容易，并使验证整个系统的正确性变得更加容易。

对于模块化方法的目标，还包含以下补充解析。

（1）将软件系统分解为容易理解的模块。

模块化方法的一个主要目标是将软件系统分解为容易理解的模块。这可以通过将系统分解为独立的模块来实现，每个模块都是相对简单和易于理解的。模块应该是尽可能独立和可重用的，以便在多个系统中重复使用。这有助于降低系统的复杂度和维护成本，提高软件质量和可重用性。

例如，在农林拖拉机和机械控制系统中，可以将系统分解为几个模块，如引擎控制模块、传动控制模块、制动控制模块等。每个模块负责执行特定的任务，如引擎控制模块负责控制引擎的转速和输出功率，传动控制模块负责控制车辆的传动系统等。

（2）降低系统的复杂度。

模块化方法的第二个目标是降低系统的复杂度。这可以通过将系统分解为相对简单的模块来实现。通过将系统分解为模块，可以降低代码的耦合度和复杂度，并提高代码的可读性和可维护性。

例如，在农林拖拉机和机械控制系统中，使用模块化方法可以减少复杂的控制逻辑和交互，并提高代码的可读性和可维护性。如果系统中没有使用模块化方法，那么所有的控制逻辑和代码都将集中在一个单独的文件中，这会导致代码难以理解和维护。

（3）提高软件的质量和代码的可重用性。

模块化方法的第三个目标是提高软件的质量和代码的可重用性。通过将系统分解为模块，可以降低系统的复杂度，并使代码易于重用。这有助于提高软件的质量和代码可重用性，并降低系统的维护成本。

例如，在农林拖拉机和机械控制系统中，使用模块化方法可以提高软件的质量和代码可重用性。通过将系统分解为独立的模块，可以重复使用这些模块，从而减少开发和测试的时间并降低成本。此外，这些模块可以在不同的控制系统中重复使用，从而提高代码的可重用性。

总之，模块化方法可以提高代码的可读性、可维护性和可重用性，降低系统的复杂度和维护成本。

2．描述解析

模块化方法是指导软件项目设计、编码和维护阶段的一组规则。它旨在将软件系统分解为较小的、易于理解的模块，以降低系统的复杂性并提高代码的可维护性。GB/T 38874列出了模块方法的 8 个规则。

（1）软件组件应有明确定义的单个任务或功能。

这意味着模块的大小应有限制，并且只有一个入口和一个出口。这有助于确保每个模块都集中并执行特定功能。

例如，在拖拉机发动机控制系统中，可能会有一个控制燃料注入系统的模块。该模块将有一个任务，即确保在正确的时间将正确量的燃料输送到发动机中。

（2）软件组件之间的连接应受到限制并严格定义；单个软件组件应有很强的一致性。

这意味着每个模块之间的接口应完全定义和一致。这有助于确保每个模块都可以与系统中的其他模块有效通信。

例如，在拖拉机发动机控制系统中，控制燃油喷射系统的模块需要与控制发动机、废气再循环和其他功能的模块进行通信。这些模块之间的接口需要完全定义且一致，以确保可以进行有效通信。

（3）应建立子程序库，提供软件组件的多个等级。

这意味着应该存在模块的层次结构，并在更简单的模块顶部建造更复杂的模块。这有助于确保可以在每个阶段构建和测试系统。

例如，在拖拉机发动机控制系统中，可能有一个控制燃料输送的低级模块，以及一个管理发动机整体性能的高级模块，高级模块依赖低级模块执行其功能。

（4）软件组件大小应以编码规范中的指定值为限。

这意味着每个模块应该有最大尺寸，以确保其易于管理且易于维护。

例如，在拖拉机发动机控制系统中，每个模块的大小可能仅限于 500 行代码。这有助于确保每个模块易于管理且易于维护，并且可以快速识别和纠正错误或问题。

（5）软件组件应仅有一个入口和一个出口。

该规则的目的是确保软件组件的输入和输出是清晰定义的，减少歧义和混淆，并提高代码的可读性和可维护性。这意味着每个软件组件应该只有一个入口和一个出口，以确保其职责清晰明确、实现独立、方便测试和维护。

例如，在控制系统中，一个 PID 控制器的输入应该是传感器读数和期望值，输出应该是操纵信号。

（6）软件组件应通过其接口与其他软件组件进行通信。使用全局变量或公共变量时，应结构良好、访问受控，并在每个实例中合理使用。

该规则的目的是确保软件组件之间的交互是有限制和可控的，以确保系统的可靠性和稳定性。软件组件应该通过其接口与其他软件组件进行通信，以确保数据流与控制流的可追踪性和可控性。应该避免使用全局变量或公共变量，以减少数据共享和削弱耦合。如果必须使用全局变量或公共变量，则应该确保结构良好、访问受控，并在每个实例中合理使用。

（7）所有软件组件接口应充分文档化。

该规则的目的是确保软件组件接口的可理解性和可维护性。软件组件接口应该完全定义，并充分文档化，以便其他软件开发人员理解如何与之交互，并实现相应的功能。文档化的内容包括函数及参数的名称、类型、用途、输入和输出限制等。

（8）软件组件接口应仅包含其功能所需的参数。

该规则的目的是确保软件组件接口的简洁性和可维护性。软件组件接口应该仅包含其功能所需的参数，以减少歧义和混淆，并提高代码的可读性和可维护性。

例如，在控制系统中，一个 PID 控制器的接口应该只包含其输入所需的参数，如传感器读数和期望值。

3.4.2.1.9 复杂度度量

【标准内容】

目标：

应根据软件属性、开发或测试历史，用复杂度度量预测程序的属性。

描述：

这些模型可用于评估软件的某些结构属性，并将其与期望的属性（如可靠性或复杂度）相联系。需要软件工具来评估大多数度量。下面给出一些可应用的度量标准：

——圈复杂度。用于在寿命周期早期对软件进行评估均衡。圈复杂度取决于程序控制图的复杂度，用圈数来表示。

——激活软件组件的路径数（路径可达性检验）。软件组件被访问次数越多，越有可能暴露错误。

——Halstead 度量。该度量通过对运算符和操作数计数计算程序长度，提供了一种复杂度和规模的度量，在评估未来开发资源时形成了比较基准。

——每个软件组件的扇入扇出数。最小化入口/出口点的数量是结构化设计和编程技术的关键特性。

索引：本节标准内容源自 GB/T 38874.3—2020 的 7.4.4.1.9 节。

【解析】

1．目标解析

在软件组件设计和实现方法中使用复杂度度量的目标是根据软件属性、开发或测试历史预测程序的属性。通过分析度量标准，软件开发人员可以识别与软件复杂度、可维护性和可靠性相关的潜在问题，并做出明智的决策，以提高软件的质量。

下面通过每个度量标准的示例详细分析目标。

（1）圈复杂度：圈复杂度是对通过源代码的线性独立路径数量的度量标准。它提供了软件中控制流复杂度的指示，复杂度越高，有缺陷的可能性就越大。

例如，在仓库管理系统中，使物品在存储位置之间移动的功能可能具有不同的条件和分支，具体取决于物品的类型、位置和可用空间。通过计算此功能函数的圈复杂度，软件开发人员可以确定它是否过于复杂，并考虑重构代码以使其更易于维护且不易出错。

（2）激活软件组件的路径数（路径可达性检验）：该度量标准衡量软件组件被访问或执行的频率。访问软件组件的频率越高，发现该软件组件中的错误的可能性就越大。

例如，在飞行控制系统中，负责调整高度的软件组件可能会非常频繁地被执行。通过分析该软件组件的路径数，软件开发人员可以确定是否需要进行彻底测试以确保其可靠性。

（3）Halstead 度量：Halstead 度量用于根据代码中运算符和操作数的数量来衡量软件的复杂度与规模。该度量标准有助于估算软件开发工作量、维护工作量和潜在错误。

例如，在电子商务软件中，可以使用 Halstead 度量分析计算购物车中商品总价的函数。如果该度量标准表明软件复杂度高或规模大，则软件开发人员可以考虑简化功能以减小出错的可能性并提高可维护性。

（4）每个软件组件的扇入扇出数：扇入数是指软件组件的入口点或传入数据流的数量，扇出数是指出口点或传出数据流的数量。最小化这些数量对于结构化设计和编程技术至关重要，因为这有助于削弱软件组件之间的耦合并使软件更易于理解和维护。

例如，在库存管理系统中，更新项目库存水平的功能可能有多个入口点（如处理退货或调整库存数量）和出口点（如更新库存警报或生成报告）。通过分析此功能的扇入扇出数，软件开发人员可以识别需要改进的代码区域，并降低软件的复杂度和削弱软件组件之间的耦合。

总之，复杂度度量可以帮助软件开发人员根据软件属性、开发或测试历史预测程序的属性，如可靠性和可维护性。通过分析度量标准，软件开发人员可以识别潜在问题，并做出明智的决策，以提高软件的质量。

2．描述解析

（1）圈复杂度：圈复杂度是一个度量标准，通过计算通过源代码的线性独立路径数量来衡量程序的复杂度。它取决于程序控制图的复杂度，其中节点代表决策点（如条件语句），边代表这些点之间的控制流。更高的圈复杂度表示更复杂的程序，这种程序可能更难理解、维护和测试。此度量标准可帮助软件开发人员识别可能需要重构或额外测试的复杂代码区域。

例如，考虑一个带有 if else 语句的简单函数。

算法 3.15：带有 if else 语句的简单函数

```
def simple_function(x):
    if x > 10:
        return "Greater than 10"
    else:
        return "Less than or equal to 10"
```

此函数的圈复杂度为 2，因为有两条线性独立路径：一条用于 x>10，另一条用于 x<=10。

（2）激活软件组件的路径数（路径可达性检验）：该路径数用于度量程序执行期间访问软件组件的次数。软件组件被访问的次数越多，暴露潜在错误或问题的可能性就越大。通过识别经常被访问的软件组件，软件开发人员可以优先考虑对软件的这些关键部分进行测试和验证。

例如，在电子商务软件中，负责处理付款的软件组件可能会被频繁访问，软件开发人员应该专注于对该软件组件进行彻底的测试和验证，以确保其正确性和可靠性。

（3）Halstead 度量：Halstead 度量是一组软件指标，根据代码中运算符和操作数的数量来衡量软件的复杂度与规模。通过计算程序长度并将其与其他程序或以前的版本进行比较，软件开发人员可以深入了解软件所需的开发工作，并确定可能从重构中受益的领域。

例如，考虑以下简单的 Python 函数。

算法 3.16：简单的 Python 函数

```
def add(a, b):
    return a + b
```

此函数有两个唯一的运算符（+和 return）和三个唯一的操作数（a、b 和函数本身）。可以根据运算符和操作数的数量计算函数长度，以评估函数的复杂度和规模。

（4）每个软件组件的扇入扇出数：扇入数、扇出数分别用于衡量软件组件中入口点和出口点的数量。较小的扇入数、扇出数表示更好的模块化和可维护性，因为这表示软件组件具有更少的依赖性和更集中的责任。最小化入口/出口点的数量是结构化设计和编程技术的关键特性。

例如，考虑程序中的两个函数 A 和 B。如果函数 A 调用函数 B 5 次，另一个函数 C 调用函数 B 3 次，则函数 B 的扇入数为 2（A 和 C），函数 B 的扇出数为 0（假设 B 不调用任何其他功能）。

通过分析和应用这些复杂度度量标准，软件开发人员可以深入了解软件的结构、复杂度和规模，进而提高软件的可维护性、可测试性和整体质量。

3．SRL 适用性和示例解析

复杂度度量适用于 SRL=3，因为此等级的系统具有更高的安全要求，并且通常涉及更复杂的软件组件。不建议将复杂度度量用于较低 SRL（SRL=B、1、2），因为此等级的系统的安全要求可能不那么严格，并且软件组件的复杂度可能不是主要问题。

这背后的原因是，具有更高 SRL 的系统在安全性、可靠性和可维护性方面需要更严格的保证。复杂度度量可以帮助软件开发人员识别难以理解、维护或测试的代码区域，这在安全关键系统中尤为重要。对于具有较低 SRL 的系统，更简单的设计原则和其他软件开发技术可能足以确保其所需的安全性和可靠性水平。

示例：考虑一个安全关键系统，如 SRL=3 的列车控制系统，在该系统中，软件组件需要高度可靠，因为任何故障或错误都可能造成严重后果。为确保这种可靠性，软件开发人员可以使用复杂度度量来分析软件组件，并确定可能需要重构、额外测试或更彻底验证的代码区域。

假设该列车控制系统中有一个功能负责管理列车速度，其复杂度度量算法示例如下。

算法 3.17：负责管理列车速度的功能的复杂度度量算法示例

```
def    manage_train_speed(current_speed,    target_speed,    braking_distance,
acceleration):
  if target_speed > current_speed:
    if    braking_distance    >    safe_braking_distance(current_speed,
acceleration):
      return increase_speed(current_speed, acceleration)
    else:
      return maintain_speed(current_speed)
  elif target_speed < current_speed:
    return decrease_speed(current_speed, acceleration)
  else:
    return maintain_speed(current_speed)
```

在这种情况下，复杂度度量标准（如圈复杂度）可以帮助软件开发人员确定此算法的复杂度级别。如果复杂度很高，则可能表明该功能难以理解或维护，从而增加了出错的风险。软件开发人员可以重构功能、改进设计或加大测试力度，以确保软件达到所需的安全性和可靠性水平。

总之，出于对更高的安全要求和软件质量的保证方面的考虑，复杂性度量适用于 SRL=3。在此等级的系统中使用复杂度度量，有助于软件开发人员识别需要改进的代码领域，并确保软件组件达到必要的安全性和可靠性标准。

3.4.2.1.10　信息隐藏/封装

【标准内容】

目标：

应使用信息隐藏/封装，防止意外访问数据或程序，从而支持风格良好的程序结构。

描述：

任意软件元素都可突发或错误地修改全局数据。全局数据结构的任意变更都需要设计人员仔细检查代码并进行大量的维护工作。

信息隐藏是用信息隐藏技术解决这些问题的一种通用方法。对关键数据结构进行"隐藏"，仅可通过一组定义的操作函数进行操作。这就允许对内部结构进行修改或进一步添加程序，而不影响其他软件的功能。例如，名称目录可通过"插入""删除""查找"进行访问。可对操作函数和内部数据结构进行重构（如使用不同的查找算法或在硬盘上存储名称），而不影响调用这些函数的执行结果。

因此，应使用抽象数据类型的概念。如果不直接支持，可能需要检查抽象数据类型是否被意外破坏。

索引：本节标准内容源自 GB/T 38874.3—2020 的 7.4.4.1.10 节。

【解析】

1．目标解析

信息隐藏/封装是软件工程中的关键概念，旨在保护数据和程序免受意外或未经授权的访问。它涉及将相关的数据和功能封装到一个单元（如类或模块）中，并隐藏模块的实现详细信息，使只能通过定义的接口访问它们。它通过降低复杂度、提高可维护性并防止产生意外副作用来支持良好的编程风格。

信息隐藏/封装的一个主要优点是提高了安全性，因为它使攻击者更难操纵或利用基础系统。例如，考虑将用户信息存储在数据库中的银行应用程序。通过将数据库访问功能封装在单独的模块中，该应用程序可以防止未经授权访问敏感数据，降低了数据泄露的风险。

信息隐藏/封装的另一个优点是提高了可维护性。通过隐藏模块的实现详细信息，软件开发人员可以修改代码而不会影响系统的其他部分。这促进了模块化，使更新或替换单个软件组件更容易，并且不会影响系统的其他部分。例如，考虑管理车队的应用程序。通过将车辆控制功能封装在单独的模块中，该应用程序可以使更新特定车辆型号的代码更容易，并且不会影响系统的其他部分。

总之，信息隐藏/封装是提高软件系统质量和安全性的强大技术。通过将相关的数据和功能封装到一个单元中，并隐藏模块的实现详细信息，软件开发人员可以支持良好的编程风格，降低复杂度并防止产生意外副作用。这有助于构建更安全、可维护和可扩展的应用程序。

信息隐藏/封装的示例可以在各种编程语言和框架中找到。例如，在面向对象的编程语言（如 Java 和 Python）中，类和对象用于将相关的数据和功能封装到一个单元中。在 Web 开发中，RubyOnRails 和 Django 等框架使用模型视图控制器（MVC）模式将数据、业务逻辑和演示代码分为不同的层，这有助于提高系统的可维护性和安全性。

2．描述解析

软件组件设计和实现中信息隐藏/封装的目标是防止意外访问数据或程序，从而支持风格良好的程序结构。

在软件开发中，任意软件元素都可突发或错误地修改全局数据。全局数据结构的任意变更都需要设计人员仔细检查代码并进行大量的维护工作。信息隐藏是用信息隐藏技术解决这些问题的一种通用方法。对关键数据结构进行"隐藏"，仅可通过一组定义的操作函数进行操作。这就允许对内部结构进行修改或进一步添加程序，而不影响其他软件的功能。

例如，可以通过"插入""删除""搜索"操作访问名称目录；可以重构操作函数和内部数据结构，如使用不同的查找算法或在硬盘上存储名称，而不影响调用这些函数的执行结果。因此，应使用抽象数据类型的概念。如果不直接支持，则可能需要检查抽象数据类型是否已被意外破坏。

信息隐藏/封装的一个示例是面向对象的编程语言中的类，该类是一个容器，可用于封装在该数据上操作的数据和功能。数据隐藏在外部访问中，并且功能提供了一个定义的接口，用于与数据进行交互。通过隐藏实现详细信息，该类可以保护数据免受意外修改，并削弱程序不同部分之间的耦合。这有助于保持程序的组织性和可维护性。

以下是信息隐藏/封装的相关要点解析。

（1）信息隐藏/封装有助于防止对全局数据的意外修改。

信息隐藏/封装是指将相关的数据和功能封装到一个单元中，并将对内部数据的访问限制为仅属于该单元的功能。这样做是为了防止单元外的代码对内部数据的意外修改。

例如，考虑代表银行账户的面向对象的编程语言中的类，其内部数据包括账户余额和账户持有人的姓名，其还具有从账户中存入和提取资金的功能。通过封装这些数据和功能，软件开发人员可以确保只能通过存入和提取资金访问账户、修改账户余额，从而防止外部代码对账户余额的意外修改。

（2）信息隐藏/封装支持创建一个结构良好的程序。

通过将相关的数据和功能封装到单独的单元中，软件开发人员可以创建一个结构良好的程序，该程序易于理解和维护。这是因为每个单元都具有明确的目的和一个定义明确的接口，可与其他单元进行交互。

例如，考虑一个管理学生数据库的程序，该程序具有单独的单元，用于添加和删除学生，逐个名称或 ID 搜索学生，以及显示所有学生的列表。每个单元都有自己的一组功能用来与数据进行交互，各个程序功能被设定为不同的子集。通过以这种方式封装每个单元，软件开发人员可以创建一个结构良好程序，该程序更易于理解和维护。

（3）信息隐藏/封装可以轻松修改内部数据结构。

通过将相关的数据和功能封装到单独的单元中，软件开发人员可以轻松修改内部数据结构而不影响系统的其余部分。这是因为仅通过定义明确的功能访问内部数据，可以根据需要对其进行修改或替换。

例如，考虑一个管理企业客户列表的程序，该程序可以使用一个简单的数组来存储客户数据，并且具有用于添加、删除和搜索客户的功能。但是，随着数据的增多，可能有必要切换到更有效的数据结构，如哈希表或二进制搜索树。通过将客户数据和功能封装在单独的单元中，软件开发人员可以修改内部数据结构而不影响系统的其余部分，只要与数据交互的接口保持不变即可。

总之，信息隐藏/封装是创建易于理解和维护的、结构良好的程序的强大工具。通过将相关的数据和功能封装在单独的单元中并限制对内部数据的访问，可以防止对全局数据的意外修改，创建结构良好的程序，并允许轻松修改内部数据结构。信息隐藏/封装是软件开发中的重要概念，因为它促进了易于维护和修改的、结构良好的程序的开发。通过隐藏实现详细信息并提供明确的接口，将数据和程序被意外修改的可能最小化，从而构建更可靠和稳定的软件。

3．SRL 适用性和示例解析

信息隐藏/封装适用于 SRL=2、3，因为此等级的系统的安全要求更高，需要确保软件组件的可维护性、可靠性和不易出错。不建议将信息隐藏/封装用于较低 SRL（SRL=B、1），因为此等级的系统的安全要求可能不那么严格，可使用更简单的设计方法。

这样做的原因是，在具有更高 SRL 的系统中，管理软件组件的复杂度并将它们之间意外交互的可能性降至最低至关重要。信息隐藏/封装通过在软件组件内封装数据和功能来实现这一点，从而更好地分离关注点，使系统更容易维护，并且可降低错误风险。

示例：考虑一个 SRL=3 的医疗设备系统，在这个系统中，有一个软件组件负责管理患者数据，如姓名、年龄、病史等。为了确保患者数据的完整性，并且防止其被意外访问或修改，可以使用信息隐藏/封装。

下面是一个使用 Patient 类来实现患者数据管理的软件组件的代码示例。

算法 3.18：使用 Patient 类来实现患者数据管理的软件组件的代码示例

```
class Patient:
    def _ _init_ _(self, name, age, medical_history):
        self._name = name
        self._age = age
        self._medical_history = medical_history

    def get_name(self):
        return self._name

    def get_age(self):
        return self._age

    def get_medical_history(self):
        return self._medical_history

    def update_medical_history(self, new_history):
        self._medical_history = new_history
```

在这段代码中，患者数据被封装在 Patient 类中。通过一组 getter 方法（get_name、get_age 和 get_medical_history）和一个用于更新病史的 setter 方法（update_medical_history）提供对数据的访问功能。这种设计可以确保内部数据免受意外访问或修改，并且可以在不影响与 Patient 类交互的系统的其他部分的情况下进行更改或重构。

总之，信息隐藏/封装适用于 SRL=2、3，因为此等级的系统的安全要求更高，并且需要更好地保证软件的可维护性和可靠性。通过使用信息隐藏/封装，软件开发人员可以更好地管理软件组件的复杂度，最大限度地降低错误风险，并确保软件组件达到必要的安全性和可靠性标准。

3.4.2.1.11　可信/经验证的软件组件库

【标准内容】

目标：

应使用可信/经验证的软件组件库，避免在每个新应用中进行大量的重新确认和重新设计。允许开发者使用尚未经正式或严格验证但已运行多年的设计（见 3.4.2.1.5 节）。

描述：

为了使 E/E/PES 具有良好的设计和结构，E/E/PES 应由差异较大的硬件组件和软件组件组成，并以指定方式进行交互。

注 1：不同应用背景的 E/E/PES 有时包含一些相同或非常相似的软件组件。构建通用软件组件库，确认设计所需的资源允许被多个应用共享。

注2：此外，在多个应用中使用一些软件组件，可以提供软件组件成功应用的证据，提高软件组件的可信度。

索引：本节标准内容源自 GB/T 38874.3—2020 的 7.4.4.1.11 节。

【解析】

1．目标解析

使用可信/经验证的软件组件库的目标中提到的两点与软件开发实践有关，这些实践对于确保软件组件的安全性和可靠性至关重要。

GB/T 38874 强调使用可信/经验证的软件组件库，以避免大量重新确认和重新设计每个新应用程序。这种方法降低了在软件开发过程中引入错误或漏洞的风险，还可以通过重用现有软件组件来提高软件开发效率。在安全关键系统中，使用可信/经验证的软件组件库尤为重要，因为软件故障导致的后果可能很严重。

例如，已经验证了在特定上下文中使用的软件组件库，则可以在其他类似上下文中重复使用该软件组件库，而无须进行大量的重新确认和重新设计。这种方法可以节省时间并降低成本，同时确保系统的安全性和可靠性。

2．描述解析

根据 GB/T 38874，为了使 E/E/PES 具有良好的设计和结构，E/E/PES 应由硬件组件和软件组件组成，这些硬件组件和软件组件具有显著差异，并与每个系统以指定方式进行交互。但是，用于不同应用程序的 E/E/PES 有时包含一些相似甚至相同的软件组件。在这种情况下，建议构建一个通用的软件组件库，该库允许在多个应用程序之间共享设计所需的资源。这种方法可以提高软件开发效率，并减小由于重复实现而导致错误的可能性。

此外，在多个应用程序中使用相同的软件组件可以提供软件组件成功应用的证据，从而可以提高软件组件的可靠性和可信度。

例如，农用车辆的软件组件库中可以包括用于转向、制动和油门控制等任务的软件组件。可以设计和验证这些软件组件，使其满足 GB/T 38874 的安全要求。在开发新的农用车辆时，软件开发人员可以使用这些预验证的软件组件，从而减少对每个新应用程序进行广泛测试和验证的需求。通过重复使用可信/经验证的软件组件，可以改善系统的整体安全性和可靠性，同时减少软件开发时间和降低软件开发成本。

3．SRL 适用性和示例解析

可信/经验证的软件组件库适用于所有 SRL（SRL=B、1、2、3），因为它提供了一组可重用的软件组件，这些软件组件已被证明可以安全、可靠地工作。使用这些软件组件可以减少软件开发时间、提高软件质量，以及最大限度地降低各个 SRL 情况下的错误风险。

可信/经验证的软件组件库具有这种广泛适用性的原因是，使用受信/经验证的软件组件可以让软件开发人员专注于每个应用程序的独特方面，因为他们知道这些软件组件提供的基本功能已经在其他项目中得到测试和验证。使用受信/经验证的软件组件可以提高软件开发人员对整个系统的安全性和可靠性的信心，而与系统的 SRL 无关。

示例：考虑一个工业自动化系统，其不同软件组件具有不同的 SRL，如 SRL=B 用于基本监控任务，SRL=1 用于简单控制任务，SRL=2 用于复杂控制任务，SRL=3 用于安全关键功能。

可以创建一个可信/经验证的软件组件库，其中包括以下用于常见任务的软件组件。

（1）传感器数据采集与处理。

（2）执行器控制。

（3）与外部系统通信。

（4）数据记录和存储。

（5）用户界面管理。

使用此软件组件库，软件开发人员可以通过重用和组合其中的软件组件来为不同的 SRL 构建应用程序。例如，SRL=B 的基本监控应用程序可能使用软件组件（1）、（3）和（5）；SRL=2 的复杂控制应用程序可能使用软件组件（1）、（2）、（3）和（4）。

在这种情况下，可信/经验证的软件组件库为开发不同 SRL 的应用程序提供了一致且经过验证的基础。通过重用这些软件组件，软件开发人员可以确保基本功能的可靠性，并专注于实现每个应用程序的独特需求，最终提高所有 SRL 下的安全性和可靠性。

总之，可信/经验证的软件组件库适用于所有 SRL，因为它允许软件开发人员重用可信/经验证的软件组件，从而减少软件开发时间并提高最终应用程序的安全性和可靠性。使用可信/经验证的软件组件库在范围极广的安全关键系统中都是有益的。

3.4.2.1.12　计算机辅助设计工具

【标准内容】

目标：

使用 CAD 工具使设计过程更加系统化，包括可用的已测试的自动结构元素。

描述：

当系统复杂度在合理范围内时，应使用 CAD 工具设计软硬件。应通过对安全系统的具体测试、长期使用的满意度或输出的独立性验证来证明 CAD 工具的正确性。

索引：本节标准内容源自 GB/T 38874.3—2020 的 7.4.4.1.12 节。

【解析】

1. 目标解析

根据 GB/T 38874，使用计算机辅助设计（CAD）工具的目标是使设计过程更加系统化，并结合经过测试的自动结构元素，以提高软件组件的开发效率、安全性和可靠性。通过为设计过程提供结构化、自动化的方法，CAD 工具在管理安全相关系统的复杂性方面很有价值。使用 CAD 工具有助于开发质量更高、功能更强大的软件和硬件组件，最终提高系统的安全性和可靠性。

在软件组件设计和实现中使用 CAD 工具的目标如下。

（1）提高设计效率：CAD 工具可自动化和简化设计过程的各个方面，使软件开发人员能够更快、更准确地完成任务。这种设计效率的提高允许软件开发人员将更多的时间和资源分配给其他关键领域，如测试和验证。

（2）增强一致性和标准化：通过使用 CAD 工具，软件开发人员可以在整个设计过程中遵循一致性和标准化的原则，从而减小错误或不一致发生的可能性。这种一致性还简化了软件组件随时间推移需要进行的维护和修改。

（3）更好地管理系统复杂性：安全相关系统可能会变得非常复杂，管理这种复杂性对于确保其正常运行至关重要。CAD 工具提供了一种组织和处理复杂系统的结构化方法，使它们更易于管理，并且降低了出错的风险。

（4）集成经过测试的自动结构元素：CAD 工具通常包括预先测试和验证过的自动结构元素，软件开发人员可以将这些元素整合到他们的设计中。使用预先测试和验证过的自动结构元素可以减小出错的可能性并提高系统的整体可靠性。

（5）更轻松地编制文档和可追溯：CAD 工具可以自动生成文档，简化维护和更新设计文档的过程。这有助于确保设计的所有方面都得到适当的记录并且可追溯，从而更容易识别和解决问题。

（6）促进协作：CAD 工具通过提供用于共享和管理设计信息的集中平台来促进团队成员之间的协作。这有助于实现更好沟通和协调，从而提高设计质量和软件开发效率。

例如，一个工程师团队的任务是为新型自动驾驶汽车开发安全关键系统，该系统必须监视和控制车辆的各个方面，如制动、加速、转向和障碍物检测。系统的复杂性，加上对高安全性和可靠性的需求，使 CAD 工具成为开发该系统理想选择。

该团队决定使用满足 GB/T 38874 要求的合适的 CAD 工具。该 CAD 工具为安全关键系统的设计和实现提供了一个有组织的标准化平台。在进行设计时，该团队使用 CAD 工具的预先测试和验证过的自动结构元素，减小了出错的可能性并确保了系统的可靠性。

在整个设计过程中，CAD 工具自动生成文档，为每个软件组件的设计和实现提供清晰且可追溯的记录。这简化了识别和解决可能出现的问题的过程，并确保所有团队成员都能访问最新的设计信息。

随着系统设计的推进，该团队使用 CAD 工具通过将系统分解为更小、更易于管理的模块来管理系统的复杂性。这种模块化方法使该团队能够专注于单个模块，从而更容易理解、维护和测试每个模块。

此外，CAD 工具促进了团队成员之间的协作，为共享设计信息和协调工作提供了一个集中平台，使设计过程更高效、系统质量更高。

总之，如 GB/T 38874 所述，在软件组件设计和实现中使用 CAD 工具可带来诸多好处，可使设计过程更高效、更标准化和更可靠，最终构建出质量更高、更安全的系统。

2. 描述解析

GB/T 38874 强调了使用 CAD 工具设计安全相关系统中的软硬件的重要性。CAD 工具通过提供对经过测试的自动结构元素的访问，有助于使设计过程更加系统化和高效。这些 CAD 工具的正确性应通过对安全系统的具体测试、长期使用的满意度或输出的独立验证来证明。

在安全相关系统中使用 CAD 工具的原因如下。

（1）系统化的设计过程：CAD 工具有助于以更有条理的方法进行设计。这种系统化方法有助于使设计过程保持一致性、减少错误，并确保在整个项目寿命周期中满足与安全相关的要求。

（2）使用经过测试的自动结构元素：CAD 工具通常包括经过测试的自动结构元素，使用这些元素可以减少设计安全相关系统所需的时间和精力。通过使用经过测试的自动结构元素，软件开发人员可以最大限度地降低在设计中引入错误或不一致的风险。

（3）促进协作：CAD 工具允许软件开发人员在协作环境中工作，确保所有利益相关者都能访问最新的设计信息。这种协作可以使团队成员之间更好地进行沟通，从而实现更高效的设计流程和更高质量的安全相关系统。

（4）增强的可视化和模拟功能：CAD 工具提供高级可视化功能，可以帮助软件开发人员更好地理解和传达他们的设计理念。此外，CAD 工具通常提供仿真功能，使软件开发人员能够在实现前测试和验证他们的设计。此功能在安全相关系统中尤为重要，在这类系统中，在设计过程的早期检测和解决问题可以防止产生潜在的灾难性后果。

（5）更快迭代和设计优化：CAD 工具使软件开发人员能够快速、轻松地更改其设计，从而实现更快迭代和设计优化。通过使用这些 CAD 工具，软件开发人员可以评估多个设计备选方案，识别潜在问题，并为系统设计选择最佳方案。

假设一个工程团队正在为核电站设计一个安全关键控制系统。该系统负责监测和控制反应器中的温度、压力及其他关键参数。为确保控制系统安全、可靠，该团队决定在设计过程中使用 CAD 工具。

CAD 工具以多种方式帮助该团队。

（1）系统化的设计过程：该团队可以为控制系统创建一个清晰的、有组织的结构，将其划分为更小、更易于管理的模块。随着时间的推移，使用 CAD 工具可以更轻松地设计、分析和维护系统。

（2）使用经过测试的自动结构元素：CAD 工具为该团队提供了自动结构元素，这些元素已经过测试并被证明可以在类似的安全关键系统中工作。通过使用这些元素，该团队可以降低引入错误的风险并确保控制系统符合所需的安全标准。

（3）促进协作：CAD 工具允许团队成员同时处理相同的设计文件，确保每个人都能访问最新的设计信息。这种协作有助于防止沟通不畅并使项目按计划进行。

（4）增强的可视化和模拟功能：CAD 工具提供高级可视化功能，可以帮助该团队更好地理解和传达他们的设计理念。此外，CAD 工具提供的仿真功能使该团队能够在各种操作条件下测试和验证他们的设计，确保控制系统的安全性和可靠性。

（5）更快迭代和设计优化：CAD 工具使该团队能够快速更改设计，从而实现更快迭代和设计优化。这种灵活性有助于该团队识别潜在问题，探索不同的设计方案，并为安全关键控制系统选择最佳设计方案。

CAD 应用于软件设计可分为以下几个过程。

（1）系统设计过程。

使用 CAD 工具可以通过提供设计和修改数字模型的结构化环境，使设计过程更加系统化。这有助于减少出错、不一致和设计迭代，从而实现更高效的设计。

例如，在设计拖拉机的液压系统时，CAD 工具可以帮助软件开发人员创建系统的数字模型，包括液压线、泵和阀门的数字模型。软件开发人员可以在不同条件（如不同的负载和温度）下模拟系统的操作，以确保设计稳健并且符合所需的性能标准。

研究表明，使用 CAD 工具可以大大缩短设计时间和减少出错。NIST 进行的一项研究发现，与传统的手动设计方法相比，使用 CAD 工具将设计时间缩短了 75%。该研究还发现，使用 CAD 工具提高了设计准确性和一致性，从而减少了错误和设计迭代。

（2）使用自动结构元素。

CAD 工具提供了一系列自动结构元素，可以帮助软件开发人员更有效地实现更好的设计。这些元素包括可以在不同设计中自定义和重复使用的预定义形状、符号、模板。

例如，在拖拉机控制系统的设计中，CAD 工具可以为开关、按钮和显示器提供预定义的符号，这些符号可以在不同设计中自定义和重复使用。这有助于缩短设计时间并提高整个设计的一致性。

（3）仿真和可视化。

CAD 工具提供了仿真和可视化功能，可以帮助软件开发人员评估其设计的系统的性能和安全性。这些功能包括在不同条件下模拟系统行为并以 3D 形式可视化系统的能力。

例如，在设计拖拉机的制动系统时，CAD 工具可以在不同条件（如不同的速度和负载）下模拟系统的行为，以确保制动系统符合所需的性能标准。CAD 工具还能以 3D 形式可视化制动系统的能力，从而使软件开发人员可以识别潜在的设计问题并完善设计。

研究表明，使用 CAD 工具中的仿真和可视化功能可以提高设计的性能和安全性。密歇根大学进行的一项研究发现，与传统的手动设计方法相比，使用 CAD 工具中的仿真和可视化功能将设计时间缩短了 40%。该研究还发现，使用仿真和可视化功能提高了设计的准确性和一致性，从而减少了错误和设计迭代。

（4）测试和验证。

GB/T 38874 强调了测试和验证使用 CAD 工具设计的软件组件的重要性。这对于确保软件安全、可靠并符合所需的性能和安全标准至关重要。

例如，在设计拖拉机发动机的控制系统时，必须对使用 CAD 工具设计的软件组件进行测试和验证，以确保它们符合所需的安全和性能标准，包括实验室测试、现实世界测试和独立验证。

研究表明，测试和验证对于确保使用 CAD 工具设计的软件组件的安全性、可靠性至关重要。NIST 进行的一项研究发现，测试和验证可以提高软件设计的质量并降低设计故障的风险。

总之，在设计和实现软件组件的过程中，使用 CAD 工具有助于使设计过程更加系统化和高效。但是，必须测试和验证使用 CAD 工具设计的软件组件，以确保其安全性、可靠性。

3. SRL 适用性和示例解析

在 SRL=3 时建议使用 CAD 工具，但在 SRL=B、1、2 时不建议使用 CAD 工具，这是基于系统复杂性和安全性要求确定的。CAD 工具有助于管理系统复杂性并使设计过程更加系统化。

在 SRL=3 时，系统具有更高的安全要求，因此设计更复杂。CAD 工具可以通过提供以下功能在设计此类系统时提供优势。

（1）系统化的设计过程：CAD 工具支持以更有条理的方法来设计软件和硬件组件，有助于管理 SRL=3 的系统日益增加的复杂性。

（2）经过测试、可重用的自动结构元素：CAD 工具通常带有经过测试、可重用的自动结构元素，可以将这些元素整合到设计中以节省时间和精力，并减小出错的可能性。

（3）设计验证：CAD 工具可以通过自动检查结构完整性、逻辑正确性和安全合规性来验证设计。

（4）模拟功能：许多 CAD 工具提供模拟功能，允许软件开发人员在实际实现之前测试和验证各种条件下的系统行为。

（5）增强的文档：CAD 工具可以生成全面的设计文档，使软件开发人员更容易理解系统并确保系统符合安全标准。

在 SRL 较低（SRL=B、1、2）时，不建议使用 CAD 工具，原因如下。

（1）较低的复杂性：SRL=B、1、2 的系统具有较低的复杂性和安全要求，因此不太需要使用 CAD 工具来管理设计过程。

（2）成本和资源限制：对于安全要求较低的简单系统，使用 CAD 工具可能不具有成本效益或资源效率。

（3）过度设计：对于具有较低 SRL 的系统，使用 CAD 工具可能会导致过度设计，使系统不必要地变复杂并且难以维护。

示例：考虑设计一个负责在制造工厂内移动物体的工业机器人手臂控制系统，根据该控制系统的安全要求将其归类为 SRL=3 的系统，因为系统故障可能导致人员重伤甚至死亡。在这种情况下，在软件组件设计和实现中使用 CAD 工具具有优势。

设计过程从需求分析开始，以确定安全功能和性能要求。CAD 工具有助于组织这些要求并生成符合安全标准的设计文档。

接下来，使用 CAD 工具提供的经过测试、可重用的自动结构元素设计软件组件，使用这些元素可确保系统结构完整性并符合安全要求。例如，安全功能可能需要机器人手臂具备紧急停止功能。可以使用 CAD 工具提供的经过测试、可重用的自动结构元素来实现此功能，从而减少出错并节省设计时间。

在设计过程中，CAD 工具可以执行自动检查以验证设计的结构完整性、逻辑正确性和安全合规性。这种早期验证有助于在实现之前识别和纠正潜在问题，从而降低安全相关事件的风险。

CAD 工具的仿真功能允许软件开发人员测试系统在各种条件下的行为，如断电、传感器故障或机械故障。这种仿真有助于确保系统在不同场景下的安全性，并且支持开发有效的错误处理和恢复策略。

最后，CAD 工具生成全面的设计文档，帮助软件开发人员了解系统的结构和功能，并确保其符合安全标准。

总之，使用 CAD 工具设计和实现 SRL=3 的系统可以在管理复杂性、确保安全合规性和简化设计过程方面提供优势。然而，对于安全要求较低（SRL=B、1、2）的系统，CAD 工具的使用可能是非必须的或不符合成本效益的。

3.4.2.1.13 使用编码规范

【标准内容】

目标：

应采用编码规范，有利于生成代码的可验证性。

描述：

在编码之前应充分商定编码规则。这些规则通常要求：

——模块细节。例如，接口类型、软件组件规模。

——在面向对象的语言中，使用封装、继承性（深度受限）和多态性。

——限制或避免使用某些语言结构。例如，go to 语句、等价、动态对象、动态数据、动态数据结构、递归、自动类型转换、指针和退出。

——安全关键代码执行期间限制中断使能。

——代码布局（列表）。

——高级语言程序中不使用无条件跳转语句（如 go to 语句）。

这些规则使软件组件易于测试、验证、评估和维护。因此，可考虑使用专用的分析工具进行分析。

索引：本节标准内容源自 GB/T 38874.3—2020 的 7.4.4.1.13 节。

【解析】

1. 目标解析

在软件组件设计和实现中使用编码规范的目标是提高代码的可验证性和可维护性。编码规范为软件开发人员编写代码提供了一组规则或指南，有助于提高代码的一致性和质量。当整个软件开发团队始终使用编码规范时，编码规范还有助于促进协作和代码重复使用。

使用编码规范的主要好处之一是可以提高代码的可验证性。通过使用编码规范，软件开发人员可以确保以清晰、易理解的方式编写代码，从而使代码正确性更容易测试和验证。这有助于减少代码中的错误和缺陷，最终提高软件的质量和可靠性。

例如，在设计和实现拖拉机控制系统的软件组件时，使用编码规范有助于确保以清晰、易理解的方式编写代码，从而使代码正确性更容易测试和验证。编码规范可以指定命名变量、功能和类的指南，以及格式化代码和处理错误的指南。通过遵循这些规则或指南，软件开发人员可以提高代码的可读性和可维护性，从而使代码正确性更容易测试和验证。

除提高代码的可验证性以外，使用编码规范还可以提高代码的可维护性。代码以一致且组织良好的方式编写更容易理解和修改，并且更加易于维护。这有助于减少维护、更新软件所需的成本和精力，最终可能实现更低的开发成本和更高的软件质量。

例如，在设计和实现拖拉机控制系统的软件组件时，使用编码规范有助于确保代码清晰、易理解，并且更加易于维护。编码规范可以指定将代码组织到模块或类中的规则，以及记录代码和处理依赖项的指南。通过遵循这些规则或指南，软件开发人员可以提高代码的可维护性，从而使代码更容易根据需要进行修改和更新。

总之，在软件组件设计和实现中使用编码规范有助于提高代码的可验证性和可维护性，从而提高软件的整体质量和可靠性。通过遵循编码规范提供一组规则或指南软件开发人员可以确保以清晰、易理解的方式编写代码，从而使代码正确性更容易测试和验证，并且更加易于维护。

2. 描述解析

在软件组件设计和实现中使用编码规范是一种常见的做法，有助于提高代码的可验证性和可维护性。使用编码规范的目标是建立一套软件开发人员可以遵循的规则或指南，以确保代码以清晰、易理解的方式编写。

使用编码规范的第一步是建立一套由软件开发团队商定的规则或指南。这些规则通常涵盖接口类型、软件组件规模和命名约定等细节。此外，编码规范还可能包括使用面向对象的编程原则的指南，如封装、继承性和多态性。

为了进一步提高代码的质量和可维护性，编码规范还可以限制或避免使用某些语言结构。例如，编码规范可能禁止使用 go to 语句、递归或动态内存分配。通过避免使用这些语言结构，软件开发人员可以编写更易于测试、验证、评估和维护的代码。

在为拖拉机控制系统设计和实现软件组件的情况下，使用编码规范有助于确保以清晰、易理解的方式编写代码。例如，编码规范可以指定命名变量和函数、将代码组织到模块或类中及记录代码以使其更易于理解与修改的指南。通过遵循这些规则或指南，软件开发人员可以提高代码的质量和可维护性，最终可以为拖拉机设计出更可靠、更高效的控制系统。

除使用编码规范之外，使用专门的分析工具来验证和维护代码的质量可能也很有用。这些工具有助于识别代码中的潜在问题或错误，这些问题或错误对软件开发人员来说可能不是很明显，还有助于确保代码符合既定的编码规范。例如，代码分析器或静态分析工具等有助于识别潜在的安全漏洞、内存泄漏及其他可能影响软件组件性能或可靠性的问题。

在执行安全关键代码期间限制中断使能的规则很重要，因为它有助于确保代码可靠地执行，并且不会中断，从而避免导致关键性故障或错误。通过在执行安全关键代码期间限制中断使能，系统可以确保代码正确地执行，而不会干扰其他过程或事件。例如，在拖拉机的控制系统中，控制拖拉机的转向机制的代码至关重要，在执行此代码期间应限制中断使能，以确保其正确地执行。

有关指定代码布局的规则很重要，因为它有助于确保架构的可维护性，从而使其更易于理解和维护。通过指定代码布局的规则，如凹痕、空格和评论，软件开发人员可以确保代码易于读取和修改。例如，在拖拉机的控制系统中，控制拖拉机发动机的代码可能具有特定的布局规则，以确保其组织良好且易于修改。

在高级语言程序中避免使用无条件跳转语句的规则很重要，因为它有助于确保代码清晰、易理解，从而更易于测试和验证。通过避免使用无条件跳转语句，如首选语句，软件开发人员可以确保代码遵循逻辑流，并且易于阅读和理解。例如，在拖拉机的控制系统中，控制拖拉机传输的代码可能会使用条件语句（如 if then 语句）来控制传输的操作，而不会使用无条件跳转语句。

此外，使用专用的分析工具有助于确保代码遵守商定的编码规则或指南。通过使用专用的分析工具扫描代码以遵守编码规则或指南，软件开发人员可以识别潜在问题并提高代码的整体质量。

总之，在软件组件设计和实现中使用编码规范有助于确保代码以清晰、易理解的方式编写。通过建立一套由软件开发团队商定的编码规格或指南，软件开发人员可以提高代码的质量和可维护性，最终可以为拖拉机设计出更可靠、更高效的控制系统。通过使用专门的分析工具验证和维护代码的质量，软件开发人员可以进一步提高控制系统的可靠性和性能，确保其满足 GB/T 38874 中概述的安全要求。

3. SRL 适用性和示例解析

使用编码规范适用于 SRL=1、2、3，但在 SRL=B 时不建议使用，这是基于代码可验证性、可维护性和可读性的重要性日益增加，以及系统的安全要求变得更加严格确定的。

对于 SRL=1、2、3 的系统，使用编码规范有以下几个好处。

（1）增强可验证性：使用编码规范可确保能更轻松地验证生成的代码的正确性、安全性及其是否符合法规要求。

（2）提高可维护性：使用编码规范可确保整个代码库中格式、命名约定和注释的一致性，从而使代码更易于维护。

（3）提高可读性：使用编码规范通过以软件开发人员易于理解的方式组织代码来提高代码的可读性，从而降低引入错误的风险。

（4）更容易进行测试和验证：使用编码规范编写的代码更容易进行测试和验证，因为它遵循可预测的结构并且避免使用有问题的语言结构。

（5）促进协作：当多个软件开发人员在一个项目中工作时，使用编码规范可确保代码保持一致的风格和结构，使团队成员更容易理解彼此的代码。

对于 SRL=B 的系统，出于以下原因，不建议使用编码规范。

（1）较低的复杂性：SRL=B 的系统具有较低的复杂性和安全要求，因此使用编码规范对于确保系统安全而言不那么重要。

（2）成本和资源限制：对于安全要求较低的简单系统，使用编码规范可能不具有成本效益或资源效率。

（3）不太严格的安全要求：由于 SRL=B 的系统的安全要求不太严格，因此不使用编码规范的潜在后果不那么严重。

示例：考虑一个安全关键的铁路信号系统，该系统已被归类为 SRL=3 的系统。对于该系统的开发，使用编码规范对于确保其安全性和可靠性至关重要。

在开始编码过程之前，软件开发人员就一组编码规则达成一致，这些规则涉及以下几方面。

（1）模块细节：定义接口类型、软件组件规模，以确保整个代码库的一致性。

（2）面向对象原则：通过使用封装、继承性（深度受限）和多态性来提高代码的可重用性及可维护性。

（3）受限的语言结构：限制或避免使用某些语言结构，如 go to 语句、动态对象、递归和指针等，以防止出现潜在问题并提高代码的可验证性。

（4）中断处理：在安全关键代码执行期间对使能中断进行限制，以防止发生意外行为。

（5）代码布局：采用一致的代码布局，包括缩进、行间距和注释，以增强代码的可读性和可维护性。

（6）不使用无条件跳转语句：在高级语言程序中不使用无条件跳转语句（如 go to 语句），以简化控制流并使代码更易于理解。

通过遵循这些编码规则，铁路信号系统的代码变得更具可验证性、可维护性和可读性，最终提高了系统的安全性和可靠性。

例如，在信令系统中，特定的编码规范可能规定对所有关键数据使用封装，这将确保只能通过定义明确的接口访问和修改数据，从而减小被意外修改的可能性。

此外，编码规范还可以为面向对象的编程强制执行有限的继承深度，此限制将防止创建可能引入错误并使代码难以理解和维护的、过于复杂的继承层次结构。

在 SRL=1、2、3 的软件组件设计和实现中使用编码规范可以在代码可验证性、可维护性和可读性方面提供显著好处，这有助于提高系统的整体安全性和可靠性。但是，对于安全要求较低（SRL=B）的系统，使用编码规范可能不那么重要或不具有成本效益。

为了进一步说明使用编码规范的好处，我们以铁路信号系统为例，假设软件开发人员的任务是实现一项安全关键功能，该功能是计算两列火车之间的距离以确定火车继续前进是否安全。

如果没有使用编码规范，软件开发人员可能会编写出难以理解、维护和验证的代码，示例如下。

算法 3.19：难以理解、维护和验证的代码示例

```
float a(float x1, float y1, float x2, float y2) {
  return sqrt(pow(x2-x1, 2) + pow(y2-y1, 2));
}
```

通过遵循商定的编码规则，软件开发人员编写的代码更具可读性、可维护性和可验证性，示例如下。

算法 3.20：更具可读性、可维护性和可验证性的代码示例

```
float calculateDistanceBetweenTrains(float train1X, float train1Y, float
train2X, float train2Y) {
  float xDifference = train2X - train1X;
  float yDifference = train2Y - train1Y;

  float squaredXDifference = pow(xDifference, 2);
  float squaredYDifference = pow(yDifference, 2);

  float distance = sqrt(squaredXDifference + squaredYDifference);

  return distance;
}
```

在算法 3.20 中，代码遵循商定的编码规则，其中包括以下两个规则。

（1）描述性函数和变量名称：函数和变量已被赋予更有意义的名称，以增强代码的可读性并使其易于理解。

（2）代码布局和格式：代码始终采用缩进和间隔，使其更易于阅读和理解。

通过使用编码规范，铁路信号系统的代码库变得更加一致、更易于理解和维护，最终有助于提高系统的安全性和可靠性。

总之，在 SRL=1、2、3 的软件组件设计和实现中使用编码规范提供了显著好处，有助于提高系统的整体安全性、可靠性和可维护性。对于安全要求较低（SRL=B）的系统，使用编码规范可能不那么重要或不具有成本效益，但坚持良好的编码实践始终有利于开发高质量的软件。

3.4.2.1.14　设计和编码规范——不使用动态变量或动态对象

【标准内容】

目标：

设计和编码规范应排除动态变量或动态对象，以避免：

——不必要的或未检测到的内存覆盖。

——运行时的资源瓶颈（与安全相关的）。

描述：

动态变量和动态对象在运行时分配内存并确定绝对地址。内存分配值及地址取决于分配时系统的状态，编译器或其他离线工具不能对动态变量和动态对象进行检查。

动态变量和对象的数量、用于分配新动态变量或对象的现有可用内存取决于分配时系统的状态。因此，在分配或使用动态变量或对象时可能发生故障。例如，当系统分配的可用内存空间不足时，可能意外覆盖另一变量的内容。如果不使用动态变量或对象，则可避免这些故障。

索引：本节标准内容源自 GB/T 38874.3—2020 的 7.4.4.1.14 节。

【解析】

1．目标解析

设计和编码规范应确保软件组件设计和实现不使用动态变量或动态对象，以最大限度地降低内存相关问题的风险，并提高系统的安全性和可靠性。使用动态变量或动态对象可能会导致运行时未检测到的内存覆盖和资源瓶颈等问题，从而危及系统的安全性和可靠性。

动态变量和动态对象是指其内存分配、地址确定发生在运行时而不是编译时的变量及对象。排除动态变量或动态对象的主要原因如下。

（1）避免不必要的或未检测到的内存覆盖：由于动态变量或动态对象的内存分配取决于系统在运行时的状态，如果系统没有分配足够的可用内存空间，那么其他变量或对象的内存地址可能会被意外覆盖，这会导致不可预测的行为、数据损坏和潜在的安全隐患。

（2）避免运行时的资源瓶颈：在运行时为动态变量或动态对象分配内存会导致资源瓶颈问题并影响系统性能，特别是在资源利用率和响应时间至关重要的安全关键系统中。通过排除动态变量或动态对象，系统可以更有效地分配资源并确保可预测和及时响应。

为了进一步说明与使用动态变量或动态对象相关的风险，下面分析一个示例。假设软件开发人员正在为汽车控制系统实现一项安全关键功能，该系统负责管理车辆制动器的操作。软件开发人员决定使用动态内存分配来创建传感器数据数组。

算法 3.21：使用动态内存分配来创建传感器数据数组的代码示例

```
int* sensor_readings = (int*) malloc(sizeof(int) * number_of_sensors);
```

通过使用动态内存分配，软件开发人员引入了几个潜在的问题。

（1）如果内存不足导致内存分配失败，则 sensor_readings 指针将被设置为 NULL。如果处理不当，则可能会在尝试访问数组时导致未定义的行为或系统崩溃。

（2）如果 sensor_readings 没有足够的可用内存空间，则为数组分配的内存可能会覆盖其他关键变量或对象的内存地址，从而导致数据损坏或不可预测的行为。

（3）动态内存分配可能会在运行时导致性能问题和资源瓶颈，尤其是在传感器数据频繁变化或系统资源有限的情况下。

为了降低这些风险，软件开发人员可以选择为传感器数据数组静态分配内存，确保内存分配在编译时确定，并消除与动态内存分配相关的问题。

算法 3.22：为传感器数据数组静态分配内存的代码示例

```
int sensor_readings[MAX_NUMBER_OF_SENSORS];
```

通过使用静态内存分配，软件开发人员可以确保数组的内存分配 sensor_readings 是在编译时确定的，这允许编译器或其他离线工具检查和验证内存分配。静态内存分配减小了导致内存覆盖和资源瓶颈的可能性，最终有助于提高汽车控制系统的安全性和可靠性。

总之，遵循在软件组件设计和实现中不使用动态变量或动态对象的规定，对避免导致与内存分配相关的问题、提高系统的安全性和可靠性至关重要。通过静态内存分配并避免动态变量或动态对象的使用，软件开发人员可以最大限度地降低运行时未检测到的内存覆盖和资源瓶颈的风险，从而提高安全关键系统的整体安全性和可靠性。

2．描述解析

GB/T 38874 描述了使用动态内存分配可能引起的潜在问题。动态变量和动态对象在运行时分配内存并确定绝对地址，这带来了某些风险和挑战，可能会危及安全关键系统的安全性和可靠性。本节强调在安全关键系统中不使用动态变量或动态对象，以防止运行时出现内存覆盖和资源瓶颈等问题。

在安全关键系统中不使用动态变量或动态对象的主要原因如下。

（1）无法通过离线工具检查内存分配：由于动态变量和动态对象的内存分配值及地址是在运行时确定的，因此编译器或其他离线工具无法检查或验证内存分配。这可能会导致难以预测和防止与内存分配相关的潜在问题发生，最终会危及系统的安全性和可靠性。

（2）对系统状态的依赖：动态变量和动态对象的数量、用于分配新动态变量或动态对象的现有可用内存取决于分配时系统的状态。这会使系统的行为不可预测，并在分配或使用动态变量或动态对象时引入潜在的故障。

为了更好地理解这些问题，我们考虑一个安全关键系统——管理制造过程操作的工业控制系统的示例。假设软件开发人员正在实现一个处理不同来源的传感器数据并将其存储在数组中的功能，软件开发人员决定使用动态内存分配来创建传感器数据数组。

算法 3.23：使用动态内存分配来创建传感器数据数组的代码示例

```
float* sensor_data = (float*) malloc(sizeof(float) * num_sensors);
```

通过使用动态内存分配，软件开发人员引入了几个潜在的问题。

（1）编译器或其他离线工具无法检查或验证数组的内存分配 sensor_data，因此很难预测和防止与内存分配相关的潜在问题发生。

（2）如果运行时的系统状态不允许分配足够的内存，则另一个变量的内容可能会被意外覆盖，从而导致数据损坏和不可预测的行为。

（3）运行时内存的分配和释放会引入资源瓶颈问题，特别是在资源有限的系统中，会影响系统的整体性能。

为了解决这些问题，软件开发人员可以选择为传感器数据数组静态分配内存。

算法 3.24：为传感器数据数组静态分配内存的代码示例

```
float sensor_data[MAX_SENSORS];
```

通过使用静态内存分配，软件开发人员可以确保数组的内存分配 sensor_data 是在编译时确定的，这允许编译器或其他离线工具检查和验证内存分配。这种方法消除了与动态内存分配相关的问题，如运行时的内存覆盖和资源瓶颈等问题，从而提高了工业控制系统的安全性和可靠性。

通过使用静态内存分配并避免动态内存分配的使用，软件开发人员可以最大限度地降低与内存覆盖和运行时资源瓶颈相关的风险，从而有助于提高系统的整体安全性和可靠性。通过理解并遵循此标准，软件开发人员可以为安全关键系统创建更加可预测、可维护且更安全的软件组件。

其他示例如下。

（1）避免不必要的或未发现的内存覆盖。

在运行时分配了动态变量和动态对象，这意味着它们的内存分配值及地址取决于分配时系统的状态。这可能导致意外的内存覆盖，可能直到软件开发周期甚至运行时才检测到。

算法 3.25：避免不必要的或未发现的内存覆盖的代码示例

```
int *ptr = new int;
*ptr = 5;
delete ptr;
*ptr = 6; // This is a memory overwrite error
```

在这段代码中，先使用动态内存分配创建了一个新的整数变量 ptr，将值 5 存储在分配的内存位置。然后删除该变量，并释放分配给它的内存。但是，该程序试图再次访问相同的内存位置并将值 6 写入，这是一个错误，因为该内存位置已被释放。

（2）避免运行时的资源瓶颈。

在分配动态变量或动态对象时，会消耗系统资源，如内存和 CPU 时间。可以创建的动态变量的数量取决于运行时可用的内存。如果创建了太多的动态变量或系统不可用的内存运行，则可能会导致资源瓶颈，从而影响整个系统的性能。

算法 3.26：避免运行时的资源瓶颈的代码示例

```
while (true) {
    int *ptr = new int;
}
```

在这段代码中，创建了一个无限循环，该循环每次运行时都会使用动态内存分配新的整数变量。如果此循环运行时间太长，那么它将消耗所有可用的内存，并且会因内存分配错误而导致程序崩溃。

通过不使用动态变量或动态对象，软件开发人员可以降低这些类型错误的风险，并提高系统的整体安全性和可靠性。

总之，通过不使用动态变量或动态对象，软件开发人员可以确保可预测和确定性的行为，防止记忆覆盖，并简化离线分析和验证安全关键系统。

3．SRL 适用性和示例解析

GB/T 38874 中的设计和编码规范建议，在软件组件设计和实现中不使用动态变量或动态对象，特别是对于 SRL=1、2、3 的安全相关系统。该建议的主要目标是避免不必要的或未检测到的内存覆盖和运行时的资源瓶颈，因为这可能会影响系统的安全性和可靠性。在 SRL 的上下文中，与具有最低 SRL（SRL=B）的系统相比，不使用动态变量或动态对象对于具有较高 SRL（SRL=1、2、3）的系统更为重要。

不使用动态变量或动态对象的 SRL 适用性和原因如下。

（1）SRL=1、2、3：SRL=1、2、3 的安全关键系统具有更高的安全要求，它们的故障会造成严重后果，包括人员严重伤害甚至生命危险。在此类系统中，确保软件组件尽可能可预测和可靠至关重要。通过不使用动态变量或动态对象，软件开发人员可以将运行时与内存覆盖和资源瓶颈相关的风险降至最低，从而有助于提高系统的整体安全性和可靠性。

（2）SRL=B：在具有最低 SRL（SRL=B）的系统中，安全要求不那么严格，故障导致的后果也不那么严重。在此类系统中，当动态内存分配的好处（如内存的灵活性和高效使用）超过潜在风险时，软件开发人员可能会选择使用动态变量或动态对象。但是，仔细考虑、权衡取舍并确保采取适当的措施来最大限度地降低与动态内存分配相关的风险仍然很重要。

为了进一步说明不使用动态变量或动态对象的 SRL 适用性，我们考虑一个管理自动驾驶车辆操作的安全关键系统的示例。该系统包括多个具有不同安全要求的子系统，如防撞系统（SRL=3）、车道保持辅助系统（SRL=2）、轮胎压力监测系统（SRL=1）和信息娱乐系统（SRL=B）。

对于防撞系统（SRL=3），尽可能确保软件组件可预测和可靠至关重要。因此，软件开发人员应不使用动态变量或动态对象，而使用静态内存分配。

算法 3.27：静态内存分配的代码示例

```
struct Obstacle {
    float distance;
    float angle;
};

#define MAX_OBSTACLES 100

struct Obstacle obstacles[MAX_OBSTACLES];
```

通过使用静态内存分配，软件开发人员可以将运行时与内存覆盖和资源瓶颈相关的风险降至最低，从而有助于提高防撞系统的整体安全性和可靠性。

对于信息娱乐系统（SRL=B），由于安全要求不那么严格，故障导致的后果也不那么严重，因此软件开发人员可以选择为某些功能使用动态内存分配，如加载媒体文件或管理动态大小的广播电台列表。

算法 3.28：为某些功能使用动态内存分配的代码示例

```
typedef struct RadioStation {
    char* name;
    float frequency;
} RadioStation;

RadioStation* radio_stations = NULL;
size_t num_stations = 0;
```

尽管软件开发人员已选择为信息娱乐系统使用动态内存分配，但他们仍应仔细考虑、权衡取舍并确保采取适当的措施将与动态内存分配相关的风险降至最低，如进行适当的错误处理和内存管理。

3.4.2.1.15　动态变量或动态对象创建时的在线检查

【标准内容】

目标：

在创建动态变量或动态对象期间应进行在线检查，检查动态变量或对象所分配的内存在分配前是否空闲，确保运行期间动态变量和对象的配置不影响现有的变量、数据或代码。

描述：

动态变量在程序运行时分配内存并确定绝对地址（变量也具有对象实例的属性）。在向动态变量或对象分配内存前，应通过硬件或软件检查内存，确保内存是可用的（如避免堆栈溢出）。如果不准许分配内存（如在分配的地址处内存不可用），则应采取适当措施。使用完动态变量或对象后（如退出子程序），应释放内存。

索引：本节标准内容源自 GB/T 38874.3—2020 的 7.4.4.1.15 节。

【解析】

1. **目标解析**

GB/T 38874 强调了在软件组件设计和实现中创建动态变量或动态对象时进行在线检查的重要性，尤其是对于安全关键系统。进行在线检查的目标是确保由动态变量或动态对象分配的内存在分配前是空闲的，以防止在运行时对现有变量、数据或代码产生任何不利影响。这种方法通过最大限度地降低与动态内存分配相关的风险来提高系统的安全性和可靠性。

进行在线检查的原因如下。

（1）防止内存覆盖：进行在线检查有助于确保分配给动态变量或动态对象的内存未被现有数据或代码占用。通过在分配之前检查内存，可以防止不需要的内存覆盖，以免导致不可预测的行为并危及系统的安全。

（2）避免资源瓶颈：通过进行在线检查，系统可以在运行时识别和解决与内存分配相关的资源瓶颈，确保应用程序有足够的内存来正常运行。这在安全关键系统中尤为重要，在此类系统中，资源瓶颈可能导致系统运行失败并危及系统的安全。

（3）确保正确的内存管理：在创建动态变量或动态对象期间进行在线检查有助于确保遵循正确的内存管理实践。通过根据需要分配和取消分配内存，系统可以有效地利用内存资源并最大限度地降低内存泄漏和碎片的风险，以免系统性能随着时间的推移降低。

在线支票示例：考虑一个安全关键的嵌入式系统，它使用动态内存分配来处理可变大小的数据结构。在这种场景下，可以通过硬件或软件机制来实现在线检查，以保证系统的安全性和可靠性。

示例 1：C 语言。

在 C 语言中，动态内存分配通常使用 malloc() 和 calloc() 等函数完成。在分配内存时，可以通过验证这些函数的返回值来进行在线检查。

算法 3.29：C 语言的代码示例

```
#include <stdio.h>
#include <stdlib.h>

int main() {
    int num_elements = 10;
    int *dynamic_array = (int *)malloc(num_elements * sizeof(int));

    if (dynamic_array == NULL) {
        printf("Memory allocation failed\n");
```

```
        exit(1);
    }

    // Use the dynamic_array...

    // Free the memory
    free(dynamic_array);
    dynamic_array = NULL;

    return 0;
}
```

在此示例中，程序使用 malloc() 函数为整数数组分配内存，通过检查返回值以确保内存分配成功。如果分配失败（dynamic_array == NULL），则会先打印一条错误消息，然后程序退出。

示例 2：C++。

在 C++ 中，可以使用运算符来完成动态内存分配。与 C 语言示例类似，可以通过验证运算符的返回值来进行在线检查。

算法 3.30：C++的代码示例

```
#include <iostream>

int main() {
    int num_elements = 10;
    int *dynamic_array = nullptr;

    try {
        dynamic_array = new int[num_elements];
    } catch (const std::bad_alloc& e) {
        std::cerr << "Memory allocation failed: " << e.what() << std::endl;
        exit(1);
    }

    // Use the dynamic_array...

    // Free the memory
    delete[] dynamic_array;
    dynamic_array = nullptr;

    return 0;
}
```

在此示例中，程序使用 new 运算符为整数数组分配内存。如果分配失败（std::bad_alloc），则通过打印错误消息并退出程序来抛出、捕获和处理异常。

总之，动态变量或动态对象创建时的在线检查在确保安全关键系统的安全性和可靠性方面起着至关重要的作用。通过进行在线检查，软件开发人员可以防止内存覆盖、避免资源瓶颈，并确保在应用程序的整个寿命周期内进行适当的内存管理。

示例 3：RTOS。

在 RTOS 中，动态内存分配和释放通常用于管理任务、事件及其他系统资源。这些系统需要有严格的时序约束和可预测的行为，以确保整个系统的安全性和可靠性。在动态内存分配期间实施在线检查对于保持所需的安全水平至关重要。

下面是一个使用 FreeRTOS 的代码示例，FreeRTOS 是一种流行的嵌入式实时操作系统。

算法 3.31：使用 FreeRTOS 的代码示例

```c
#include "FreeRTOS.h"
#include "task.h"

void exampleTask(void *pvParameters) {
  // Task code...
}

int main() {
  TaskHandle_t xTaskHandle = NULL;
  BaseType_t xTaskCreated;

  xTaskCreated    =    xTaskCreate(exampleTask,    "Example    Task",
configMINIMAL_STACK_SIZE, NULL, tskIDLE_PRIORITY, &xTaskHandle);

  if (xTaskCreated != pdPASS) {
    // Task creation failed, handle the error...
  }

  // Start the scheduler
  vTaskStartScheduler();

  // The program should never reach this point
  for (;;) {}
}
```

在此示例中，FreeRTOS 被用来创建一个简单的任务。调用 xTaskCreate()函数创建一个新任务，并检查返回值以确保任务创建成功。如果任务创建失败，则应采取适当的错误处理措施。

通过在动态变量或动态对象的创建过程中进行在线检查，软件开发人员可以确保安全关键系统健壮、可靠，并且能够处理意外情况。进行在线检查有助于提高系统的整体安全性和可靠性，这在自动驾驶汽车、医疗设备和工业控制系统等具有高安全性能要求的应用中尤为重要。

2. 描述解析

GB/T 38874 强调了确保动态变量或动态对象分配的内存可用并且在运行时不会干扰其他变量、数据或代码的重要性。通过进行在线检查，软件开发人员可以降低与动态内存分配相关的风险，如堆栈溢出、内存泄漏和数据损坏。

动态变量或动态对象创建时进行在线检查的原因如下。

（1）内存可用性：在动态内存分配中，内存是在运行时分配的，这意味着可用内存的多少取决于系统的当前状态。进行在线检查有助于确保在分配动态变量或动态对象之前内存可用，从而防止内存不足导致系统崩溃或其他不良行为。

（2）避免堆栈溢出：当程序使用的堆栈空间超过可用堆栈空间时，会发生堆栈溢出，这通常是由函数调用过多或局部变量大小不当引起的。进行在线检查有助于确保分配给动态变量或动态对象的内存不超过可用堆栈空间，从而避免堆栈溢出。

（3）防止数据损坏：如果内存分配管理不当，则可能会导致数据损坏，即一个变量的内容无意中被另一个变量覆盖。进行在线检查有助于确保动态内存分配不会干扰现有变量、数据或代码，从而防止数据损坏。

（4）内存管理：进行在线检查有助于确保分配的内存在不再需要后被释放，防止发生可能导致资源耗尽和系统性能下降的内存泄漏。

为了说明在创建动态变量或动态对象期间进行在线检查的重要性，我们考虑一个处理大型数据集的软件应用程序示例。该应用程序从多个文件中读取数据，并使用动态分配的内存存储中间结果来处理这些数据。

在 C 语言中，可以使用 malloc() 函数执行动态内存分配。在使用分配的内存之前，进行在线检查以确保内存可用并且分配成功是至关重要的。

算法 3.32：进行在线检查的代码示例

```c
#include <stdio.h>
#include <stdlib.h>

int main() {
    size_t num_elements = 1000;
    int* data = (int*) malloc(num_elements * sizeof(int));

    if (data == NULL) {
        fprintf(stderr, "Memory allocation failed\n");
        exit(1);
    }
```

```
    // Process data...

    free(data); // Free memory after use
    return 0;
}
```

在此示例中，程序使用 malloc()函数为整数数组分配内存。在处理数据之前，程序通过验证返回的指针是否为 NULL 来检查内存分配是否成功。如果内存分配失败，则程序会打印一条错误消息并退出。

进行在线检查不仅有助于确保分配的内存可用，还有助于防止潜在问题发生，如堆栈溢出、数据损坏和内存泄漏。通过在不再需要分配的内存后使用该函数将其释放，该程序展示了有效的内存管理。

总之，动态变量或动态对象创建时的在线检查对于保证系统的安全性和可靠性至关重要。它可以帮助软件开发人员有效地管理内存，避免与动态内存分配相关的潜在问题，并保持系统的整体稳定性。通过遵守 GB/T 38874 中的指南，软件开发人员可以创建更健壮且不易出现与动态内存分配相关的运行时错误的软件组件。

3. SRL 适用性和示例解析

GB/T 38874 中概述的动态变量或动态对象创建时的在线检查主要适用于 SRL=3，不建议用于 SRL=B、1、2。这种区别源于这些等级的系统之间不同的安全性和可靠性要求。

较低 SRL 的系统的安全性和可靠性问题如下。

（1）资源限制：较低 SRL 通常涉及更多资源受限的环境，如内存可用性有限的嵌入式系统或安全关键系统。在这种情况下，动态内存分配可能会导致资源瓶颈或系统不稳定。

（2）可预测性：较低 SRL 要求系统行为具有更高的可预测性。动态内存分配引入了不确定因素，因为动态内存分配取决于系统在运行时的状态。这种不可预测性使保证这些系统的安全性和可靠性变得具有挑战性。

（3）实时要求：通常具有较低 SRL 的实时系统具有严格的时序限制。动态内存分配会导致执行时间的延迟和可变性，这在实时系统中可能是不可接受的。

SRL=3 的适用性和原因如下。

（1）灵活性：在 SRL=3 的情况下，系统的安全性和可靠性要求更加宽松，这使系统设计具有更大的灵活性。动态内存分配可实现更高的资源利用率和高效的内存管理，这在非安全关键系统中非常有用。

（2）可伸缩性：动态内存分配允许系统在运行时处理不同数量的数据。这对于资源需求波动的系统特别有用，如数据处理或网络应用程序。

（3）在线检查：进行在线检查有助于降低与动态内存分配相关的风险，确保内存可用并且不会干扰现有变量、数据或代码。

示例：为了进一步说明动态变量或动态对象在 SRL=3 的在线检查中的使用，我们考虑一个处理和过滤传感器数据的软件应用程序示例。此应用程序不是安全关键的，但需要通过有效的内存管理来处理不同数量的传感器数据。

算法 3.33：进行在线检查的代码示例

```c
#include <stdio.h>
#include <stdlib.h>

float* filter_data(float* data, size_t data_size, float threshold) {
    size_t filtered_data_size = 0;

    for (size_t i = 0; i < data_size; ++i) {
        if (data[i] > threshold) {
            ++filtered_data_size;
        }
    }

    float* filtered_data = (float*) malloc(filtered_data_size * sizeof(float));

    if (filtered_data == NULL) {
        fprintf(stderr, "Memory allocation failed\n");
        exit(1);
    }

    size_t filtered_data_index = 0;

    for (size_t i = 0; i < data_size; ++i) {
        if (data[i] > threshold) {
            filtered_data[filtered_data_index++] = data[i];
        }
    }

    return filtered_data;
}

int main() {
    size_t data_size = 1000;
    float* sensor_data = (float*) malloc(data_size * sizeof(float));

    // Fill sensor_data with values...
```

```
float threshold = 0.5;
float* filtered_data = filter_data(sensor_data, data_size, threshold);

// Process filtered_data...

free(sensor_data);
free(filtered_data);
return 0;
}
```

在此示例中，程序根据输入数据的多少动态分配内存，以存储和过滤传感器数据。使用 filter_data() 函数检查内存分配是否成功，确保正确地进行在线检查。处理完过滤后的数据后，使用 free() 函数释放内存。

此示例演示了在 SRL=3 的非安全关键应用程序中动态内存分配的好处，其中优先考虑灵活性和可扩展性。进行在线检查可确保内存分配成功并且不会干扰现有变量、数据或代码。

如果将此示例应用于安全关键系统（SRL=B、1、2），则动态内存分配会带来风险，包括资源瓶颈、不可预测性和可能的实时约束。在这种情况下，应采用静态内存分配或其他策略来确保系统的安全性和可靠性。

总之，动态变量或动态对象创建时的在线检查适用于 SRL=3，此等级的系统的安全性和可靠性要求更为宽松，从而使系统设计具有更大的灵活性。在这些系统中使用动态内存分配可以实现更高的资源利用率、可伸缩性和效率。然而，具有较低 SRL 的系统（SRL=B、1、2），其安全性和可靠性要求更可预测的系统行为及更严格的资源管理，这使动态内存分配不适用。通过了解动态变量或动态对象创建时的在线检查的 SRL 适用性和原因，软件开发人员可以创建适当平衡安全性、可靠性和灵活性的系统。

3.4.2.1.16　设计和编码规范——中断的限制使用

【标准内容】

目标：

应限制使用中断，确保软件可验证性和可测试性。

描述：

应限制使用中断。如果中断使系统得到简化，则可使用中断。在关键程序执行期间，应禁止软件处理中断。如果使用中断，则应为不可中断的程序部分指定最长运行时间，这样可计算出禁用中断的最长时间。应完整记录中断的使用和禁用。

索引：本节标准内容源自 GB/T 38874.3—2020 的 7.4.4.1.16 节。

【解析】

1．目标解析

在软件中使用中断会使安全关键系统的测试和验证复杂化，从而导致缺陷和故障。因此，GB/T 38874建议在软件开发中限制中断的使用，以增强软件的可验证性和可测试性。

中断是计算机系统用来处理外部事件并快速响应的一种机制，它允许系统暂停当前程序的执行并跳转到被称为中断处理程序的特殊子程序，该子程序处理事件并将控制权返回给被中断的程序。虽然中断可以提高系统响应能力并减少延迟，但它也会给软件测试和验证带来挑战，因为中断会产生不可预测或不确定的行为。

为了限制在软件中使用中断，软件开发人员应该仔细进行系统性能和安全性之间的权衡。他们应该尽量减少中断源的数量，并根据中断源的重要性和中断发生频率来确定它们的优先级。他们还应该确保中断处理程序简短且没有副作用，以减小它们对系统行为的影响。

限制中断使用的一种方法是改用轮询。轮询是一种软件定期检查硬件设备或系统资源的状态，以查看其是否需要关注的方法。这种方法比中断效率低，因为它需要软件不断检查系统资源的状态，但它可以简化软件设计和测试，因为它消除了对中断处理程序的需要。

总之，限制在软件中使用中断可以提高软件的可验证性和可测试性，这是安全关键系统设计和实现的关键因素。软件开发人员应仔细进行系统性能和安全性之间的权衡，并使用轮询或其他方法来降低软件中中断处理的复杂性。

2．描述解析

在软件中使用中断会使系统的测试和验证复杂化，从而更难确保系统正确和安全地运行。因此，建议在软件中限制中断的使用。

中断在简化系统和减少处理开销方面很有用，但它也会引入意外行为并使确定执行顺序变得困难。在时序和可预测性很重要的代码关键部分，如安全关键应用程序中，避免使用中断很重要。在这种情况下，可能需要在一段时间内禁用中断以确保代码关键部分可预测地执行。

如果使用中断，则重要的是指定临界区可以被中断的最长时间，可以根据代码的执行时间和中断频率来计算，这有助于确保代码关键部分不会被中断过长的时间，并确保系统保持安全和可预测。

保留中断的使用和禁用的详细记录也很重要，有助于进行系统分析和故障排除。

相关的要点解析如下。

（1）限制中断的使用。

中断的使用会使软件更加复杂并且难以测试和验证。因此，建议限制中断的使用，只在必要时使用中断。这样可以提高软件的整体安全性和可靠性。

如果系统需要实时处理外部事件，如传感器信号或用户输入，则可以使用中断来处理这些事件。如果系统不需要实时处理外部事件，则中断可能是不必要的并且可以避免使用。

（2）在关键程序执行期间禁用中断。

在关键程序执行期间，确保软件不被中断很重要。这可以通过在执行关键程序期间禁用中断来实现。禁用中断可以防止发生可能影响软件正确性和安全性的意外中断。

例如，关键程序部分需要使用共享资源（如内存位置），则禁用中断可以防止其他程序部分访问该资源，从而避免导致数据损坏或其他错误。

（3）指定不可中断的程序部分的最长运行时间。

如果在软件中使用了中断，那么指定不可中断的程序部分的最长运行时间很重要，可确保程序在指定的时间范围内完成其任务，并且避免发生可能影响软件安全性和可靠性的意外中断。

例如，一个不可中断的程序部分需要一定的时间才能运行完成，则可以指定最长运行时间以确保程序可以在该时间范围内完成其任务。如果程序没有在指定时间内运行完成，则可以禁用中断以防止发生意外中断。

（4）记录中断的使用和禁用。

记录中断的使用和禁用以确保软件正确、安全地运行是很重要的。记录中断的使用和禁用还有助于调试和维护软件。

例如，可以创建一个日志来记录中断的使用和禁用，以及其他相关信息，如中断的时间和原因。该日志可用于进行故障排除及验证软件的安全性和正确性。

又如，在农用拖拉机的安全关键系统中，发动机控制软件可能需要监控各种传感器以检测发动机转速、温度和油压。该软件可能还需要响应外部事件，如操作者踩下加速踏板。在这种情况下，可以使用中断来响应这些事件并更新发动机控制参数。但是，在代码的可预测性和安全性至关重要的关键部分，应谨慎使用或禁用中断。

3．SRL 适用性和示例解析

GB/T 38874 中规定应限制使用中断，以确保安全关键系统中软件组件的可验证性和可测试性。中断有利于处理异步事件和提高系统响应能力。但是，中断也会给系统带来复杂性和不可预测性，从而阻碍测试和验证工作。

在各种 SRL 下中断的限制使用的适用性和原因如下。

（1）SRL=3：在这个等级下，系统的安全要求不那么严格，如果能简化系统或提高效率，则允许使用中断。软件开发人员必须仔细管理和记录中断的使用，并确保安全关键程序的执行不会受到不利影响。应指定不可中断的程序部分的最长运行时间，以避免过度禁用中断。

示例：在 SRL=3 的工业控制系统中，可以使用中断来处理传入的传感器数据。这将使主处理循环能够专注于控制设备，而不必不断轮询新数据。中断服务例程（ISR）可以保持简短，只进行最少的处理，以最大限度地减小对系统其余部分的影响。在这种情况下，使用中断可以简化系统设计并提高系统响应能力。

（2）SRL=B、1、2：在这些等级下，系统的安全性和可靠性要求较严格，不建议使用中断。中断引入的不可预测性可能会导致竞争条件、错过事件或响应时间不足等问题，从而严重影响系统的安全性和可靠性。在这些情况下，应该采用处理异步事件的替代方法，如轮询或其他确定性方法。

示例：在 SRL=1 的安全关键汽车控制系统中，使用中断处理传感器数据可能不合适。在这种情况下，软件开发人员可以采用确定性方法，如固定时间片调度程序，以确保每项任务（包括传感器数据处理）都在预定义的时间窗口内执行。这种方法保证了可预测的系统行为，最大限度地降低了由中断引入的不可预测性导致的安全关键系统故障的风险。

总之，根据 GB/T 38874，中断的限制使用适用于 SRL=3，此等级的系统的安全要求不那么严格，使用中断的好处大于潜在风险。然而，具有较低 SRL（SRL=B、1、2）的系统的安全性和可靠性要求具有更可预测的系统行为，因此不建议使用中断。通过了解中断的限制使用的 SRL 适用性和原因，软件开发人员可以创建适当平衡安全性、可靠性和响应能力的系统。

3.4.2.1.17　设计和编码规范——定义指针的用法

【标准内容】

目标：

应定义指针的用法，避免访问数据时因未预先检查指针范围和类型造成问题，以支持软件的模块化测试和验证并限制失效造成的后果。

描述：

在基本软件和应用软件中，仅在检查指针数据类型和数值范围（确保指针在正确的地址空间内）后，才允许在源代码级使用指针运算。

索引：本节标准内容源自 GB/T 38874.3—2020 的 7.4.4.1.17 节。

【解析】

1. 目标解析

GB/T 38874 中概述的定义指针的用法旨在避免在没有预先检查指针范围和类型的情况下访问数据可能造成的潜在问题，这反过来又支持了软件的模块化测试和验证，并限制了失效造成的后果。通过遵循这些准则，软件开发人员可以创建更安全、更可靠的系统。

定义指针的用法的原因如下。

（1）避免内存损坏：如果未正确检查指针范围和类型，则可能会导致内存损坏。访问预期范围之外的内存位置可能会覆盖重要数据或代码，从而导致系统不稳定或崩溃。通过确保仅在检查指针数据类型和数值范围后才允许在源代码级使用指针运算，软件开发人员可以避免内存损坏并确保系统的完整性。

示例：考虑一个 C++程序，它使用一个整数数组和一个指针来访问其元素。如果未正确检查指针范围和类型，则可能会导致访问数组外的内存位置，从而导致内存损坏或未定义的行为。通过实施指针范围和类型检查，软件开发人员可以确保指针保持在数组范围内，从而避免内存损坏。

（2）支持软件的模块化测试和验证：定义指针的用法有助于简化测试和验证过程。当指针运算仅限于在检查操作之后使用时，更容易隔离各个软件组件的影响并单独验证它们的行为。这有助于实现更易于管理的测试过程和增强软件的可靠性。

示例：在采用多个软件组件的模块化系统中，每个软件组件都可以使用指针来访问共享数据结构。通过定义指针的用法，软件开发人员可以确保每个软件组件在其预期范围内运行，从而实现更有效的软件模块化测试和验证。

（3）限制失效造成的后果：当指针的用法得到严格定义和控制时，可以减小软件失效的潜在影响。通过确保安全地使用指针，软件开发人员可以最大限度地减少内存损坏或未经检查的指针操作可能导致的其他严重问题。

示例：在飞机控制系统等安全关键控制系统中，软件失效造成的后果可能是灾难性的。通过定义指针的用法，软件开发人员可以将软件失效导致严重后果的风险降至最低，确保系统在各种条件下保持稳定和可靠。

总之，根据 GB/T 38874 定义指针的用法对于确保系统的安全性和可靠性至关重要。通过确保仅在检查指针数据类型和取值范围后才允许在源代码级使用指针运算，软件开发人员可以避免内存损坏，进而支持软件的模块化测试和验证并限制失效造成的后果。通过遵循这些准则严格定义指针的用法，软件开发人员可以创建更健壮、更可靠且更易于维护的系统。

2．描述解析

GB/T 38874 强调了在基本软件和应用软件中，在使用指针运算之前检查指针数据类型和数值范围的重要性。此约束可确保指针保持在正确的地址空间内，减小内存损坏的可能性，支持软件的模块化测试和验证并限制失效造成的后果。下面我们将讨论这些限制的原因并提供示例来说明它们的重要性。

（1）确保指针在正确的地址空间内：将指针运算限制为仅在检查操作之后才允许使用可确保指针在正确的地址空间内。这种做法可避免访问不正确的内存位置，以免导致内存损坏或不可预测的软件行为。

示例：考虑一个 C 程序，其中包含一个整数数组和一个字符数组。如果程序员使用不正确的指针类型来访问其元素，那么他们可能会无意中访问意外的内存位置。通过检查指针数据类型和数值范围，程序员可以确保指针在正确的地址空间内，以避免内存损坏或导致其他意外行为。

（2）防止缓冲区溢出和内存泄漏：当数据写入超出内存缓冲区的边界，覆盖相邻的内存位置时，会发生缓冲区溢出问题；当内存被分配但在使用后没有释放时，会发生内存泄漏问题。这两个问题都可能导致系统崩溃、安全漏洞或其他问题。通过强制执行指针数值范围检查，软件开发人员可以防止发生这些问题。

示例：在读取用户输入的 C++程序过程中，如果程序员在使用指针运算将输入复制到固定大小的缓冲区之前未能检查输入长度，则可能发生缓冲区溢出问题。通过在使用指针运算前检查指针数值范围，程序员可以防止缓冲区溢出，保证程序的稳定性和安全性。

（3）提高代码的可读性和可维护性：定义的指针用法可提高代码的可读性和可维护性。通过显式检查指针数据类型和数值范围，软件开发人员可以创建更易于理解、调试和修改的自解释代码。

示例：在一个有多个软件开发人员的大型软件项目中，定义明确的指针用法可以显著提高代码的可维护性。若每个软件开发人员在使用指针运算之前都检查指针数据类型和数值范围，则有助于形成一种易于理解、便于进行故障排除和修改的一致编码风格。

（4）提高软件的可靠性：确保指针在正确的地址空间内安全使用有助于提高软件的可靠性。通过定义指针的用法，软件开发人员可以防止因不正确的指针操作而引起软件问题。

示例：在实时嵌入式系统中，不正确的指针使用会导致意外行为、系统崩溃甚至数据丢失。通过遵守 GB/T 38874 中概述的准则，软件开发人员可以创建更可靠的系统来安全地处理指针，确保系统的性能和稳定性。

（5）支持软件的模块化测试和验证：通过定义指针的用法并将指针运算限制为仅在检查操作之后才允许使用，软件开发人员可以简化测试和验证单个软件组件的过程。确保安全地使用指针可以更直接地隔离和测试各个模块，从而提高软件开发的效率和质量。

示例：在具有多个交互软件组件的复杂控制系统中，每个软件组件都可以使用指针来访问共享数据结构。通过定义指针的用法，软件开发人员可以确保每个软件组件在正确的地址空间内运行，从而实现更有效的软件模块化测试和验证。

（6）确保安全关键系统的安全性和可靠性：在安全关键系统，如汽车、航空航天或工业应用中使用的系统中，不正确的指针使用会导致灾难性后果。通过遵循 GB/T 38874 中概述的准则，软件开发人员可以降低因指针使用不正确而导致故障的风险，从而确保这些系统的安全性和可靠性。

示例：在负责管理制动或发动机控制等关键功能的汽车控制系统中，指针使用不当导致的内存损坏问题可能会造成严重后果，包括汽车失控或事故。通过遵循 GB/T 38874 中概述的准则，软件开发人员可以最大限度地降低与不正确使用指针相关的风险，并确保安全关键系统的安全性和可靠性。

（7）减少安全漏洞：许多安全漏洞是由指针使用不当造成的，如缓冲区溢出或内存释放后使用错误。通过定义指针的用法，软件开发人员可以减小在软件中引入安全漏洞的可能性。

示例：在处理敏感数据的应用程序中，由指针使用不当造成的内存释放后使用错误可能会暴露机密信息或允许攻击者执行任意代码。通过遵守 GB/T 38874 中概述的准则，软件开发人员可以降低引入此类安全漏洞的风险，确保应用程序的安全性和完整性。

（8）促进软件开发的最佳实践：GB/T 38874 对定义指针的用法的关注鼓励软件开发人员在软件开发中采用最佳实践。通过遵循这些准则，软件开发人员可以创建更健壮、更可靠的软件，最大限度地减小软件故障的可能性并提高软件的整体质量。

示例：在软件开发团队中，遵循 GB/T 38874 中概述的准则有助于在软件开发中传输最佳实践文化。通过始终遵循这些准则，软件开发团队可以创建质量更高的软件，减小软件开发失败的可能性，提高软件的可维护性。

总之，GB/T 38874 中概述的定义指针用法的准则在创建安全、可靠和可维护的系统方面发挥着关键作用。通过在使用指针运算之前检查指针数据类型和数值范围，软件开发人员可以防止内存损坏、缓冲区溢出、内存泄漏，以及其他可能导致软件故障、安全漏洞的安全问题。此外，这些准则有助于支持软件的模块化测试和验证，促进软件开发的最佳实践，提高软件的整体质量和安全性，尤其是在安全关键环境中。

3. SRL 适用性和示例解析

GB/T 38874 中概述的定义指针的用法适用于 SRL=3，此等级的系统是安全关键系统。对于具有较低 SRL（SRL=B、1、2）的系统，不建议使用已定义的指针，因为这些系统的安全要求不那么严格，并且与指针使用规则相关的开销可能不合理。

在各种 SRL 下定义指针的用法的适用性和原因如下。

（1）定义指针的用法适用于 SRL=3，此等级的系统的安全要求最高。在此等级的系统中，任何软件故障都可能导致严重后果，因此将与内存管理和指针操作相关的错误风险降至最低至关重要。通过严格遵循 GB/T 38874 中概述的指针使用规则，软件开发人员可以减小软件故障的可能性并提高系统的整体安全性和可靠性。

建议在 SRL=3 下定义指针的用法的主要原因是此等级的系统增加了安全需求。SRL=3

的安全关键系统通常控制重要功能，如汽车制动系统、飞行控制系统或工业控制系统，其软件故障可能会造成灾难性后果。通过遵循 GB/T 38874 中概述的指针使用规则，软件开发人员可以最大限度地降低内存损坏、缓冲区溢出和其他可能导致软件故障并危及系统安全的问题的风险。

示例：考虑 SRL=3 的飞行控制系统，该系统负责控制飞机的自动驾驶和导航功能。在该系统中，指针使用不当造成的内存损坏问题可能会导致导航数据不正确，从而导致飞机偏离其预定飞行路径，这可能会导致发生碰撞或其他灾难性事件。通过遵循 GB/T 38874 中概述的指针使用规则，软件开发人员可以降低此类软件故障的风险，确保飞行控制系统的安全性和可靠性。

（2）具有较低 SRL（SRL=B、1、2）的系统的安全要求不那么严格，因为这些系统中的故障不会造成严重后果。在这些情况下，与指针使用规则相关的开销可能是不合理的，因为在安全性和可靠性方面的潜在好处并不那么重要。

不建议在具有较低 SRL 的系统中使用已定义的指针的主要原因是这些系统的安全要求不那么严格。由于软件故障的潜在后果不太严重，因此在开发时间、复杂性和资源利用率方面遵循指针使用规则的好处可能不会超过相关的开销。此外，对于某些具有较低 SRL 的系统，使用动态内存管理技术（如动态内存分配）可能更合适，具体取决于系统的特定要求。

示例：考虑 SRL=1 的非关键用户界面应用程序，该应用程序负责向操作者显示系统状态信息。在这种情况下，指针使用不当造成的内存损坏问题可能会导致应用程序崩溃或显示不正确的数据，但不会直接影响底层系统的安全。因此，按照 GB/T 38874 中的规定，遵循指针使用规则的好处可能无法证明与这些准则相关的额外开销和复杂性是合理的。

需要注意的是，定义指针的用法并不是一种通用的方法，是否使用该方法应以相关系统的特定安全要求和约束作为指导。软件开发人员在决定是否在其系统中使用已定义的指针时，必须仔细考虑安全性、可靠性、开发时间、复杂性和资源利用率之间的平衡。

通过了解并遵循 GB/T 38874 中概述的准则，软件开发人员可以创建更符合相关系统的特定安全要求的软件，最终确保系统的安全性和可靠性。通过根据系统的特定安全要求定义指针的用法，软件开发人员可以在安全性、可靠性、开发时间、复杂性和资源利用率之间取得适当的平衡，从而创建既安全又高效的软件。

3.4.2.1.18　设计和编码规范——递归的限制使用

【标准内容】

目标：

限制使用递归，避免不可验证和不稳定的子程序调用。

描述：

若使用递归，应明确规定递归深度。

索引：本节标准内容源自 GB/T 38874.3—2020 的 7.4.4.1.18 节。

【解析】

1. 目标解析

GB/T 38874 中概述的递归的限制使用的目标是避免不可验证和不稳定的子程序调用。递归是一种编程技术，其中函数或子程序直接或间接调用自身。虽然递归是解决某些问题的强大工具，但它也可能引入潜在问题，尤其是在安全关键系统中。

限制使用递归的原因如下。

（1）避免堆栈溢出：当函数递归调用自身时，每次调用都会向程序的调用堆栈中添加一个帧。如果递归深度不受限制或未达到基本情况，则调用堆栈会无限增长，最终导致堆栈溢出。堆栈溢出可能导致系统崩溃或不可预测的行为，这在安全关键系统中是不可取的。

（2）提高可验证性：递归函数的分析可能比非递归函数的分析更复杂。验证递归函数在所有可能条件下是否正常工作可能具有挑战性，尤其是在未明确规定递归深度时。在安全关键系统中，验证软件组件的正确性以确保其可靠性至关重要。

（3）优化性能：由于额外的函数调用和堆栈操作，递归函数通常比迭代函数具有更高的开销，这可能会导致性能问题，尤其是在资源有限的系统中。在安全关键系统中，优化性能和资源使用以确保系统能够满足其实时要求非常重要。

示例：考虑一个计算非负整数阶乘的程序，阶乘函数的递归实现可能如下所示。

算法 3.34：阶乘函数的递归实现的代码示例

```
int factorial(int n) {
  if (n == 0) {
    return 1;
  } else {
    return n * factorial(n - 1);
  }
}
```

虽然递归实现简洁易懂，但它有几个问题使其不太适用于安全关键系统。

（1）由于没有明确规定递归深度，因此很难针对所有可能的输入验证函数的行为。

（2）如果输入太大或未达到基本情况，则该函数容易出现堆栈溢出。

（3）与迭代实现相比，递归实现调用引入了额外的开销，可能会影响性能。

为了解决这些问题，可以使用迭代实现。

算法 3.35：阶乘函数的迭代实现的代码示例

```
int factorial(int n) {
  int result = 1;
  for (int i = 1; i <= n; i++) {
    result *= i;
  }
  return result;
}
```

迭代实现消除了递归，更易于验证，不易出现堆栈溢出，并且可能具有更高的性能。

总之，限制在安全关键系统中使用递归的目标是确保系统的可验证性、稳定性和优化系统的性能。通过限制递归的使用并使用替代方法，软件开发人员可以创建更适合安全关键系统的软件组件，最终提高系统的整体安全性和可靠性。

2．描述解析

GB/T 38874 要求，如果使用递归，则应明确规定递归深度。此要求对于降低与安全关键系统中的递归相关的潜在风险至关重要。为了理解这个要求背后的基本原理，我们更深入地研究递归深度的概念及其在软件设计中的重要性。

递归深度是指递归函数在达到基本情况或终止条件之前调用自身的最大次数。明确规定递归深度有助于控制调用堆栈大小，提高软件行为的可预测性，并确保系统的稳定性。

明确规定递归深度的原因如下。

（1）堆栈使用控制：当函数递归调用自身时，每次调用都会向调用堆栈添加一个帧。明确规定递归深度可以更好地控制堆栈使用，防止可能导致安全关键系统崩溃或不可预测行为的堆栈溢出。

（2）提高可验证性：通过明确规定递归深度，可以更轻松地验证递归函数的正确性和行为。使用形式化方法和静态分析工具可以在已知递归深度的情况下更有效地分析、验证代码，有助于确保软件组件的可靠性。

（3）提高可预测性：在安全关键系统中，具有可预测的行为和执行时间至关重要。当明确规定递归深度时，计算函数的最坏情况执行时间（WCET）变得更加容易，这是实时系统中的一个关键要素。

（4）简化测试：通过明确规定递归深度，软件测试工作可以更加集中和高效。可以设计测试用例以覆盖指定的深度，确保对软件组件进行全面测试并提高对其可靠性的信心。

示例：考虑一个使用递归函数计算第 n 个斐波那契数的程序。没有明确规定递归深度的简单实现如下所示。

算法 3.36：使用递归函数计算第 n 个斐波那契数的代码示例

```
int fibonacci(int n) {
```

```
  if (n <= 1) {
    return n;
  } else {
    return fibonacci(n - 1) + fibonacci(n - 2);
  }
}
```

此实现有几个问题，使其不太适用于安全关键系统。

（1）由于没有明确规定递归深度，因此很难针对所有可能的输入验证函数的行为。

（2）如果输入太大，则该函数容易出现堆栈溢出。

为了解决这些问题，我们可以明确规定递归深度。

算法 3.37：明确规定递归深度的代码示例

```
int fibonacci_helper(int n, int depth, int max_depth) {
  if (depth > max_depth || n <= 1) {
    return n;
  } else {
    return fibonacci_helper(n - 1, depth + 1, max_depth) + fibonacci_helper(n
- 2, depth + 1, max_depth);
  }
}

int fibonacci(int n, int max_depth) {
  return fibonacci_helper(n, 0, max_depth);
}
```

在此实现中，fibonacci()函数采用附加参数 max_depth 明确规定最大递归深度。fibonacci_helper()函数强制执行此深度限制，确保递归不超过指定的深度。此修改提高了软件组件的可验证性、可预测性和可测试性。

总之，明确规定递归深度对于确保安全关键系统中软件组件的可靠性和稳定性至关重要。它允许更好地控制堆栈使用、提高可验证性、提高可预测性和简化测试。通过遵循此标准，软件开发人员可以创建更适合安全关键系统的软件组件，最终提高系统的整体安全性和可靠性。

3. SRL 适用性和示例解析

GB/T 38874 规定应限制使用递归，以避免不可验证和不稳定的子程序调用。如果使用递归，则应明确规定递归深度。递归的限制使用适用于 SRL=3，不建议用于 SRL=B、1、2。本节将分析递归的限制使用的 SRL 适用性和原因，并提供完整的示例来说明要点。

（1）堆栈溢出和系统稳定性：在具有较低 SRL（SRL=B、1、2）的系统中，安全要求更为严格。如果递归深度不受控制，则递归函数会导致堆栈溢出错误，从而导致系统崩溃或不可预测的行为。这些情况在具有较低 SRL 的安全关键系统中是不可接受的。

（2）可验证性：在具有较低 SRL 的安全关键系统中，必须彻底验证软件组件的正确性和行为。递归函数可能难以分析和验证，尤其是在未明确规定递归深度时。限制递归在较低 SRL 的系统中的使用可确保软件组件具有更好的可验证性。

（3）可预测性：具有较低 SRL 的安全关键系统需要可预测的行为和执行时间。递归深度不受控制的递归函数可能具有不可预测的行为和执行时间，因此其不适用于需要确定性性能的实时系统。

（4）可测试性：在具有较低 SRL 的安全关键系统中，全面测试至关重要。由于难以覆盖所有可能的递归深度，因此递归函数会使测试工作复杂化。通过限制在具有较低 SRL 的系统中使用递归，测试会变得更加集中和高效。

（5）可维护性：与迭代函数相比，递归函数更难以理解、调试和维护。在具有较低 SRL 的系统中限制递归的使用可以简化代码库，使软件开发人员更容易维护软件组件并确保它们随时间推移的正确性。

（6）资源利用率：由于堆栈的使用，递归实现通常比迭代实现消耗更多的资源。在具有较低 SRL 的安全关键系统中，提高资源利用率至关重要。通过限制递归的使用，软件开发人员可以创建资源利用率更高的软件组件，从而提高系统性能。

示例：考虑一个化工厂监控系统，该系统必须分析历史压力数据以检测可能表明潜在问题的模式。数据表示为树结构，其中每个节点代表一个压力读数，其子节点代表对当前压力有贡献的先前读数。

深度优先搜索（DFS）算法可采用递归和迭代方式实现。递归 DFS 算法实现使用隐式函数调用堆栈进行遍历，而迭代 DFS 算法实现使用显式堆栈数据结构。

递归 DFS 算法实现（不推荐用于 SRL=2 的系统）的代码示例如下所示。

算法 3.38：递归 DFS 算法实现的代码示例

```
void dfs_recursive(const Node* node) {
  if (!node) {
    return;
  }

  process(node); // Analyze the pressure reading
  for (const Node* child : node->children) {
    dfs_recursive(child);
  }
}
```

迭代 DFS 算法实现（推荐用于 SRL=2 的系统）的代码示例如下所示。

算法 3.39：迭代 DFS 算法实现的代码示例

```
void dfs_iterative(const Node* root) {
  if (!root) {
    return;
  }

  std::stack<const Node*> node_stack;
  node_stack.push(root);

  while (!node_stack.empty()) {
    const Node* node = node_stack.top();
    node_stack.pop();

    process(node); // Analyze the pressure reading
    for (const Node* child : node->children) {
      node_stack.push(child);
    }
  }
}
```

虽然递归 DFS 算法实现更简洁，但由于存在潜在的堆栈溢出及验证和分析代码困难问题，因此它不太适用于 SRL=2 的系统。迭代 DFS 算法实现提供更多受控遍历，更易于验证、分析和测试，使其成为具有较低 SRL 的安全关键系统的更好选择。

总之，在具有较低 SRL（SRL=B、1、2）的系统中限制递归的使用有助于确保安全关键系统的安全性、可靠性和性能。通过采用迭代实现等替代技术，软件开发人员可以创建满足较低 SRL 严格要求的软件组件，从而提高系统的整体安全性和稳定性。

3.4.2.2　软件组件设计验证和代码验证

【标准内容】

应对软件组件的设计及其代码进行验证。应检查设计和代码是否满足软件安全需求。还应审查表 3.6 中定义的测试规格说明和测试报告，验证是否与软件组件设计及其代码一致。软件开发者应参与验证活动。验证方法可为审查或遍历（如 GB/T 38874.1 定义）。自动生成代码的验证是不必要的。

索引：本节标准内容源自 GB/T 38874.3—2020 的 7.4.4.2 节。

【解析】

1．标准解析

GB/T 38874 强调了验证软件组件设计及其代码以确保安全关键系统的安全性、可靠性和合规性的重要性。验证是软件开发过程中的关键步骤，因为它有助于识别和纠正错误、不一致及与软件安全需求的偏差。下面分析需要进行软件组件设计验证和代码验证的原因，并提供示例来支持分析。

（1）确保满足软件安全需求：安全关键系统中的软件组件需要满足严格的安全要求，以保证在所有情况下都能正确、安全地运行。通过软件组件设计验证和代码验证，可确保其满足软件安全需求，并在将软件组件集成到系统中之前纠正所有偏差。

示例：在为自动驾驶汽车开发安全关键控制系统时，管理该系统的软件组件必须满足有关反应时间、力应用和冗余的特定要求。通过验证确保软件组件设计及其代码满足这些要求，避免现实场景中的潜在安全隐患。

（2）测试规格说明和测试报告与软件组件设计及其代码之间的一致性：验证活动包括审查测试规格说明和测试报告与软件组件设计及其代码之间的一致性。确保其一致有助于避免测试和集成过程中的潜在问题，最终提高系统的整体安全性和可靠性。

示例：在核电站控制系统中，软件组件必须经过严格的测试以确保其安全性和可靠性。验证过程应确保测试规格说明和测试报告与软件组件设计及其代码一致，从而顺利地实现测试和集成。

（3）软件开发人员参与验证活动：软件开发人员参与验证活动至关重要，因为他们对软件组件设计及其代码有深刻的理解，参与验证活动使他们能够更有效地识别潜在问题并确保软件组件满足必要的安全要求。

示例：在飞行控制系统的验证过程中，软件组件设计和编码人员应参与验证活动。他们对系统的了解使他们能够识别在初始设计和编码阶段可能被忽视的问题，从而提高系统的整体安全性。

（4）将审查或遍历作为验证方法：GB/T 38874 建议将审查或遍历作为验证方法。这些方法是系统的和彻底的，确保检查软件组件设计及其代码的每个方面，以识别潜在的问题和与软件安全需求的偏差。

示例：在医疗设备控制系统的开发中，验证过程可能涉及检查软件组件设计及其代码，以确保其满足所需的安全标准。遍历方法，如遍历代码和分析控制流，可以帮助软件开发人员识别潜在的问题和与软件安全需求的偏差。

（5）自动生成代码的验证是不必要的：GB/T 38874 规定自动生成代码的验证是不必要的，因为假设代码生成工具已经过测试和验证。这种假设减少了软件组件设计和实现过程所需的验证工作。

示例：在工业自动化系统的开发中，一些软件组件可能会使用经过测试和验证的代码生成工具自动生成。在这种情况下，生成的代码不需要单独验证，因为代码生成工具已经过严格的测试和验证。

（6）问题的早期检测和解决：软件组件设计和实现中的验证过程促进了问题的早期检

测和解决，减小了在开发过程后期进行昂贵且耗时的修复的可能性。通过识别并解决软件组件设计和代码中的问题，软件开发人员可以最大限度地降低集成、测试和实际操作期间出现故障的风险。

示例：在列车控制系统中，软件组件的早期验证可以识别潜在问题，如计算不正确、逻辑错误或内存泄漏。在软件开发过程中尽早解决这些问题可以最大限度地降低测试或操作期间出现故障的风险，从而提高系统的整体安全性和可靠性。

（7）支持模块化测试和验证：GB/T 38874 中的验证过程鼓励采用模块化方法进行测试和验证，允许软件开发人员独立验证各个软件组件。这种模块化方法提高了验证过程的效率，因为可以在软件组件级识别和解决问题，从而减少对广泛的系统级测试和验证的需求。

示例：在空中交通管制系统中，可以独立验证各个软件组件，如飞行数据处理、冲突检测和通信模块。通过分别验证这些软件组件，软件开发人员可以确保它们满足软件安全需求并在集成到系统中之前正常运行。这种模块化方法有助于在软件开发过程中节省时间和资源。

（8）提高可维护性和可重用性：彻底的验证过程可以产生更清洁、更健壮和更可维护的代码。通过确保软件组件满足软件安全需求并且没有问题，软件开发人员可以创建更易于维护和更新的代码。此外，经过充分验证的软件组件可以更轻松地在其他项目或系统中重用，从而减少开发工作量并提高整体效率。

示例：在电动汽车充电基础设施中，可以测试和验证负责管理充电站、计费及与电网通信的软件组件，以确保它们稳健、可靠。这些经过充分验证的软件组件可以更轻松地维护、更新，甚至可以在其他充电基础设施项目中重复使用，从而在未来的软件开发工作中节省时间和资源。

总之，GB/T 38874 强调了验证软件组件设计及其代码以确保安全关键系统的安全性、可靠性和合规性的重要性。验证过程有助于在软件开发过程的早期识别和解决问题，支持模块化测试和验证，并提高可维护性和可重用性。通过遵循 GB/T 38874 中提供的指南，软件开发人员可以创建满足安全关键系统严格的安全要求的软件组件，从而提高系统的整体安全性和可靠性。

2．SRL 适用性和示例解析

软件组件设计验证和代码验证是确保系统安全、可靠的重要过程，尤其是在安全关键系统中。GB/T 38874 中概述了基于 SRL 的验证活动的要求。下面分析软件组件设计验证和代码验证的 SRL 适用性及原因，并提供示例来支持分析。

（1）软件组件设计和代码审查的 SRL 适用性。

软件组件设计和代码审查适用于具有所有 SRL（SRL=B、1、2、3）。审查涉及对软件组件设计和代码进行全面检查，以确定潜在问题，确保其满足软件安全需求，并保持测试规格说明和测试报告与软件组件设计及其代码的一致性。无论 SRL 为何，此活动对于所有安全关键系统都至关重要，因为它有助于识别和减少潜在的安全隐患。

在具有所有 SRL 的系统中使用软件组件设计和代码审查的原因有以下几个。

- 在软件开发过程的早期识别潜在的安全隐患和漏洞。

- 确保符合安全要求和设计规范。

- 保持测试规格说明和测试报告与软件组件设计及其代码之间的一致性。

- 促进软件开发人员之间的协作及其对软件组件的共同理解。

（2）软件组件设计和代码遍历的 SRL 适用性。

软件组件设计和代码遍历适用于较低 SRL（SRL=B、1），不适用于较高 SRL（SRL=2、3）。遍历涉及系统地浏览软件组件设计及其代码，以识别潜在问题并确保其满足软件安全需求。虽然此方法可以有效地检测具有较低 SRL 的系统中的问题，但它可能无法提供具有较高 SRL 的系统所需的必要的严格性和彻底性。

在具有较低 SRL（SRL=B、1）的系统中使用软件组件设计和代码遍历的原因有以下几个。

- 较低的复杂性：具有较低 SRL 的系统通常具有不太复杂的软件组件，这使得遍历成为一种可行且具有成本效益的验证方法。

- 较低的关键性：具有较低 SRL 的系统具有不那么严格的安全要求，允许使用更宽松的验证方法，如遍历。

不在具有较高 SRL（SRL=2、3）的系统中使用软件组件设计和代码遍历的原因有以下几个。

- 较高的复杂性：具有更高 SRL 的系统具有复杂的软件组件，使遍历成为一种低效且可能无效的验证方法。

- 更高的关键性：具有更高 SRL 的系统具有严格的安全要求，需要使用更严格的验证方法，如形式化方法或自动化工具。

随着 SRL 的升高，对更复杂的验证技术的需求也随之增加，这些技术可以提高软件组件的安全性和可靠性。这些技术可能包括以下几种。

- 动态分析：除静态分析之外，软件开发人员还可以使用动态分析工具来监控软件在运行期间的行为，检测静态分析期间可能不明显的问题。

- 测试覆盖率分析：软件开发人员可以使用工具来衡量他们的测试对软件组件的执行程度，确保全面测试并增加对软件可靠性的信心。

- 代码指标：软件开发人员可以利用代码指标（如圈复杂度或代码行数）来衡量其代码的可维护性和可理解性，从而间接提高软件的整体安全性。

验证方法的选择最终取决于系统的具体要求、SRL 和相关风险。根据系统的 SRL 量身定制的验证技术组合可确保软件组件满足必要的安全要求，并确保其正确操作。

示例：考虑一个 SRL=2 的安全关键铁路信号系统，该系统由几个软件组件组成，负责监控列车位置、控制信号和管理联锁机制。

在软件组件设计和代码审查期间，软件开发人员和安全专家分析每个软件组件的设计文档和代码，原因如下：

- 确保符合安全要求和设计规范。
- 保持测试规格说明和测试报告与软件组件设计及其代码之间的一致性。
- 正确实施安全机制，如冗余和故障安全功能。

由于系统的 SRL=2，因此软件组件设计和代码的简单遍历不足以达到验证的目标。应使用更严格的验证方法，如可使用以下验证方法。

- 形式化方法：软件开发人员可使用形式化方法（如模型检查）从数学上证明软件组件设计和代码的正确性，确保不存在关键安全隐患。
- 自动化工具：软件开发人员可使用静态分析工具及自动化测试套件来验证代码是否符合安全要求和设计规范。

总之，软件组件设计验证和代码验证的适用性及原因取决于系统的 SRL。软件组件设计和代码审查对于具有所有 SRL 的系统都是必不可少的，但遍历仅适用于具有较低 SRL（SRL=B、1）的系统。具有较高 SRL（SRL=2、3）的系统需要更严格的验证方法，因为它们的复杂性和关键性升高了。

 3.5 软件组件测试

3.5.1　目的、概述和前提条件

【标准内容】

目的：

验证已设计和编码的软件组件是否正确实现了软件需求。

概述：

在本阶段，应根据软件组件需求建立测试规程并按照规程进行测试。

前提条件：

软件组件测试的前提条件为：

——软件项目计划；

——软件需求；

——软件验证计划；

——符合 3.4.2.1 节要求的软件组件。

索引：本节标准内容源自 GB/T 38874.3—2020 的 7.5.1～7.5.3 节。

【标准内容】

1．目的和概述

软件开发的重要过程之一是测试，其目的是验证软件是否满足要求并按预期运行。

软件组件测试的目的是验证已设计和编码的软件组件是否正确实现了软件需求。应根据既定的测试程序和标准进行测试，以确保软件安全、可靠并按预期运行。

GB/T 38874 规定应根据软件组件需求建立测试规程并按照规程进行测试。测试规程应包括以下内容。

（1）测试目标：应明确定义测试目标，以确保测试具有针对性和有效性。

（2）测试程序：应建立测试程序以确保测试的执行始终如一和彻底。

（3）测试用例：应根据软件组件需求开发测试用例，以确保所有需求都已被测试。

（4）测试结果：应记录测试结果，以提供已执行测试和软件满足要求的证据。

软件组件测试的示例包括功能测试、集成测试和系统测试：功能测试用于验证软件组件的每个功能是否按预期工作；集成测试用于测试不同软件组件之间的交互；系统测试用于验证软件组件在系统环境中是否正常工作。

总之，软件组件测试是软件开发过程的重要组成部分。测试过程应确保软件安全、可靠并按预期运行。测试规程应根据软件组件需求建立，并且测试应始终如一、彻底地执行，以提供已执行测试和软件满足要求的证据。

2．前提条件

在按照 GB/T 38874 进行软件组件测试之前应满足的前提条件如下。

（1）软件项目计划：概述项目目标、范围、时间表和所需资源的文档。必须有一个明确定义的软件项目计划，以确保根据计划的时间表和预算测试软件组件。软件项目计划为测试团队提供了一个框架，供他们了解软件开发过程、时间表和测试目标，从而更容易计划和执行测试。

示例：农场设备控制系统的软件项目计划可能包括开发和测试各种软件组件的时间表，如用户界面、硬件界面和控制逻辑，还可能包括每个软件组件的预算、所需资源等。

（2）软件需求：软件的功能和非功能规范，定义了软件应该做什么，以及在特定条件下应该如何表现。软件需求文档应该是明确定义的、明确的和可测试的。必须有明确的软件需求，以确保测试团队了解预期结果，并且可以开发适当的测试用例。软件需求应该是可追溯的、可测试的和可验证的，并且没有歧义。软件需求构成了软件设计和开发的基础，任何偏离都可能导致严重的后果。

示例：农场设备控制系统的软件需求可能是控制逻辑应该能够根据传感器输入调整车辆的速度。此软件需求应可追溯到用户界面、传感器输入和车速输出。

（3）软件验证计划：概述验证软件是否按照软件需求设计和开发的文档。软件验证计划应包括验收准则、测试用例、测试方法和执行测试的时间表。必须制定全面的软件验证计划，以确保软件组件经过全面测试并满足要求。软件验证计划应包括有助于确保软件满足要求的测试用例和验收准则。软件验证计划还应概述参与软件验证的团队成员的角色及职责。

示例：农场设备控制系统的软件验证计划可能包括验收准则，如速度准确性、输入/输出验证和安全要求，还可能包括每个要求的测试用例，如传感器输入验证、控制逻辑验证和错误处理。

（4）软件组件：可以独立测试的软件的各个部分。这意味着软件组件的设计和实现应满足软件测试要求。具有可验证、可测试且无错误的软件组件对于确保软件满足要求至关重要。软件组件可能包括功能、子程序、模块或任何其他可以单独测试的代码单元。软件组件应该有良好的文档记录，不同软件组件之间的接口应该有明确的定义。

示例：满足农场设备控制系统的软件测试要求的软件组件可能是控制逻辑模块。这个模块应该能用于处理传感器输入、调整车辆的速度，并且没有错误，还应该是可测试和可验证的，以确保满足要求。

这些前提条件有助于确保以结构化和有组织的方式进行软件组件测试，这将有助于识别软件缺陷并确保软件满足要求。如果没有这些前提条件，那么软件组件测试可能不会产生预期的结果，并且软件可能容易出现缺陷。

在实践中应用这些前提条件的一个示例是为农林机械控制系统开发软件。假设正在开发一个软件组件来控制杀虫剂喷雾器。在这种情况下，软件项目计划将概述开发软件组件的目标、范围和所需资源。软件需求将指定软件的功能和非功能规范，如喷洒的目标区域、农药的流速及防止发生事故的安全机制。软件验证计划将概述有助于验证软件是否满足要求的测试用例和验收准则。最后开发软件组件并进行软件组件测试，以确保它满足软件需求文档中列出的软件需求。

3.5.2 软件组件测试要求

3.5.2.1 软件组件测试方法

【标准内容】

应依据表 3.4 进行软件组件测试。软件组件测试计划应包含验证目标 SRL 所选择的技术/方法。软件组件测试规范应说明这些技术/方法的使用规程。软件组件测试报告应记录所进行的测试及测试结果。

索引：本节标准内容源自 GB/T 38874.3—2020 的 7.5.4.1 节。

【解析】

1．要求简析

软件组件测试方法的要求强调了遵循标准并制定明确的软件组件测试计划和规范以确保软件组件质量的重要性。GB/T 38874 为软件开发过程提供了一套指南和建议，以确保以安全、可靠的方式开发软件。

为了符合软件组件测试方法的要求，软件开发团队应创建符合系统安全要求和目标的软件组件测试计划。软件组件测试计划应明确定义测试用例、测试环境和预期结果，验证所选择的技术/方法，并确定测试软件组件所需的测试工具。

软件组件测试规范应描述使用所选技术/方法的程序和指南。软件组件测试方法的首要要求是验证所选择的技术/方法。这意味着软件组件测试计划应该包括对所选技术/方法的适用性的评估，定义测试团队成员的角色和职责，并提供有关如何执行测试的说明。软件组件测试规范还应指定判断测试成功或失败的标准。这很重要，因为不同的技术/方法具有不同的优势和劣势，适用于不同类型的测试。例如，静态分析工具可用于识别代码中的编码错误和漏洞，单元测试和集成测试等动态测试方法可有效检测运行时错误及功能问题。

一旦选择了技术/方法，就应将其记录在软件组件测试计划中。软件组件测试计划应提供关于如何使用技术/方法的明确说明，以确保在整个测试过程中始终如一、有效地应用它。软件组件测试计划应包括所需的特定工具或软件的详细信息，以及需要设置的参数。

软件组件测试计划应包括一个测试程序。该程序描述执行测试应遵循的步骤。此过程应基于已建立的测试标准和最佳实践确定，并应根据被测试软件组件的特定要求进行调整。该程序的设计应确保软件组件的所有方面都经过彻底测试，包括输入/输出处理、边界条件和错误处理。

软件组件测试报告应记录所进行的测试及测试结果。其中，测试结果包括测试期间发现的缺陷或问题。该报告应该是全面的，并提供有关测试过程、测试结果和采取的纠正措施的详细信息。该报告应该提供软件组件测试计划的摘要，包括与计划的偏差及产生偏差的原因。该报告应该包括执行的测试用例、测试结果及在测试过程中发现的缺陷，对软件组件整体质量的评估，以及对可能需要进行的进一步测试或改进的建议。该报告还应该提供所达到的测试覆盖率的摘要，以及对测试结果的置信度。

软件组件测试方法的一个示例是单元测试，是指对软件的各个单元或组件进行测试以确保它们正常运行；另一个示例是集成测试，是指测试软件组件以确保它们按预期一起工作。软件组件测试计划和规范将定义所使用的具体技术/方法，以及预期结果和判断成功或失败的标准。软件组件测试报告应记录所进行的测试及测试结果，包括发现的缺陷或问题及其解决方案。

总之，软件组件测试方法的要求旨在确保测试过程严格、彻底和有效。通过遵循这些要求，软件开发人员可以识别和缓解软件组件中的潜在问题，确保它们安全、可靠且适用。

2．软件组件测试的技术/方法——静态分析与 SRL 适用性的关系

（1）边界值分析适用于 SRL=B、1、2、3。

边界值分析是一种静态分析技术，用于检查程序或软件在特定变量或输入数据边界上的行为，识别输入数据的边界错误。该技术可以用于检查数据是否在预期范围内，如是否小于、大于或等于某个值。边界值分析可以帮助软件开发人员找到由输入数据边界错误而导致的软件错误和异常，还可以帮助软件开发人员识别软件组件输入和输出中的错误及缺陷，因此该技术在所有 SRL 的软件组件测试中都是适用的。

例如，当编写一个处理输入数据的程序时，若没有正确处理输入数据的边界情况，则可能会导致程序崩溃或输出不正确的结果。在这种情况下，使用边界值分析技术可以找到潜在的错误和异常。若软件组件接收来自测量拖拉机速度的传感器的输入，则可以使用边界值分析技术来识别速度处于最小值或最大值时的问题。这有助于确保软件组件能够正确处理极值。

（2）检查单在 SRL=B、1、2、3 时都不建议使用。

检查单是一种静态分析技术，用于检查程序或软件的源代码是否符合一组指定的规则或标准。该技术通常使用自动化工具，可以帮助软件开发人员发现常见的编码错误和不良实践。然而，该技术不能检测所有类型的错误和异常，如不能检测内存泄漏和并发问题。检查单涉及检查特定编程构造或模式的各个实例的代码。该技术在任何 SRL 下都不建议使用，因为它仅提供软件组件行为的有限视图，并且可能无法识别所有潜在的问题。

（3）控制流分析适用于 SRL=2、3，在 SRL=B、1 时不建议使用。

控制流分析是一种静态分析技术，用于检查程序或软件的控制流是否符合预期。该技术可以帮助软件开发人员找到控制流错误和逻辑错误。控制流分析通常会生成程序或软件的控制流图，并对控制流图进行分析。控制流分析涉及检查软件组件中的指令序列以识别潜在问题。该技术适用于具有较高 SRL（SRL=2、3）的软件组件测试，因为它需要对软件组件的行为和结构有更详细的了解。

由于控制流分析需要生成完整的控制流图，因此在具有较低 SRL（SRL=B、1）的软件组件测试中不建议使用该技术。在 SRL=2、3 的软件组件测试中，控制流分析可以与其他静态分析技术和动态测试技术一起使用，以增强软件测试的准确性和全面性。

例如，在由软件组件控制拖拉机的制动器的情况下，可以使用控制流分析来识别激活制动器的指令序列的潜在问题。

（4）数据流分析适用于 SRL=2、3，在 SRL=B、1 时不建议使用。

数据流分析是一种静态分析技术，通过对程序中的变量、语句和程序流程进行分析，找出变量的定义和使用关系，以此来判断程序中潜在的数据流问题。数据流分析可以帮助软件开发人员发现未初始化的变量、不必要的变量或代码、冗余的计算、未使用的变量和可能引发程序崩溃或安全漏洞的缺陷等。

根据 GB/T 38874，数据流分析适用于 SRL=2、3，因为在这些等级的软件开发中，程序的复杂度更高，对程序的正确性和可靠性的要求更严格。例如，在 SRL=2 的软件开发中，要求通过静态分析来确定数据的传递路径和变量的使用情况，以确保程序不会出现数据流问题，提高程序的安全性和可靠性。

在 SRL=B、1 的软件开发中，程序的复杂度较低，对程序的正确性和可靠性的要求也相对较低，因此不建议使用数据流分析。在这些等级的软件开发中，软件开发人员可以使用其他简单的静态分析方法，如边界值分析、代码审查等，确保程序的正确性和可靠性。

如果在 SRL=B 的软件开发中，需要对程序进行静态分析来发现潜在的缺陷，则可以使用边界值分析技术来检查程序中的变量是否超出了定义范围。例如，一个整数变量被定义为 0 到 100 之间的数值，那么边界值分析可以帮助软件开发人员确定当变量的值为 0 或 100 时，程序是否会发生错误。

总之，软件组件测试的技术方法中的静态分析与 SRL 适用性的关系对于确保执行适当级别的测试以满足安全要求非常重要。

3. 软件组件测试的技术/方法——动态分析和测试与 SRL 适用性的关系

动态分析是一种测试技术，涉及分析程序执行期间的软件行为。动态分析比静态分析更全面，因为它可以检测静态分析期间可能不明显的错误和问题。GB/T 38874 建议在某些 SRL 的软件组件测试中使用动态分析技术。

（1）边界值分析的测试用例适用于 SRL=3，在 SRL=B、1、2 时不建议使用。

边界值分析是一种测试技术，涉及在软件组件的有效范围的限制下测试软件组件的输入和输出数据，这有助于确保软件组件在预期使用范围内正确运行。

边界值分析的测试用例适用于 SRL=3 的原因是，在该等级下要求更高的软件可靠性和完整性。边界值分析可以帮助软件开发人员发现在输入数据达到边界值时产生的异常行为，从而提高软件的可靠性。在 SRL=B、1、2 时，软件的可靠性要求相对较低，使用边界值分析技术可能会浪费测试资源。

例如，对于一个输入参数 x，其取值范围为 1 到 100，如果在测试时只使用了普通值，如 2、50、99 等，则可能会忽略在边界值处产生的异常行为，如在 *x*=1 或 *x*=100 时可能会导致的软件崩溃或其他异常行为。

又如，在拖拉机控制系统中，控制拖拉机速度的软件组件可能具有 0 到 100 千米/小时的有效范围。使用边界值分析的测试用例测试此软件组件将涉及使用 0、100 和非常接近这些边界值的值对其进行测试，以确保软件组件在这些场景中正确运行。

（2）结构测试覆盖（入口点）适用于 SRL=2，在 SRL=B、1 时不建议使用，在 SRL=3 时不适用。

结构测试覆盖（入口点）是一种动态分析技术，涉及测量测试期间正在运行的代码的覆盖率。

结构测试覆盖（入口点）适用于 SRL=2 的原因是，在该等级下要求对软件结构进行测试，而入口点是软件结构中最基本的部分。入口点是指在代码中可以从外部访问的函数、方法等。在 SRL=B、1 时，软件结构可能较简单，测试入口点的效果可能不如采用其他测试技术的效果。在 SRL=3 时，该技术不适用，因为所需的测试级别高得多。

例如，对于一个简单的计算器程序，其结构中只有一个入口点函数，对其进行结构测试覆盖可能并不能发现所有的问题，而使用其他测试技术可能更加有效。

又如，在拖拉机控制系统中，控制制动系统的软件组件可能有多个入口点或激活方式。使用结构测试覆盖技术测试此软件组件将涉及测量每个入口点的覆盖率，以确保在测试期间运行整个代码，这有助于确保在发布软件组件之前检测并解决代码中的错误。

（3）结构测试覆盖（语句）适用于 SRL=2、3，在 SRL=B、1 时不建议使用。

结构测试覆盖（语句）是一种动态分析技术，目标是测量程序中执行的语句数，并确定哪些语句被执行了，哪些语句没有被执行。在 SRL=2、3 的系统中，结构测试覆盖（语句）是非常重要的，因为这些系统的可靠性要求较高，需要更严格的测试来验证软件的正确性。然而，在具有较低 SRL（SRL=B、1）的系统中，这种技术可能过于烦琐或不必要，因为这些 SRL 的系统的要求不如 SRL=2、3 的系统严格。

例如，在一个农林机械控制系统中，如果一个控制流中只包含几条简单的语句，如判断语句或赋值语句，那么对这些语句进行结构测试覆盖可能并不是最佳选择。但是，在一个复杂的控制流中，可能包含许多分支和循环语句，此时对这些语句进行结构测试覆盖非常重要。

（4）结构测试覆盖（分支）适用于 SRL=2、3，在 SRL=B、1 时不建议使用。

结构测试覆盖（分支）是一种动态分析技术，目标是测量程序中执行的条件分支语句（如 if 语句）的覆盖率，并确定哪些分支被执行了，哪些分支没有被执行。在 SRL=2、3 的系统中，结构测试覆盖（分支）是非常重要的，因为这些系统的可靠性要求较高，需要更严格的测试来验证软件的正确性。然而，在具有较低 SRL（SRL=B、1）的系统中，这种技术可能过于烦琐或不必要，因为这些 SRL 的系统的要求不如 SRL=2、3 的系统严格。

例如，在一个控制流中，如果只有一个简单的条件分支语句（如 if 语句），那么对这个条件分支语句进行结构测试覆盖可能并不是最佳选择。但是，如果控制流中包含多个条件分支语句，那么此时对这些条件分支语句进行结构测试覆盖非常重要。

总之，不同的测试技术适用于不同的 SRL 和不同的软件组件。在进行软件组件测试之前，需要仔细评估 SRL 及系统的测试要求，以选择最适合的技术/方法。

4. 软件组件测试的技术/方法——单元测试与 SRL 适用性的关系

（1）等价类和输入分区测试适用于 SRL=2、3，在 SRL=B、1 时不建议使用。

等价类和输入分区测试是一种黑盒测试技术，用于将一组输入数据划分为预期表现出相似行为的子集。该技术通过将输入域划分为等价类和输入分区生成测试用例，发现潜在的缺陷。该技术需要对软件的需求规格说明书进行详细分析，先将输入域划分为多个等价类和输入分区，然后选择代表每个等价类和输入分区的测试用例进行测试。该技术涉及将输入域划分为等价类或输入分区，以确保测试所有可能的值。它对于检测与输入相关的错误特别有用，如无效数据类型、超出范围的值和缺少输入。例如，在接收数字输入的系统中，输入数字可以分为正数、负数等类别。测试每一类输入有助于识别系统在处理不同类型输入时的问题。

等价类和输入分区测试适用于 SRL=2、3 的原因是，在这些 SRL 下对软件的功能和安全性有更高的要求，需要更全面和严格的测试，以确保软件在各种输入条件下都能正确运行，从而保证软件的安全性和可靠性。SRL=B、1 的系统，由于安全要求较低，可能不需要使用如此全面和严格的测试技术。

例如，有一个程序要求输入一个 1 到 100 之间的整数，在等价类和输入分区测试中，可以先将输入域分为两个输入分区：1 到 100 和其他。然后从这两个输入分区中选择有代表性的测试用例进行测试，如输入 50、101 等。

又如，在拖拉机的控制系统中，等价类和输入分区测试可用于确保油门设置的所有可能值（如低、中、高）都经过测试，但该技术可能无法检测油门设置与其他控制功能之间的交互输入，如转向或制动。

（2）单元测试-边界值分析适用于 SRL=2、3，在 SRL=B、1 时不建议使用。

边界值分析是单元测试中的一种测试技术，用于测试程序在边界条件下的行为，以确定输入或输出数据的边界或极限情况是否能够得到正确处理。在单元测试中，边界值分析用于确定测试单元内的边界条件是否能够得到正确处理。边界值分析会将测试数据设置为边界值和边界值的一侧，这些值是使程序行为发生变化的值。该技术涉及测试输入域的边界以确保正确处理边界或极限情况。它对于检测缓冲区溢出和与其他边界问题相关的错误特别有用。假设系统接收 0 到 100 之间的值，则测试 0 到 100 之间的值，以及恰好低于和高于这些边界值的值，可以帮助软件开发人员识别系统处理输入值的问题。

边界值分析适用于 SRL=2、3 的原因是，在较高 SRL 的安全相关软件中，边界条件的测试至关重要，因为边界条件是容易引起错误的，如果没有得到很好的测试，则可能导致不可预测的行为。另外，在较高 SRL 的软件中，边界条件的测试需要更加全面和严格，以确保软件的安全性和可靠性。但是，在 SRL=B、1 时，可能不需要使用如此全面和严格的测试技术。

例如，一个函数接收一个整数参数，并且只有在参数大于或等于 10 且小于或等于 20 时才会返回 true，那么边界值分析将测试这个函数对在边界值 10 和 20 之间的值是否能够进行正确处理。在 SRL=2、3 的系统中，这个测试是必须进行的，因为这种函数的错误可能会导致安全事故。但是，在 SRL=B、1 的系统中，这个测试可能不是必须进行的。

（3）测试用例执行（测试用例由模型生成）适用于 SRL=3，在 SRL=B、1、2 时不建议使用。

测试用例执行是通过执行测试用例来测试软件的一种方法。在 SRL=3 时，这种方法适用，因为 SRL=3 的系统需要进行更严格的测试。在 SRL=B、1、2 时，由于对系统安全性的要求较低，因此不建议使用这种方法。

例如，一个机械系统的控制软件可能包括一个模型，该模型描述系统的行为和状态。测试用例可以由这个模型自动生成，执行这些测试用例可以确保软件的正确性。在 SRL=3 的情况下，使用这种方法是必须的，因为需要确保软件的正确性。但是，在 SRL=B、1、2 的情况下，可以使用更简单的测试方法。

总之，GB/T 38874 根据被测软件的复杂性和关键性，为不同 SRL 推荐了不同的测试技术。通过选择适当的测试技术并遵循 GB/T 38874 中提供的指南，软件开发人员可以确保所开发的软件经过了全面测试，并且满足必要的安全要求。

5. 软件组件测试的技术/方法——性能测试与 SRL 适用性的关系

性能测试是软件测试的重要组成部分，有助于确保软件在不同场景和压力条件下按预期运行。在与安全相关的软件开发环境中，性能测试更加重要，因为它有助于识别因软件性能不足而导致的潜在安全隐患。

（1）响应时间和内存约束适用于 SRL=1、2、3，在 SRL=B 时不建议使用。

性能测试对于确保系统能够满足性能要求至关重要。然而，性能测试可能是资源密集型和耗时的。GB/T 38874 建议应对 SRL=1、2、3 的软件组件执行响应时间和内存约束测试。响应时间测试涉及测量软件响应不同类型的输入或事件所花费的时间。内存约束测试涉及验证软件是否超过指定的内存限制。这些测试有助于确保软件满足性能要求，并且不会造成任何与性能相关的安全隐患。

不建议对 SRL=B 的软件组件进行响应时间和内存约束测试。这是因为 SRL=B 的软件组件被认为具有较低的关键性，并且可能不需要进行较高级别的性能测试。对于 SRL=B 的系统，执行基本功能测试以确保软件组件满足基本功能要求可能就足够了。随着 SRL 的升高，性能要求变得更加严格，性能测试变得更加有必要，以确保软件组件能够满足这些要求。

例如，对于系统整体安全性没有重大影响的非安全关键软件组件，可能不需要进行广泛的性能测试。

（2）性能需求测试适用于 SRL=1、2、3，在 SRL=B 时不建议使用。

性能需求测试涉及验证软件是否满足指定的性能需求。这种测试对于确保软件在正常操作条件下按预期运行并满足用户对性能的期望很重要。在安全相关软件开发的背景下，性能需求测试变得更加重要，因为它有助于确保软件在压力条件下按预期运行，并且不会造成任何与性能相关的安全隐患。

GB/T 38874 建议对 SRL=1、2、3 的软件组件进行性能需求测试，不建议对 SRL=B 的软件组件进行这种测试。这是因为 SRL=B 的软件组件被认为具有较低的关键性，并且可能不需要进行较高级别的性能需求测试。

例如，对于执行简单计算的非安全关键软件组件，可能不需要进行大量的性能需求测试。此外，对于控制车辆制动系统的安全关键软件组件，需要进行严格的性能需求测试，以确保它在不同的压力条件下都能按预期运行。

（3）雪崩/压力测试适用于 SRL=3，在 SRL=B、1、2 时不建议使用。

雪崩/压力测试是一种性能测试方法，用于评估系统在正常和高负载条件下的响应。这种测试使软件承受高水平的压力，以确定其断裂点或测量其在压力条件下的性能。这种测试对于识别与压力条件下的软件性能相关的潜在安全隐患很重要，如系统过载、内存泄漏或系统崩溃。进行这种测试是为了确保系统能够处理预期的工作负载和压力，而不会出现崩溃、响应缓慢或其他性能问题。

根据 GB/T 38874，雪崩/压力测试适用于 SRL=3。这是因为 SRL=3 的软件组件被认为是安全关键的，必须确保它们能够在高负载或压力条件下正确运行。但是，在较低 SRL（SRL=B、1、2）下可能不需要进行这种测试，这是因为这种测试可能是资源密集型且耗时的，并且具有较低 SRL 的软件组件可能没有严格的性能要求或不会承受高负载。

假设拖拉机控制系统软件组件的 SRL=3，在这种情况下，必须对其在高负载和压力条件下的性能进行测试，以确保系统能够处理预期的工作负载和压力，而不会出现任何性能问题。但是，对于较低 SRL（如 SRL=B）的软件组件，可能不需要进行雪崩/压力测试。

6. 软件组件测试的技术/方法——接口测试与 SRL 适用性的关系

接口测试是一种软件测试方法，侧重于验证不同软件组件或系统之间的交互和数据交换。在 GB/T 38874 的背景下，接口测试是确保农业拖拉机和机械控制系统安全的重要步骤。

根据 GB/T 38874，接口测试适用于 SRL=3。这是因为安全要求更高的系统需要进行更严格的测试，以确保其接口正常运行。

对于较低 SRL 的系统，其他类型的测试可能更适合用于确保其安全性。例如，单元测试和集成测试可分别用于验证各个软件组件的功能及它们如何协同工作。

下面举例说明接口测试在确保农林机械安全方面的重要性。

假设拖拉机的控制系统包括发动机控制单元（ECU）和变速器控制单元（TCU）之间的接口，如果此接口功能不正常，则可能导致意外加速或减速，造成事故和人员受伤。通过进行接口测试，可以验证 ECU 和 TCU 之间交换的数据是否准确，以及一个软件组件发送的命令是否被另一个软件组件正确解释，这可以确保拖拉机安全、可靠地运行。

3.5.2.1.1　边界值分析

【标准内容】

目标：

通过边界值分析检测在参数极限或边界发生的软件错误。

描述：

按照等价关系将程序的输入域划分为多个输入类（见 3.5.2.1.5 节）。测试应涵盖类的边界和极限。测试应检查规格说明中输入域的边界是否与程序中的边界一致。在直接或间接的转换中，零值的使用经常引起错误，应特别注意以下方面：

——零除数；

——空 ASCII 字符；

——空堆栈或空列表元素；

——全 0 矩阵；

——空表格。

通常，输入边界与输出范围的边界直接对应。应编写测试用例强制输出至限定值，并在可行时指定测试用例使输出超过规格说明的边界值。

如果输出为系列数据（如打印表格），则应特别注意第一个和最后一个元素，并列出包括空元素、单个元素和两个元素等。

索引：本节标准内容源自 GB/T 38874.3—2020 的 7.5.4.1.1 节。

【解析】

1. 目标解析

静态分析是一种软件测试技术，在不实际执行代码的情况下检查软件代码。边界值分析的目标是检测在输入参数的极限或边界发生的软件错误。该技术涉及使用位于输入域的极限或边界的输入值测试软件，有助于识别由于边界条件可能出现的任何问题。

边界值分析是一种黑盒测试技术，涉及在输入域的边界选择输入值，如最小值和最大值，以测试软件的行为。该技术旨在识别在边界发生的错误或缺陷，如输入验证错误、计算错误或缓冲区溢出。

边界值分析涉及在输入参数的上限和下限处测试输入参数，以识别当输入值处于允许范围的边界时可能发生的错误。该技术在识别与输入相关的错误方面特别有效，适用于 SRL=B、1、2、3。但是，它在具有较低 SRL 的系统中可能不那么有效，因为软件的复杂性可能较低，发生与输入相关的错误的可能性也较小。

例如，对于计算矩形面积的软件，可以通过边界值分析测试输入参数（长度和宽度），可以对输入参数的上、下边界进行测试，如测试 length=0，length=maxlength，width=0，width=maxwidth，来识别输入值在边界上时可能出现的错误的允许范围。

总之，边界值分析有助于确保软件能够正确处理边界条件，有助于识别由于输入验证错误或输入参数限制下的计算错误可能出现的任何问题。

2. 描述解析

GB/T 38874 中描述了边界值分析技术，是一种用于软件组件测试的静态分析技术。该技术涉及按照等价关系将程序的输入域划分为多个输入类，并测试这些类的边界和极限。

该技术还涉及检查规格说明中输入域的边界是否与程序中的边界一致。要特别注意，在直接或间接的转换中使用零值通常会导致错误。该技术确定了以下需要特别谨慎的方面。

（1）零除数：当程序执行除法运算时，如果除数为零，则可能导致错误。此错误可能导致程序崩溃或未定义的行为。因此，必须使用导致被零除的输入值来测试程序。

示例：考虑一个计算两个数字平均值的程序。平均值的公式是(num1+num2)/2。如果 num1+num2 为零，则程序可能会执行被零除并产生错误。使用(3,0)、(0,0)和(10,0)等输入测试程序将有助于识别此错误。

（2）空 ASCII 字符：空 ASCII 字符是值为零的字符。这些字符可能会导致字符串处理函数出现问题，如字符串比较、连接和解析。因此，使用包含空 ASCII 字符的输入来测试程序至关重要。

示例：考虑一个读取用户输入的字符串并执行不区分大小写的比较的程序。如果用户输入空字符串或包含空 ASCII 字符的字符串，则程序可能会产生不正确的结果。使用

"AbC"、"abc"、"A\0c" 和 "\0" 等输入测试程序将有助于识别此类问题。

（3）空堆栈或空列表元素：堆栈和列表是编程中常用的数据结构。程序在对堆栈或列表进行操作时，可能会遇到空元素。这些空元素可能会导致程序出现问题，如空指针异常或数组越界错误。因此，使用包含空堆栈或空列表元素的输入来测试程序至关重要。

示例：考虑一个使用堆栈实现字符串反向函数的程序。如果字符串包含空元素，则程序可能会产生不正确的结果或导致运行时错误。使用 "abc"、"abc" 和 "a\0b\0c" 等输入测试程序将有助于识别此类问题。

（4）全 0 矩阵：矩阵是在许多科学和数学应用中使用的二维数组。当程序对矩阵执行操作时，可能会遇到包含全 0 值的矩阵。这些矩阵可能会导致程序出现问题，如被零除或矩阵求逆错误。因此，使用包含全 0 矩阵的输入来测试程序至关重要。

示例：考虑一个执行矩阵乘法的程序。如果其中一个输入矩阵为全 0 矩阵，则结果也将为全 0 矩阵。但是，程序可能无法正确处理这种情况，从而导致输出不正确或运行时错误。使用[[1,2],[3,4]]和[[0,0],[0,0]]等输入测试程序将有助于识别此类问题。

（5）空表格：表格通常在数据库应用程序中用于存储和检索数据。当程序对表格进行操作时，可能会遇到空行或空列。这些空元素可能会导致程序出现问题，如空指针异常或输出不正确。因此，使用包含空表格的输入来测试程序至关重要。

示例：考虑一个从数据库表格中检索数据并计算特定列的平均值的程序。如果表格中包含空行或空列，则程序可能会产生不正确的结果或导致运行时错误。使用只有一列的表格、只有一行的表格及具有空行和空列的表格等输入来测试程序将有助于识别此类问题。

该技术建议编写强制输出达到指定极限值的测试用例，并在可行的情况下指定超出程序规范中指定的边界的测试用例。如果输出的是一系列数据（如打印的表格），则需要特别注意第一个和最后一个元素，需要编制一个包含空元素、单个元素和二元序列的列表。

边界值分析是一种用于查找软件组件缺陷的强大技术，特别适用于进行输入验证和输出范围检查。它基于以下原则：边界处或边界附近的输入值比输入范围中间的值更容易导致错误。该技术常用于农林等安全关键系统，确保软件的安全性和可靠性。

例如，考虑一个接收数值作为输入并返回输入值的平方根的函数。该函数的输入域可以根据等价关系分为以下几类。

- A 类：输入值小于 0。
- B 类：输入值在 0 到 1 之间。
- C 类：输入值在 1 到 100 之间。
- D 类：输入值大于 100。

通过进行边界值分析可以测试该函数。

- 对于 A 类，将测试-1（最小值）、0（边界值）、−0.0001（略小于 0 的值）等输入值。

- 对于 B 类，将测试 0（最小值）、1（边界值）和 1.0001（略大于 0 的值）等输入值。

- 对于 C 类，将测试 1（最小值）、100（边界值）和 100.0001（略大于 100 的值）等输入值。

- 对于 D 类，将测试 100（最小值）、1000（大于 100 的值）和 1000000（非常大的值）等输入值。

总之，使用包括边界和极限情况的输入来测试程序可以帮助软件开发人员识别缺陷并确保软件的安全性和可靠性，特别是在安全关键领域。通过在每个输入类的边界及其周围进行测试，可以确保该函数在所有情况下都能正确运行，并且可以捕获与边界值相关的缺陷。

3．SRL 适用性和示例解析

边界值分析是一种广泛应用的测试技术，专注于检测在输入参数的极限或边界发生的软件错误。边界值分析的适用性跨越所有 SRL（SRL=B、1、2、3），因为它提供了一种高效且有效的方法来识别在其他测试方法中经常被忽视的潜在问题。

边界值分析适用于所有 SRL 的原因如下。

（1）识别边缘案例：在安全关键系统中，边缘案例可能导致严重后果，因此测试和验证它们的行为至关重要。边界值分析通过专注于输入参数的极限和边界来帮助软件开发人员发现这些边缘情况。

（2）效率：边界值分析通过关注输入类的边界和极限来减少所需的测试用例数量，实现更高效的测试过程。这种效率对所有 SRL 都是有益的。因为它允许在不消耗过多资源的情况下进行全面测试。

（3）稳健性：边界值分析有助于确保软件组件的稳健性，是所有安全相关系统的关键要求。通过测试边界，软件开发人员可以更加确信软件组件能够在各种操作条件下正常运行。

为了说明边界值分析的适用性，考虑一个 SRL=3 的 ABS 示例。ABS 软件组件接收来自多个传感器的输入，包括车轮速度、制动压力和车辆加速度。使用边界值分析，软件开发人员可以设计专门针对这些输入参数的边界和极限的测试用例。

例如，软件开发人员可以创建涉及以下内容的测试用例。

（1）最小和最大车轮速度：可以设计测试用例来模拟车轮速度处于最小和最大可能值的场景，有助于验证 ABS 软件组件是否可以处理极端情况并防止制动过程中车轮抱死。

（2）制动压力达到极限：可以设计测试用例以应用最小和最大制动压力，有助于确保 ABS 软件组件能够在不同条件下保持适当的制动压力控制。

（3）边界处的车辆加速度：可以设计测试用例来模拟车辆加速度处于最小和最大可能

值的场景，有助于验证 ABS 软件组件是否能够适当地响应车辆加速度的快速变化。

此外，软件开发人员应特别注意零除数、空数据结构和其他可能导致软件故障的情况。

通过应用边界值分析来测试 ABS 软件组件，可以增加软件开发人员对软件组件在各种条件下正确运行的信心。这种技术适用于所有 SRL，有助于识别潜在问题，确保软件组件的稳健性，提高安全关键系统的整体可靠性。

3.5.2.1.2　检查单

【标准内容】

目标：

在安全寿命周期阶段，检查单用于引起对系统重要方面的关注并对关键评估点进行管理，确保全面覆盖，而无须制定具体的要求。

描述：

检查单由一组需要回答的问题组成。许多问题是通用的，评估人应以最适当的方式解释这些问题。

检查单适用于 E/E/PES 整个软件安全寿命周期的所有阶段，并且特别有助于功能安全评估。

注 1：为了使检查单兼容大范围的被确认系统，多数检查单包含的问题适用于多个系统类型。因此，检查单中的一些问题可能与所处理的系统无关，需要忽略。同样地，需要增加一些针对特定系统的问题对标准检查单进行补充。工程师可根据专业知识与判断选择要采用的检查单。

工程师对检查单所作的判断以及附加问题，均应完整记录并证明其合理性。

注 2：目的是确保对检查单进行复查，并在相同准则下得到可重复的结果。检查单尽量简洁。

如果需要进行广泛的论证，可参考其他文档。

"通过"、"未通过"和"不确定"，或者一些类似的结论，均可记录作为每个问题的结论。

注 3：这极大简化了根据检查单得出全面结论的过程。

索引：本节标准内容源自 GB/T 38874.3—2020 的 7.5.4.1.2 节。

【解析】

1. 目标解析

软件组件测试方法中，检查单的目标是引起对系统重要方面的关注并对关键评估点进行管理，确保全面覆盖，无须制定具体的要求。检查单在安全寿命周期阶段用于管理系统的重要方面，并确保在测试期间充分涵盖它们。

检查单是确保在测试期间考虑所有关键评估点的有用工具，可帮助测试人员识别和管理系统的重要方面，并确保所有关键软件组件都经过全面测试。检查单可用于识别潜在风险，验证安全要求的实施情况，确保在测试期间充分涵盖所有安全关键功能。

例如，检查单可能包括以下项目。

（1）确认系统的所有关键输入均已被识别并经过充分测试。

（2）确认所有安全关键功能都已在一系列条件下进行了测试。

（3）检查是否已实施和测试所有必要的安全措施，如冗余系统或故障安全机制。

（4）确保所有必需的文件，如测试报告和验证记录，都得到妥善维护和审查。

（5）确认在测试期间已遵循所有相关的安全标准和法规，如 GB/T 38874。

通过在测试期间使用检查单，测试人员可以确保测试充分涵盖系统的所有重要方面，从而降低潜在安全隐患或故障的风险。在整个安全寿命周期阶段，可以根据需要审查和更新检查单，以确保它们保持全面并与被测系统相关。

2. 描述解析 a

GB/T 38874 中概述的软件组件测试方法包括使用检查单来评估整个软件安全寿命周期中的软件安全性。检查单由一组必须在系统评估期间回答的问题组成。检查单旨在使测试全面覆盖系统的安全方面，在功能安全评估中特别有用。

GB/T 38874 中指出，检查单中包含的大多数问题通常适用于范围很广的系统。然而，工程师可能需要用针对被评估系统的额外问题来补充检查单。检查单设计的这种灵活性允许对被评估的系统使用最合适的评估标准。

检查单在评估软件安全性方面很有用，有助于确保系统的所有重要安全方面的问题都得到解决。通过提供结构化的评估方法，检查单有助于防止遗漏并确保系统的所有安全方面都得到考虑。

例如，检查单可能包含有关软件设计、软件测试和软件维护的问题。

（1）与软件设计相关的问题可能包括以下内容。

- 软件设计是否满足规定的功能要求？
- 软件设计是否经过工程师的审查和批准？
- 软件和其他系统组件之间的所有接口是否都明确定义并记录在案？
- 软件设计是否符合相关安全标准和法规？

（2）与软件测试相关的问题可能包括以下内容。

- 软件是否经过测试以确保满足所有功能要求？

- 是否测试了所有错误处理方案？

- 是否测试了所有边界条件？

- 软件是否在所有相关环境条件下进行了测试？

（3）与软件维护相关的问题可能包括以下内容。

- 软件是否定期维护和更新以解决已识别的问题或漏洞？

- 是否有适当的流程来确保在实施之前正确记录和测试了所有软件更改？

- 是否所有软件更新都由工程师审查和批准？

- 是否有适当的流程来确保所有软件更新都传达给所有相关人员？

检查单由一组需要回答的问题组成。检查单是许多行业中常用的工具，用于确保完成所有必要的任务或行动。在软件测试的上下文中，检查单通常是需要完成的问题或任务的列表，以确保软件已经过彻底测试。检查单可用于软件开发寿命周期的所有阶段，如需求分析、设计、编码和测试阶段。

例如，在农林机械测试软件的背景下，检查单可能包括以下问题。

- 在软件设计中是否考虑了所有相关的安全标准和法规？

- 是否识别并记录了软件的所有输入和输出？

- 是否已识别和测试所有可能的错误条件及异常？

- 是否所有用户界面都经过了可用性和可访问性测试？

检查单的许多问题都是通用的，需要由评估人员适当地解释。检查单通常包括适用于一系列软件系统的通用问题。然而，这些问题需要被解释并适当地应用到它们被使用的特定环境中，如"是否识别并记录了软件的所有输入和输出？"之类的一般性问题。根据被测试的特定软件系统，可能需要不同的解释和应用程序。

检查单适用于软件安全寿命周期的所有阶段，对功能安全评估特别有用。检查单可用于整个软件开发寿命周期，从需求分析到测试和维护。检查单对于功能安全评估特别有用，这是确保软件在安全关键应用（如农林机械）中的安全性的一个关键方面。

例如，功能安全评估的检查单可能包括以下问题。

- 是否已识别和分析与软件相关的所有危害与风险？

- 是否已确定并记录所有安全要求？

- 是否所有软件组件都经过测试以确保满足相关的安全要求？

- 是否已识别和分析所有可能的系统故障模式和影响？

检查单需要适应特定的系统，并且可以补充额外的问题。虽然检查单上的许多问题可能是通用的并且适用于多个系统，但仍然需要根据使用环境进行调整。此外，可能需要将针对特定系统的问题添加到检查单中，以确保测试涵盖系统的所有相关方面。

例如，特定农林机械系统的测试软件检查单可能包括以下问题。

- 在软件设计中是否考虑了所有可能使用机器的环境条件？
- 是否已将所有相关安全功能（如制动和紧急关闭开关）集成到软件中？
- 是否已识别和测试系统的所有相关数据记录及报告要求？

3. 描述解析 b

GB/T 38874 中描述了在软件组件测试方法中使用检查单时记录工程师的判断和附加问题的重要性。记录的目的是确保检查单得到复查，并在相同准则下获得可重复的结果。

记录工程师的判断和附加问题对于保持测试过程的透明度与可靠性至关重要，要形成文件形式的记录作为测试进行得当及所获得的结果有效的证据。这些记录可用于将来参考，如在审计或审查时作为参考。

GB/T 38874 建议检查单尽可能保持简洁，并避免在其中进行广泛讨论。如果需要进行广泛讨论，则可以参考其他文档进行进一步阐述。

工程师对每个问题的结论可以记录为"通过"、"未通过"和"不确定"。这些结论有助于简化根据检查单的结果得出综合结论的过程。

假设一个软件组件检查单包括一个关于输入验证是否足以防止缓冲区溢出攻击的问题。工程师评估代码并得出输入验证充分的结论。他们记录了这个结论并提供了支持它的证据。如果问题是审核或审查的一部分，则可以使用记录的结论和证据来支持测试的有效性。

关于检查单的一些要点解析如下。

（1）记录工程师的判断和附加问题。

GB/T 38874 要求工程师记录自己的判断及与检查单相关的其他问题。这对于确保检查单可以被审查和结果可以被复制是很重要的，还有助于确保检查单全面，以及所有问题都能得到彻底评估。

例如，工程师正在审查代码质量检查单并且遇到有关全局变量使用的问题。他们可能会确定正在审查的代码不使用全局变量，但对代码如何处理模块之间的共享状态有其他疑问。对此，他们会在审查笔记中记录这个额外的问题，以确保该问题在以后得到解决。

（2）检查单尽可能保持简洁。

GB/T 38874 建议检查单尽可能保持简洁。这是因为较长的检查单可能难以使用，并且可能导致混淆或错误。工程师应该关注与被评估系统相关的最重要的问题。

例如，软件测试检查单可能包括有关边界条件、输入验证和错误处理的问题。但是，如果以上检查单与被测系统无关，则可能没有必要包括有关网络安全或数据加密的问题。

（3）使用清晰一致的结论。

GB/T 38874 建议在评估检查单时使用清晰一致的结论。这有助于简化评估过程并确保结论准确、可靠。根据评估的具体标准，常见的结论可能包括"通过"、"未通过"和"不确定"。

例如，工程师可能正在评估软件安全检查单并遇到有关 SQL 注入漏洞的问题。如果被评估的代码没有任何 SQL 注入漏洞，则工程师会为该问题记录"通过"的结论。如果工程师不确定答案，或者代码需要进一步审查，则工程师会为该问题记录"不确定"的结论。

3.5.2.1.3　静态分析——控制流分析

【标准内容】

目标：

通过控制流分析检测不良和有潜在错误的程序结构。

描述：

控制流分析法是一种静态测试技术，用于查找不符合良好编程实践的可疑代码区域。通过程序分析产生有向图，可进一步分析：

——不可达代码。例如，无条件跳转使代码块不可达。

——打结的代码。结构良好的代码可通过连续图缩减至单个节点，而结构不良的代码仅能缩减为多个节点。

索引：本节标准内容源自 GB/T 38874.3—2020 的 7.5.4.1.3 节。

【解析】

1. 总体简析

软件组件测试方法中，控制流分析（CFA）的目标是检测不良和有潜在错误的程序结构。控制流分析是一种静态测试技术，旨在检测程序数据流中的潜在错误。目标是确保在整个程序中正确定义和使用数据，用于查找不符合良好编程实践的可疑代码区域。

控制流分析通过程序分析产生有向图，可以进一步分析不可达代码和打结的代码。例如，可以识别由于无条件跳转而不可达的代码块。结构良好的代码可通过连续图缩减至单个节点，而结构不良的代码仅能缩减为多个节点。

控制流分析可以识别无限循环、未使用的代码、不可达代码和冗余代码等问题，是一种重要的技术，用于识别可能无法通过手动代码审查轻易检测到的问题，也是一种有用的技术，用于识别大型软件系统中的问题。在这些系统中，由于代码量太大，因此手动代码审查可能不切实际。

假设拖拉机控制系统中的软件组件有一个无限循环，利用控制流分析可以通过程序分析和检测循环来识别此问题。同样，如果有一段代码从未执行过，则利用控制流分析可以将其识别为不可达代码。

综上所述，软件组件测试方法中的控制流分析是一种静态测试技术，用于检测不良和有潜在错误的程序结构，对于识别可能无法通过手动代码审查轻易检测到的问题非常有用，对于大型软件系统尤其有用。

2．控制流分析的步骤

基于 GB/T 38874，农林拖拉机和机械控制系统安全相关部件软件的开发需要满足安全要求，其中包括对软件进行严格的测试。静态分析是一种常用的软件组件测试方法，主要目的是分析代码的结构和语法，并发现潜在的错误和漏洞。控制流分析是静态分析方法的一种，通过分析程序控制流的路径，发现可能存在的安全问题。

在农林拖拉机和机械控制系统安全相关部件软件中，一个实际案例是对一个控制软件进行控制流分析。该软件用于监测和控制农林拖拉机的运行状态，并提供报警和保护功能。以下是对该软件进行控制流分析的步骤。

（1）对代码进行语法检查，并使用控制流图描述程序的控制流。

（2）识别代码中的条件语句、循环语句和函数调用，确定每条语句的控制流路径。

（3）检查控制流路径中是否存在死循环、未定义的变量、不当的指针操作等潜在问题。

（4）对每个控制流路径进行分析，以确定其是否能够满足安全要求。

（5）根据控制流分析的结果，进行代码修改或其他安全措施的实施。

通过控制流分析，可以发现潜在的软件缺陷和安全问题，提高农林拖拉机和机械控制系统安全相关部件软件的质量与可靠性。

3．控制流分析的案例解析

在 GB/T 38874 中，静态分析是一种常用的测试方法，其中控制流分析可以用于测试软件组件。

控制流分析是一种基于程序的测试方法，可以检测代码中的控制流错误，如死代码、不可达代码、无限循环等。控制流分析可以使用静态分析工具自动执行，有助于识别潜在的错误，提高代码的可靠性。

下面通过案例演示如何使用控制流分析进行静态分析。

示例：假设有一个农林机械控制系统中的软件组件，其中包含一个函数，该函数用于控制农林机械的加速器，具体代码如下。

算法 3.40：控制流分析的案例

```
void accelerate(int speed)
{
  if (speed < 0)
  {
    speed = 0;
  }
  else if (speed > 100)
  {
    speed = 100;
  }

  set_accelerator_speed(speed);
}
```

本案例的控制流图如图 3.6 所示。

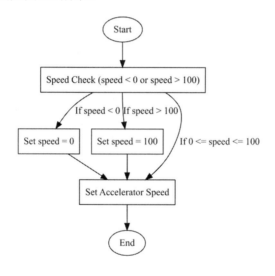

图 3.6　本案例的控制流图

如图 3.6 所示，控制流图从 Start 节点开始，到 End 节点结束。

通过控制流分析测试这个软件组件的步骤如下。

（1）确认测试范围和测试目标：在本案例中，测试范围是这个函数，测试目标是检测函数中的控制流错误。

（2）执行控制流分析：使用静态分析工具（如 Coverity、Klocwork 等）执行控制流分析，分析代码中的控制流。在这个过程中，静态分析工具可用于检测潜在的控制流错误，如死代码、不可达代码、无限循环等。在本案例中，静态分析工具可能会发现以下问题。

- 由于 speed 已经在第 1 行进行了非负数的检查，因此第 3 行的 if 语句实际上是不必要的，是死代码。

- 在第 7 行 else if 语句中，如果 speed 等于 100，则该分支永远不会被执行，因为在第 3 行中已经将大于 100 的值设为 100，所以这个分支是不可达代码。

- 在第 12 行的 set_accelerator_speed()函数中，可能会存在一些错误，如缺少参数检查、数据类型错误等。

（3）分析测试结果：根据静态分析工具生成的报告，确认哪些问题需要修复、哪些是误报。

（4）修复问题：修复报告中列出的问题，如删除死代码、调整控制流、修复函数调用中的错误等。

（5）重新执行控制流分析：确保修复后的代码中没有新的控制流错误。

4．SRL 适用性和示例解析

控制流分析是一种静态测试技术，用于检测有问题的程序结构和不符合良好编程实践的代码区域。根据 GB/T 38874，控制流分析适用于较高 SRL（SRL=2、3），不推荐用于较低 SRL（SRL=B、1）。这种 SRL 适用性的原因包括以下几个。

复杂性：较高 SRL 通常涉及具有更高安全要求的更复杂的系统。在这种情况下，控制流分析有助于识别和处理结构不良的代码，确保软件能够处理可能存在的复杂控制流。

严格测试：随着具有更高 SRL 系统安全要求的增加，对严格测试的需求也增加。控制流分析是一种更高级的静态测试技术，可以提供对代码结构和行为的更深入洞察，有助于进行更全面的测试。

错误检测：控制流分析可以检测不可达代码和结构不良的代码等问题。这些问题可能会导致安全关键系统中的安全隐患。在具有更高 SRL 的系统中，识别并解决这些问题对于防止软件故障和确保系统的安全运行至关重要。

为了说明控制流分析的 SRL 适用性，考虑一个 SRL=3 的自动驾驶车辆防撞系统的示例。该系统接收来自多个传感器的输入，经数据处理后，根据车辆的当前状态和周围环境做出决策。

通过控制流分析，软件开发人员可以检查通过程序分析产生的有向图，可识别以下问题。

（1）不可达代码：通过识别不可达代码，软件开发人员可以删除可能存在的任何冗余代码，提高软件组件的整体性能和可维护性。例如，考虑以下代码示例。

算法 3.41：控制流分析的代码示例 1
```
if (distance_to_obstacle < safe_distance) {
    apply_brakes();
```

```
    return;
}
release_brakes();
return;
```

在此示例中，return;调用后的语句 release_brakes();无法访问，因为函数将在执行 apply_brakes();后返回 release_brakes();。

（2）结构不良的代码：分析有向图可以帮助软件开发人员识别可能过于复杂或结构不良的代码区域，避免导致潜在的错误或安全隐患。例如，防撞系统中可能有多个嵌套的 if else 语句，导致形成难以理解和维护的复杂控制流。将此类代码重构为更小、结构良好的函数可以提高代码可读性，减小出错的可能性。例如，考虑以下代码示例。

算法 3.42：控制流分析的代码示例 2

```
void collision_avoidance() {
    if (distance_to_obstacle < safe_distance) {
        if (speed > max_speed) {
            apply_brakes();
        } else if (speed < min_speed) {
            release_brakes();
        } else {
            maintain_speed();
        }
    } else {
        if (speed < max_speed) {
            accelerate();
        } else {
            maintain_speed();
        }
    }
}
```

在此示例中，控制流很复杂，可能难以理解。通过将代码重构为更小、结构良好的函数，软件开发人员可以提高代码的可读性和可维护性。

总之，控制流分析是一种针对更高 SRL（SRL=2、3）的、有价值的测试技术，能够检测有问题的程序结构并确保安全关键系统正常运行。通过将控制流分析法与其他测试方法相结合，软件开发人员可以提高软件组件的整体安全性和可靠性。

3.5.2.1.4　静态分析——数据流分析

【标准内容】

目标：

数据流分析用于检测有潜在错误的风格不良的程序结构。

描述：

数据流分析是一种静态测试技术，将控制流分析中获得的信息与在代码不同部分读取或写入变量的信息相结合。数据流分析可检查以下变量类型：

——赋值之前被读取的变量，可通过在声明新变量时赋值予以避免。

——多次赋值而未被读取的变量，指示为遗漏代码。

——已赋值但从未读取的变量，指示为冗余代码。

数据流异常并不总是直接对应程序错误。然而，如果避免数据流异常，则代码错误率就低。

索引：本节标准内容源自 GB/T 38874.3—2020 的 7.5.4.1.4 节。

【解析】

1. 目标和描述解析

GB/T 38874 中给出了数据流分析（DFA）的目标和描述。这是一种静态测试技术，用于根据 GB/T 38874 检测农林拖拉机和机械控制系统软件组件测试中有潜在错误的风格不良的程序结构。

数据流分析是一种静态测试技术，用于分析程序中变量的使用和赋值，以确定潜在的问题和错误。在数据流分析中，程序的控制流信息及变量的定义和使用信息被收集，用于建立数据流图。数据流图是程序的可视化表示，显示了变量在不同代码路径中的流动。

数据流分析的目标是识别变量的定义和使用之间的关系，以及识别潜在的逻辑和语法错误。通过分析数据流图，软件开发人员可以识别变量的定义和使用之间的关系，以及可能导致未定义或未使用变量的代码路径。这些问题可能导致程序崩溃或产生意外的结果。

数据流分析的主要目标是识别潜在的错误并提高代码的整体质量，用于检查以下变量类型：

——赋值之前被读取的变量，可通过在声明新变量时赋值予以避免。

——多次赋值而未被读取的变量，指示为遗漏代码。

——已赋值但从未被读取的变量，指示为冗余代码。

这些问题虽可能并不总是导致程序错误，但会增加代码错误的可能性，并且可能对软件的质量、可靠性和可维护性产生负面影响。通过检测和解决这些问题，软件开发人员可以提高软件的整体质量和安全性。

以下通过示例更详细地解析通过数据流分析检查三种变量类型的方法。

（1）赋值之前被读取的变量。

考虑以下代码：

```
int x;
int y = x + 5;
```

在这段代码中，在对变量赋值之前 x 用于初始化。y 表示可能会导致程序出现意外行为或错误。数据流分析可以将此标记为潜在问题，软件开发人员可以通过对 x 使用默认值初始化或确保在使用 x 前为其分配值来避免该问题。

（2）多次赋值而未被读取的变量。

考虑以下代码：

```
int x = 5;
x = x + 10;
```

在这段代码中，变量 x 虽被赋值两次，但它从未被读取过。这可能表示程序中缺少代码或逻辑错误。数据流分析可以将此标记为潜在问题，软件开发人员可以通过删除冗余赋值或添加代码来使用 x。

（3）已赋值但从未被读取的变量。

考虑以下代码：

```
int x = 5;
int y = 10;
x = y + 5;
```

在这段代码中，变量 x 虽被分配了一个值，但它从未被读取过。这表明可以删除冗余代码以提高代码的清晰度和可维护性。数据流分析可以将此标记为潜在问题，软件开发人员可以删除对 x 的初始赋值。

总之，数据流分析是检测与变量使用和整体程序结构相关的潜在问题的强大工具。通过进行数据流分析，软件开发人员可以在这些问题导致错误或降低软件产品的质量和可靠性之前识别并解决这些问题。

2. 数据流分析的案例解析

以下是一个基于 GB/T 38874 的农林拖拉机和机械控制系统安全相关部件软件的案例，涉及静态分析中的数据流分析。

案例描述：考虑一个控制拖拉机制动系统的软件组件。该软件组件使用名为 brake Pressure、brake Command 的变量来控制制动系统的压力和制动指令。软件开发人员需要对该软件组件进行静态分析，以确保在这两个变量的定义和使用之间不存在潜在问题。

数据流分析的步骤如下。

（1）收集代码信息，包括变量的定义、使用和赋值，以及程序控制流信息。

（2）根据代码信息构建数据流图，数据流图中显示了变量 brake Pressure、brake Command 在不同代码路径中的流动。

（3）分析数据流图，识别两个变量的定义、使用和赋值之间的依赖关系，以及可能导致未定义、未使用或未读取的代码路径。

（4）根据分析结果，处理潜在问题和错误。

本案例的数据流图如图 3.7 所示。

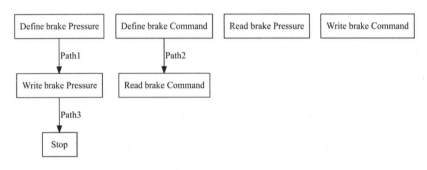

图 3.7　本案例的数据流图

如图 3.7 所示，Define brake Command 和 Read brake Command 之间的路径存在，Write brake Command 没有路径与之连接，表示变量 brake Command 在定义之后被读取，但未被赋值或使用。软件开发人员需要修改代码以使用或删除这个变量。

在这个案例中，数据流分析可以帮助软件开发人员识别以下类型的问题。

（1）未定义变量的使用：在数据流图中，如果没有从定义变量的节点到达使用变量的节点的路径，则表示变量在使用之前未被定义。在这种情况下，软件开发人员需要修改代码，以确保变量在使用之前被正确定义。

（2）未被使用的变量：在数据流图中，如果没有从定义变量的节点到达停止节点的路径，则表示变量在定义之后未被使用。在这种情况下，软件开发人员需要修改代码，以删除未被使用的变量。

（3）多次赋值但从未被读取的变量：在数据流图中，如果存在多个从定义变量的节点到写入变量的节点的路径，但是没有从写入变量的节点到读取变量的节点的路径，则表示变量被多次赋值但从未被读取。在这种情况下，软件开发人员需要修改代码，以删除多余的赋值操作。

在读取变量之前定义变量的修改，修改后的数据流图如图 3.8 所示。

如图 3.8 所示，软件开发人员已经在读取变量之前定义了变量，以确保变量在使用之前被正确定义。这可以通过数据流分析来检测和处理。

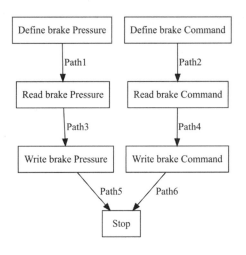

图 3.8　修改后的数据流图

3．SRL 适用性和示例解析

数据流分析是一种静态测试技术，将来自控制流分析的信息与在代码的不同部分读取或写入变量的信息相结合，用于检测有潜在错误的风格不良的程序结构。根据 GB/T 38874，数据流分析适用于较高 SRL（SRL=2、3），不推荐用于较低 SRL（SRL=B、1）。这种 SRL 适用性的原因包括以下几个。

（1）复杂性：较高 SRL 通常涉及具有更高安全要求的更复杂的系统。在这种情况下，数据流分析有助于识别和处理有问题的代码结构，确保软件有效地处理数据流并确保系统的完整性。

（2）严格测试：随着具有更高 SRL 的系统的安全要求增加，对严格测试的需求也增加。数据流分析是一种更高级的静态分析技术，可以提供对代码数据处理的更深入的洞察，有助于更全面地测试。

（3）错误检测：数据流分析可以检测变量在赋值前被读取、多次赋值而未被读取、已赋值但从未被读取等问题。识别和解决这些问题对于具有更高 SRL 的系统至关重要，可以防止软件故障并确保系统安全运行。

为了说明数据流分析的 SRL 适用性，考虑一个 SRL=3 的医疗设备控制系统示例。该系统接收来自各种传感器的输入，经数据处理后，并根据患者的当前状态和设备的操作参数做出决策。

通过进行数据流分析，软件开发人员可以检查代码以确定以下问题。

（1）赋值之前被读取的变量：通过确保变量在声明时被赋值，软件开发人员可以防止因访问未初始化的变量而引起的潜在错误。例如，考虑以下代码示例。

算法 3.43：赋值之前被读取的变量的代码示例

```
int heart_rate;
if (sensor_data_available) {
    heart_rate = read_heart_rate_sensor();
}
int adjusted_pump_rate = calculate_pump_rate(heart_rate);
```

在此示例中，如果 sensor_data_available 为 false，则 heart_rate 在传递给函数时将未初始化 calculate_pump_rate()。为避免此问题，软件开发人员应在声明变量时为其分配默认值。

（2）多次赋值而未被读取的变量：此类变量可能表示缺少代码或逻辑错误。例如，考虑以下代码示例。

算法 3.44：多次赋值而未被读取的变量的代码示例

```
int target_temperature = read_target_temperature();
target_temperature = read_current_temperature();
```

在此示例中，target_temperature 被赋值两次而未被读取，可能表示缺少代码或逻辑错误。

（3）已赋值但从未被读取的变量：识别这些变量可以帮助软件开发人员删除冗余代码，提高软件组件的整体性能和可维护性。例如，考虑以下代码示例。

算法 3.45：已赋值但从未被读取的变量的代码示例

```
int alarm_threshold = read_alarm_threshold();
int current_temperature = read_current_temperature();
int warning_threshold = calculate_warning_threshold(alarm_threshold);
```

在此示例中，current_temperature 已赋值但从未被读取，表明可以删除冗余代码。

总之，由于数据流分析能够检测有问题的程序结构并确保正确处理软件中的数据，因此对于具有更高 SRL（SRL=2、3）的系统而言，是一种有价值的测试技术。通过将数据流分析法与其他测试方法相结合，软件开发人员可以提高软件组件的整体安全性和可靠性。

3.5.2.1.5 动态分析与测试

【标准内容】

目标：

通过运行被测程序，检查原型的动态行为，检测规格说明是否失效。

描述：

将预定工作环境下的典型数据输入到安全相关系统原型中，完成安全相关系统的动态分析。如果安全相关系统的行为与预期结果一致，则符合要求。应纠正安全相关系统中的任何失效，并应重新分析新的运行版本。

索引：本节标准内容源自 GB/T 38874.3—2020 的 7.5.4.1.5 节。

【解析】

1. 目标解析

GB/T 38874中概述的软件组件测试方法中的动态分析与测试的目标是通过运行被测程序，检查原型的动态行为。这是至关重要的，因为操作者的安全和机器的效率取决于控制机器操作各个方面的软件组件的正常运行。通过检查原型的动态行为，可以在最终产品中实施软件之前识别并处理潜在问题和安全隐患。

GB/T 38874强调进行动态分析的主要原因是，单靠静态分析不能保证软件组件的安全性和可靠性。静态分析是指在不运行程序的情况下检查源代码及其结构。虽然这种方法可以检测到某些问题，如语法错误或潜在的安全漏洞，但无法揭示软件在实际运行时的行为方式。动态分析涉及运行程序并观察其在不同条件下的行为，可以发现静态分析期间可能不明显的问题。

为了进行动态分析，测试人员在预定的工作环境中将典型数据输入到安全相关系统原型中。此数据模拟了软件在使用时会遇到的真实情况。通过将安全相关系统的行为与预期结果进行比较，测试人员可以确定软件是否满足GB/T 38874的要求。如果检测到任何差异，则必须更正软件，并且必须重新分析新的运行版本以确保软件符合GB/T 38874中的要求。

为了说明动态分析在软件组件测试中的重要性，考虑一个涉及拖拉机自动转向系统的示例。控制该系统的软件必须能够准确处理来自各种传感器（如GPS和陀螺仪）的输入，并相应地调整拖拉机的转向。如果软件无法正确执行这些任务，那么拖拉机可能会偏离路线或突然、意外地移动，给操作者带来危险，并且可能损伤农作物。

在此示例中，控制自动转向系统的软件的动态分析将涉及使用典型的传感器输入数据运行程序。测试人员将观察原型的动态行为，确保根据输入数据按预期驾驶拖拉机。如果检测到任何问题，如拖拉机未遵循所需路线或突然、意外地移动，则必须更正并重新分析软件，以确保其符合GB/T 38874的要求。

GB/T 38874强调进行动态分析的另一个原因是，现代农林机械通常依赖于多个软件组件之间的复杂交互。由于这些软件组件协同工作以控制机器运行的各个方面，因此一个软件组件中出现的任何问题都可能影响其他软件组件的动态行为。通过彻底测试每个软件组件的动态行为，测试人员可以确保整个系统按预期运行并满足安全相关要求。

总之，GB/T 38874中概述的软件组件测试方法中的动态分析与测试对于确保农林拖拉机和机械控制系统的安全性、可靠性起着至关重要的作用。

2. 描述解析

GB/T 38874概述了对安全相关系统的软件组件测试进行动态分析的过程，强调了根据预期结果验证系统行为并纠正任何失效的重要性。在下面的详细分析中，我们将分解描述的组成部分，解释每个步骤背后的原因，并提供示例来进行说明。

（1）在预定的工作环境中输入典型数据：动态分析对于确保系统安全、可靠地运行至关重要。它涉及通过输入典型数据评估系统响应来模拟真实世界的操作条件。此步骤的目的是验证软件组件在各种条件下是否能按预期运行，并且可以处理不同类型的数据而不会造成任何不利影响。通过选择具有代表性的数据，测试人员可以确保测试涵盖系统在运行期间会遇到的大多数用例。

示例：考虑一个监测和控制车辆速度、转向和其他功能的农用车辆控制系统。在动态分析过程中，测试人员将输入代表各种地形、天气条件和车辆负载场景的数据，以模拟真实世界的操作条件。

（2）完成安全相关系统的动态分析：动态分析过程涉及使用选定的输入数据运行系统原型并监控其行为。此步骤旨在识别实际系统行为与基于系统规范的预期结果之间的差异。测试人员必须仔细记录分析结果，以查明可能危及系统安全或性能的所有潜在问题。

示例：在农用车辆控制系统中，测试人员将监控原型对不同数据的响应，如保持车辆在陡坡上的速度、根据地形变化调整车辆转向及管理车辆的负载分配。他们会将系统的性能与预期结果进行比较，并找出偏差。

（3）验证安全相关系统的行为与预期结果的一致性：完成动态分析后，测试人员必须验证安全相关系统的行为是否与预期结果一致。此步骤对于评估系统的安全性和可靠性至关重要。如果安全相关系统的行为与预期结果一致，则表明软件组件运行正常并符合指定要求。相反，安全相关系统的行为与预期结果有任何不一致都可能表明存在需要解决的潜在问题。

示例：农用车辆控制系统原型按预期在陡坡上保持车辆速度，未能根据地形变化调整转向，在系统被认为安全、可靠之前，需要进一步调查和解决这种不一致问题。

（4）纠正安全相关系统中的任何失效，并重新分析新的运行版本：如果在安全相关系统中发现任何失效，则应及时、彻底地解决这些问题。测试人员必须与软件开发团队密切合作，以确定失效的根本原因，实施适当的纠正措施，并重新测试软件组件的新运行版本。此迭代过程可确保解决所有潜在问题，确保最终软件组件满足安全和性能要求。

示例：在确定农用车辆控制系统中的转向问题后，软件开发团队将分析问题并实施解决方案，如更新负责基于地形的转向调整的软件算法。测试人员将使用相同的输入数据重新进行动态分析，以验证问题是否已得到解决及系统现在是否按预期运行。

总之，GB/T 38874 强调了动态分析对于安全相关系统中软件组件测试的重要性。通过在预定的工作环境中输入典型数据，测试人员可以模拟真实世界的操作条件并验证系统是否按预期运行。

3.5.2.1.6　边界值分析的测试用例执行

【标准内容】

目标：

应使用边界值分析的测试用例，以检测在参数极限或边界上的软件错误。

描述：

边界值分析见 3.5.2.1.1 节。

> 索引：本节标准内容源自 GB/T 38874.3—2020 的 7.5.4.1.6 节。

【解析】

1．目标和描述解析

边界值分析的测试用例执行的目标是确保程序在输入的边界值和极限值处能够正常工作。在测试中，将程序的输入域划分为多个等价类，并检查规格说明中的输入域是否与程序中的输入域边界一致。在直接或间接的转换中，零值的使用经常引起错误，应特别注意。应编写测试用例强制输出至限定值，并在可行时指定测试用例使输出超过规格说明的边界值。

边界值分析是一种黑盒测试方法，可以确定程序在边界值和极限值处的行为是否符合预期。这种测试方法通过将程序的输入域划分为多个等价类，并选择每个等价类的边界值和极限值进行测试。这些测试用例旨在检测程序是否能够处理边界值和极限值。

（1）示例 1：说明如何使用边界值分析的测试用例测试一个计算器程序。假设计算器程序将两个整数相加，其中整数值的范围为-100 到 100。在此示例中，将输入域分为三个等价类：

- 输入为负数。

- 输入为零。

- 输入为正数。

在这种情况下，测试用例应涵盖每个等价类的边界值和极限值。以下是一个示例，展示了如何通过边界值分析来设计测试用例。

算法 3.46：通过边界值分析来设计测试用例的代码示例

```
graph LR
A["输入为负数"]
B["输入为零"]
C["输入为正数"]
A --> |边界值：-100| D["测试用例"]
A --> |极限值：-101| E["测试用例"]
```

```
B --> |边界值: 0| F["测试用例"]
B --> |极限值: -1| G["测试用例"]
B --> |极限值: 1| H["测试用例"]
C --> |边界值: 100| I["测试用例"]
C --> |极限值: 101| J["测试用例"]
```

在此示例中，测试用例包括-100、-101、0、-1、1、100、101 这几个边界值和极限值。这些测试用例将用于测试程序是否能够处理边界值和极限值，以及在这些值附近的计算结果是否符合预期。

示例 1 边界值分析的示意图如图 3.9 所示。

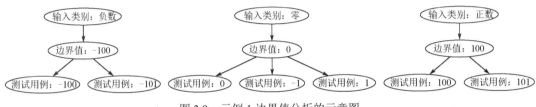

图 3.9　示例 1 边界值分析的示意图

在图 3.9 中，每个输入类别通过箭头指向对应的边界值，每个边界值又指向对应的测试用例。例如，输入类别"负数"对应的边界值是"-100"，并且有两个测试用例，即"-100"和"-101"。每个测试用例都会强制输入边界值，以确保系统能够正确处理边界条件。

（2）示例 2：假设有一个函数 divide(a, b)，该函数用于计算两个整数 a 和 b 的商，要求输入的 b 不能为零，可以通过边界值分析来设计测试用例。

首先，将输入域划分为三个等价类：正整数、负整数和零。其次，对于每个等价类，选择边界值和极限值作为测试用例。

对于正整数，我们选择以下测试用例。

- a=1, b=1：正常情况下的测试用例，预期结果为正数。
- a=100, b=1：测试 a 较大时的情况，预期结果为正数。
- a=1, b=100：测试 b 较大时的情况，预期结果为正数。
- a=1, b=2147483647：测试 b 达到最大值时的情况，预期结果为正数。

对于负整数，选择以下测试用例。

- a=1, b=-1：当 a 为正数而 b 为负数时，预期结果为负数。
- a=-1, b=1：当 a 为负数而 b 为正数时，预期结果为负数。

对于零，选择以下测试用例。

- a=1, b=0：测试 b 为零的情况，预期触发零除错误。

在这个示例中，为 divide(a, b)函数的每个输入类别（正整数、负整数、零）设计了边界值和极限值作为测试用例，并根据可能的输出情况（结果为正数、结果为负数、零除错误）来创建测试用例，如图 3.10 所示。

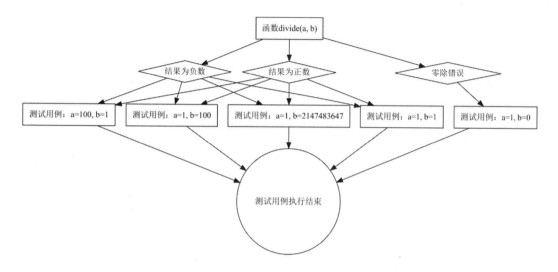

图 3.10　示例 2 边界值分析的示例图

在图 3.10 中，divide(a, b)函数根据可能的输出结果，分别指向"结果为正数"、"结果为负数"和"零除错误"三个分支。每个分支都有一系列的测试用例，如在"结果为正数"的分支下，有"a=1，b=1"、"a=100，b=1"、"a=1，b=100"和"a=1，b=2147483647"等测试用例。所有的测试用例都将结束于"测试用例执行结束"节点。以上测试用例能够准确地覆盖各种可能的输入情况，并且符合函数的预期行为。

2．SRL 适用性和示例解析

根据 GB/T 38874，边界值分析的测试用例执行适用于 SRL=3，SRL=3 代表最高的安全性和可靠性要求。这是因为 SRL=3 的系统必须遵守严格的安全标准，检测参数极限或边界处的软件错误对于确保此类系统的整体安全性和可靠性至关重要。由于具有较低 SRL（SRL=B、1、2）的系统的安全要求不太严格，因此在这类系统中，边界值分析的测试用例执行可能不那么重要。

边界值分析适用于 SRL=3 的原因如下。

（1）更高的安全要求：SRL=3 的系统具有最高的安全性和可靠性要求。确保这类系统在参数极限或边界内正常运行对于防止潜在故障或危险至关重要。

（2）稳健性：边界值分析通过定位边界（通常是指最脆弱的点）来识别系统中的潜在弱点。通过专注于这些领域，软件开发人员可以创建更健壮的系统。这类系统在现实场景中不太可能出现故障。

（3）更好的错误检测：边界值分析是一种有效的技术，用于检测在其他测试方法（如功能或性能测试）中可能不明显的错误。通过关注边界，边界值分析可以识别可能导致系统故障或性能下降的问题。

（4）提高可靠性：通过执行边界值分析的测试用例，软件开发人员可以确保系统在各种操作条件下正常运行，最终提高整体可靠性。

示例：考虑一个负责控制核反应堆温度的 SRL=3 的安全关键系统。该系统必须将反应堆的温度维持在特定范围内，确保安全运行。在这种情况下，边界值分析可用于测试系统在边界条件下的行为，如最低和最高允许温度下的行为。

要在此示例中应用边界值分析，可执行以下步骤。

（1）识别边界：确定系统输入域的边界，如最低和最高允许温度。此外，还要考虑任何其他相关的边界条件，如正常运行和紧急停机之间的过渡。

（2）设计测试用例：设计针对已识别边界的测试用例。这些测试用例应该包括输入值恰好在边界处的场景，以及输入值刚好在边界外的场景。

（3）设置测试环境：设置测试环境以模拟核反应堆的真实操作条件，包括任何必要的输入数据、控制命令和操作参数。

（4）执行测试用例：执行测试用例并观察系统在边界条件下的行为。监控系统对输入值的响应，并将它们与规范中定义的预期结果进行比较。

（5）分析测试结果：识别预期结果和观察到的行为之间的偏差，如对输入值的错误响应、性能问题或意外的系统状态，将这些偏差记录为需要解决的潜在问题。

（6）纠正故障并重新测试：通过修改系统的设计或代码来解决已识别的故障，并使用相同的测试用例重新测试更新的运行版本。重复此过程，直到纠正所有故障并且系统的行为符合规范为止。

总之，边界值分析的测试用例执行特别适用于 SRL=3，因为此等级的系统具有更高的安全性和可靠性要求。通过识别和解决参数极限或边界处的潜在问题，软件开发人员可以创建更稳健、更安全、更可靠的系统，以满足 SRL=3 的系统所需的安全要求。

3.5.2.1.7　结构化测试

【标准内容】

目标：

结构化测试用于对程序结构中的某些子集进行测试。

描述：

在程序分析的基础上选择一组输入数据，运行程序达到程序代码的目标覆盖率。目标覆盖率应尽可能大，应预先指定并进行记录。代码覆盖度量方法如下，与测试的严格程度有关。此测试与表 3.4 中的单元测试相结合，并为预期的单元测试覆盖提供参考：

——入口点（调用）覆盖。

确保每个子程序（子程序或函数）至少被调用一次（这是最不严格的结构覆盖度量）。在面向对象语言中，可有多个同名子程序，这适用于动态调度的多态类型（重载的子程序）的不同变体。在此情况下，应测试每个重载的子程序。

——语句覆盖。

这是最不严格的测试方法。在未运行条件语句两个分支的情况下，有可能执行所有的代码语句。

——分支覆盖。

应检查每个分支的两侧。对于防御性编码的某些类型，分支覆盖不可用。

索引：本节标准内容源自 GB/T 38874.3—2020 的 7.5.4.1.7 节。

【解析】

1. 目标和描述解析

GB/T 38874 中概述的结构化测试的目标是测试程序结构中的某些子集，是通过基于程序分析选择一组输入数据并运行程序达到程序代码的目标覆盖率来完成的。目标覆盖率应尽可能大，并应事先指定和记录。

结构化测试是软件测试的重要组成部分，可确保程序的所有部分都被测试，而不仅仅是易于测试或程序员认为最重要的代码被测试。通过使代码的目标覆盖率尽可能大，结构化测试增加了软件开发人员对程序正确运行的信心，并降低了未发现缺陷的风险。

GB/T 38874 建议使用代码覆盖率指标来衡量结构化测试的有效性。代码覆盖率度量测试期间执行了多少程序代码，是测试彻底性的指标。代码覆盖率指标的示例包括语句覆盖率、分支覆盖率和路径覆盖率。

语句覆盖率衡量在测试期间执行了多少程序语句。分支覆盖率衡量测试了多少可能的执行路径。路径覆盖率是最全面的代码覆盖率指标，用于衡量程序中有多少可能的路径被测试过。

除测量代码覆盖率外，结构化测试还应与单元测试结合使用，如表 3.4 中所规定的，为预期的单元测试覆盖率提供参考。

示例：假设有一个程序可以根据给定的长度和宽度计算矩形的面积，想通过结构化测试来测试程序。首先，分析程序代码以确定所有可能的执行路径。其次，创建一组涵盖所有可能路径的测试用例，包括长度和宽度为零、负数或最大允许值的情况。用每个测试用例执行程序并测量实现的代码覆盖率，目标是使代码覆盖率尽可能大，并根据需要调整测试用例以达到目标代码覆盖率水平。

2. 结构化测试的技术/方法

结构化测试包括不同的技术/方法，用于进行代码覆盖分析、测试用例设计及代码覆盖率度量等。

（1）代码覆盖分析。

代码覆盖分析是结构化测试的核心，用于确定测试用例执行期间哪些代码被执行、哪些代码未被执行。代码覆盖分析包括以下技术。

- 语句覆盖：测试用例执行期间是否执行每条语句。
- 判定覆盖：测试用例执行期间是否执行每个判定式的每个分支。
- 条件覆盖：测试用例执行期间是否使每个判定式中的每个条件都为 true 和 false。
- 条件/判定覆盖：测试用例执行期间是否使每个判定式中的每个条件都为 true 和 false，并且执行每个判定式的每个分支。
- 路径覆盖：测试用例执行期间是否执行每个可能的程序路径。

（2）测试用例设计。

测试用例设计用于生成测试用例，以检测程序是否符合规格说明。测试用例设计包括以下技术。

- 等价类划分：将输入域划分为多个等价类，并从每个等价类中选择一个或多个测试用例。
- 边界值分析：测试用例应覆盖输入域的边界和极限。
- 错误推测：预测程序的错误，并为其生成测试用例。

（3）代码覆盖率度量。

代码覆盖率度量是指度量测试用例执行期间程序的代码覆盖率，以确定测试用例的质量和数量是否足够。代码覆盖率度量包括以下指标。

- 语句覆盖率：执行的语句数与总语句数的比率。
- 判定覆盖率：执行的分支数与总分支数的比率。
- 条件覆盖率：执行的条件数与总条件数的比率。
- 路径覆盖率：执行的路径数与总路径数的比率。

例如，对于一个简单的计算器程序，可以使用结构化测试技术/方法。假设规格说明要求计算器应支持加、减、乘和除运算。代码覆盖分析可以确定语句覆盖、判定覆盖、条件覆盖和条件/判定覆盖的测试技术。测试用例设计可以使用等价类划分和边界值分析来生成测试用例。代码覆盖率可以通过计算测试用例执行期间的覆盖率来进行度量。

3. 入口点（调用）覆盖

入口点覆盖是结构化测试技术的一种，用于确保在软件执行期间至少调用一次每个子程序或函数。这种技术也被称为调用覆盖或子程序覆盖。入口点覆盖的目的是识别在软件执行期间未被调用的任何子程序或函数，可能导致被忽视的缺陷或错误。通过确保至少调用一次每个子程序或函数，软件开发人员可以提高软件的可靠性和稳健性。

例如，考虑一个包含计算矩形面积的函数的软件应用程序，该函数有两个参数，矩形的长度和宽度。该函数的入口点覆盖将确保该函数在软件执行期间至少被调用一次，并使用不同的输入值来验证其是否正确运行。

示例 1：以下是使用 Python 进行入口点覆盖的代码示例。

算法 3.47：使用 Python 进行入口点覆盖的代码示例

```python
def area(length, width):
    return length * width


def main():
    print(area(4, 5))


if __name__ == "__main__":
    main()
```

在这段代码中，area()函数是用来计算矩形面积的函数，被调用了一次（在 main()函数中）。因此，入口点覆盖已经完成。

示例 2：以下是使用 C++进行入口点覆盖的代码示例。

算法 3.48：使用 C++进行入口点覆盖的代码示例

```cpp
#include <iostream>

int area(int length, int width) {
    return length * width;
}

int main() {
    std::cout << area(4, 5) << std::endl;
    return 0;
}
```

在这段代码中，area()函数是用来计算矩形面积的函数，被调用了一次（在 main()函数中）。因此，入口点覆盖已经完成。

入口点覆盖测试程序控制流图如图 3.11 所示。

图 3.11　入口点覆盖测试程序控制流图

在图 3.11 中，"main()函数"节点调用"area()函数"节点，之后"area()函数"节点返回到"End"节点，表示在程序执行期间至少调用了一次 area()函数，符合入口点覆盖的要求。

4．语句覆盖

语句覆盖旨在确保软件代码的每条语句在测试期间至少执行一次。

但是，该技术是所有测试方法中最不严格的。这是因为语句覆盖只检查每一行代码是否都被执行过，并不能保证所有可能的执行路径都被测试过。程序有可能执行所有语句而不执行所有可能的路径，导致在未测试的代码路径中出现未检测到的错误。

例如，以下是一个计算给定数列中所有正数之和的函数，将使用 Python 和 C++来展示代码。

```python
def sum_positive_numbers(numbers):
    total = 0
    for num in numbers:
        if num > 0:
            total += num
    return total
```

可以用以下几个测试用例来覆盖所有语句。

算法 3.49：使用 Python 测试用例来覆盖所有语句的代码示例

```python
# Test case 1: numbers = [1, 2, 3]
print(sum_positive_numbers([1, 2, 3]))

# Test case 2: numbers = [0, -1, -2]
print(sum_positive_numbers([0, -1, -2]))

# Test case 3: numbers = []
print(sum_positive_numbers([]))
```

为了使用语句覆盖测试此函数，需要编写测试用例，以使函数的每条语句至少执行一次。

算法 3.50：C++语句覆盖的测试用例的代码示例

```cpp
#include <vector>
#include <iostream>

int sumPositiveNumbers(const std::vector<int>& numbers) {
    int total = 0;
    for (int num : numbers) {
        if (num > 0) {
            total += num;
        }
    }
    return total;
}

int main() {
    std::vector<int> numbers1 = {1, 2, 3};
    std::vector<int> numbers2 = {0, -1, -2};
    std::vector<int> numbers3 = {};
    std::cout << sumPositiveNumbers(numbers1) << std::endl;
    std::cout << sumPositiveNumbers(numbers2) << std::endl;
    std::cout << sumPositiveNumbers(numbers3) << std::endl;
    return 0;
}
```

语句覆盖测试程序控制流图如图 3.12 所示。

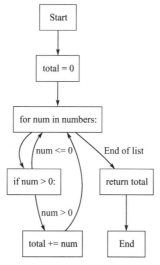

图 3.12　语句覆盖测试程序控制流图

在图 3.12 中，每个矩形代表一条语句，箭头表示控制流的方向，通过测试用例保证了所有的语句都至少被执行了一次。

5. 分支覆盖

分支覆盖旨在确保条件语句的每个分支在测试期间至少被执行一次。换句话说，测试用例必须覆盖每个分支的两侧，以实现完整的分支覆盖。

但是，分支覆盖可能不适用于某些类型的防御性编码。防御性编码是指用于防止软件错误和漏洞的技术，如输入验证和错误处理。这些技术通常使用条件语句来检查意外或无效输入并采取适当的措施。

在这种情况下，覆盖条件语句的所有可能分支可能是不可行的或不切实际的。例如，考虑以下代码片段。

```
if (x > 0) {
  y = 1;
} else if (x == 0) {
  y = 0;
} else {
  handle_error();
}
```

在这段代码中，如果 x 为负数，则调用 handle_error()函数。虽然优雅地处理错误很重要，但是为 x 的每个可能的负值生成测试用例可能是不可行的。在这种情况下，分支覆盖可能无法实现，其他测试方法如变异测试或模糊测试可能更合适。

总之，分支覆盖是一种有用的测试方法，可确保程序条件语句的所有可能分支都得到执行。但是，对于某些类型的防御性编码，它可能不实用或不可行，可能需要使用其他测试方法。

示例 1：分支覆盖确保了在代码中每个分支的每个可能结果都至少被测试一次。这就意味着，对于每条条件语句，都需要检查"真"和"假"两种情况。

以一个简单的例子进行说明，假设有一个函数，该函数接收一个整数并检查它是否为正数。

算法 3.51：检查函数是否为正数的 Python 代码示例

```python
def is_positive(num):
    if num > 0:
        return True
    else:
        return False
```

为了实现分支覆盖，需要设计测试用例以保证检查了 num > 0 的"真"和"假"两种情况。在这个示例中，可以使用以下测试用例。

算法 3.52：测试用例

```python
# Test case 1: num = 1
```

```
print(is_positive(1))

# Test case 2: num = 0
print(is_positive(0))
```

该测试用例可以保证覆盖了所有分支。

分支覆盖测试程序控制流图如图 3.13 所示。

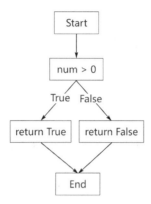

图 3.13　分支覆盖测试程序控制流图

在图 3.13 中，箭头表示控制流的方向，节点代表程序中的分支。使用 label 属性为箭头添加标签以指示条件的真假。使用两个测试用例来确保覆盖了所有分支：当 num > 0 为真时，返回 True；当 num > 0 为假时，返回 False。

6. SRL 适用性和示例解析

GB/T 38874 将结构化测试定义为一种用于测试程序结构中某些子集的方法。结构化测试旨在达到程序代码的目标覆盖率。该目标覆盖率应尽可能大并预先指定。GB/T 38874 概述了三种类型的结构化测试覆盖：入口点（调用）覆盖、语句覆盖和分支覆盖。根据 SRL 不同，每种覆盖类型有不同的适用性。

（1）入口点（调用）覆盖（SRL=2）：入口点覆盖确保每个子程序（子程序或函数）至少被调用一次，适用于 SRL=2，不推荐用于 SRL=B、1，不适用于 SRL=3。因为 SRL=2 的系统具有适度的安全性和可靠性要求，入口点覆盖在测试彻底性和资源限制之间取得了平衡。入口点覆盖没有语句覆盖或分支覆盖那么严格，更适用于安全要求较高的系统。

（2）语句覆盖（SRL=2、3）：语句覆盖旨在执行所有代码语句，不保证条件语句的两个分支都执行，适用于 SRL=2、3，不推荐用于 SRL=B、1。语句覆盖比入口点覆盖更严格，适用于对安全性和可靠性要求更高的系统，如 SRL=2、3 的系统。

（3）分支覆盖（SRL=2、3）：分支覆盖旨在检查每个分支的两侧，适用于 SRL=2、3 的系统，不推荐用于 SRL=B、1 的系统。分支覆盖是三者中最严格的测试方法，适用于对安全性和可靠性要求较高的系统。

示例：考虑一个负责控制化工厂温度的安全关键系统，根据控制算法的复杂性和故障的潜在后果，系统具有不同的 SRL 要求。

要对该系统进行结构化测试，可执行以下步骤。

（1）确定系统的 SRL：根据系统的安全性和可靠性要求确定适当的 SRL。在此示例中，假设系统的 SRL=3。

（2）选择合适的结构化测试技术：根据系统的 SRL，选择最适合系统的结构化测试技术。对于 SRL=3 的系统，语句覆盖和分支覆盖都适用。

（3）分析程序结构：检查程序代码，识别子程序、语句和分支，并开发针对所选覆盖类型的测试用例。

（4）执行测试用例：执行测试用例以达到目标覆盖率，并在测试期间监控系统的行为。

（5）分析测试结果：识别预期结果和观察到的行为之间的偏差，并将这些偏差记录为需要解决的潜在问题。

（6）纠正问题并重新测试：修改系统的设计或代码以解决已识别的问题，并使用相同的测试用例重新测试更新后的系统。重复此过程，直到系统的行为符合规范并达到目标覆盖率为止。

总之，GB/T 38874 中概述的结构化测试的适用性取决于系统的 SRL。通过基于 SRL 选择合适的测试技术，软件开发人员可以确保系统满足安全性和可靠性要求。将结构化测试作为软件开发过程的一部分实施有助于识别和解决潜在问题，最终创建更健壮和可靠的系统。

3.5.2.1.8　等价类和输入分区测试

【标准内容】

目标：

等价类和输入分区测试应利用最少的测试数据充分测试软件。应对运行软件所需的输入域进行分区，根据选择的输入域分区得到测试数据。

描述：

测试策略应基于输入的等价关系确定输入域的分区。

选择测试用例，应覆盖所有事先指定的分区。每个等价类至少有一个测试用例。

有两种基本的输入分区方法：

——源于规格说明的等价类——可面向输入（如选择的值以相同方式处理）或面向输出（如功能结果相同的一组输入值）。

——源于程序结构的等价类——等价类由程序的静态分析确定（如执行相同路径的一组值）。

索引：本节标准内容源自 GB/T 38874.3—2020 的 7.5.4.1.8 节。

【解析】

1. 目标和描述解析

等价类和输入分区测试是一种黑盒测试方法，目标是最少化测试用例数量，尽可能地覆盖软件的输入空间，适用于基于输入的测试，即测试输入的数据。输入分区是指将输入数据分成一组等价类，每个等价类具有相同的特征，通常在输入数据中具有相同的处理方式和功能结果。

等价类测试基于一组已知的等价类，选择代表每个等价类的测试用例进行测试。这些测试用例足以检测出该等价类中的所有缺陷。输入分区测试通过将输入域分为一组不相交的子集来进行测试，每个子集代表一个等价类。等价类和输入分区测试旨在使用尽可能少的测试数据充分测试软件。

源于规格说明的等价类测试：这种测试方法基于规格说明的输入分区，即测试数据的等价类源于输入规格说明。可以针对输入数据（如选择的值以相同方式处理）或输出数据（如功能结果相同的一组输入值）进行分区。例如，在一个银行账户应用程序中，等价类可能是输入的数字金额，分区可能是低于、等于和高于账户余额的数字金额。通过选择每个分区的一个测试用例进行测试，即可确保该等价类的所有情况都得到测试。

源于程序结构的等价类测试：这种测试方法基于程序的控制流结构，将输入分为一组等价类。等价类由程序的静态分析确定（如执行相同路径的一组值）。例如，在一个简单的登录页面应用程序中，等价类可能是用户名和密码的长度。在程序中，对于一个正确的用户名和密码，控制流将通过一个特定的路径，可以使用输入分区测试，通过选择一个代表每个等价类的测试用例来测试每个分区，确保覆盖了每个等价类的所有情况。

2. 源于规格说明的等价类测试

等价类测试是一种软件测试技术，根据输入参数的有效性或无效性将输入参数划分为几个等价类。只需要在每个等价类中选择少数几个有代表性的参数进行测试，即可认为此等价类的其他参数也具有同样的属性。

示例：根据输入值的范围将其分为 3 个等价类。

（1）输入值为 100 到 5000 之间的整数。

（2）输入值为小于 100 的整数。

（3）输入值为大于 5000 的整数。

等价类和输入分区测试的示例图如图 3.14 所示。

在图 3.14 中，第二行的虚线框代表有效的输入范围（等价类），实线框代表无效的输入范围（等价类）。箭头代表输入参数从开始到结束的流程，并标注了用于测试的具体测试用例。这样可以确保等价类中的每种情况都被测试到，从而有效地减少测试用例的数量，同时充分测试软件的各种情况。

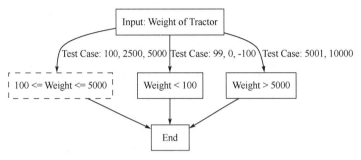

图 3.14 等价类和输入分区测试的示例图

3．源于程序结构的等价类测试

假设有一个程序需要对输入的温度值进行判断，若温度值小于或等于 0，则输出"结冰"；若温度值大于 0 且小于或等于 100，则输出"液态"；若温度值大于 100，则输出"气态"。基于程序结构的等价类测试可以将输入域分为以下几个等价类。

（1）输入值小于或等于 0。

（2）输入值大于 0 且小于或等于 100。

（3）输入值大于 100。

（4）无效输入，如输入值为非数字或输入值为 NULL 等。

在此例中，根据温度的不同范围将有效输入划分为三个等价类，无效输入作为第四个等价类，用于测试程序对于异常或错误输入的处理能力，这些等价类涵盖了程序逻辑中所有可能的温度值输入情况。对于每个等价类，选取一个测试用例进行测试，充分覆盖程序的各种路径，确保程序的正确性和安全性。另外，还将考虑无效输入范围的等价类，以测试程序如何处理非法或异常输入。

源于程序结构的等价类测试的示例图如图 3.15 所示。

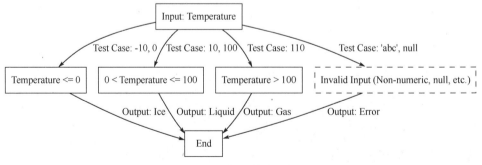

图 3.15 源于程序结构的等价类测试的示例图

在图 3.15 中，第二行的实线框代表有效的输入范围（等价类），虚线框代表无效的输入范围（等价类）。箭头代表输入参数从开始到结束的流程，标注了用于测试的具体测试用例。箭头标签"Output"代表每个等价类执行结果的预期输出。这种方式可以帮助我们以视觉的方式理解程序的结构，并确保所有可能的执行路径都被测试过。

4. SRL 适用性和示例解析

GB/T 38874 中概述了软件组件测试的等价类和输入分区测试技术。这种测试技术的主要目标是利用最少的测试数据充分测试软件。这是通过对运行软件所需的输入域进行分区并根据所选分区选择测试数据来实现的。等价类和输入分区测试仅适用于 SRL=2、3，不推荐用于 SRL=B、1。

等价类和输入分区测试适用于 SRL=2、3 的原因如下。

（1）更高的安全性和可靠性要求：SRL=2、3 的系统对安全性和可靠性的要求更加严格。等价类和输入分区测试通过利用最少的测试数据充分测试软件来帮助软件开发人员识别潜在问题。这可确保系统满足安全性和可靠性要求。

（2）系统的复杂性：SRL=2、3 的系统往往有更复杂的行为和算法。对输入域进行分区并测试每个分区有助于识别仅在特定输入组合或特定条件下才会出现的问题。这种测试技术更适用于复杂系统，侧重于不同的输入数据及其对系统行为的潜在影响。

（3）有限的资源和测试时间：具有较高 SRL 的系统可能具有有限的资源和测试时间。等价类和输入分区测试通过减少实现全面测试覆盖所需的测试用例数量来优化测试过程，节省时间和资源。

示例：为了说明这种测试技术，考虑一个安全关键系统，通过智能交通灯系统控制交通流量。假设此系统的 SRL=3。

（1）识别输入域：确定系统的输入域。输入可能包括接近十字路口的车辆数量、速度和行人的存在。

（2）定义等价类：根据输入的等价关系将输入域划分为等价类。这些等价类可以源于规格说明（面向输入或面向输出）或源于程序结构（由程序的静态分析确定）。

例如，面向输入的等价类可能包括：

- 以低速、中速或高速接近的车辆；
- 没有行人、行人很少或行人很多的十字路口。

面向输出的等价类可能包括：

- 优先考虑车辆流量的红绿灯序列；
- 优先考虑人行横道的红绿灯序列。

（3）选择测试用例：开发涵盖所有预先指定的分区的测试用例，确保每个等价类至少有一个测试用例。

例如，测试用例可能包括：

- 低速车辆接近没有行人的十字路口；

- 中速车辆接近行人很少的十字路口；

- 高速车辆接近行人很多的十字路口。

（4）执行测试用例：执行测试用例并在测试期间监控系统的行为。

（5）分析测试结果：识别预期结果和观察到的行为之间的偏差，并将这些偏差记录为需要解决的潜在问题。

（6）纠正问题并重新测试：修改系统的设计或代码以解决已识别的问题，并使用相同的测试用例重新测试更新后的系统。重复此过程，直到系统的行为符合规范并且所有分区都经过测试为止。

等价类和输入分区测试适用于 SRL=2、3，因为此等级的系统具有更高的安全性和可靠性要求、复杂性和资源限制。这种测试技术有助于识别潜在问题，并通过利用最少的测试数据对软件进行全面测试来确保系统满足安全性和可靠性要求。在软件开发过程中应用这种测试技术有助于开发更健壮和可靠的安全关键系统，最终保护相关人员的生命和财产安全。

在具有更高 SRL 的系统中应用等价类和输入分区测试技术不仅可以提高整体测试覆盖率，还有助于提高软件产品的质量。通过识别不同的输入类及其相应的行为，这种测试技术有助于发现其他测试技术可能无法发现的缺陷和边缘情况。

此外，等价类和输入分区测试可确保全面和一致的测试过程，鼓励软件开发人员更好地理解系统的行为及其对各种输入数据的依赖性，有助于进行系统的开发和维护。

在复杂的安全关键系统中，了解系统在不同输入条件下的行为对于避免潜在的灾难性故障至关重要。在正确且一致地应用等价类和输入分区测试技术时，可以提供对软件行为的必要洞察，使软件开发人员能够降低风险并提供更可靠和安全的产品。

值得一提的是，等价类和输入分区测试主要适用于 SRL=2、3，结合边界值分析、结构测试和动态分析等其他测试方法可以进一步提高系统的整体性能、测试覆盖率和质量。

总之，等价类和输入分区测试是确保系统安全性和可靠性的基本技术。通过识别潜在问题、优化测试过程并提供对系统在各种输入条件下的行为的透彻理解，这种测试技术有助于开发更稳健、更安全、更可靠的安全关键系统。

3.5.2.1.9　测试用例执行（测试用例由模型生成）

【标准内容】

目标：

应使用系统模型自动生成测试用例，有利于测试用例的高效执行，并生成高度可重复的测试套件。

描述：

基于模型的测试是一种黑盒方法，常见测试任务（如测试用例生成和测试结果评估）是基于被测系统（应用程序）的模型。通常使用有限状态机、马尔可夫过程、判决表或类似方法对系统数据和用户行为进行建模。此外，基于模型的测试可与源代码级的测试覆盖度量相结合，功能模型可基于现有的源代码。

根据系统需求模型和指定的功能，基于模型的测试自动生成有效的测试用例/程序。

注1： 因为测试比较昂贵，自动测试用例生成工具的需求量很大。目前，基于模型的测试是非常活跃的研究领域，产生了大量的测试用例生成工具。这些工具通常从模型的行为部分提取测试套件，以确保满足覆盖率要求。

模型是对被测系统期望行为的抽象、部分的表示。从模型中导出测试模型，构建抽象测试套件。测试用例从这个抽象测试套件中导出并对系统进行测试，也可对系统模型进行测试。基于模型的测试（包含测试用例生成）是基于形式化方法，并与其使用密切相关。

通常具体活动为：

——建模（来自系统需求）；

——生成期望的输入值；

——生成期望的输出值；

——运行测试；

——比较实际输出和期望输出值；

——确定进一步措施（修改模型、生成更多测试结果、估计软件的可靠性/质量）。

可采用不同的方法和技术导出用户/系统行为模型，例如：

——使用判决表；

——使用有限状态机；

——使用语法；

——使用马尔可夫链模型；

——使用状态图；

——理论证明；

——约束逻辑程序设计；

——模型检查；

——符号执行技术；

——使用事件流模型；

——反应式系统测试：并行分层有限自动机。

注 2：基于模型的测试专门针对安全关键领域。允许在早期暴露规格说明和设计中的歧义，提供自动生成许多不重复高效测试的能力，评价回归测试套件以评估软件的可靠性和质量，并简化测试套件的更新。

索引：本节标准内容源自 GB/T 38874.3—2020 的 7.5.4.1.9 节。

【解析】

1．目标解析

按照 GB/T 38874 的规定，使用基于模型的测试执行测试用例的目标是使用系统模型自动生成测试用例。此方法有助于高效执行测试用例，并生成高度可重复的测试套件。通过采用系统模型，软件开发人员可以专注于根据模型中指定的预期行为测试实际软件行为。这种方法可确保安全关键系统具有更高的安全性和可靠性。

基于模型的测试有助于实现以下目标。

（1）及早识别规范和设计中的歧义：通过根据系统需求构建模型，软件开发人员可以在早期阶段识别规范和设计中的差异、歧义或错误。这种主动识别允许在实际实现系统之前进行纠正，从而节省时间和资源。

（2）自动生成无重复的高效测试用例：基于模型的测试工具从模型的行为部分提取测试套件，确保满足覆盖需求、无冗余。这种自动生成的测试用例有助于实现更高效和一致的测试过程。

（3）用于软件的可靠性和质量评估的回归测试套件的评估：基于模型的测试支持回归测试套件的评估，以评估软件的可靠性和质量。随着系统的更改或更新的引入，评估回归测试套件有助于识别对系统行为的任何意外影响。

（4）简化测试套件的更新：随着软件的变化，基于模型的测试简化了测试套件的更新过程，可以轻松修改模型以适应系统中的新需求或更改，从而生成一组更新的测试用例。

示例：使用安全关键的铁路信号系统来说明基于模型的测试。在此场景中，系统模型捕获信号系统的各种状态，如"正常运行"、"轨道切换"、"紧急制动"和"维护模式"。每种状态都定义了转换的特定规则和条件。

通过构建铁路信号系统的有限状态机模型，软件开发人员可以自动生成涵盖所有可能状态转换的测试用例，并验证信号系统的行为。例如，测试用例可能用于检查以下场景：

- 从"正常运行"转换到"轨道切换"再回到"正常运行"；
- 从"正常运行"转换到"紧急制动"再转换到"维护模式"；
- 无效的转换，如试图从"紧急制动"直接转换到"轨道切换"。

通过在这种情况下进行基于模型的测试，软件开发人员可以确保铁路信号系统在各种条件下都能按预期运行并符合安全法规。这种方法最大限度地降低了软件故障的风险，软件故障可能会给安全关键系统带来灾难性后果。

总之，如 GB/T 38874 所述，使用基于模型的测试执行测试用例的目标是使用系统模型自动生成和高效执行测试用例。通过关注系统的预期行为，基于模型的测试可确保安全关键系统具有更好的软件质量和更高的可靠性。歧义的早期识别、测试用例的自动生成、回归测试套件的评估和简化测试套件的更新是提高此测试方法整体有效性的重要优势。

2. 描述解析 a

软件组件测试方法包括测试用例执行，可以通过使用系统模型自动生成测试用例来完成。这就是所谓的基于模型的测试，是一种黑盒测试方法，其中测试用例生成和测试结果评估等测试任务基于被测系统的模型。

基于模型的测试通常使用有限状态机、马尔可夫过程、判决表或类似方法对系统数据和用户行为进行建模。通过基于模型的测试，根据系统需求模型和指定的功能自动生成测试用例，可确保实现有效的覆盖率。

此外，基于模型的测试也可与源代码级的测试覆盖度量相结合，功能模型可基于现有的源代码。

由于测试成本高，因此对自动测试用例生成工具的需求量很大。目前，基于模型的测试是非常活跃的研究领域，产生了大量的自动测试用例生成工具。这些工具通常从模型的行为部分提取测试套件，以确保满足覆盖率要求。

示例：拖拉机控制系统的基于模型的测试方法可以是使用有限状态机来模拟系统的各种状态和转换。可以使用系统模型自动生成测试用例，确保涵盖所有可能的状态和转换。此外，该模型还可用于模拟不同条件下的系统行为，以评估测试结果。

3. 描述解析 b

基于模型的测试是一种黑盒测试方法，使用正式模型来表示系统的预期行为。这些模型可以是有限状态机、马尔可夫过程、判决表或其他类似的抽象表示系统数据和用户行为的方法。根据系统需求模型和指定的功能，基于模型的测试自动生成有效的测试用例/程序。

GB/T 38874 中解释了基于模型的测试中涉及的典型活动，如建模、生成期望的输入值、生成期望的输出值、运行测试、比较实际输出值和预期输出值及确定进一步措施（如修改模型、生成更多测试结果、估计软件的可靠性/质量）。

下面将详解基于模型的测试的各项具体活动。

（1）建模（来自系统需求）：此活动涉及根据系统需求创建系统预期行为的模型。该模型可以使用各种技术创建，如有限状态机、马尔可夫过程或判决表。例如，对于拖拉机控制系统，可以创建一个有限状态机模型来表示系统可能处于的不同状态，如空闲、向前移动、向后移动、左转、右转等。

（2）生成期望的输入值：创建模型后，下一步是为系统生成期望的输入值。这可以通过分析模型和识别输入变量及其范围来完成。例如，在拖拉机控制系统中，输入变量可能包括节气门位置、转向角和制动压力。可以通过在输入变量范围内随机选择值来生成期望的输入值。

（3）生成期望的输出值：生成期望的输入值后，下一步是根据模型为系统生成期望的输出值。这可以通过分析模型和识别输出变量及其范围来完成。例如，在拖拉机控制系统中，输出变量可能包括拖拉机的速度、方向和制动状态。利用上一步生成的输入值，对模型进行仿真，得到相应的输出值，即可生成期望的输出值。

（4）运行测试：一旦生成期望的输入值和输出值，就可以在系统上运行测试。这涉及将期望的输入值输入系统并记录系统生成的实际输出值。

（5）比较实际输出值和期望输出值：运行测试后，可以将系统生成的实际输出值与上一步生成的期望输出值进行比较。可以分析实际输出值和期望输出值之间的差异，以识别系统中的缺陷或错误。

（6）确定进一步措施：根据测试结果，可以采取进一步措施来提高系统的可靠性或质量。这可能涉及修改模型、生成更多测试结果和估计软件的可靠性或质量。如果测试揭示了系统中的缺陷或错误，则可以修改模型以解决这些问题并生成新的测试结果。如果测试显示系统满足所需的可靠性或质量标准，则可以根据测试结果评估软件的可靠性或质量。

基于模型的测试的主要优点之一是可以生成高效且高度可重复的测试套件。测试可以在模型级或源代码级进行，并且可以结合源代码级的测试覆盖度量来确保测试满足覆盖率要求。

在农林拖拉机和机械控制系统的背景下进行基于模型的测试的一个例子是对拖拉机发动机控制模块（ECM）的测试。该模型可以表示基于系统要求的 ECM 的预期行为，并且可以从模型中自动生成期望的输入值和输出值。生成的测试用例可以在实际 ECM 上执行，并且可以将实际输出值与期望输出值进行比较，以确保 ECM 正常运行。测试结果可用于修改模型、生成更多测试结果或估计软件的可靠性/质量。

总之，这种使用基于模型的测试技术测试软件组件的方法提供了一种结构化和形式化的方法，以确保软件的可靠性和质量。通过遵循这些步骤，软件开发人员可以提高软件组件测试过程的效率和有效性，提高软件的可靠性和质量。

4．描述解析 c

GB/T 38874 中概述了用于开发农林拖拉机和机械控制系统中安全相关部件的软件组件测试方法。该方法建议使用基于模型的测试技术，涉及使用不同的技术/方法导出用户/系统行为模型以生成测试用例。这种方法特别适用于安全关键领域，因为它允许在软件开发过程的早期识别规范和设计中的歧义，并提供自动生成许多高效和非冗余测试的能力。

以下是可用于为基于模型的测试导出用户/系统行为模型的方法。

（1）使用判决表：判决表是指使用一种紧凑和结构化的方式来表示一组规则，这些规则规定了对各种输入要采取的条件和操作。判决表包含用于不同输入组合的行和用于可能采取的操作的列。判决表中的每个单元格指定要针对特定输入组合采取的操作。判决表可用于对复杂逻辑建模并减少覆盖所有可能场景所需的测试用例数量。

示例：考虑一个表示登录表单验证规则的简单判决表，该判决表有两个输入，即用户名和密码，以及两个可能的操作，即允许访问和拒绝访问，如表 3.7 所示。

表 3.7　判决表

输入		操作
用户名	密码	
王五	12345	允许访问
王五	ABCD	拒绝访问
刘一	12345	拒绝访问
刘一	ABCD	拒绝访问

在此示例中，用户名和密码输入有四种可能的组合。判决表指定应允许密码为 12345 的王五访问，而应拒绝密码为 ABCD 的王五和为任意密码的刘一访问。

（2）使用有限状态机：有限状态机是指将系统行为表示为一组状态和基于输入事件的状态转换的数学模型。有限状态机通常用于对响应外部刺激的反应系统建模。有限状态机可以帮助软件开发人员识别系统的可能状态，以及导致状态变化的转换和事件。

示例：在一个农用拖拉机控制系统的安全相关部件中，有一个简单的有限状态机用于控制拖拉机的启动和停止。假设拖拉机有三个状态，即关闭（Off）、启动中（Starting）和运行中（Running），以及一个安全开关（Safety Switch），该安全开关在拖拉机启动期间必须一直处于激活状态，否则拖拉机将立即关闭。

该示例的有限状态机示意图如图 3.16 所示。

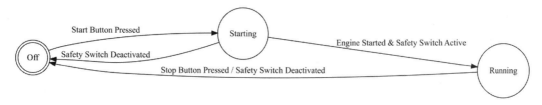

图 3.16　该示例的有限状态机示意图

● 拖拉机初始状态是"Off"。当按下启动按钮时，拖拉机转变为"Starting"状态。

- 在"Starting"状态时，如果发动机启动并且安全开关处于激活状态，则拖拉机转变为"Running"状态。

- 在"Running"状态时，如果按下停止按钮或安全开关被停用，则拖拉机立即转变为"Off"状态。

- 在"Starting"状态时，如果安全开关被停用，则拖拉机立即转变为"Off"状态。

这个有限状态机可以帮助软件开发人员理解和模拟拖拉机控制系统的行为，以便进行测试和验证。

（3）使用语法：语法是一组定义语言语法或数据结构的规则，可用于为编程语言、标记语言或配置文件的语法建模，可以帮助软件开发人员识别语法错误，确保输入符合预期的结构。

示例：考虑一个文法，该文法定义了一种支持算术运算的简单编程语言的语法。语法可以使用 Backus-Naur 形式（BNF）表示法表示。

算法 3.53：语法的 BNF 表示法的代码示例

```
<program> ::= <statement> | <statement> <program>
<statement> ::= <assignment> | <expression>
<assignment> ::= <variable> = <expression>
<expression> ::= <number> | <variable> | <expression> <operator> <expression>
<variable> ::= [a-zA-Z]+
<number> ::= [0-9]+
<operator> ::= + | - | * | /
```

在此示例中，文法将程序的语法定义为一系列语句，每条语句都可以是赋值语句或算术表达式。赋值语句由一个变量后跟一个等号和一个表达式组成。表达式可以是数字、变量或后跟运算符和另一个表达式的表达式。该语法可用于生成有效程序并根据预期语法验证输入。

（4）使用马尔可夫链模型：马尔可夫链模型是描述基于当前状态的系统状态之间转换概率的数学模型，可用于对表现出随机行为的系统建模，其中下一个状态仅取决于当前状态而不取决于先前状态的历史，帮助软件开发人员识别某些事件发生的可能性，评估不同场景下的系统性能。

示例：考虑一个表示十字路口交通信号灯行为的马尔可夫链模型，该模型具有三种状态，即红色、绿色和黄色。输入事件是时间的流逝，它导致交通信号灯根据一组概率在状态之间转换。交通信号灯的马尔可夫链模型示意图如图 3.17 所示。

如图 3.17 所示，首先，交通信号灯从红色状态开始，并在 30s 后以 0.5 的概率转换为绿色状态。其次，交通信号灯在过渡到黄色状态 5s 之前保持绿色状态 60s。最后，交通信号灯在 5s 后以 1 的概率转换回红色状态。马尔可夫链模型可用于分析交通信号灯在不同交通条件下的行为，并评估其在交通流量和安全方面的表现。

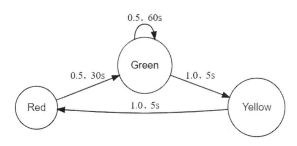

图 3.17 交通信号灯的马尔可夫链模型示意图

（5）使用状态图：状态图是一种可视化建模语言，通过允许更复杂的状态和转换来扩展有限状态机。状态图可以表示分层状态机、并行状态和触发状态更改的复杂事件，帮助软件开发人员识别系统的可能状态和转换，并以比有限状态机更直观的方式可视化其行为。

示例：考虑一个表示人行横道处交通信号灯行为的状态图，该状态图具有三个层级：顶层状态、行人状态和车辆状态。顶层状态表示交通信号灯的整体行为。行人状态和车辆状态表示交通信号灯针对每种类型用户的行为。人行横道处交通信号灯行为的状态图如图 3.18 所示。

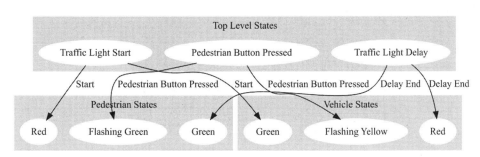

图 3.18 人行横道处交通信号灯行为的状态图

- "Top Level States" 表示交通信号灯的整体行为。开始状态为 "Traffic Light Start"，当行人按下按钮时，状态变为 "Pedestrian Button Pressed"，经过一段时间延迟后，变为 "Traffic Light Delay" 状态。

- "Pedestrian States" 表示针对行人的交通信号灯状态。开始时为 "Red" 状态，当行人按下按钮时，状态变为 "Flashing Green"，经过一段时间延迟后，变为 "Green" 状态。

- "Vehicle States" 表示针对车辆的交通信号灯状态。开始时为 "Green" 状态，当行人按下按钮时，状态变为 "Flashing Yellow"，经过一段时间延迟后，变为 "Red" 状态。

状态图可以帮助软件开发人员更好地理解交通信号灯在不同条件下的行为，并确保其行为满足安全要求。

（6）理论证明：理论证明通常基于数学和逻辑推理，涉及形式化规范和数学证明，以确保系统的某些方面是正确的。这种方法通常用于关键系统，如安全关键系统和高可靠性系统，因为它提供了更高级别的可信度，并且可确保系统的正确性。

假设正在开发一个安全关键的控制系统，需要确保系统不会发生死锁。通过理论证明，可以使用数学方法和形式化方法来证明系统在任何情况下都不会陷入死锁状态。这涉及数学证明，证明系统的状态图中不存在死锁状态，并确保所有可能的情况都被覆盖。

理论证明是一种强大的形式化方法，用于验证系统的特定属性，以确保其满足相关要求。在安全关键领域，这种方法可以确保系统的正确性和可靠性。然而，它通常需要专业的数学和形式化知识，以进行证明和验证。

（7）约束逻辑程序设计：约束逻辑程序设计是一种将逻辑编程与约束求解相结合的声明式编程范式。约束逻辑程序设计允许程序员指定解决方案必须满足的约束条件，而不是计算解决方案的步骤。约束逻辑程序设计可以帮助软件开发人员确定复杂问题的解决方案并确保其满足指定的约束条件。

示例：考虑涉及在一组资源上安排任务的约束逻辑程序设计问题，该问题可以表示为一组必须满足的约束，如：

- 每个任务都必须分配给一个资源；
- 每个资源一次只能处理一个任务；
- 每个任务的开始时间必须晚于其前置任务的结束时间。

约束逻辑程序设计求解器可用于找到满足所有约束的解决方案，如最少化完成所有任务的总时间的计划。约束逻辑程序设计可以帮助软件开发人员确定复杂问题的解决方案并确保其满足指定的约束条件。

（8）模型检查：模型检查是一种形式化验证技术，用于检查系统模型是否满足一组属性或要求。模型检查使用自动化算法系统地探索系统模型的所有可能状态和转换，并检查指定的属性是否适用于每个状态和转换。模型检查可以帮助软件开发人员识别系统中的设计缺陷、错误和极端情况，并提高软件开发人员对其正确性和安全性的信心。

示例：考虑一个控制车辆速度的软件组件模型，该模型可以表示为一组状态和转换，其中每个状态代表车辆的可能速度，每个转换代表速度的可能变化。可以使用模型检查技术来验证模型，以确保其满足安全要求，如：

- 车辆速度永远不会超过指定的最高值；
- 车辆速度永远不会低于指定的最低值；
- 车辆速度在不同的驾驶条件下保持稳定。

模型检查器可以系统地探索模型的所有可能状态和转换，并检查安全要求是否适用于每个状态和转换。如果违反了安全要求，则模型检查器可以提供一个反例，显示在不满足要求的情况下可能执行的操作。模型检查有助于确保系统满足预期行为和安全要求，并提高软件开发人员对其正确性和安全性的信心。

（9）符号执行技术：符号执行技术是一种测试技术，通过跟踪符号值而不是具体值来系统地探索程序的所有可能路径。符号执行技术可以帮助软件开发人员识别程序中的错误和极端情况，并生成涵盖大部分程序代码和行为的测试用例。

示例：考虑一个使用 Newton-Raphson 方法计算数字平方根的程序，该程序可以表示为一组指令，这些指令更新变量 x 的值，直到它收敛到输入数字的平方根为止。符号执行技术可用于通过跟踪 x 和输入数字的符号值来探索程序的所有可能路径。如果输入数字为负数或 x 的初始值为零，则程序可能会进入无限循环或产生错误。符号执行技术可以帮助软件开发人员识别此类错误并生成涵盖大部分程序代码和行为的测试用例。

（10）使用事件流模型：事件流模型是一种将系统行为表示为一系列事件和转换的技术。事件流模型可以帮助软件开发人员识别系统的可能事件和转换，并以比其他建模技术更直观的方式可视化其行为。

示例：考虑允许用户在在线商店中搜索产品的用户界面的事件流模型，该事件流模型可以表示为一系列事件和转换，以表示用户与用户界面的交互，如单击搜索框、输入搜索词和单击搜索按钮。事件流模型可以帮助软件开发人员识别用户界面中可能的用户交互和错误，并确保其满足可用性和可访问性要求。

（11）反应式系统测试：反应式系统测试是一种测试以反应性方式与其环境交互的系统的技术。反应式系统是不断从环境中接收输入、处理输入并产生影响环境的输出的系统。反应式系统测试可以帮助软件开发人员识别反应式系统中的错误和极端情况，并确保其满足预期的行为和安全要求。

示例：考虑一个使用恒温器控制房间温度的反应系统，该系统可以接收当前温度和所需温度等输入，对其进行处理并产生输出，如打开或关闭加热、冷却系统。反应式系统测试可用于在不同环境条件下测试系统并确保其满足安全要求。

- 温度永远不会超过指定的最高值；
- 温度永远不会低于指定的最低值；
- 及时有效地打开或关闭加热、冷却系统；
- 反应式系统测试可以模拟各种环境条件和系统输入，验证系统是否产生预期输出并正确运行。

（12）并行分层有限自动机：并行分层有限自动机（PHFSM）是一种建模技术，将系统的行为表示为一组并行分层状态机。PHFSM 可以帮助软件开发人员对复杂的并发系统进行建模，并提供高层次的抽象和模块化。

示例：考虑控制车辆和行人流量的交叉路口的 PHFSM 模型，该模型可以表示为一组并行分层状态机，这些状态机表示交叉路口不同组件的行为，如交通信号灯、人行横道和车辆检测器。每个状态机都可以表示一组可能的状态和转换，如绿灯、红灯、闪光灯和紧急停止。PHFSM 可以帮助软件开发人员以模块化和分层的方式对交叉路口的行为进行建模，并确保其满足安全要求，如：

- 交通信号灯总是显示正确的信号；

- 人行横道被及时和安全地激活；

- 车辆检测器准确、有效地检测车辆和行人。

PHFSM 可以帮助软件开发人员对复杂和并发系统进行建模，并提供高层次的抽象和模块化，可以促进此类系统的设计、分析和测试。

总之，GB/T 38874 中描述的软件组件测试方法有助于确保农林拖拉机和机械控制系统的安全性、可靠性。这些方法包括各种建模、分析和测试技术，可以识别软件组件中的错误、极端情况和安全违规，生成涵盖大部分软件行为和功能的测试用例。

5．SRL 适用性和示例解析

根据 GB/T 38874 的规定，仅建议在 SRL=3 时使用基于模型的测试执行测试用例，此等级对应于软件组件的最高安全要求。此建议的基本原理是，基于模型的测试特别适用于安全关键系统，其中确保软件的正确行为和稳健性至关重要。在这样的系统中，错误可能会导致严重后果。对于具有较低 SRL（SRL=B、1、2）的系统，由于其安全要求不那么严格，因此采用其他测试方法可能更合适或更具成本效益。

基于模型的测试适用于 SRL=3 的原因可归纳如下。

（1）及早发现规范和设计中的歧义：基于模型的测试允许软件开发人员在实现软件之前识别并解决系统规范和设计中的差异、错误或歧义。这种主动识别有助于节省时间和资源，以及提高安全性和可靠性。

（2）自动生成无重复的高效测试用例：基于模型的测试工具从模型的行为部分提取测试套件，确保满足覆盖需求而无冗余。这种自动生成的测试用例有助于实现更高效和一致的测试过程，这对于 SRL=3 的安全关键系统至关重要。

（3）评估回归测试套件以评估软件的可靠性和质量：基于模型的测试可以评估回归测试套件，以评估软件的可靠性和质量。这种评估对于安全关键系统至关重要，因为它有助于识别引入更改或更新时对系统行为的任何意外影响。

（4）简化测试套件的更新：基于模型的测试简化了在对软件进行更改时更新测试套件的过程，可以轻松修改模型以适应系统中的新需求或更改，从而生成一组更新的测试用例。

示例：为了说明基于模型的测试在 SRL=3 的系统中的应用，考虑一个自动驾驶车辆的防撞系统,这个安全关键系统必须可靠地检测并避免与其他车辆、行人和障碍物的潜在碰撞。

- 建模:有限状态机或状态图可用于对防撞系统的各种状态建模,如"正常驾驶"、"紧急制动"、"变道"和"检测到碰撞"。

- 生成期望的输入值和输出值:基于模型,可以生成传感器数据、车速和路况等输入值,还可以确定相应的输出值,如制动力、转向角和警告信号。

- 运行测试:使用生成的输入值和输出值,可以执行测试用例以评估系统在各种场景下的行为,包括正常驾驶、突然障碍物检测和紧急制动。

- 比较实际输出值和期望输出值:执行测试用例后,可以将实际输出值和期望输出值进行比较,以确定系统行为的正确性。

- 确定进一步措施:如果发现差异,则可以修改模型,可以生成更多测试结果,或者估计软件的可靠性和质量。

总之,基于模型的测试特别适用于 SRL=3 的安全关键系统,因为它能够识别规范中的歧义、自动生成无重复的高效测试用例、评估回归测试套件及简化测试套件的更新。通过在安全关键系统中采用基于模型的测试,软件开发人员可以确保软件组件符合最高安全要求,并将可能导致灾难性后果的故障风险降至最低。

3.5.2.1.10 性能测试——资源约束测试

【标准内容】

目标:

性能测试用于确保系统的工作能力充分满足特定需求。

组件级的性能测试可与软件集成性能测试相结合。

描述:

需求规格说明应包括特定功能的吞吐量和响应时间需求,还可与整个系统资源的使用约束相结合。通过以下活动,系统设计应与系统需求相比较:

——生成系统进程及其交互的模型;

——确定每个进程(处理器时间、通信带宽、存储设备等)的资源使用情况;

——确定在平均和最坏情况下系统的需求分布;

——计算各个系统功能在平均、最坏情况下的吞吐量和响应时间。

索引:本节标准内容源自 GB/T 38874.3—2020 的 7.5.4.1.10 节。

【解析】

1. 目标和描述解析

GB/T 38874 规定了农林拖拉机和机械控制系统的安全相关要求。开发此类系统的一个重要方面是确保它们满足特定的性能要求。为此，系统的软件组件必须经过性能测试，包括资源约束测试。

资源约束测试的目标是确保系统性能满足吞吐量和响应时间的特定要求，同时考虑对系统资源的任何约束。通过进行资源约束测试，可以评估系统在正常和最坏情况下的执行能力。

要进行性能测试，需求规格说明应包括特定功能的吞吐量和响应时间需求，以及对系统资源的任何限制。应执行以下活动以将系统设计与系统需求进行比较。

（1）生成系统进程及其交互的模型。

在性能测试的第一步，需要生成系统进程及其交互的模型。这个模型应该反映软件系统中各个进程之间的相互作用和通信。通过生成这个模型，软件开发人员可以更好地理解系统的整体架构和运行机制，从而确定需要进行性能测试的软件组件和测试方案。

例如，在农林拖拉机和机械控制系统中，可能存在多个控制进程，如发动机控制进程、驾驶控制进程、转向控制进程等。这些进程之间需要相互通信和协同工作，以确保整个系统的正常运行。为了进行性能测试，需要建立一个模型来描述这些进程之间的关系和通信机制。

（2）确定每个进程（处理器时间、通信带宽、存储设备等）的资源使用情况。

在性能测试的第二步，需要确定每个进程（处理器时间、通信带宽、存储设备等）的资源使用情况。这个步骤是非常关键的，因为资源的使用情况直接影响系统的性能表现。在这个步骤中，需要对每个进程的资源使用情况进行评估，并且根据系统的需求和约束来进行优化。

例如，在农林拖拉机和机械控制系统中，发动机控制进程可能需要使用大量的处理器时间和内存资源，而驾驶控制进程则需要更多的通信带宽资源。在性能测试中，需要确定每个进程的资源需求，并且根据系统的硬件配置和约束进行资源的分配与优化。这样可以确保系统在不同的负载情况下都能够正常工作，满足特定的性能要求。

（3）确定在平均和最坏情况下系统的需求分布。

在性能测试的第三步，需要确定在平均和最坏情况下系统的需求分布。这个步骤主要是为了了解系统在不同负载情况下的性能表现，以及确定系统在不同负载下的瓶颈和优化方向。在这个步骤中，需要考虑到不同的用户负载情况，如高并发访问、大数据量处理等。

为了确定系统的需求分布，需要进行一系列测试，如压力测试、负载测试、容量测试等。在测试过程中，需要模拟不同的用户负载情况，记录系统的响应时间、吞吐量、CPU和内存等资源的使用情况，并且绘制出性能曲线和负载曲线。

例如，在农林拖拉机和机械控制系统中，可能存在不同的用户负载情况，如同时控制多个机械操作、处理大量传感器数据等。通过进行压力测试和负载测试，可以确定在不同的用户负载下系统的响应时间、吞吐量等性能指标的变化情况。这样可以为后续的性能优化提供数据支持。

（4）计算各个系统功能在平均、最坏情况下的吞吐量和响应时间。

在性能测试的第四步，需要计算各个系统功能在平均、最坏情况下的吞吐量和响应时间。这个步骤是性能测试的核心内容，得到的是评估系统性能的关键指标。通过计算吞吐量和响应时间，可以了解系统在不同负载下的性能表现，并且确定系统的瓶颈和优化方向。

为了计算吞吐量和响应时间，需要进行一系列测试，如基准测试、模拟用户测试等。在测试过程中，需要模拟不同的用户负载情况，并且记录系统的响应时间和吞吐量。同时，也需要记录系统的 CPU、内存、网络带宽等资源的使用情况，以便进行后续的性能分析和优化。

例如，在农林拖拉机和机械控制系统中，需要计算各个功能的吞吐量和响应时间，如发动机控制、驾驶控制、转向控制等功能的吞吐量和响应时间都需要进行测试。通过计算这些指标，可以了解系统在不同负载下的性能表现，并且可以确定需要进行性能优化的模块和方案。

又如，考虑一个电商网站的性能测试，需要测试其搜索功能的吞吐量和响应时间。在平均情况下，假设每秒有 100 个用户同时使用搜索功能，如果网站设计要求搜索功能的响应时间不超过 1s，则需要确保系统能够在 1s 内处理这 100 个请求。在最坏情况下，假设每秒有 1000 个用户同时使用搜索功能，网站设计要求搜索功能的响应时间不超过 1s，则需要确保系统能够在 1s 内处理这 1000 个请求，同时确保搜索功能的响应时间不超过 1s。

为了计算吞吐量和响应时间，需要进行负载测试。负载测试是指模拟实际用户的行为模式，对系统进行压力测试，以确定系统在不同负载下的性能表现。在上述电商网站的性能测试示例中，先模拟 100 个用户同时使用搜索功能，并记录系统的吞吐量和响应时间；然后逐渐增加负载，模拟 1000 个用户同时使用搜索功能，并记录系统的吞吐量和响应时间。根据测试结果，可以计算搜索功能在平均、最坏情况下的吞吐量和响应时间，确保系统能够满足设计要求。

2．示例解析

以下通过一个示例来介绍以上四个活动。

假设有一个在线购物网站，需要进行性能测试以确保系统在高负载下的稳定性和响应速度。以下是每个活动的详细说明。

（1）生成系统进程及其交互的模型。

首先，需要确定在线购物网站的主要进程和它们之间的交互。例如，可以将网站的进程分为以下几个部分。

- 用户界面。
- 库存管理。
- 订单管理。
- 支付处理。
- 物流管理。

其次，可以使用图形表示在线购物网站的系统进程及其交互的模型，如图 3.19 所示。

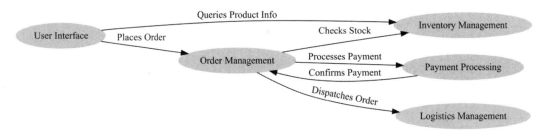

图 3.19　系统进程及其交互的模型

在图 3.19 中，每个节点表示在线购物网站的一个系统进程，每条边表示进程之间的交互。下面是每个进程及其交互的解析。

- "User Interface"进程与其他所有进程进行交互。它查询"Inventory Management"进程获取产品信息，并在用户下订单时通知"Order Management"进程。
- "Order Management"进程在收到订单后，会与其他所有进程进行交互。它会向"Inventory Management"进程查询库存，向"Payment Processing"进程处理支付，并向"Logistics Management"进程调度订单。
- "Payment Processing"进程在处理完支付后，会向"Order Management"进程确认支付。

通过图 3.19，可以清晰地看到每个进程如何与其他进程进行交互，有助于理解和测试在线购物网站的工作流程。

（2）确定每个进程的资源使用情况。

接下来，需要确定每个进程需要使用的资源，如 CPU、内存、网络带宽等，可以使用以下算法来估算每个进程的资源使用情况。

- 确定每个请求需要的资源量（如内存大小、处理器时间等）。
- 确定每个进程可以处理的最大请求数。

- 根据每个请求需要的资源量和每个进程可以处理的最大请求数，计算出每个进程需要的总资源量。

例如，可以估算订单管理进程需要的资源量如下。

- 每个订单需要处理的时间：500ms。

- 每个订单需要占用的内存：10MB。

- 订单管理进程可以处理的最大请求数：100。

- 订单管理进程需要的总资源量：50000ms 时间和 1000MB 内存。

（3）确定在平均和最坏情况下系统的需求分布。

在此阶段，需要模拟不同负载情况下系统的性能表现，并且确定系统在不同负载下的瓶颈和优化方向，可以使用以下算法来模拟不同负载情况下系统的性能表现。

- 确定不同负载情况下的请求分布（如每秒有多少请求）。

- 模拟每个请求需要的资源量。

- 记录系统的吞吐量和响应时间，并且绘制性能曲线和负载曲线。

在本示例中，使用 Locust 来模拟不同负载情况下系统的性能表现。Locust 是一种用于 Web 应用程序负载测试的 Python 框架，允许模拟大量的并发用户并测量系统的性能表现。

以下是使用 Locust 模拟的性能测试代码示例。

算法 3.54：使用 Locust 模拟的性能测试代码示例

```
from locust import HttpUser, between, task

class User(HttpUser):
    wait_time = between(5, 9)

    @task(1)
    def view_homepage(self):
        self.client.get("/")

    @task(2)
    def view_product(self):
        self.client.get("/product/1")

    @task(3)
    def view_cart(self):
        self.client.get("/cart")

    @task(4)
    def checkout(self):
        self.client.post("/checkout", {"product_id": 1, "quantity": 1})
```

在上面的代码中，我们定义了四个任务（view_homepage、view_product、view_cart 和 checkout），每个任务的权重不同。我们还指定了每个任务之间的等待时间，并且使用 HttpUser 类来模拟用户的行为。

使用以下命令来启动 Locust：

```
locust -f locustfile.py --host=http://localhost:8089
```

接下来可以在浏览器中访问 http://localhost:8089，并开始模拟系统在不同负载情况下的性能表现。Locust 将记录系统的吞吐量和响应时间，并且绘制性能曲线和负载曲线。

（4）计算各个系统功能在平均、最坏情况下的吞吐量和响应时间。

在此阶段，我们需要分析 Locust 生成的数据，并计算各个系统功能在平均、最坏情况下的吞吐量和响应时间。我们可以使用以下算法来分析 Locust 生成的数据。

- 按功能将数据分类。
- 计算每个功能的在平均情况下的吞吐量和响应时间。
- 计算每个功能的在最坏情况下的吞吐量和响应时间。

例如，我们可以使用以下代码来计算每个功能的在平均情况下的吞吐量和响应时间。

算法 3.55：计算每个功能的在平均情况下的吞吐量和响应时间

```
from locust import stats


def get_stats(request_name):
    stats_data = stats.get(request
```

3.5.2.1.11　性能测试——响应时间和内存约束

【标准内容】

目标：

响应时间和内存约束应确保系统满足时间需求和内存需求。

描述：

系统和软件需求规格说明包括特定功能的内存需求和响应需求，还可与整个系统资源约束相结合。应分析确定平均和最坏情况下的分配需求。需要分析估计每个系统功能的资源使用情况和运行时间。可通过多种方式进行估计（如与现有系统比较或者时序严格系统的原型和基准）。

注：对于 SRL 1，可在组件级或集成级进行响应时间和内存约束测试。

索引：本节标准内容源自 GB/T 38874.3—2020 的 7.5.4.1.11 节。

【解析】

1．目标和描述解析

响应时间和内存约束测试的目标是，确保系统满足系统和软件需求规格说明中指定的时间需求及内存需求。

响应时间是系统响应用户请求所花费的时间，它对于需要实时响应的系统至关重要，如车辆或机器的控制系统。内存约束是指系统可用的内存量，它会影响系统的性能和稳定性。

为实现这一目标，必须分析系统的资源需求以确定平均和最坏情况下的分配需求。这涉及分析估计每个系统功能的资源使用情况和运行时间。这种分析可以通过多种方式进行，如与现有系统进行比较，或者为时序严格的系统开发原型和基准。

例如，一个控制拖拉机速度的系统，软件需求规格说明规定系统必须在500ms内响应用户输入并且不应使用超过50%的可用内存。

要测试响应时间和内存约束，可以按以下步骤进行测试。

（1）确定每个系统功能的资源使用情况：必须分析控制拖拉机速度的系统功能以确定其资源使用情况，如处理器时间和内存使用情况。

（2）分析确定平均和最坏情况下的分配需求：分析时应考虑平均和最坏情况，以确定系统的资源分配需求。例如，系统设计为在极端天气条件下运行，则应考虑最坏情况。

（3）测试系统的响应时间：应对系统进行测试以确保其满足指定的响应时间需求。例如，可以通过模拟用户输入并测量系统响应所需的时间来测试系统。

（4）测试系统的内存使用情况：应该测试系统的内存使用情况，确保不超过指定的内存限制。例如，可以通过使用内存监控工具运行系统并观察一段时间内的内存使用情况来测试系统。

示例：我们正在开发一个用于农林拖拉机控制的软件系统。根据GB/T 38874，我们需要开发软件组件测试方法，其中包括性能测试，即响应时间和内存约束测试。我们的目标是确保系统满足时间需求和内存需求，以提高系统的安全性和可靠性。

我们将使用性能测试来评估系统的响应时间和内存使用情况，以确保系统在平均和最坏情况下的分配需求得到满足。这有助于确保系统在运行时具有足够的资源，以满足特定功能需求，以及遵守整个系统的资源约束。

为了达到这个目标，我们需要按以下步骤进行测试。

（1）确定系统和软件需求规格说明：我们需要分析系统和软件需求规格说明，以确定特定功能的内存需求和响应需求。这些需求通常是以数值或时间为基础的。例如，一个特定功能可能需要使用100MB的内存，或者需要在100ms内响应。

（2）分析估计每个系统功能的资源使用情况和运行时间：我们需要分析每个系统功能的资源使用情况和运行时间，以确定其对内存和响应时间的需求。可以通过多种方式进行分析，如与现有系统进行比较，或者使用时序严格系统的原型和基准。

（3）进行性能测试：在分析估计系统的资源需求后，我们需要进行性能测试，以评估系统的响应时间和内存使用情况。可以通过多种方式进行测试，如使用基准测试工具测试、手动测试或使用自动化测试工具测试。

（4）分析性能测试结果：我们需要分析性能测试结果，以确定系统是否满足时间需求和内存需求。如果系统未能满足需求，那么我们需要重新设计或修改软件组件，以确保其满足需求。

在进行性能测试时，我们可以先绘制流程图，以便更好地理解整个流程。性能测试流程图如图 3.20 所示。

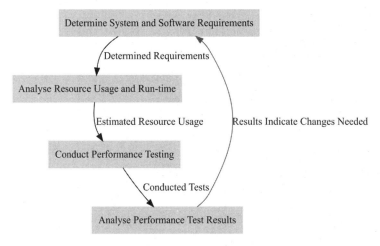

图 3.20　性能测试流程图

在图 3.20 中，每个节点代表性能测试的一个步骤，每条边代表从一个步骤到另一个步骤的过渡。下面是每个步骤的解析。

- Determine System and Software Requirements：这个步骤包括分析系统和软件需求规格说明，以确定每个功能的内存需求和响应需求。

- Analyse Resource Usage and Run-time：在这个步骤中，我们需要分析每个系统功能的资源使用情况和运行时间，以确定它们对内存和响应时间的需求。

- Conduct Performance Testing：在这个步骤中，我们需要进行性能测试，以评估系统的响应时间和内存使用情况。

- Analyse Performance Test Results：在这个步骤中，我们需要分析性能测试结果，以确定系统是否满足时间需求和内存需求。如果系统未能满足需求，那么我们需要返回

到 "Determine System and Software Requirements" 步骤，重新设计或修改软件组件，以确保其满足需求。

通过图 3.20，我们可以清晰地看到性能测试的流程，从而可以更好地理解和进行性能测试。

接下来，我们结合代码示例来说明如何进行响应时间和内存约束测试。

假设我们正在测试一个简单的农林拖拉机控制软件组件，其中一个特定功能是控制拖拉机前进和后退的速度。我们需要确保该软件组件在响应时间和内存使用方面满足需求。

以下是一个使用 Python 编写的简单代码示例。

算法 3.56：响应时间和内存约束测试的代码示例

```python
import time

def move_forward():
    # 控制拖拉机向前移动
    time.sleep(0.1)  # 模拟操作需要 0.1s

def move_backward():
    # 控制拖拉机向后移动
    time.sleep(0.2)  # 模拟操作需要 0.2s

def test_response_time():
    start_time = time.time()
    move_forward()
    end_time = time.time()
    response_time = end_time - start_time
    if response_time > 0.1:
        print("响应时间超过了 0.1s")
    else:
        print("响应时间符合要求")

def test_memory_usage():
    # 模拟拖拉机运行需要的内存
    memory_usage = 100  # MB
    if memory_usage > 50:
        print("内存使用超过了 50 MB")
    else:
        print("内存使用符合要求")
```

在上面的代码中，我们使用 time 模块模拟操作需要的时间，并使用 Python 内置的 time() 函数来测量响应时间。我们还定义了一个 test_memory_usage() 函数来测试内存使用情况。在这个函数中，我们模拟了拖拉机运行所需的内存，并与 50MB 的内存限制进行比较。

我们可以使用以上代码来进行响应时间和内存约束测试。

2．SRL 适用性和示例解析

如 GB/T 38874 中所述，响应时间和内存约束测试对于确保安全关键系统满足指定的时间需求与内存需求至关重要。这些测试适用于 SRL=1、2、3，但不推荐用于 SRL=B。这种适用性的基本原理是，具有更高安全要求（SRL=1、2、3）的系统必须在各种条件下展示足够的性能以防止发生与安全相关的故障，而具有较低安全要求（SRL=B）的系统不一定需要如此严格的性能验证。

在 SRL=1、2、3 的系统中适合对响应时间和内存约束进行性能测试的原因如下。

（1）确保安全关键系统的可靠性：响应时间和内存约束测试有助于确保安全关键系统在各种操作条件下的可靠性。通过验证系统是否满足其指定的时间需求和内存需求，软件开发人员可以确保系统在最重要的时候按预期运行。

（2）识别瓶颈和优化系统性能：响应时间和内存约束测试可以帮助软件开发人员识别系统设计或实现中的瓶颈，这些瓶颈可能会导致响应时间变短或内存使用过多。通过在软件开发过程的早期识别这些问题，软件开发人员可以优化系统的性能并在潜在的安全问题变得严重之前解决它们。

（3）验证系统资源使用情况：响应时间和内存约束测试可以帮助软件开发人员验证系统的资源使用情况（如 CPU 和内存）是否在可接受的范围内。此验证对于确保系统的稳定性和防止发生由资源耗尽而导致的潜在安全问题至关重要。

（4）支持集成和系统级测试：响应时间和内存约束测试可以在组件级或集成级进行，这有助于验证系统的软件组件是否高效且有效地交互。这种验证对于安全关键系统尤为重要，在这些系统中，软件组件交互会对整体系统性能和安全性产生重大影响。

为了说明响应时间和内存约束测试的应用，考虑一个安全关键铁路信号系统的示例，该系统必须实时处理和中继轨道占用与信号状态信息，以确保列车安全高效地运行。

（1）系统和软件需求规格说明：铁路信号系统的需求应规定各种功能的内存和响应时间需求，如处理轨道占用数据、计算列车路线和更新信号状态。

（2）分析和估计：分析确定每个系统功能在平均和最坏情况下的内存和响应时间需求。可以通过将系统与现有系统或原型进行比较，以及使用时序关键系统的基准来进行估计。

（3）测试用例设计：设计模拟各种运行条件的测试用例，如正常流量、高峰流量和紧急情况，以评估系统在不同场景下的性能。

（4）测试用例执行：执行测试用例，测量系统在不同条件下的响应时间和内存使用情况。

（5）结果分析：将实际响应时间和内存使用情况与指定需求进行比较，以确保系统满足性能约束。

（6）优化和重新测试：如果发现性能瓶颈或系统不满足指定需求，则需要优化系统的设计或实现并重复测试过程。

总之，响应时间和内存约束测试对于 SRL=1、2、3 的安全关键系统至关重要，因为它可确保系统可靠性、识别瓶颈、验证资源使用情况，并且支持集成和系统级测试。通过进行响应时间和内存约束测试，软件开发人员可以保证安全关键系统满足指定的性能需求，从而最大限度地降低可能产生严重后果的故障风险。

3.5.2.1.12　性能测试——性能需求

【标准内容】

目标：

应建立测试验证软件系统的性能需求。

描述：

应对系统和软件需求规格说明进行分析，指定通用/特定和显式/隐式的性能需求。

应对每个性能需求进行检查以确定：

——获取通过准则；

——是否达到通过准则；

——潜在的测量精度；

——可获得性能测量估计值的项目阶段；

——可完成该性能需求验证的项目阶段。

应分析每个性能需求的可行性，以获取性能需求列表、通过准则和潜在测量方法列表。主要目的为：

（1）每个性能需求至少与一种测量方法关联；

（2）在开发阶段应尽早地选择准确、有效的测量方法；

（3）应指定基本性能需求、可选的性能需求及通过准则；

（4）在不降低测量有效性的情况下，应优先考虑使用单个测量方法对应多个性能需求。

索引：本节标准内容源自 GB/T 38874.3—2020 的 7.5.4.1.12 节。

【解析】

1. 目标解析

软件组件测试中的性能需求测试的目标是建立测试验证软件系统的性能需求。性能需求测试是软件组件测试的一个重要方面，因为它可以确保软件能够满足系统和软件需求规格说明中规定的性能需求。

性能需求测试涉及在各种负载条件下测量软件性能的各方面，如响应时间、吞吐量和资源使用情况。通过进行性能需求测试，软件开发人员可以识别并消除软件性能瓶颈，并确保软件满足要求的性能标准。

例如，在农业拖拉机和机械控制系统的背景下，性能需求测试可能涉及测量软件在各种负载条件下，如在收获高峰期或机器在恶劣天气条件下运行时的响应时间。性能需求测试还可能涉及测量软件的资源使用情况，如 CPU 和内存使用情况，以确保软件不会消耗过多的资源并影响整体系统性能。

总之，软件组件测试中的性能需求测试的目标是确保软件能够满足系统和软件需求规格说明中规定的性能需求，识别并消除软件性能瓶颈。

2．描述解析 a

软件组件测试中的性能需求测试涉及先分析系统和软件需求规格说明，以指定通用/特定和显式/隐式的性能需求。然后检查性能需求，以确定它们是否满足验收准则，并确定潜在的测量精度、可获得性能测量估计值的项目阶段及可完成该性能需求验证的项目阶段。

（1）获取通过准则。

获取通过准则指的是性能测试中用于评估软件或系统是否满足特定性能要求的标准。这些准则定义了软件或系统必须达到的性能阈值，以确保其符合项目的获取通过标准。获取通过准则应以可测量的方式定义，以确保性能要求可以被有效地测试和验证。这些条件通常根据响应时间、吞吐量和资源利用率等指标的最小值、最大值或平均值来设定。

例如，对于一个指定最大响应时间为 2 秒的性能要求，验收准则可以定义如下。

- 95%的请求响应时间应该小于或等于 2s。

- 99%的请求响应时间应该小于或等于 3s。

- 任何请求的最大响应时间都不应超过 5s。

（2）是否达到通过准则。

一旦定义了通过准则，就可以进行性能需求测试以确定性能需求是否满足验收准则。必须测试性能需求以确定它是否满足验收准则。性能需求测试可以通过模拟负载或压力条件并测量响应时间、吞吐量和其他性能指标来进行。性能需求测试可以使用不同的技术进行，如负载测试、压力测试和耐久性测试。

例如，要测试指定最大响应时间为 2s 的网站的性能需求，可以让该网站承受多个用户同时访问该网站的模拟负载，测量每个请求的响应时间并将其与验收准则进行比较。

（3）潜在的测量精度。

性能需求的测量精度取决于所使用的测量技术和被测系统。在指定性能需求时必须考虑潜在的测量精度，以确保能够准确测量。潜在的测量精度会受输入数据的可变性、软件的复杂性和并发用户数量等因素的影响。

例如，指定网站最大响应时间为2s的性能需求潜在的测量精度可能会受用户行为和互联网连接速度可变性的影响。

（4）可获得性能测量估计值的项目阶段。

可获得性能测量估计值的项目阶段取决于要测试的系统或软件组件的可用性。性能需求测试可以在单元级、集成级或系统级进行。

例如，软件组件以分阶段方式开发，则可以通过模拟预期的负载条件在每个阶段测试性能需求。通过将实际性能测量值与验收准则进行比较，可以在每个阶段验证性能需求。

（5）可完成该性能需求验证的项目阶段。

可完成该性能需求验证的项目阶段取决于要测试的系统或软件组件的可用性。可以在单元级、集成级或系统级验证性能要求。

例如，软件组件以分阶段方式开发，则可以通过将实际性能测量值与验收准则进行比较来验证每个阶段的性能需求。还可以在生产环境中验证性能需求，以确保系统达到预期的性能水平。

示例：假设我们正在为在农场运行的农作物收割机开发软件，软件的性能需求如下。

（1）该软件必须能够实时处理农作物传感器数据，平均响应时间小于50ms。

（2）在正常运行期间，软件的内存使用量不得超过50MB。

（3）该软件必须能够每秒处理至少1000个传感器数据输入。

为了满足这些需求，我们需要分析系统和软件需求规格说明，并指定一般和特定的性能需求。例如，上面的第一个需求是一个具体而明确的性能需求，即处理农作物传感器数据的平均响应时间应小于50ms；第二个需求是一般和隐含的性能需求，即软件在正常运行期间的内存使用量不得超过50MB。

一旦指定了性能需求，首先，我们需要检查每个性能需求以确定是否能够满足它。例如，我们可能会根据正在使用的硬件和软件组件的功能确定第一个需求是可以实现的，而第二个需求可能由于系统内存限制而难以实现。

其次，我们需要确定每个性能需求潜在的测量精度。例如，我们可能会使用基准测试工具来测量处理农作物传感器数据的响应时间，并确定潜在的测量精度在5ms以内；我们还可能估计每个软件组件的内存使用情况，并确定我们的估计具有±5MB的潜在测量精度。

再次，我们需要确定可获得性能测量估计值的项目阶段。例如，我们可能会在软件开发和集成测试期间在组件级执行测试，以获得每个软件组件的性能测量估计值；我们还可能在验证阶段执行系统级测试，以获得整个软件系统的性能测量估计值。

最后，我们需要确定可完成每个性能需求验证的项目阶段。例如，我们可能会在集成测试期间通过测量处理农作物传感器数据的响应时间并确保其满足要求来验证第一个需求；我们还可能会在系统测试期间通过监控正常运行期间的内存使用情况并确保它不超过50MB 来验证第二个需求。

分析和验证性能需求流程图如图 3.21 所示。

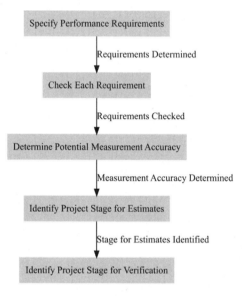

图 3.21　分析和验证性能需求流程图

在图 3.21 中，每个节点代表分析和验证性能需求的一个步骤，每条边代表从一个步骤到另一个步骤的过渡。下面是每个步骤的解析。

- Specify Performance Requirements：这个步骤包括指定一般和特定的性能需求。这些需求可能是具体的，如处理农作物传感器数据的平均响应时间应小于 50ms，也可能是一般的，如软件在正常运行期间的内存使用量不得超过 50MB。

- Check Each Requirement：在这个步骤中，我们需要检查每个性能需求以确定是否能够满足它。

- Determine Potential Measurement Accuracy：在这个步骤中，我们需要确定每个性能需求潜在的测量精度。例如，我们可能会使用基准测试工具来测量处理农作物传感器数据的响应时间，并确定潜在的测量精度在 5ms 以内。

- Identify Project Stage for Estimates：在这个步骤中，我们需要确定可获得性能测量估计值的项目阶段。例如，我们可能会在软件开发和集成测试期间在组件级执行性能测试。

- Identify Project Stage for Verification：在这个步骤中，我们需要确定可完成每个性能需求验证的项目阶段。例如，我们可能会在集成测试期间验证特定的性能需求。

通过图 3.21，我们可以清晰地看到分析和验证性能需求的流程，从而可以更好地理解和进行性能需求分析和验证。

3．描述解析 b

性能需求测试过程包括分析每个性能需求以确定其可行性，并建立性能需求、通过标准和潜在测量方法列表。这种分析的目的是确保每个性能需求至少与一种测量方法相关联，并在开发阶段尽早地选择准确、有效的测量方法。这种分析还应指定基本性能需求、可选的性能需求及通过准则，并在不降低测量有效性的情况下优先考虑使用单个测量方法来满足多个性能需求。

（1）每个性能需求至少与一种测量方法关联。

在性能需求分析过程中，需要确定每个性能需求可行性，并确保每个性能需求至少与一种测量方法相关联。这是因为性能需求通常是量化的，需要通过测量来验证是否达到了要求。如果没有与测量方法相关联，就无法验证性能需求是否达到要求。

例如，一个软件系统需要保证响应时间小于 1s。在进行性能需求分析时，需要确定如何测量响应时间。可能的测量方法包括使用性能分析工具测量或手动测量，需要对每种测量方法进行评估和选择。通过与特定的测量方法相关联，可以确保在验证性能需求时使用的测量方法是可行的，还可以提高测量效率。

（2）在开发阶段应尽早地选择准确、有效的测量方法。

在确定性能需求的同时，应尽早地选择准确、有效的测量方法。这是因为在开发阶段就要开始测量，以确保系统满足性能需求。如果在开发过程中才开始选择测量方法，则可能会导致测量不准确或无法获得必要的数据，从而影响系统性能的验证和改进。

例如，在开发一个基于 Web 的应用程序时，需要在早期确定如何测量页面加载时间。可以选择使用浏览器内置的性能分析工具或使用开源性能测量工具进行测量。如果在开发过程中才开始考虑如何测量页面加载时间，则可能需要对现有代码进行修改或重新设计，以满足测量需求，这将增加开发时间和成本。

（3）应指定基本性能需求、可选的性能需求及通过准则。

在性能需求分析过程中，应指定基本性能需求、可选的性能需求及通过准则。基本性能需求是必须实现的性能需求，可选性能需求是可以选择实现的性能需求，通过准则是用于验证系统是否满足性能需求的标准。

例如，在开发一个汽车制造控制系统时，需要指定基本性能需求，如系统响应时间、任务完成时间和资源利用率等。同时，还可以指定可选的性能需求，如启动时间和系统稳定性等。通过准则可能包括系统性能指标的标准值和测量方法。

（4）在不降低测量有效性的情况下，应优先考虑使用单个测量方法对应多个性能需求。

在软件性能需求测试中，通常会使用多个指标来描述系统性能，如响应时间、吞吐量、并发数等。这些指标之间可能存在关联，有些测量方法可以同时测量多个指标，从而提高测量效率和准确性。

例如，对于一个 Web 应用程序的性能需求测试，我们通常会关注以下几个指标。

- 页面加载时间。

- 响应时间。

- 吞吐量。

- 并发数。

这些指标之间并不是独立的，页面加载时间与响应时间、吞吐量密切相关，并发数与吞吐量和响应时间有关。如果使用多个测量方法分别测量每个指标，则不仅会增加测试成本和工作量，还可能存在测量误差和不一致性的问题。

因此，在性能需求测试中，应优先考虑使用能够同时测量多个指标的测量方法，从而实现对多个性能需求的验证，并确保测量的有效性和可靠性。

执行此分析有以下几个原因。首先，性能需求必须是可行的和可验证的。如果没有可行且可验证的性能需求，则无法确定系统是否满足性能目标；其次，选择准确、有效的测量方法对于确保正确进行性能需求测试和确保结果可靠至关重要；最后，指定基本和可选的性能需求及通过准则，允许对性能需求测试结果进行更彻底的分析，并在系统改进方面做出更有效的决策。

例如，我们考虑一个 Web 应用程序的性能需求，它指定每次页面加载的响应时间小于3s。为了分析这个性能需求的可行性，软件开发团队应该考虑各种因素，如服务器硬件、网络速度和应用程序的复杂性。他们还应考虑潜在的测量方法，如负载测试、压力测试或容量测试，以确定哪种测量方法最适合验证系统是否满足性能需求。此外，软件开发团队可以指定基本和可选的性能需求，如特定场景的最大并发用户数或页面加载时间，并建立通过准则，如负载测试期间成功请求的最小百分比。

通过这种分析，软件开发团队可以确保每个性能需求都是可行的和可验证的，并且所选择的测量方法是准确的、有效的。他们还可以建立性能需求、通过标准和潜在测量方法列表，用于在整个开发寿命周期中评估系统性能。

示例：假设我们正在设计一个嵌入式系统，其中包含一个需要满足性能需求的模块。我们将遵循 GB/T 38874 中的指导原则来指定和测试这个模块的性能需求。

（1）性能需求列表和通过准则的获取。

首先，我们通过分析系统和软件需求规格说明来获取性能需求列表。在这个示例中，我们需要测量模块的响应时间、内存使用率和 CPU 占用率。性能需求列表如下。

- 响应时间在 1s 内。

- 内存使用率不超过 80%。

- CPU 占用率不超过 70%。

其次，我们需要确定通过准则以确保测试是可靠的和准确的。在这个示例中，我们将使用以下通过准则。

- 使用性能测试工具进行基准测试。

- 对每个测试运行进行多次测试以获得平均值。

- 检查每个测试运行的标准偏差。

- 与系统运行其他模块时的性能进行比较。

（2）列出潜在测量方法列表。

接下来我们需要列出潜在测量方法列表。在这个示例中，我们可以使用以下测量方法。

- 响应时间：我们可以使用时间戳来测量模块的响应时间。我们可以记录模块开始处理请求的时间戳，并记录模块返回响应的时间戳。通过计算两个时间戳之间的差异，我们可以计算出模块的响应时间。

- 内存使用率：我们可以使用操作系统提供的内存监视工具来测量模块的内存使用率。

- CPU 占用率：我们可以使用操作系统提供的 CPU 监视工具来测量模块的 CPU 占用率。

（3）性能需求的可行性。

我们需要分析每个性能需求的可行性，以确保可以测试和验证这些需求。在这个示例中，我们可以看到所有的性能需求都是可行的，并且可以使用上述潜在测量方法进行测试和验证。

（4）选择准确、有效的测量方法。

在确定了可行的测量方法后，我们需要选择准确、有效的测量方法。在这个示例中，我们可以使用响应时间、内存使用率和 CPU 占用率来测试性能需求。

（5）指定基本性能需求、可选的性能需求及通过准则。

我们需要指定基本性能需求、可选的性能需求及通过准则。在这个示例中，我们将使用以下基本性能需求和通过准则。

- 响应时间在 1s 内。

- 内存使用率不超过 80%。

- CPU 占用率不超过 70%。

- 使用性能测试工具进行基准测试。

（6）可完成该性能需求验证的项目阶段。

最后一个步骤是确定在软件开发过程中可完成该性能需求验证的项目阶段。这些阶段需要被定义并在测试计划中进行明确的说明，以确保所有的性能需求都能够在合适的阶段得到验证。定义这些阶段需要考虑到测试所需的资源和成本，并确保测试结果的准确性和可靠性。

在每个阶段，都需要使用适当的测试工具来评估系统的响应时间是否符合要求。测试结果需要与事先定义的通过准则进行比较，并记录在测试计划中。

4．SRL 适用性和示例解析

如 GB/T 38874 所述，性能需求测试对于确保安全关键系统满足指定的性能标准至关重要。性能需求测试适用于 SRL=1、2、3，但不推荐用于 SRL=B。这种适用性的基本原理是，具有更高安全要求（SRL=1、2、3）的系统必须在各种条件下展示足够的性能以防止发生与安全相关的故障，而具有较低安全要求（SRL=B）的系统可能不一定需要进行如此严格的性能验证。

性能需求测试适用于 SRL=1、2、3 的原因如下。

（1）确保安全关键系统的可靠性：性能需求测试有助于确保安全关键系统在各种操作条件下的可靠性。通过验证系统是否满足指定的性能需求，软件开发人员可以确保系统在最重要的时候按预期运行。

（2）支持系统和软件需求规格说明：性能需求测试有助于验证系统是否满足系统和软件需求规格说明中指定的性能需求。此验证对于确保系统的稳定性和防止发生由性能不佳而导致的潜在安全问题至关重要。

（3）促进性能问题的早期检测和解决：通过识别性能需求并在开发过程的早期建立测试来验证它们，软件开发人员可以在潜在的性能问题变得严重之前检测并解决它们。

（4）支持集成和系统级测试：性能需求测试可以在组件级或集成级进行，这有助于验证系统的软件组件是否高效且有效地交互。这种验证对于安全关键系统尤为重要，在这些系统中，软件组件交互会对整体系统性能和安全性产生重大影响。

示例：为了说明性能需求测试的应用，考虑一个安全关键空中交通管制系统，该系统必须实时处理和中继飞机位置数据及飞行计划信息，以确保飞机安全、高效地运行。

- 系统和软件需求规格说明：空中交通管制系统的需求规格说明应明确性能需求，如在特定时间范围内处理飞机位置更新、更新飞行计划信息、处理一定数量的并发航班等。

- 性能需求分析：分析指定的性能需求，以确定通过准则、潜在的测量精度、可获得性能测量估计值的项目阶段，以及可完成该性能需求验证的项目阶段。

- 可行性分析：分析每个性能需求的可行性，得出性能需求、通过准则和潜在测量方法列表。

- 测试用例设计：设计模拟各种运行条件的测试用例，如正常空中交通流量、高峰空中交通流量和紧急情况，以评估系统在不同场景下的性能。

- 测试用例执行：执行测试用例，从而根据指定的性能需求测量系统的性能。

- 结果分析：将实际性能与规定的性能需求进行比较，以确保系统满足性能标准。

- 优化和重新测试：如果发现性能问题或系统不满足指定需求，则需要优化系统的设计或实现并重复测试过程。

总之，性能需求测试对于 SRL=1、2、3 的安全关键系统来说是必不可少的，因为它可以确保系统的可靠性，支持系统和软件需求规格说明，有助于及早发现和解决性能问题，并支持集成和系统级测试。通过进行性能需求测试，软件开发人员可以保证安全关键系统满足指定的性能需求，从而最大限度地降低可能产生严重后果的故障风险。

3.5.2.1.13　性能测试——雪崩/压力测试

【标准内容】

目标：

雪崩/压力测试应将超高工作负载施加到测试对象，以验证测试对象可轻松承受正常工作负载。

描述：

雪崩/压力测试有多种适合的测试条件，其中包括：

——在轮询模式下，单位时间内测试对象输入变化远大于正常条件；

——在请求模式下，单位时间内增加测试对象的请求数超出正常值；

——在数据库容量起重要作用时，数据库的容量超出正常值；

——有影响的设备分别调至最高速度或最低速度；

——极端情况下，尽可能将所有影响因素同时放在边界条件上。

在这些测试条件下，应评估测试对象的时间行为、观察负载变化的影响并检查内部缓冲区或动态变量、堆栈等的尺寸是否正确。

索引：本节标准内容源自 GB/T 38874.3—2020 的 7.5.4.1.13 节。

【解析】

1. 目标解析

性能测试是一种软件测试，用于评估系统在各种条件（如高流量或高使用率）下的性能，旨在确保系统能够处理此类情况而不会崩溃或变慢。有一种性能测试被称为雪崩/压力测试。

雪崩/压力测试涉及使系统承受极端工作负载以确定其处理正常工作负载的能力，以识别在高负载条件下可能出现的任何潜在瓶颈、性能问题或系统故障。

GB/T 38874 中描述的雪崩/压力测试的目标是验证测试对象可轻松承受正常工作负载。这很重要，因为无法承受正常工作负载的系统可能会崩溃、变慢或给用户带来其他问题。

为实现这一目标，GB/T 38874 提出了各种测试条件，包括以下几种。

（1）轮询模式：测试输入变化远超正常情况的对象。

（2）请求模式：增加单位时间内发送给对象的请求数，使其超出正常值。

（3）使用超出正常值的数据库容量测试对象。

（4）以每个影响设备的最高速度和最低速度测试对象。

（5）在边界条件下同时测试具有所有影响因素的对象。

这些测试条件用于评估对象的时间行为，观察负载变化的影响，检查内部缓冲区、动态变量、堆栈和其他变量的大小。

例如，在测试网站时，雪崩/压力测试可能涉及模拟大量用户同时访问网站，或者每秒向网站发送大量请求。此测试的目标是确定网站是否可以处理此类负载而不会崩溃或变慢。在测试期间发现任何问题，都可以在将系统部署到生产环境中之前解决。

2. 描述解析

GB/T 38874 中概述了几种可用于评估高工作负载下软件组件性能的测试条件。

（1）在轮询模式下，单位时间内测试对象输入变化远大于正常条件。

轮询模式是指测试对象被被测系统（SUT）反复轮询的情况。在这种模式下，测试对象的输入频率比正常情况下高得多。这在测试测试对象处理高频输入的能力时很有用。这意味着测试组件应该使用变化远大于正常条件的高频输入进行测试。

例如，我们正在测试搜索引擎，可以通过每秒向搜索引擎发送大量请求来模拟高频搜索查询。

又如，考虑一个设计为每秒处理一定数量请求的 Web 服务器，轮询模式测试可能涉及每秒向服务器发送更多请求并观察它如何处理负载。这有助于识别服务器在高负载下可能面临的任何性能瓶颈或问题。

（2）在请求模式下，单位时间内增加测试对象的请求数超出正常值。

请求模式是指 SUT 在单位时间内向测试对象发送大量请求的情况。这有助于测试测试对象处理大量请求并及时响应的能力。这意味着测试组件应该通过超出正常值的大量请求进行测试。

例如，我们正在测试一个 Web 服务器，可以通过 Apache JMeter 等负载测试工具来模拟用户的大量并发请求。

又如，考虑一个旨在每秒处理一定数量交易的电子商务网站。请求模式测试可能涉及每秒向网站发送更多的事务并观察它如何处理负载。这有助于识别网站在高负载下可能面临的任何性能瓶颈或问题。

（3）在数据库容量起重要作用时，数据库的容量超出正常值。

当 SUT 的性能取决于数据库的性能时，这一测试条件尤为重要。在这种情况下，数据库的容量会增加到超出正常值，以测试 SUT 处理增加的负载的能力。这意味着要用超出正常值的大量数据来测试数据库容量。

例如，我们正在测试一个电商网站，可以在数据库中模拟大量的产品和用户，来测试系统在高负载下的性能。

又如，考虑一个银行应用程序，其中 SUT 从数据库中检索和处理客户信息。数据库容量测试可能涉及增加数据库中的客户数量，以测试 SUT 处理大量交易和客户信息的能力。

（4）有影响的设备分别调至最高速度或最低速度。

当 SUT 与传感器、执行器或电动机等外部设备交互时，这一测试条件很重要。在这种情况下，将外部设备的速度调整到最高或最低，以测试 SUT 处理增加的负载的能力。这意味着测试组件应该在与之交互的设备的极端条件下进行测试。

例如，我们正在测试与打印机交互的软件组件，可以在每分钟打印大量页面的极端条件下测试该组件。

又如，考虑设计用于拾取和放置物体的机械臂，设备速度测试可能涉及提高机械臂的速度，以测试 SUT 处理增加的负载的能力。

（5）极端情况下，尽可能将所有影响因素同时放在边界条件上。

这一测试条件涉及在所有影响因素都被推到极限的极端条件下测试 SUT。这有助于识别 SUT 在极端负载下的性能特征。这意味着测试组件应该在极端和边界条件下进行测试。

例如，我们正在测试游戏应用程序，可以在游戏的极端和最具挑战性的水平下测试软件组件。

又如，考虑设计用于在正常道路条件下运行的自动驾驶车辆，极端负载测试可能涉及测试车辆在极端天气条件下的性能，如大雨或大雪、能见度低且道路条件具有挑战性等条件。

总之，雪崩/压力测试的不同类型的测试条件有助于识别 SUT 在不同场景下的性能特征。通过在这些的测试条件下评估 SUT，软件开发人员可以识别和解决性能瓶颈，并确保 SUT 能够处理正常和极端条件下的预期负载。在所有测试条件下，测试目标是评估软件组件在高工作负载下的行为，并观察负载变化对系统的影响。此外，应检查内部缓冲区、动态变量、堆栈和其他数据结构的大小，以确保它们是正确的。雪崩/压力测试是软件组件测试的一个重要方面。通过在各种测试条件下进行测试，可以评估软件组件在高工作负载下的性能，并在将系统部署到生产环境中之前识别潜在问题。

示例：假设我们有一个在线购物网站，需要对其进行雪崩/压力测试。该网站包含多个子系统，如用户登录系统、商品浏览系统、购物车系统、订单系统等。我们可以按照以下流程对其进行测试。

（1）需求分析：确定测试目标、测试场景、测试环境和测试数据等。

（2）设计测试方案：选择适合的测试工具和测试框架，并根据测试场景设计测试用例。

（3）准备测试数据：生成大量用户数据、商品数据和订单数据，并存储在数据库中。

（4）执行测试：按照测试用例执行测试，并记录测试结果。

（5）分析测试结果：根据测试结果分析系统的性能瓶颈和性能指标。

（6）优化系统性能：根据测试结果采取相应的措施优化系统性能，如增加服务器、优化代码、调整数据库等。

在执行测试时，我们可以使用各种工具和技术，如 Apache JMeter、Gatling、LoadRunner、K6 等。例如，使用 Apache JMeter 可以模拟大量用户并发访问系统，验证系统的并发处理能力和稳定性。

雪崩/压力测试流程图如图 3.22 所示。

图 3.22 中显示了雪崩/压力测试的步骤，下面是每个步骤的解析。

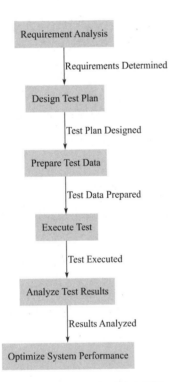

图 3.22 雪崩/压力测试流程图

- Requirement Analysis：这个步骤涉及确定测试目标、测试场景、测试环境和测试数据等。

- Design Test Plan：在这个步骤中，需要选择适合的测试工具和测试框架，并根据测试场景设计测试用例。

- Prepare Test Data：在这个步骤中，需要生成大量用户数据、商品数据和订单数据，并存储在数据库中。

- Execute Test：在这个步骤中，需要按照测试用例执行测试，并记录测试结果。

- Analyze Test Results：在这个步骤中，需要根据测试结果分析系统的性能瓶颈和性能指标。

- Optimize System Performance：在这个步骤中，需要根据测试结果采取相应的措施优化系统性能，如增加服务器、优化代码、调整数据库等。

通过这个流程图，我们可以更好地理解雪崩/压力测试的各个步骤，以便进行有效的测试设计和执行。

3．SRL 适用性和示例解析

如 GB/T 38874 中所述，雪崩/压力测试是安全关键系统性能测试的一个重要方面。这种测试仅适用于 SRL=3，不建议用于 SRL=B、1、2。这种适用性的原因是，具有更高安全要求（SRL=3）的安全关键系统必须能够承受极端工作负载并在危急情况下有效响应。相比之下，安全要求较低的系统（SRL=B、1、2）可能不需要进行如此的测试，因为它们在极端条件下的性能可能不会直接影响系统的整体安全性。

雪崩/压力测试适用于 SRL=3 的原因如下。

（1）确保系统弹性：雪崩/压力测试有助于确保安全关键系统在极端工作负载下具有弹性，这对系统的整体安全性和性能至关重要。这种测试用于验证系统可以处理比其正常运行条件下高得多的负载，这对于防止在危急情况下发生故障至关重要。

（2）评估时间行为：雪崩/压力测试允许软件开发人员评估系统在各种极端条件下的时间行为。通过观察系统如何响应负载变化，软件开发人员可以识别在关键事件期间可能影响性能和安全的潜在性能瓶颈或问题。

（3）验证内部资源分配：雪崩/压力测试有助于确保内部资源（如缓冲区、动态变量和堆栈）分配正确。此验证对于防止发生与资源耗尽相关的问题至关重要，资源耗尽可能导致系统故障或性能下降。

示例：为了说明雪崩/压力测试在安全关键系统中的应用，我们考虑一个负责实时监控列车运动的铁路交通管理系统（RTMS）。

- 系统和软件需求规格说明：RTMS 要求指定处理极端工作负载的性能标准，如火车流量突然增加、通信故障或同时发生的事件（如多列火车同时驶近同一路口）。

- 测试用例设计：设计模拟极端条件的测试用例，如高输入率、请求数增加、数据库容量过载、将设备调整到最高速度或最低速度。这些测试用例应将系统推向极限并超出其正常运行条件。

- 测试执行：执行测试用例以向 RTMS 施加非常高的工作负载，监控其性能并观察它如何处理极端情况。

- 结果分析：分析测试结果以评估系统在极端工作负载下的时间行为，观察负载变化的影响，并验证缓冲区和动态变量等内部资源分配是否正确。

- 优化和重新测试：如果发现性能瓶颈或问题，优化系统的设计或实现并重复测试过程。

总之，雪崩/压力测试对于 SRL=3 的安全关键系统至关重要，因为它可确保系统在极端工作负载下的弹性、评估系统的时间行为并验证内部资源分配。通过进行雪崩/压力测试，软件开发人员可以保证安全关键系统能够有效承受和响应极端条件，最大限度地降低可能产生严重后果的故障风险。

3.5.2.1.14　接口测试

【标准内容】

目标：

接口测试用于检测子程序中的接口错误。

描述：

可进行多级测试或完整性测试。最重要级别的测试为：

——所有接口变量均为非法值；

——单个接口变量为非法值，其他接口变量为正常值；

——单个接口变量覆盖值域内的值，其他接口变量为正常值；

——所有变量的任意值组合（仅限于接口数较少时）；

——与子程序调用相关的指定测试条件。

如果接口不具有参数错误检测功能，这些测试就非常重要。在原子程序重新配置后，这些测试也非常重要。

索引：本节标准内容源自 GB/T 38874.3—2020 的 7.5.4.1.14 节。

【解析】

1. 目标解析

接口测试是一种软件测试方法，用于检查软件组件之间的接口错误。接口是指两个或多个软件组件之间交互的点，这些软件组件可以是不同的应用程序、模块或服务。接口测试的目标是确保接口能够正确地传输数据和执行所需的操作，同时还要验证接口在不同条件下的稳定性和可靠性。

例如，假设有一个电子商务网站，其中有一个用于支付的子系统，这个子系统可能涉及多个不同的软件组件，如银行 API、信用卡处理程序和订单处理程序。在这种情况下，接口测试可以用来确保这些软件组件之间的通信是正确的，订单数据、支付信息被正确地传输和处理，以及子系统在高负载条件下能够正常运行。

进行接口测试是为了确保软件组件之间的接口没有错误，因为接口错误可能导致系统中的其他部分崩溃或无法正常工作。接口测试可以识别这些问题，帮助软件开发人员在发布软件之前解决这些问题，从而提高软件的可靠性和稳定性。

例如，在上述电子商务网站的支付子系统中，如果银行 API 返回错误的响应代码，那么子系统可能无法处理付款，并且可能导致订单处理失败。通过接口测试，软件开发人员可以在开发和测试过程中检测到这种问题，并且可以在生产中修复这个问题，从而避免发生由接口错误导致的订单处理故障。

2．描述解析

接口测试是一种软件测试方法，用于验证软件组件之间的接口是否正常运行。接口测试的目标是检测软件组件交互中的任何错误或缺陷，如不正确的数据交换、不正确的参数值或不正确的控制信号。接口测试是软件测试的重要组成部分，有助于确保各种软件组件按预期协同工作。

GB/T 38874 中对接口测试的描述指定了几个适合在最高安全级别（SRL=3）下测试软件组件的测试场景。这些场景包括以下几个。

（1）使用非法值测试所有接口变量。

（2）测试单个接口变量值非法，其他接口变量值正常。

（3）测试单个接口变量值在有效范围内，其他接口变量值正常。

（4）测试所有变量的任意值组合（仅限于较少的接口）。

（5）测试与子程序调用相关的指定测试条件。

这些测试场景旨在彻底检测软件组件之间的接口，检测输入和输出的各种组合中可能出现的任何缺陷或错误。特别的一点是，这些测试场景可以帮助软件开发人员发现其他类型的测试（如单元测试或集成测试）可能检测不到的缺陷。

例如，考虑一个场景，其中软件组件从传感器接收输入数据并将输出信号发送到控制单元。接口测试可用于验证软件组件接收到的数据是否得到正确处理，以及输出信号是否正确生成。在这种情况下，接口测试可以验证传感器数据是否被软件组件正确解释，以及输出信号是否按正确的时间持续生成。

总之，接口测试是软件测试的重要组成部分，有助于确保软件组件之间的接口正常运行。GB/T 38874 提供了关于如何在最高安全级别上执行接口测试的具体指南，包括可用于彻底演练软件组件之间接口的各种测试场景。

示例：假设我们正在开发一款机械控制系统的软件，其中包括一个子程序，这个子程序用于控制机器人手臂的移动。这个子程序有几个输入和输出接口变量，包括机械臂的当前位置、目标位置、移动速度等。

首先，我们需要进行接口测试来检测子程序中的接口错误。我们可以根据 GB/T 38874 中的描述，进行以下测试。

（1）所有接口变量均为非法值：我们将所有接口变量都设置为非法值，如将机械臂当前位置设置为负数或超出机械臂活动范围的值。如果子程序在这些非法值下可以正常运行，就说明存在接口错误。

（2）单个接口变量为非法值，其他接口变量为正常值：我们将某个接口变量设置为非法值，其他接口变量设置为正常值，如将目标位置设置为负数或超出机械臂活动范围的值，其他接口变量都设置为正常值。如果子程序在这些情况下可以正常运行，就说明存在接口错误。

（3）单个接口变量覆盖值域内的值，其他接口变量为正常值：我们将某个接口变量设置为其值域内的边界值，其他接口变量都设置为正常值，如将机械臂当前位置设置为最大值或最小值。如果子程序在这些情况下可以正常运行，就说明存在接口错误。

（4）所有变量的任意值组合（仅限于接口数较少时）：如果接口数较少，那么我们可以尝试利用所有变量的任意值组合来测试子程序的正确性。例如，将机械臂当前位置设置为正常值，目标位置设置为负数或超出机械臂活动范围的值，移动速度设置为最大值或最小值。

（5）与子程序调用相关的指定测试条件：我们还需要测试其他与子程序调用相关的指定测试条件，如测试当机械臂处于较高速度时子程序的响应时间、测试当机械臂在运动过程中被阻挡时子程序的应对措施等。

接口测试对于软件开发非常重要，因为接口错误可能会导致整个系统崩溃或无法正常运行。例如，在机械控制系统中，如果机械臂当前位置、目标位置和移动速度这些接口变量出现错误，那么机械臂可能会移动到错误的位置，甚至可能对操作者造成伤害。

3. SRL 适用性和示例解析

如 GB/T 38874 中所述，接口测试是软件组件测试的一个重要方面，旨在检测子程序中的接口错误。接口测试专门设计用于确保软件组件之间正确地进行交互，这对于整个系统的正常运行至关重要。根据 GB/T 38874，建议对 SRL=3 的系统进行接口测试，不建议对 SRL=B、1、2 的系统进行接口测试。

接口测试适用于 SRL=3，因为此等级的系统通常更复杂并且具有更多相互依赖的软件组件。识别和纠正接口错误对于维护这类系统的整体安全性和可靠性至关重要。此外，SRL=3 的系统具有更严格的安全要求，任何接口错误都可能导致更严重的后果，这使得接口测试成为验证过程的一个关键方面。

相比之下，SRL=B、1、2 的系统安全要求不那么严格，复杂性通常也较低。因此，在这些系统中与接口错误相关的风险较低，接口测试可能不那么重要。然而，这并不意味着对于具有较低 SRL 的系统应该完全忽略接口测试，而只是意味着应根据系统的复杂性和安全要求调整重点。

示例：考虑一个用于自动驾驶汽车的安全关键系统，该系统包含多个软件组件，包括传感器数据处理组件、路径规划组件和控制算法。这些软件组件中的每一个都通过接口进行交互，其正常运行对于确保汽车的安全行驶至关重要。

（1）测试条件：确定适合进行接口测试的测试条件。

- 所有接口变量均为非法值。

- 单个接口变量为非法值，其他接口变量为正常值。

- 单个接口变量覆盖值域内的值，其他接口变量为正常值。

- 所有变量的任意值组合（仅限于接口数较少时）。

- 与子程序调用相关的指定测试条件。

（2）测试场景：例如，在测试传感器数据处理组件和路径规划组件之间的交互时，可以模拟传感器数据包含错误信息的场景，如包含超出范围的值或不一致的数据。目标是评估路径规划组件是否可以正确处理这些情况，并且仍然为汽车生成安全可行的路径。

（3）测试执行：通过执行测试场景和观察系统行为来进行接口测试。这可能涉及评估系统如何响应错误的输入数据，接口错误检测机制是否正常运行，以及系统是否不会产生不良结果。

（4）结果分析和改进：分析接口测试的结果，找出任何问题或错误，并实施必要的改进。这可能涉及改进错误检测机制、增强系统的稳健性或改进边缘情况的处理。

总之，通过进行全面的接口测试，软件开发人员可以确保 SRL=3 的安全关键系统的软件组件能够正确地交互，从而减小发生故障的可能性并提高系统的整体安全性和可靠性。

3.5.2.2 消除缺陷

【标准内容】

应消除在本阶段检测到的错误。应对每项修改进行影响分析。如果修改影响前面任意阶段的工作产品，则应返回软件安全寿命周期的相应阶段。按照 GB/T 38874 的相关部分重新执行后续阶段。

索引：本节标准内容源自 GB/T 38874.3—2020 的 7.5.4.2 节。

【解析】

根据 GB/T 38874，应消除在软件组件测试阶段检测到的错误。这意味着，如果在此阶段发现错误，则应在进入下一个阶段之前修复这些错误。重要的是对在此阶段所做的每项修改进行影响分析，以确保它不会影响软件安全寿命周期的先前阶段。如果发现错误，则应返回软件安全寿命周期的相应阶段，重新执行该阶段的操作。

在软件组件测试阶段消除错误是为了确保软件满足安全要求并且能可靠地用于农林机械行业。在此阶段未纠正的任何错误都可能在现场使用软件时造成严重的安全风险。

如果测试软件组件时发现了错误，则必须在进入软件安全寿命周期的下一个阶段之前纠正错误。如果不纠正错误并部署软件，则可能会对农林机械的操作者或其他人造成严重的安全风险。

消除缺陷过程图如图 3.23 所示。

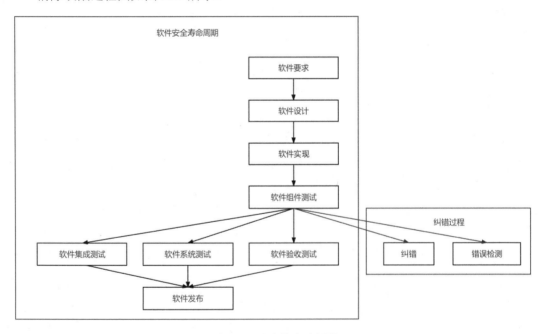

图 3.23　消除缺陷过程图

在图 3.23 中，有两个集群。第一个集群表示软件安全寿命周期，包括软件组件测试阶段。第二个集群表示纠错过程，发生在软件组件测试阶段。当在软件组件测试阶段检测到错误时，将在进入下一个阶段之前纠正这些错误。这确保了该软件在农林机械行业中的使用是安全的、可靠的。

以下对消除缺陷的过程进行扩展和分析。

（1）缺陷识别和分类：此步骤涉及识别在软件组件测试期间发现的缺陷并对其进行分类。可以根据缺陷的严重性、优先级或对系统的影响对缺陷进行分类。例如，导致系统崩溃的缺陷将被归类为高严重性缺陷，而影响非关键功能的缺陷可能被归类为低严重性缺陷。

（2）缺陷报告和跟踪：一旦缺陷被识别和分类，它们就需要被报告和跟踪。这涉及记录缺陷的详细信息，如它的描述、严重性和重现它的步骤。Jira、Bugzilla 等缺陷跟踪工具可用于在整个软件开发寿命周期中报告和跟踪缺陷。

（3）缺陷分析和根本原因识别：在这一步，需要通过代码审查、调试或日志分析等多种方法识别缺陷产生的根本原因。了解缺陷产生的根本原因对于防止将来产生类似缺陷很重要。

（4）缺陷修复：一旦确定了缺陷产生的根本原因，就可以通过修改代码或更改系统配置来修复缺陷。此外还应对修复程序进行测试，以确保它修复了缺陷而不引入新问题。

（5）缺陷修复的验证：修复缺陷后，重要的是验证修复以确保系统按预期工作。这涉及使用不同的场景和输入来测试系统，以确保缺陷已得到完全修复。

（6）缺陷关闭：一旦缺陷得到修复和验证，就可以关闭它。缺陷关闭涉及更新缺陷跟踪系统中的缺陷状态，确保更新所有相关文档，并通知利益相关者关闭。

消除缺陷流程图如图 3.24 所示。

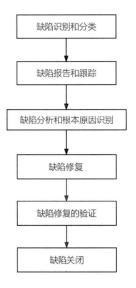

图 3.24　消除缺陷流程图

图 3.24 以每个步骤作为节点和按正确顺序连接节点的箭头来说明消除缺陷的过程。

例如，假设软件组件测试团队发现了一个缺陷，即在输入特定值时系统崩溃。首先，他们将记录缺陷并使用缺陷跟踪工具对其进行报告和跟踪。其次，他们将分析缺陷并确定缺陷产生的根本原因，如缺陷可能是由于代码中的错误造成的。再次，他们会通过修改代码来修复缺陷并对其进行测试以确保它已被修复。最后，一旦验证了修复，他们将关闭缺陷并更新缺陷跟踪系统。

软件集成和测试

3.6.1 目的、概述和前提条件

【标准内容】

目标：

软件集成和测试的第一个目的是将软件单元逐步集成到软件组件，直至集成为 ECU 嵌入式软件。

注：ECU 嵌入式软件可由安全相关软件组件或非安全相关软件组件组成。

第二个目的是验证嵌入式软件集成部件已正确地实现了软件需求。

概述：

在本阶段，根据软件需求对集成软件进行测试，对软件组件之间的接口也进行测试。软件组件集成和测试的步骤应直接对应分级的软件架构。

前提条件：

软件集成和测试的前提条件为：

——软件项目计划（见 3.1.1～3.1.4.5 节）；

——软件需求（见 3.2.2 节）；

——软件架构（见 3.3.2.1～3.4.3.3 节）；

——软件验证计划（见 GB/T 38874.4—2020 的第 6 章）；

——符合 3.4.2.1 节已测试的软件组件。

索引：本节标准内容源自 GB/T 38874.3—2020 的 7.6.1～7.6.3 节。

【解析】

1. 目标解析

软件集成和测试是软件开发寿命周期中的关键步骤。它涉及组合单个软件单元以形成更大的软件组件，并将这些软件组件集成到 ECU 的最终嵌入式软件中。这个阶段的目标可以分为两个部分。

（1）将软件单元逐步集成到软件组件，直至集成为 ECU 嵌入式软件。

软件集成和测试的第一个目的是将软件单元逐步集成到软件组件，直至集成为 ECU 嵌入式软件。这个过程用于确保各个软件单元在组合成更大的软件组件时能够正确运行，并且软件组件之间可以无缝地工作。通过逐步集成软件单元，软件开发人员可以更轻松地识别和解决集成过程中出现的任何问题。

例如，考虑一个软件开发项目，该项目涉及创建一个系统来控制拖拉机的液压系统。软件开发团队可以创建单独的软件单元来控制液压系统的不同部分，如液压泵、液压阀和液压缸。在集成过程中，这些软件单元将组合成更大的软件组件，如一起控制液压泵和液压阀的软件组件。这个过程将重复进行，直到所有软件单元都集成到拖拉机 ECU 嵌入式软件中为止。

（2）验证嵌入式软件集成部件已正确地实现了软件需求。

软件集成和测试的第二个目的是验证嵌入式软件集成部件已正确地实现了软件需求。这是通过测试集成部件并验证它们是否按预期运行来实现的。此目的强调了确保软件系统按预期运行并满足软件开发过程中指定的要求的重要性。软件需求的验证可确保软件的开发满足预期需求并且操作安全。

例如，在液压系统控制软件中，软件需求可能指定液压泵只能在拖拉机运动时运行。在软件集成和测试期间，软件开发团队将通过测试控制泵和拖拉机速度传感器的集成部件来验证是否满足此软件需求。他们还将通过测试处理这些软件需求的集成部件来验证是否满足其他软件需求，如安全要求。

又如，在为拖拉机开发软件时，软件需求可能包括发动机转速、变速箱换挡点和液压的规格。软件集成和测试将验证软件组件是否正确实现了这些软件需求，以及拖拉机是否按预期运行。这可能涉及一系列测试技术，包括功能测试技术、性能测试技术和安全测试技术。

总之，软件集成和测试对于确保嵌入式软件组件正常运行并满足软件需求至关重要。通过逐步集成软件单元并验证集成部件的功能，可以在将软件部署到现场之前识别并解决软件缺陷和问题。软件集成和测试是软件开发过程中的关键阶段，因为其可确保软件单元正确集成并且软件系统满足预期要求。通过遵循 GB/T 38874 和其他相关指南，软件开发人员可以确保软件安全、可靠并且满足预期需求。

2．概述解析

在软件集成和测试阶段，将软件单元逐步集成到软件组件，直至集成为 ECU 嵌入式软件。此过程可确保满足软件需求，并正确实现嵌入式软件组件。

在本阶段，需要进行软件集成和测试以验证软件单元是否已正确集成，以及软件组件之间的接口是否已经过测试。测试过程应该直接对应于分层软件架构。

在本阶段，根据软件需求对集成软件进行测试，对软件组件之间的接口也进行测试，以确保它们之间能正确通信。此步骤对于验证软件组件是否已正确实现及集成到嵌入式软件中是否正常运行至关重要。

测试集成软件是为了识别软件组件之间或整个嵌入式软件之间的交互所产生的任何缺陷。越早发现此类缺陷，修复它们就越容易且成本越低。测试软件组件之间的接口可确保不同的软件组件能正确通信，没有任何错误或数据损坏。

软件集成和测试步骤应以分层方式执行，与软件架构相对应。这确保了软件组件以正确的顺序集成，并且软件组件之间的依赖关系得到正确处理。假设一个软件组件依赖于另一个软件组件的功能，那么这个软件组件应该在它所依赖的软件组件已经被集成、测试之后被集成、测试。

示例：为了说明这一点，我们考虑一个拖拉机控制系统，该系统涉及各种软件组件，如发动机控制软件组件、传输控制软件组件、制动控制软件组件和转向控制软件组件。在软件集成和测试过程中，这些软件组件以分层方式集成和测试。首先集成和测试发动机控制软件组件，其次集成和测试传输控制软件组件，再次集成和测试制动控制软件组件，最后集成和测试转向控制软件组件。

在软件集成和测试阶段，还测试了这些软件组件之间的接口，以确保它们之间能正确通信。例如，测试发动机控制软件组件和传输控制软件组件之间的接口，以验证发动机转速是否正确传输到传输控制软件组件，进而相应地调整变速器挡位。同样，对制动控制软件组件和转向控制软件组件之间的接口进行测试，以确保拖拉机在由转向控制软件组件控制开始转弯之前完全停止。

进行软件集成和测试是为了确保软件单元能够正确地协同工作并满足整体软件需求。这很重要，因为如果软件单元未正确集成，则整个系统可能无法按预期运行，从而导致安全隐患。

假设一个软件系统需要集成三个软件组件：软件组件 A、软件组件 B 和软件组件 C。在软件集成和测试阶段，软件开发团队将确保软件组件正确集成并测试其接口。测试过程将直接对应分级的软件架构，每个软件单元在与其他软件组件集成之前将被隔离测试。

如果软件组件 A 先于软件组件 C 与软件组件 B 集成，并且测试过程表明软件组件 A 和软件组件 B 之间的集成不正确，则软件开发团队可以在继续集成软件组件 C 之前识别并解决问题。这可以确保整个系统工作正常并且满足软件需求。

总之，测试集成软件和软件组件之间的接口对于确保嵌入式软件正常运行并且满足所需的安全标准至关重要。

3.6.2　软件集成和测试要求

3.6.2.1　软件集成和测试计划

【标准内容】

软件集成和测试计划应至少包括以下内容：

（1）软件集成策略；

（2）软件集成测试计划。

在软件架构和设计阶段，应制定软件集成策略和测试计划。

索引：本节标准内容源自 GB/T 38874.3—2020 的 7.6.4.1 节。

【解析】

1．标准解析

软件集成和测试阶段概述了用于集成软件组件及验证系统是否满足指定要求的策略与过程。该阶段对于确保软件系统按预期运行并且满足安全和性能要求至关重要。

以下是对标准中概述的每项要求的解释。

（1）软件集成策略。

软件集成策略是在软件集成阶段确定的，它描述了软件集成的方式和策略，以确保软件组件之间的集成是正确无误的。在软件集成策略中，需要明确软件组件的集成顺序、集成方法、接口测试方法、错误处理等重要内容，以便在软件集成过程中有一个清晰的方向和框架。软件集成策略是指用于集成软件组件的总体方法和指南，它应该包括对软件集成过程的描述、使用的工具和技术、参与软件集成过程的团队成员的职责及采用的测试程序。软件集成策略还应解决如何处理软件集成过程中可能出现的任何问题或冲突。

示例：软件集成策略可能涉及增量集成方法，其中软件组件按特定顺序一次集成和测试一个。软件开发团队可以使用版本控制系统来跟踪代码的更改，并使用自动化测试工具来验证每个软件组件是否正常运行并且满足要求。

例如，对于拖拉机控制系统中的软件集成，可以制定以下软件集成策略。

- 集成顺序：按照软件架构和设计的阶段计划进行，从低到高逐层集成。

- 集成方法：采用增量集成方法，每次集成一个或多个软件组件，并对集成结果进行测试和验证。

- 接口测试方法：按照 GB/T 38874 中概述的接口测试方法进行测试，包括所有接口变量均为非法值、单个接口变量为非法值、单个接口变量覆盖值域内的值、所有变量的任意值组合和与子程序调用相关的指定测试条件。

- 错误处理：在软件集成过程中发现错误要及时进行定位、修复和验证，并及时通知相关人员。

（2）软件集成测试计划。

软件集成测试计划是在软件集成策略的基础上制定的一份测试计划。它描述了如何实现软件集成测试，包括测试目标、测试策略、测试方法、测试环境、测试计划和测试资源等。软件集成测试是指在软件集成阶段进行的具体测试。软件集成测试计划应该包括对测试用例、测试过程和确定测试是否成功的标准的描述。软件集成测试计划还应该指定用于执行测试的工具和技术、需要的资源及参与测试过程的团队成员的职责。

示例：软件集成测试计划可能包括用于验证每个软件组件的功能并确保它们在集成后能正常工作的测试。该计划还可能包括用于验证软件是否满足性能、安全和可靠性要求的测试。软件开发团队可以使用手动和自动测试技术，如单元测试、集成测试、系统测试和验收测试，来验证软件的功能。

例如，在拖拉机控制系统中，可以制定以下软件集成测试计划。

- 测试目标：验证集成后的软件组件能够正确工作，并且达到预期的功能和性能要求。
- 测试策略：采用黑盒测试和白盒测试相结合的方式，涉及静态测试和动态测试等多种测试手段。
- 测试方法：根据 GB/T 38874 和软件架构设计，制定相应的测试用例和测试方案，并结合模拟器和实际设备进行测试。
- 测试环境：测试需要在实验室或现场进行，需要搭建相应的测试环境和测试设备。
- 测试计划：根据测试方法和测试环境，制定测试计划，明确测试进度，并及时记录测试结果和问题。
- 测试资源：需要指派专业的测试人员和技术人员参与测试，并提供相应的测试工具和设备支持。

总之，软件集成和测试计划的制定是确保软件集成与测试步骤正确的关键因素之一。软件集成和测试计划对于确保软件系统满足要求并按预期运行至关重要。通过遵循清晰、明确的软件集成和测试计划，软件开发团队可以识别并解决软件集成过程中的任何问题或冲突，确保系统经过全面测试并且满足所需的安全和性能标准。

2. 示例解析

示例：假设我们正在开发一款农林机械控制系统的软件，按照 GB/T 38874 的要求进行开发。在软件集成和测试阶段，我们需要遵循软件集成和测试计划的要求，制定软件集成策略和软件集成测试计划。

（1）制定软件集成策略。

我们将遵循以下标准制定软件集成策略。

- 逐步集成，从单个软件单元开始，逐步向上构建软件组件和 ECU 嵌入式软件。
- 在每个软件集成阶段，对软件组件之间的接口进行测试，以确保软件组件之间的通信正确。
- 我们将使用自动化测试工具和手动测试相结合的方式进行测试，以确保高效性和准确性。

（2）制定软件集成测试计划。

我们将根据以下步骤执行软件集成测试。

- 单元测试（Unit Test）阶段：对每个软件单元进行单元测试，以验证其正确性。
- 软件组件测试（Components Test）阶段：将单个软件单元逐步集成到软件组件，对软件组件进行测试，以确保其正确性。
- ECU 嵌入式软件测试（ECU Test）阶段：将软件组件集成为 ECU 嵌入式软件，对 ECU 软入式软件进行测试，以确保其正确性。
- 集成测试（Integration Test）阶段：在 ECU 嵌入式软件集成完成后，对整个系统进行测试，以验证其正确性。
- 验证测试（Validation Test）阶段：使用已定义的测试用例和测试场景对整个系统进行验证测试，以确保其符合软件需求和安全要求。
- 验证测试评审（Validation Review）阶段：评审整个验证测试结果，确保系统符合软件需求和安全要求。
- 验证测试修复（Validation Fix）阶段：在评审结束后，根据评审结果对系统进行修复和改进，确保系统符合软件需求和安全要求。

软件集成和测试计划的步骤图如图 3.25 所示。

图 3.25　软件集成和测试计划的步骤图

我们还可以根据示例编写代码来实现软件集成和测试计划的制定。

算法 3.57：制定软件集成和测试计划的代码示例
```
class SoftwareIntegrationAndTestingPlan:
    def __init__(self):
```

```
    self.integration_strategy = None
    self.integration_test_plan = None

def set_integration_strategy(self, strategy):
    self.integration_strategy = strategy

def set_integration_test_plan(self, test_plan):
    self.integration_test_plan = test_plan

def execute_integration_testing(self):
    if self.integration_strategy:
        # 逐步集成
        for component in self.integration_strategy:
            # 对软件组件进行测试
            self.integration_test_plan.test_component(component)
    else:
```

3.6.2.2 软件集成策略

【标准内容】

软件集成策略应至少包含以下内容：

（1）分级集成软件组件的步骤；

（2）与软件集成相关的功能依赖性。

软件组件集成测试和软件安全测试可合并到一个阶段。

注1：在基于模型的开发中，模型级的集成会取代软件集成。

注2：依赖于约束条件，软件可在主机环境、类似目标环境（如评估板）或目标环境（ECU）内集成。

索引：本节标准内容源自 GB/T 38874.3—2020 的 7.6.4.2 节。

【解析】

1．标准解析

软件集成策略是软件开发的一个关键方面，旨在确保软件组件正确集成并按预期协同运行。GB/T 38874 要求软件集成策略应包括分级集成软件组件的步骤和与软件集成相关的功能依赖性。

（1）分级集成软件组件的步骤。

软件集成策略应包括逐步将软件单元集成到软件组件的方法，直到它们集成为 ECU 嵌入式软件。这些步骤应该直接对应于分级的软件架构。

软件组件的分级集成涉及单个软件单元的逐步集成，以形成更大的软件组件，最终集成为 ECU 嵌入式软件。这种方法允许在软件开发的早期阶段检测和解决集成问题，以免它们变得更加复杂和难以修复。分级集成还有助于确保软件组件以正确的顺序集成，并且使软件组件之间的依赖关系得到妥善管理。

在软件集成和测试阶段，重要的是采用系统的方法将软件组件集成到更大、更复杂的系统中。这个过程应该以循序渐进的方式完成，其中每个级别的集成都建立在前一个级别的基础上，直至集成为 ECU 嵌入式软件。应遵循分级的软件架构，每个软件组件应按逻辑顺序集成，每一步都要考虑软件组件之间的依赖关系和互连。

例如，考虑将各种软件组件集成到农用拖拉机的控制系统中，集成过程可以从集成低级软件组件（如传感器和执行器）开始。这些软件组件可以与更高级别的软件组件（如控制算法）集成，后者又可以与更高级别的软件组件（如用户界面和人机界面）集成。在进入下一个级别之前，应该对每个级别的集成进行全面测试。

（2）与软件集成相关的功能依赖性。

软件集成策略还应考虑与软件集成相关的功能依赖性。

在软件集成和测试阶段，应考虑软件组件之间的功能依赖关系，以确保每个软件组件都得到适当的集成和测试。这包括对硬件组件（如传感器和执行器）的依赖性，以及对其他软件组件的依赖性。这些依赖关系应该在软件集成和测试计划中被识别、记录。与软件集成相关的功能依赖性是指不同软件组件之间的关系，这些关系是软件组件按预期协同工作所必需的。这些关系可能包括软件组件之间的输入和输出，以及时序和排序要求。管理这些关系对于确保软件组件正确集成并按预期协同运行至关重要。

例如，在拖拉机的软件系统开发中，发动机控制软件组件、传动控制软件组件和液压控制软件组件必须以分级的方式集成。这可能涉及首先将发动机控制软件组件与传感器和执行器集成，其次与传动控制软件组件集成，最后与液压控制软件组件集成。与软件集成相关的功能依赖性可能包括不同系统之间命令与反馈信号的时间和顺序，以及传感器与控制模块之间的输入和输出。

软件集成策略还应该考虑软件集成的特定环境，如宿主环境、目标环境、模拟环境，这有助于确保软件在部署前在预期环境中得到正确测试和验证。

总之，软件集成策略是软件开发的一个关键方面，适当的规划和执行有助于确保软件组件正确集成并按预期协同运行。拥有定义明确的软件集成策略对于任何软件开发项目的成功都是至关重要的。采用系统的、循序渐进的集成方法，并考虑与软件集成相关的功能依赖性，有助于确保软件组件得到正确的集成和测试，从而生产出更健壮和可靠的最终产品。

2．示例解析

示例：假设我们正在开发一款农林拖拉机的控制软件，根据 GB/T 38874 的要求，我们需要制定软件集成策略，包括分级集成软件组件的步骤和与软件集成相关的功能依赖性。

首先，我们需要将软件系统划分为不同的级别，每个级别包含一组软件组件，每个软件组件都应具有特定的功能和安全性能。其次，我们可以按照以下步骤进行软件集成。

（1）第一级集成：将最底层的软件组件集成到一个基础软件框架中，该框架提供基本的硬件访问和驱动程序支持。

（2）第二级集成：将第一级集成软件与中间层软件组件集成。这些软件组件提供更高级别的功能，如通信协议栈和数据处理算法。

（3）第三级集成：将第二级集成软件与应用层软件组件集成，该层实现了农林拖拉机控制的具体功能，如驾驶员界面和车辆控制逻辑。

（4）第四级集成：将所有软件组件集成到一个完整的软件系统中，并进行系统级测试和验证。

在每个集成级别中，我们都需要考虑软件组件之间的功能依赖性，以确保所有软件组件在集成后都能够正常运行。例如，在第三级集成时，我们需要确保应用层软件组件与中间层软件组件之间的通信协议是兼容的，并且数据传输格式是一致的。

此外，根据 GB/T 38874，软件组件集成测试和软件安全测试可以合并到一个阶段进行。因此，在软件集成和测试阶段，我们需要进行以下测试。

- 集成测试：测试集成后的软件系统是否符合软件需求规格说明中的功能和性能要求。

- 安全测试：测试软件系统是否符合 GB/T 38874 中的安全性能要求。

另外，根据软件集成策略标准中注 1 和注 2 的要求，我们可以在不同的环境中进行软件集成。例如，在软件开发早期阶段，我们可以在主机环境中进行集成测试，以加快软件开发进程。在软件开发中期和后期阶段，我们可以在类似目标环境（如评估板）或目标环境（如 ECU）中进行集成测试，以确保软件系统在实际应用环境中的性能和可靠性。

3.6.2.3　软件集成和测试程序

【标准内容】

在软件集成测试计划中应制定适当的集成测试过程。

注：单个测试过程无法涵盖需同等考虑的所有方面，软件集成测试总是需要组合不同程序。

索引：本节标准内容源自 GB/T 38874.3—2020 的 7.6.4.3 节。

【解析】

GB/T 38874 要求制定适当的集成测试过程作为软件集成和测试阶段的一部分。这是因为集成软件组件涉及组合各个软件组件并验证它们是否按预期协同工作，这对于确保系统的整体功能和安全性至关重要。集成测试过程有助于识别集成不同软件组件时可能出现的任何问题或错误，并确保系统顺利运行。

制定适当的集成测试过程意味着，集成测试过程的设计应确保软件组件正确集成并按预期进行交互，并且系统作为一个整体按预期运行。集成测试涉及测试软件模块之间的接口，以及不同软件组件之间的交互。它是软件开发寿命周期的关键组成部分，因为它有助于识别组合软件组件时可能出现的缺陷或问题。

需要注意的是，单一的测试过程无法涵盖集成测试中需要考虑的所有方面。不同的方面，如功能测试、性能测试和安全测试，可能需要不同的测试过程。因此，集成测试过程通常需要组合不同程序，以确保涵盖所有方面，并确保软件组件能够正常协同工作。

例如，在开发农林机械软件的情况下，集成测试过程可能涉及功能测试的组合，以验证不同的软件组件是否协同工作并执行预期的功能，也可能涉及性能测试，以确保系统能够处理预期的工作负载和环境条件，还可能涉及安全测试，以确保系统符合相关的安全标准和法规。

集成测试过程通常包括以下步骤。

（1）测试计划：定义集成测试过程的目标、范围和要求。

（2）测试设计：设计用于验证软件组件集成的测试用例和测试脚本。

（3）测试执行：执行测试用例和测试脚本以识别集成过程中可能出现的任何问题或错误。

（4）测试报告：报告集成测试过程的结果并记录已识别的问题或错误。

（5）测试管理：管理集成测试过程，包括调度、资源分配和测试用例管理。

例如，考虑一个由多个软件组件，如用户界面、数据库和后端服务器组成的系统，该系统的集成测试过程可能涉及测试用户界面和数据库之间的接口，以及用户界面和后端服务器之间的交互。这可能包括测试软件组件之间数据的输入和输出，以及当所有软件组件集成时系统的整体功能。

此外，GB/T 38874 指出，单个测试过程可能不足以涵盖集成测试期间需要考虑的所有方面。因此，可能需要组合不同的集成测试程序以确保涵盖所有方面。

基于以上内容，农林机械软件集成测试过程的代码示例如下。

算法 3.58：农林机械软件集成测试过程的代码示例

```
def integration_testing():
 # Test planning
 objectives = ["Verify integration of software components", "Ensure system
functionality and safety"]
```

```
scope = ["Functional testing", "Performance testing", "Safety testing"]
requirements = ["Compliance with relevant safety standards and regulations"]

# Test design
test_cases = ["Verify functionality of individual software components",
"Test interaction between components", "Test system response to different
environmental conditions"]
test_scripts = ["Automated test scripts for functional testing", "Manual
test cases for safety testing"]

# Test execution
for test_case in test_cases:
  execute_test_case(test_case)

for test_script in test_scripts:
  execute_test_script(test_script)

# Test reporting
report_results()
document_issues()

# Test management
manage_testing_process()
```

总之，适当的集成测试过程对于确保软件系统的功能和安全性至关重要，特别是在安全关键行业中。集成测试过程的设计应涵盖集成测试的所有方面，并且应进行有效管理以确保软件组件按预期协同工作。

3.6.2.4 软件集成测试方法

【标准内容】

应按照表 3.5 中的方法进行软件集成测试。软件集成测试时可使用硬件，但侧重于软件测试。

索引：本节标准内容源自 GB/T 38874.3—2020 的 7.6.4.4 节。

【解析】

GB/T 38874 为农林拖拉机和机械控制系统安全相关部件的开发提供了指南。软件开发过程中的软件集成测试对于确保软件组件正常运行和满足安全要求至关重要。GB/T 38874 要求使用表 3.5 中列出的适当方法进行软件集成测试。

表 3.5 中列出的软件集成测试方法与 SRL 有以下关系。

1. 功能测试或黑盒测试适用于 SRL=B、1、2、3

功能测试（也称为黑盒测试）是一种软件集成测试方法，不需要了解系统内部的实现细节，而专注于系统的输入和输出，以验证系统是否符合功能需求和规格要求。在 GB/T 38874 中，功能测试或黑盒测试适用于所有安全等级，即 SRL=B、1、2、3。

这种测试方法的优点是可以在不考虑系统内部实现的情况下，验证系统是否满足功能需求和规格要求，可以在软件开发早期就进行测试，及时发现并解决问题，提高软件的质量和可靠性。同时，功能测试或黑盒测试可以自动化执行，从而节省测试时间和人力成本。

例如，一个拖拉机控制系统需要验证加速踏板的输入是否正确地控制了发动机的输出，在这种情况下，测试人员可以通过在实际系统中模拟输入和输出，以确保系统响应正确，并在必要时修复问题。

2. 等价类和输入划分测试适用于 SRL=2、3，在 SRL=B、1 时不建议使用

等价类和输入划分测试都是黑盒测试方法，通常用于验证输入的有效性和正确性。在 GB/T 38874 中，这两种测试方法适用于 SRL=2、3，而在 SRL 较低（SRL=B、1）时不建议使用。

等价类测试是指通过将输入分为等效的类别，并从每个类别中选择测试用例来验证输入的有效性。例如，在验证拖拉机控制系统中的速度控制输入时，可以先将速度输入分为三个类别，即低速度（0~20km/h）、中速度（20~40km/h）和高速度（40~60km/h），然后从每个类别中选择测试用例进行测试。

输入划分测试是指将输入域分为不同的子集，以确保测试覆盖输入域的各方面。例如，先将速度输入域分为 0~30km/h 和 30~60km/h 两个子集，然后从每个子集中选择测试用例进行测试。

等价类和输入划分测试方法的优点是，可以有效地测试输入的有效性和正确性，并且可以帮助软件开发人员发现和修复与输入相关的问题。然而，在较低 SRL 的情况下，这两种测试可能不是必要的，因为测试人员可以通过其他更简单的方法验证输入的有效性，如手动输入或基本的功能测试。

3. 资源约束分析适用于 SRL=1，在 SRL=B 时不建议使用，在 SRL=2、3 时不适用

资源约束分析是一种软件集成测试方法，用于分析内存和处理器时间等资源的分配及利用情况，以确保系统满足规定的性能要求。该测试方法用于对系统所需资源的限制进行分析和评估，包括计算资源、内存、带宽等。在 SRL=1 的系统中，系统对资源的需求和限制较多，资源约束分析是必要的。而在 SRL=B 的系统中，系统对资源的需求和限制较少，资源约束分析不是必要的。在 SRL=2、3 的系统中，系统对资源的需求和限制较多，资源

约束分析不能覆盖所有的情况，需要进行更细致的分析和评估。

例如，在一个农机控制系统中，由于 SRL=1，系统只需要控制机械的基本动作，如启动、停止、加速、减速等，对实时性和资源的要求不高，因此只需要进行基本的资源约束分析即可。而在 SRL=3 的系统中，系统需要对复杂的机械系统进行控制，对实时性和资源的要求非常高，需要进行详细的资源约束分析和评估。

4．响应时间和内存约束适用于 SRL=1、2、3，在 SRL=B 时不建议使用

响应时间和内存约束是一种软件集成测试方法，用于分析系统的响应时间和内存使用情况，以确保它们满足指定的性能要求。响应时间和内存约束是评估系统性能的重要指标，在软件集成测试中也是必要的。在 SRL=B 的系统中，由于系统对实时性和资源的要求较低，因此响应时间和内存约束分析不是必要的。而在 SRL=1、2、3 的系统中，系统对实时性和资源的要求越高，响应时间和内存约束分析就越重要。

例如，在一个农机控制系统中，由于 SRL=B，系统只需要控制机械的基本动作，对实时性和资源的要求不高，因此响应时间和内存约束分析不是必要的。而在 SRL=3 的系统中，系统需要对复杂的机械系统进行控制，对实时性和资源的要求非常高，需要进行详细的响应时间和内存约束分析。

5．性能需求测试适用于 SRL=2、3，在 SRL=B、1 时不建议使用

性能需求测试的目标是验证软件系统的响应时间、吞吐量、负载等性能指标是否满足需求。在 SRL 较高（SRL=2、3）的系统中，性能需求通常是非常关键的，因此进行性能需求测试可以确保软件系统在正常负载下能够满足需求。但是，在 SRL 较低的系统中，性能需求可能不是主要关注点，而且进行性能需求测试需要投入大量的资源和时间，这可能不切实际。因此，在 SRL 较低（SRL=B、1）时，不建议使用性能需求测试方法。

6．雪崩/压力测试适用于 SRL=3，在 SRL=B、1、2 时不建议使用

雪崩/压力测试是一种在负载达到峰值时进行的测试，以验证系统在高负载下的稳定性和可靠性。在 SRL 较高的系统中，雪崩/压力测试通常是必要的，因为系统在高负载下的稳定性和可靠性对于确保人身安全至关重要。然而，在 SRL 较低的系统中，可能没有必要进行这种测试，因为在这类系统中，确保人身安全可能不像在 SRL 较高的系统中那样重要，因此雪崩/压力测试可能是不必要的。此外，进行雪崩/压力测试需要投入大量的资源和时间，因此在 SRL 较低的系统中，不建议使用雪崩/压力测试方法。

例如，一个 SRL=3 的自动驾驶汽车系统需要通过性能测试，以确保在正常负载下可以及时做出响应，从而满足安全需求。又如，一个 SRL=2 的农林机械控制系统需要进行雪崩/压力测试，以确保在高负载下稳定、可靠，从而保证人员和机器的安全。

功能测试

【标准内容】

目标：

功能测试用于揭示规格说明和设计阶段中的失效，并发现在软件实现及软硬件集成时引入的失效。

描述：

在进行功能测试时，应对测试结果进行评审，确定是否达到系统规定的特性以及系统输入数据是否充分反映系统正常的预期。同时，应确定系统输出与规格说明的一致性。如果与规格说明有偏离和不完全相符，应予以记录。

针对多通道架构电子组件的功能测试，通常使用经验证的厂商元件对制造的组件进行试验。此外，（可行时）制造的组件应与同批次的其他厂商的元件一起测试，以揭示可能被掩盖的共模故障。

索引：本节标准内容源自 GB/T 38874.3—2020 的 7.6.4.4.1 节。

【解析】

1. 目标和描述解析

根据 GB/T 38874，软件集成和测试阶段的功能测试的目标是揭示规格说明和设计阶段的失效，并发现在软件实现及软硬件集成时引入的失效。

功能测试是一种黑盒测试技术，用于验证被测试的系统或软件是否按照要求和规格说明运行。功能测试的主要目的是确保软件应用程序或系统按预期工作并且可以处理各种输入和场景。在功能测试期间，系统使用各种输入进行测试，并检查输出以确保它们是正确的。

功能测试可以在软件开发寿命周期的不同阶段执行，包括单元测试、集成测试和系统测试。必须在软件开发寿命周期的每个阶段执行功能测试，以确保软件或系统正常工作。例如，对于拖拉机控制系统，功能测试可能包括验证拖拉机是否可以执行各种任务，如犁地、耕作和播种。输入是执行任务的命令，输出是任务的实际执行。

在功能测试期间，应审查测试结果以确定系统是否满足规定的特性，以及系统的输入数据是否反映了预期的行为，还应验证系统输出与规范的一致性。如果系统输出与规范有偏差或不一致，则应记录下来以供进一步分析和解决。

对于多通道架构电子组件，功能测试通常涉及使用经验证的厂商元件试验制造的组件。此外，如果可行，制造的组件应与同批次的其他厂商的元件一起测试，以揭示可能被掩盖的共模故障。功能测试不仅要验证软件或系统是否正常工作，还要确保其满足指定的特性和功能要求。在功能测试期间，应仔细审查测试结果，以确保软件或系统满足指定的特性和功能要求。

如果系统输出与规格说明之间存在偏差或不一致，则应进行记录和分析以确定问题产生的根本原因。这有助于改进软件或系统并确保其满足所需的功能要求。例如，对于拖拉机控制系统，如果系统无法执行耕作等特定任务，则应记录并分析问题以确定问题产生的根本原因。这可能是由于软件或硬件故障或输入数据有问题。一旦发现问题，就可以修复它，并且可以重新测试系统以确保其满足所需的功能要求。

多通道架构电子组件的功能测试可能具有挑战性，因为组件可能会相互影响并导致意外行为。为确保组件正常工作，建议在测试期间使用经验证的厂商元件对制造的组件进行试验。

此外，制造的组件应与同批次的其他厂商的元件一起测试，以揭示可能被掩盖的共模故障。这有助于确保制造的组件在真实环境中正常工作。

例如，在拖拉机控制系统中，如果系统使用多通道架构电子组件，如传感器和执行器，则必须将它们一起进行测试以确保它们正常工作。这可以通过在测试期间使用经验证的厂商元件对制造的组件进行试验来实现，并且将制造的组件与同批次的其他厂商的元件一起测试，以揭示可能被掩盖的共模故障。

总之，功能测试是软件集成和测试的重要组成部分，它有助于确保软件满足指定的要求并按预期运行。通过黑盒测试、白盒测试、回归测试等手动和自动化测试技术的结合，功能测试可以在软件开发寿命周期的早期发现缺陷，从而降低后期修复问题的总体成本。

2. 示例解析

示例：假设我们正在开发一种农林机械控制系统，其中包括多个电子组件，如传感器、执行器和控制单元。在软件集成和测试阶段，我们需要进行功能测试以确定是否达到系统规定的特性，以及系统输入数据是否充分反映系统正常的预期。为此，我们将使用功能测试方法，并根据 GB/T 38874 的要求进行测试。

首先，我们需要确定要测试的功能和输入数据，以及预期的系统输出。例如，我们要测试的功能可能是控制系统中的一种特定操作，如启动或停止引擎。我们将输入数据设置为模拟各种可能的操作场景，如高温、低温、不同湿度等，以验证系统是否能够正常工作。我们预期的系统输出是机器能够按照指定的操作方式进行操作。

其次，我们需要对测试结果进行评审，以确定是否达到系统规定的特性。如果测试结果与规格说明有偏离和不完全相符，那么我们需要记录这些问题并尽快修复。我们还需要验证系统输出与规格说明的一致性，以确保系统按照预期工作。

最后，对于多通道架构电子组件，我们需要使用经验证的厂商元件对制造的组件进行试验，并将制造的组件与同批次的其他厂商的元件一起测试，以揭示可能被掩盖的共模故障。这可以帮助我们发现潜在的问题并修复它们，确保系统的安全性和可靠性。

图 3.26 展示了进行功能测试的三个主要步骤，以及在每个步骤中需要执行的任务。

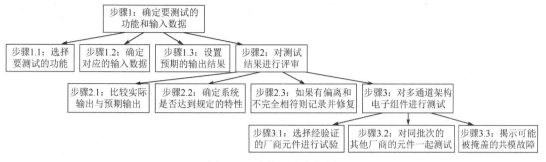

图 3.26　功能测试流程图

在图 3.26 中，首先确定要测试的功能和输入数据。其次对测试结果进行评审，以确定是否达到系统规定的特性。如果发现测试结果与规格说明有偏离和不完全相符，那么我们需要记录这些问题并尽快修复。最后对多通道架构电子组件进行测试，使用经过验证的厂商元件对制造的组件进行试验，并尝试揭示可能被掩盖的共模故障。

在以上的示例中，我们可以看到在进行功能测试时，需要对测试结果进行评审，以确定是否达到系统规定的特性，同时需要检查系统输入数据是否充分反映系统正常的预期。此外，还需要检查系统输出与规格说明的一致性。如果与规格说明有偏离和不完全相符，则应记录并进行相应的调整。

针对多通道架构电子组件的功能测试，通常使用经验证的厂商元件对制造的组件进行试验。这是因为在多通道架构电子组件中，一个通道的故障可能会影响其他通道的正常工作，导致系统整体失效。因此，在进行功能测试时需要检测可能被掩盖的共模故障，这可以通过将制造的组件与同批次的其他厂商的元件一起测试来完成。

为了更好地理解上述内容，我们提供图 3.27 来解释以上关系。

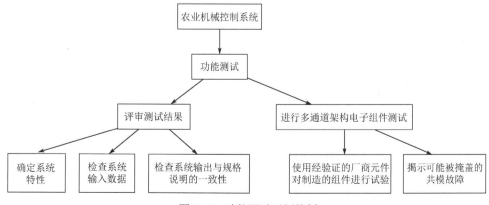

图 3.27　功能测试示例简析

农林机械控制系统软件功能安全标准解析与实践

在图 3.27 中，首先对农林机械控制系统进行功能测试，其次评审测试结果，包括确定系统特性，检查系统输入数据，以及检查系统输出与规格说明的一致性。此外，还要进行多通道架构电子组件测试，使用经验证的厂商元件对制造的组件进行试验，并揭示可能被掩盖的共模故障。

总之，在 GB/T 38874 中概述的软件集成和测试中，功能测试是非常重要的一项测试工作，可以帮助软件开发人员揭示规格说明和设计阶段的失效，并发现在软件实现及软硬件集成时引入的失效。在功能测试过程中，需要对测试结果进行评审，确定是否达到系统规定的特性，同时需要检查系统输入数据是否充分反映系统正常的预期，以及检查系统输出与规格说明的一致性。针对多通道架构电子组件的功能测试，通常使用经验证的厂商元件对制造的组件进行试验，并与同批次的其他厂商的元件一起测试，以揭示可能被掩盖的共模故障。

3.6.2.5　消除缺陷

【标准内容】

应消除在本阶段检测到的错误。应对每项修改进行影响分析。如果修改影响前面任意阶段的工作产品，则应返回软件安全寿命周期的相应阶段。按照 GB/T 38874 的相关部分重新执行后续阶段。

索引：本节标准内容源自 GB/T 38874.3—2020 的 7.6.4.5 节。

【解析】

GB/T 38874 要求必须消除软件集成和测试阶段检测到的错误，应分析每项修改的影响，如果修改影响到软件安全寿命周期中前面任意阶段的工作产品，则应返回相应阶段，并根据 GB/T 38874 的相关部分重新执行后续阶段。

制定此标准是为了确保在软件发布之前消除所有缺陷。任何在测试阶段未检测到和修复的错误都可能在部署软件时造成严重的安全风险。因此，必须彻底消除检测到的缺陷并确保软件满足所有安全要求。

假设正在开发用于农林拖拉机的软件系统，并且在软件集成和测试阶段检测到可能导致拖拉机发生故障的缺陷。在这种情况下，软件开发团队必须在软件发布之前消除缺陷。此外，他们必须分析每项修改对先前工作产品的影响，并确保软件安全寿命周期的后续阶段根据 GB/T 38874 再次执行。此过程可确保软件安全并满足所有必要的安全要求，之后再投入使用。

在软件集成和测试阶段消除缺陷流程图如图 3.28 所示。

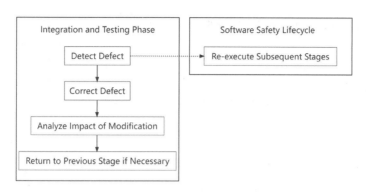

图 3.28　在软件集成和测试阶段消除缺陷流程图

在图 3.28 中，Integration and Testing Phase（集成和测试阶段）集群包含四个节点：Detect Defect（检测缺陷）、Correct Defect（纠正缺陷）、Analyze Impact of Modification（分析修改的影响）和 Return to Previous Stage if Necessary（必要时返回上一个阶段）。这些节点表示在软件集成和测试阶段检测到缺陷时必须采取的措施。Software Safety Lifecycle（软件安全寿命周期）集群包含一个节点：Re-execute Subsequent Stages（重新执行后续阶段）。这个节点表示在缺陷被纠正后，如果有必要，则需要重新访问并执行软件安全寿命周期的后续阶段。

 软件安全测试

3.7.1　目的和前提条件

【标准内容】

目的：

软件安全测试用于验证嵌入式软件是否正确满足了软件需求。

软件安全测试是 E/E/PES 安全确认的一部分（见 GB/T 38874.4—2020 的第 6 章）。在整个 E/E/PES 的安全确认计划期间，应确定在 E/E/PES 级测试的安全目标以及软件级测试的安全目标。在最简单的情况下，E/E/PES 的安全确认应覆盖包括软件在内的所有安全目标。因此，无须单独进行软件安全确认。

前提条件：

软件安全测试的前提条件为：

——软件项目计划（见 3.1.1～3.1.4.5 节）；

——软件需求（见 3.2.2 节）；

——软件架构（见 3.3.2.1～3.4.3.3 节）；

——软件验证计划（见 GB/T 38874.4—2020 的第 6 章）；

——集成软件；

——ECU。

索引：本节标准内容源自 GB/T 38874.3—2020 的 7.7.1～7.7.3 节。

【解析】

GB/T 38874 为农林拖拉机和机械控制系统安全相关部件（包括软件）的开发提供了指南，规定了软件安全测试的目的和前提条件。

软件安全测试的目的是确保嵌入式软件满足软件需求。软件安全测试是 E/E/PES 安全确认过程的重要组成部分。在整个 E/E/PES 的安全确认计划期间，应确定系统级测试和软件级测试的安全目标。在最简单的情况下，E/E/PES 的安全确认应该覆盖所有的安全目标，包括软件，所以不需要单独进行软件安全确认。

例如，对于农用拖拉机，软件安全测试用于确保拖拉机的嵌入式软件满足安全操作的要求，如确保拖拉机的速度不超过安全限值。

软件安全测试的前提条件包括软件项目计划、软件需求、软件架构、软件验证计划、集成软件和 ECU。这些前提条件对于确保以系统的、有组织的方式开发和测试软件，以及确保软件满足所需的安全标准至关重要。

例如，对于农用拖拉机，软件项目计划将概述软件开发和测试的时间表及资源。软件需求将指定拖拉机嵌入式软件的必要功能和安全要求。软件架构将提供软件设计及软件与拖拉机其他组件的交互方式的高级概述。软件验证计划将概述如何测试软件以确保其满足要求。集成软件是与拖拉机其余组件集成的软件。ECU 是负责控制拖拉机各种功能的单元。

总之，软件安全测试是安全关键系统开发过程的重要组成部分。通过验证嵌入式软件是否满足安全要求并执行测试以确保其正常运行，软件安全测试可以帮助软件开发人员预防事故发生并确保这些系统安全运行。

3.7.2 软件安全测试要求

3.7.2.1 软件安全性测试方法

【标准内容】

测试应是软件验证的主要方法，模型演示和模型验证可作为补充验证活动。应参照表 3.6 选择适当的技术/方法。

软件应与其相关的 ECU 中的主机微处理器集成。当通过专用测试接口访问/监测软件状态和结果时，系统其余部分的输入可为仿真信号。

图 3.29 给出了接口测试示例。

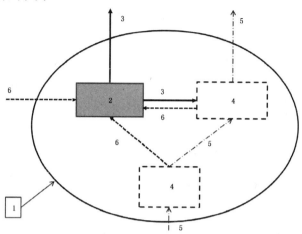

说明：

1—整个 E/E/PES；

2—含实际待测试软件的实际 ECU；

3—测试接口；

4—未接入的 ECU 和软件；

5—未接入的信号；

6—仿真信号。

图 3.29　E/E/PES 的 ECU 测试接口

索引：本节标准内容源自 GB/T 38874.3—2020 的 7.7.4.1 节。

【解析】

1. 标准解析

GB/T 38874 建议，测试应是软件验证的主要方法，模型演示和模型验证可作为补充验证活动。应从表 3.6 中选择适当的技术/方法进行软件安全需求测试，包括 ECU 网络内的测试、硬件在环（HIL）测试和机器内测试。

（1）ECU 网络内的测试。

ECU 网络内的测试涉及验证网络中不同 ECU 之间的通信，这可确保系统按预期运行并且满足软件安全需求。ECU 网络内的测试是指在 ECU 网络内测试软件安全需求。这涉及测试网络中不同 ECU 之间的通信，以确保系统按预期运行。

例如，在农用拖拉机中，ECU 网络可能包括发动机控制单元、变速器控制单元和液压控制单元。这些 ECU 网络中的每个单元都必须能够相互通信以确保拖拉机可以正常运行。

ECU 网络内的测试的一个示例是 John Deere 开发的自动驾驶拖拉机。该自动驾驶拖拉机可以执行各种农业任务，包括种植、收割和耕作。为确保满足软件安全需求，John Deere 使用 ECU 网络内的测试来验证拖拉机内不同 ECU 之间的通信。

（2）硬件在环测试。

硬件在环测试涉及在包含物理硬件组件的模拟环境中测试软件安全需求。例如，拖拉机控制系统可以通过将软件连接到物理引擎、变速器和其他组件，通过硬件在环仿真进行测试。这种类型的测试允许在现实条件下测试软件，并且可以帮助软件开发人员在现场发生潜在问题之前识别它们。

硬件在环测试的一个示例是 John Deere 开发的 Command Pro™操纵杆。该操纵杆用于控制各种农业设备，包括拖拉机和喷雾机。为确保满足软件安全需求，John Deere 使用硬件在环测试来模拟设备在不同条件下的控制功能，这使他们能够在将产品投入市场之前识别并解决问题。

（3）机器内测试。

机器内测试涉及使用实际机器或设备在真实环境中测试软件安全需求。机器内测试的一个示例是在具有不同地形、土壤和天气条件的真实农田中测试拖拉机控制系统。这种类型的测试对于确保软件在实际环境中正常运行非常重要，并且可以识别在模拟或硬件在环测试中可能不明显的问题。

除上述测试方法以外，GB/T 38874 还指出软件应与其相关的 ECU 中的主机微处理器集成，测试接口应专用于访问/监测软件状态和结果。这有助于确保软件正确集成到系统中并正常运行。

总之，GB/T 38874 建议使用多种测试方法来确保软件满足安全需求。ECU 网络内的测试、硬件在环测试、机器内测试都是验证不同 ECU 之间通信、在现实条件下测试软件、保证软件在实际环境中正常运行的重要手段。这些测试方法有助于降低软件相关事故的风险，并确保农林机械安全、高效地运行。

2. 软件安全性测试方法与 SRL 的关系

GB/T 38874 为农林拖拉机和机械控制系统软件安全相关部件的开发提供了指导。在软件安全测试阶段，该标准推荐使用多种测试方法来确保软件满足安全需求。这些测试方法与该标准中指定的 SRL 有关系。

（1）ECU 网络内的测试适用于 SRL=1、2，在 SRL=B 时不建议使用，在 SRL=3 时不适用。

ECU 网络内的测试是一种用于验证网络内不同 ECU 之间通信的方法。它涉及在 ECU 之间发送命令和数据，并检查响应是否正确。这种测试方法适用于 SRL=1、2，是因为 ECU 网络内的测试旨在验证网络内不同 ECU 之间的通信。在 SRL=B 时，不建议仅依靠 ECU 网络内的测试来验证软件安全需求。ECU 网络内的测试不适用于 SRL=3，是因为 ECU 网络内的测试旨在验证网络内不同 ECU 之间的通信，不足以确保在最高 SRL 下满足软件安全需求。

例如，我们考虑拖拉机的制动系统，该制动系统由制动踏板、制动传感器和制动控制单元（BCU）组成。BCU 接收来自传感器的信号并施加制动力。如果 BCU 由于软件缺陷而无法接收来自传感器的信号，则可能导致制动器无法接合，这可能是一个重大的安全风险。ECU网络内的测试是验证信号在制动传感器和 BCU 之间能否正确发送、接收的基本方法。

（2）硬件在环测试适用于 SRL=1、2、3，在 SRL=B 时不建议使用。

硬件在环测试是一种用于在包含物理硬件组件的模拟环境中测试软件安全需求的方法。硬件在环测试适用于 SRL=1、2、3，但不推荐在 SRL=B 时使用，原因是硬件在环测试涉及在包含物理硬件组件的模拟环境中测试软件安全需求，不足以确保满足 SRL=B 的软件安全需求。

例如，林业机械的采伐头由切割刀片、液压缸和控制系统组成，控制系统接收来自操作者的信号并调整切割刀片的位置和速度。如果控制系统因软件缺陷而出现故障，则可能会导致切割刀片不受控制，这可能是一个重大的安全风险。硬件在环测试是验证控制系统是否正常运行，以及能否在不同条件下调整切割刀片位置和速度的基本方法。

（3）机器内测试适用于 SRL=1、2、3，在 SRL=B 时不建议使用。

机器内测试是一种用于在真实环境中使用实际机器或设备测试软件安全需求的方法。机器内测试适用于 SRL=1、2、3，原因是机器内测试涉及在真实环境中使用实际机器或设备测试软件安全需求。但是，在 SRL=B 时不建议使用此测试方法，因为在这个等级的系统中，与软件缺陷相关的风险可能并不显著。

例如，我们考虑拖拉机的发动机控制单元，其负责控制发动机的性能，如燃油喷射、点火正时和气流。如果发动机控制单元由于软件缺陷而发生故障，则可能导致发动机熄火甚至着火，这可能是一个重大的安全风险。机器内测试是验证发动机控制单元是否正常运行以及能否在不同条件下控制发动机性能的基本方法。

总之，GB/T 38874 建议使用适用于不同 SRL 的测试方法进行软件安全测试，以确保满足软件安全需求。ECU 网络内的测试、硬件在环测试、机器内测试都是验证不同 ECU 之间通信的重要手段，是在现实条件下测试软件，保证软件在实际环境中正常运行的重要手段。这些测试方法可以帮助软件开发人员降低软件相关事故的风险，并确保农林机械在不同的 SRL 下安全、高效地运行。

软件安全测试方法的选择取决于软件的 SRL。ECU 网络内的测试、硬件在环测试、机器内测试都是农林机械验证软件安全需求、降低软件相关事故风险的重要手段。这些测试方法有助于确保机械在不同的 SRL 下安全、高效地运行。

3.7.2.1.1　电子控制单元网络内的测试

【标准内容】

软件应与其相关的 ECU 中的主机微处理器相集成，该 ECU 应与整个 E/E/PES 中的其余 ECU 集成。然后，通过 ECU 网络接口进行软件测试，以验证软件行为符合规格说明，如图 3.30 所示。

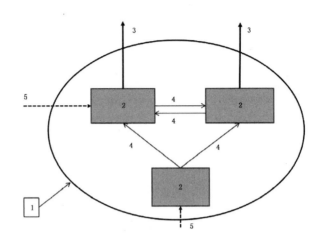

说明：
1—整个 E/E/PES；
2—含实际待测试软件的实际 ECU；
3—测试接口；
4—待监测的实际信号；
5—仿真信号。

图 3.30　E/E/PES 电子控制单元网络内的测试

索引：本节标准内容源自 GB/T 38874.3—2020 的 7.7.4.1.1 节。

【解析】

1．标准解析

根据 GB/T 38874，测试 ECU 网络内的软件是确保整个 E/E/PES 的安全性和可靠性的关键方面。ECU 网络内的测试过程涉及将软件与其相关的 ECU 中的主机微处理器集成，然后将其与整个 E/E/PES 中的其余 ECU 集成。软件测试通过 ECU 网络接口进行，以验证软件的行为符合规格说明。

进行 ECU 网络内的测试的原因如下。

（1）复杂性：现代的 E/E/PES 通常非常复杂，包括多个负责管理各种安全关键功能的 ECU。确保这些 ECU 之间能正确通信和交互对于维护整个系统的安全性和可靠性至关重要。

（2）相互依赖：E/E/PES 中的各种 ECU 相互依赖，以执行各自的功能。ECU 网络内的测试有助于识别由于这些相互依赖而可能出现的问题或错误。

（3）真实世界条件：ECU 网络内的测试可确保软件在真实世界条件下按预期运行。通过将软件与其相关的 ECU 中的主机微处理器和其余 ECU 集成，可以模拟实际操作条件并更准确地评估软件的行为。

（4）兼容性：ECU 网络内的测试验证软件与其他 ECU 和整个系统的兼容性。这有助于确保软件可以无缝集成到现有的 E/E/PES 中。

（5）安全性、可靠性：ECU 网络内的测试对于维护 E/E/PES 的安全性和可靠性至关重要。通过验证软件的行为符合规格说明，软件开发人员可以在潜在的安全隐患或可靠性问题变得严重之前识别并纠正它们。

示例：考虑一个用于工业自动化应用的安全关键 E/E/PES，该系统由多个 ECU 组成，负责管理运动控制、传感器数据处理和系统监控等过程。为保证整个系统的正常运行，需要进行 ECU 网络内的测试。

（1）集成：先将软件与其相关的 ECU 中的主机微处理器集成，确保正确配置和安装软件。然后将 ECU 与整个 E/E/PES 集成，建立所需的通信链路和接口。

（2）测试场景：开发涵盖软件在 ECU 网络内可能遇到的各种操作条件和交互的测试场景。这些场景可能包括正常操作场景、极端条件场景、通信故障场景和存在其他可能影响软件行为的潜在问题的场景。

（3）测试执行：执行测试，通过 ECU 网络接口监控软件的行为。这可能涉及评估软件对特定输入的响应，评估其在各种条件下的性能，并验证其是否满足所需的安全性和可靠性标准。

（4）分析：分析 ECU 网络内的测试结果，找出测试过程中可能出现的问题或错误。该分析应侧重于每个 ECU 内的各个软件组件及网络中 ECU 之间的交互。

（5）改进：根据 ECU 网络内的测试结果进行必要的改进。这可能涉及改进软件的算法，增强其错误检测和处理能力，或者解决与系统中其他 ECU 的兼容性问题。

通过进行全面的 ECU 网络内的测试，软件开发人员可以确保 E/E/PES 中的软件组件正常运行并相互无缝交互。此过程对于维护整个系统的安全性和可靠性至关重要，尤其是在故障可能会造成严重后果的安全关键系统中。

为进一步说明农林拖拉机和机械控制系统软件安全测试中的 ECU 网络内的测试方法，现提供如下详述。

（1）软件与其相关的 ECU 中的主机微处理器的集成：每个 ECU 的软件应与各自的 ECU 中的主机微处理器集成，以确保软件代码可以由 ECU 执行。主机微处理器负责执行软件指令和控制 ECU 的硬件组件，如传感器、执行器和通信接口。

（2）ECU 与 E/E/PES 的集成：一旦每个 ECU 的软件与各自的 ECU 中的主机微处理器集成，ECU 就应该与 E/E/PES 的其余部分集成。这种集成可确保每个 ECU 都可以与其他系统组件通信并协同工作以实现所需的控制功能。

（3）通过 ECU 网络接口进行软件测试：要进行软件测试，应使用 ECU 网络接口访问软件并监控其行为。ECU 网络接口提供了 ECU 和其他系统组件（如测试台或仿真工具）之间的通信方式。

（4）在真实环境中测试：使用 ECU 网络接口进行的软件测试提供了一种在接近实际操作条件的环境中验证软件行为的方法。这种测试环境不仅涵盖了各种硬件组件，而且包括了这些组件之间的系统交互。具体来说，测试环境包含如下元素。

- 传感器数据：来自各种传感器（如温度、压力、位置等传感器）的输入，这些输入是 ECU 处理和做出决策的基础。
- 执行器信号：ECU 发出的控制信号，用于操纵或调节机械部件，如电动机、阀门或其他执行机构。
- 与其他 ECU 的互动：包括当前测试 ECU 与系统中其他 ECU 之间的数据交换和协调操作。

在这样的环境中进行测试，使软件开发人员可以在模拟的但接近现实的条件下评估软件。这种方式可以有效地揭示在日常操作中可能遇到的潜在问题，并验证软件是否能够在各种情况下按照预期正常运行。

例如，考虑一个林业拖拉机的控制系统，该系统中包括一个负责动臂控制的 ECU。在进行 ECU 网络测试时，首先要将该 ECU 的软件与微处理器集成，确保软件与 ECU 硬件的正确对接。其次要这个 ECU 与整个 E/E/PES 系统的其余部分集成，确保其能够与液压系统和其他 ECU 顺畅地交互。为了执行软件安全测试，动臂控制 ECU 可以连接到仿真工具，该工具能够生成液压信号和其他必要的输入，以模拟拖拉机在实际使用中的各种操作条件。这样的测试设置使得可以在受控条件下评估软件的性能，如检测软件是否能够正确地处理吊臂的伸展和收缩动作，以及在紧急情况下执行正确的故障处理，如触发紧急停止命令。

示例：假设我们正在开发一个农林拖拉机的控制系统，并需要进行软件安全测试。我们将按照 GB/T 38874 中关于 ECU 网络内的测试要求进行测试。

首先，我们需要将软件与拖拉机控制系统中的相关 ECU 与 E/E/PES 集成。在此过程中，我们需要确保软件能够与拖拉机控制系统中的其他 ECU 进行有效通信，并确保软件能够正确处理来自其他 ECU 的输入信号。

其次，我们将通过 ECU 网络接口进行软件测试。在测试期间，我们将监视软件的行为并验证其符合规格说明。具体而言，我们先发送各种输入信号，如传感器数据和用户输入，然后观察软件的响应并验证它们与规格说明相匹配。

ECU 网络内的测试流程图如图 3.31 所示。

在图 3.31 中，我们可以看到 ECU 网络内的测试过程（cluster_1），以及拖拉机控制系统的组成部分（cluster_2）。在测试过程中，我们将输入发送到拖拉机控制系统中的不同单元（如传感器），并确保软件能够正确地处理这些输入。

因此，通过 ECU 网络内的测试，我们可以验证软件的行为符合规格说明，并确保软件与拖拉机控制系统中的其他组件有效集成。

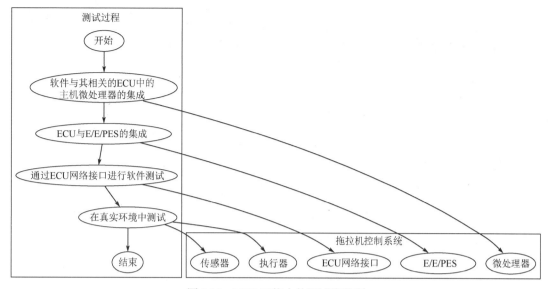

图 3.31　ECU 网络内的测试流程图

2．SRL 适用性和示例解析

根据 GB/T 38874，ECU 网络内的测试对于验证软件在整个 E/E/PES 环境中的行为至关重要。ECU 网络内的测试适用于 SRL=1、2，不建议用于 SRL=B，不适用于 SRL=3。

ECU 网络内的测试的 SRL 适用性及原因如下。

（1）SRL=1、2：在这些安全要求下，重点是验证 ECU 网络内软件的正确功能，并确保它可以与网络内的其他 ECU 有效通信。随着 E/E/PES 变得越来越复杂，在 ECU 网络内测试软件可以让软件开发人员识别潜在问题并提高系统可靠性。

（2）SRL=B：在最低安全要求下，E/E/PES 相对简单。在这种情况下，可能没有必要在 ECU 网络内测试软件，因为重点是基本功能而不是安全关键方面。

（3）SRL=3：在最高安全要求下，重点转移到更严格的安全分析和形式化方法上。在这种情况下，ECU 网络内的测试可能不足以确保软件安全，可能需要额外的测试方法，如形式验证、FTA 或 SIL 评估。

示例：考虑用于自动驾驶汽车的 E/E/PES，其中包括多个负责实现感知、决策制定和控制等功能的 ECU。该系统的 SRL=2，需要进行 ECU 网络内的测试，以确保车辆安全、可靠地运行。

（1）集成：先将软件与其相关的 ECU 中的主机微处理器集成，确保软件被正确配置和安装。然后将 ECU 集成到整个 E/E/PES 中，建立必要的通信链路和接口。

（2）测试场景：开发涵盖软件在 ECU 网络内可能遇到的各种操作条件和交互的测试场景。这些场景应该包括正常操作场景、极端条件场景、通信故障场景和存在其他可能影响软件行为的潜在问题的场景。

（3）测试执行：执行测试，通过 ECU 网络接口监控软件的行为。这可能涉及评估软件对特定输入的响应，评估其在各种条件下的性能，并验证其是否满足所需的安全性和可靠性标准。

（4）分析：分析 ECU 网络内的测试结果，找出测试过程中可能出现的问题或错误。该分析应侧重于每个 ECU 内的各个软件组件以及网络中 ECU 之间的交互。

（5）改进：根据 ECU 网络内的测试结果进行必要的改进。这可能涉及改进软件的算法，增强其错误检测和处理能力，或者解决与系统中其他 ECU 的兼容性问题。

通过对 SRL=2 的系统进行全面的 ECU 网络内的测试，软件开发人员可以确保自动驾驶汽车的 E/E/PES 中的软件组件正常运行并且相互无缝交互。此过程对于维护整个系统的安全性和可靠性至关重要，尤其是在故障可能会造成严重后果的安全关键系统中。

3.7.2.1.2　硬件在环测试

【标准内容】

软件应与其相关的 ECU 主机微处理器相集成，而 E/E/PES 的其余部分及环境应以仿真或物理形式呈现。然后，在仿真环境中对软件进行测试，以验证软件行为符合规格说明，如图 3.32 所示。

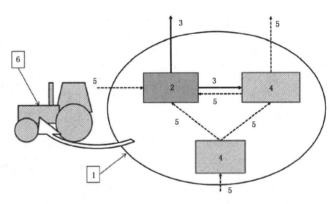

说明：

1—整个 E/E/PES；　　　　　　　　　　　　4—模拟的 ECU；

2—含实际待测试软件的实际 ECU；　　　　　5—仿真信号；

3—待监测的结果；　　　　　　　　　　　　6—仿真环境。

图 3.32　E/E/PES 的 ECU 硬件在环测试

索引：本节标准内容源自 GB/T 38874.3—2020 的 7.7.4.1.2 节。

【解析】

1．标准解析

GB/T 38874 规定了一系列用于开发农林拖拉机和机械控制系统安全相关部件的标准。

该标准强调了软件安全测试的重要性，其中包括硬件在环测试。

硬件在环测试用于在真实的硬件条件下测试软件，其中软件与其相关的 ECU 主微处理器相集成，而 E/E/PES 的其余部分及环境以仿真或物理形式呈现。然后，在仿真环境中测试该软件，以验证其行为符合规格说明。

硬件在环测试允许更准确地测试软件在各种环境条件和输入场景下的行为。硬件在环测试适用于 SRL=1、2、3，不建议用于 SRL=B，因为实施硬件在环测试涉及系统复杂性和成本问题。

例如，在测试拖拉机控制系统的软件时，可以使用硬件在环测试方法来模拟拖拉机在不同环境和不同负载条件下运行的各种场景。这将涉及将软件与其相关的 ECU 主微处理器相集成，以及模拟拖拉机的行为和环境，如模拟拖拉机发动机和变速箱上的负载、拖拉机运行的地形及可能影响其性能的各种外部因素（如天气条件）。

硬件在环测试流程图如图 3.33 所示。

首先，将软件与其相关的 ECU 主机微处理器相集成。其次，模拟环境和 E/E/PES。最后，在仿真环境中测试软件，以验证软件行为符合规格说明。

在软件安全测试中使用硬件在环测试方法的原因如下。

（1）它允许在与实际使用环境非常相似的仿真环境中测试软件，这使软件能够在各种场景下进行测试，而这些场景可能难以或不可能在现实世界的测试中复制。

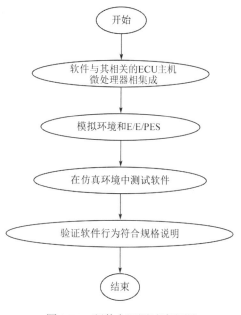

图 3.33　硬件在环测试流程图

（2）它允许在受控环境中测试软件，从而降低在实际测试过程中可能发生的设备损坏或人身伤害的风险。

（3）它允许在极端或罕见的条件下测试软件，这些条件在现实世界的测试中可能难以或不可能复制，如高温或低压条件。

例如，考虑一个用于控制液压系统的农用拖拉机的软件，该软件可能需要在各种条件下进行测试，如不同的土壤类型、不同的负载和不同的温度条件。通过使用硬件在环测试方法，该软件可以在广泛的模拟场景下进行测试，使软件开发人员能够在软件发布供现场使用之前识别并修复潜在问题。

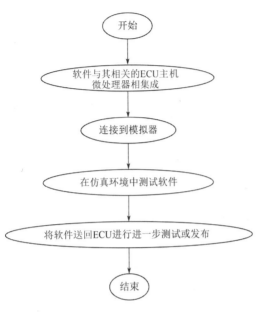

图 3.34　硬件在环测试的实例

图 3.34 展示了一个硬件在环测试的实例。在这个实例中，首先将软件与其相关的 ECU 微处理器相集成，并将其连接到模拟器。其次在仿真环境中测试软件，并将其送回 ECU 进行进一步测试或发布。

示例：为了更好地解析 GB/T 38874 中关于硬件在环测试的内容，我们考虑一个拖拉机的制动系统，演示如何使用仿真环境对其进行硬件在环测试。

我们需要对拖拉机的 ECU 进行测试，以验证其符合规格说明。测试流程如下。

（1）准备仿真环境。

为了进行硬件在环测试，我们需要准备仿真环境，包括 ECU 主机微处理器和其他与制动系统相关的 E/E/PES 部件。这些部件应该以仿真或物理形式呈现。在图 3.35 中，我们可以看到拖拉机的制动系统与其他 E/E/PES 部件的关系。

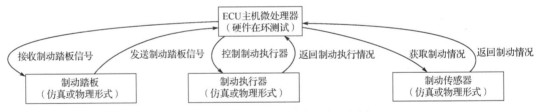

图 3.35　各部件关系的仿真环境示例图

图 3.35 显示了在拖拉机的制动系统中各部件之间的交互关系。ECU 主机微处理器接收来自制动踏板的信号，并根据这些信号控制制动执行器。同时，ECU 主机微处理器从制动传感器获取制动的状态信息。硬件在环测试可以确保这个拖拉机的制动系统的软件能在各种仿真或物理条件下正常运行。

（2）集成测试。

将 ECU 与其他 E/E/PES 部件集成，并通过 ECU 网络接口进行测试。在此过程中，我们将检查软件是否与其他部件相集成，并验证其行为符合规格说明。此外，我们还需要模拟不同的环境条件，如坡度、弯道、湿地等，以确保软件在各种条件下都能正常工作。

（3）仿真测试。

在仿真环境中进行测试，以验证软件行为符合规格说明。在此过程中，我们可以模拟不同的场景和异常情况，如制动系统故障、传感器信号异常等，以确保软件在各种情况下都能正常工作。

在测试过程中，我们需要使用各种工具来辅助测试，如仿真软件、测试仪器等。我们还需要对测试结果进行分析和记录，并及时处理发现的问题。

下面是一个在仿真环境中测试拖拉机的制动系统的代码示例。

算法 3.59：在仿真环境中测试拖拉机的制动系统的代码示例

```
import simulator

# Initialize ECU and other E/E/PES system components
brake_ecu = simulator.ECU()
brake_pedal = simulator.BrakePedal()
brake_control = simulator.BrakeControl()
brake_valve = simulator.BrakeValve
```

2. SRL 适用性和示例解析

根据 GB/T 38874，硬件在环测试是在仿真环境中验证软件行为的关键方法。这种测试方法涉及将软件与其相关的 ECU 主机微处理器相集成，同时模拟 E/E/PES 和环境的其余部分。硬件在环测试适用于 SRL=1、2、3，不建议用于 SRL=B。

硬件在环测试的 SRL 适用性及原因如下。

（1）SRL=1、2、3：在这些安全要求下，硬件在环测试提供了一种有效的方法来验证软件在 E/E/PES 中的行为和交互。通过模拟系统的组件和环境，软件开发人员可以识别潜在问题并优化各种条件下的系统性能。这种方法在安全关键系统中特别有用，因为它使软件开发人员能够在受控环境中测试软件，同时能最大限度地降低与实时测试相关的风险。

（2）SRL=B：在最低安全要求下，E/E/PES 相对简单。在这种情况下，可能不需要进行硬件在环测试，因为重点是基本功能而不是安全关键方面。

示例：考虑用于工业机器人的 E/E/PES，其中包括多个负责实现运动控制、传感器处理和决策制定等功能的 ECU。该系统的 SRL=2，需要进行硬件在环测试，以确保工业机器人安全、可靠地运行。

- 集成：先将软件与其相关的 ECU 中的主机微处理器相集成，确保软件被正确配置和安装。然后设置一个仿真环境，准确表示 E/E/PES 的其余部分和工业机器人的操作条件。

- 测试场景：开发涵盖软件在仿真环境中可能遇到的各种操作条件和交互的测试场景。这些场景应该包括正常操作场景、极端条件场景、通信故障场景和存在其他可能影响软件行为的潜在问题的场景。

- 测试执行：使用硬件在环测试方法设置执行测试的场景，并执行硬件在环测试。这可能涉及评估软件对特定输入的响应，评估其在各种条件下的性能，并验证其满足所需的安全性和可靠性标准。

- 分析：分析硬件在环测试的结果，找出测试过程中可能出现的问题或错误。该分析应侧重于每个 ECU 内的各个软件组件及模拟系统组件之间的交互。

- 改进：根据硬件在环测试的结果实施必要的改进。这可能涉及改进软件的算法、增强其错误检测和处理能力，或者解决与其他模拟系统组件的兼容性问题。

通过对 SRL=2 的系统进行全面的硬件在环测试，软件开发人员可以确保工业机器人的 E/E/PES 中的软件组件正常运行并相互无缝交互。此过程对于维护整个系统的安全性和可靠性至关重要，尤其是在故障可能会造成严重后果的安全关键系统中。

3.7.2.1.3 机器内测试

【标准内容】

软件及相关的 E/E/PES 应集成到相关的机器架构中。然后，在机器上对系统进行测试，以验证软件行为符合规格说明，如图 3.36 所示。在系统硬件/软件集成测试期间可进行这种测试。

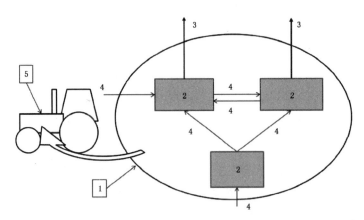

说明：

1—整个 E/E/PES；
2—含实际待测试软件的实际 ECU；
3—待监测的结果；
4—待监测的实际信号；
5—实际机器。

图 3.36　E/E/PES 的机器内测试

索引：本节标准内容源自 GB/T 38874.3—2020 的 7.7.4.1.3 节。

【解析】

1. 标准解析

在 GB/T 38874 中，机器内测试的重点是在实际机器上测试软件和 E/E/PES。机器内测试的标准规定，软件和 E/E/PES 在测试前应集成到相关的机器架构中，还应该在机器上测试系统以验证软件行为符合规格说明。

在实际机器上测试软件是为了验证软件在真实环境中的行为符合规格说明。在实际机器上进行测试可以考虑振动、温度、湿度和其他可能影响软件性能的环境因素。此外，它还提供了一个机会来验证软件与机器中系统的其他组件正确交互。

GB/T 38874 适用的机器之一是拖拉机。将软件和 E/E/PES 集成到拖拉机架构中，并对拖拉机进行测试以确保软件按照规格说明运行。在机器上进行测试将涉及验证软件与传感器、执行器和显示器等其他组件正确交互。

机器内测试流程图如图 3.37 所示。首先，需要将软件和 E/E/PES 集成到机器架构中。其次，准备进行测试，并在机器上运行软件。最后，监控软件在实际机器环境中的行为，记录结果并与规格说明进行比较。

```
将软件和E/E/PES集成到机器架构中
          │
          ▼
    准备进行测试
          │
          ▼
   在机器上运行软件
          │
          ▼
监控软件在实际机器环境中的行为
          │
          ▼
记录结果并与规格说明进行比较
```

图 3.37　机器内测试流程图

总之，机器内测试可确保软件在实际机器环境中按预期运行，从而提高软件开发人员对软件安全性和可靠性的信心。

示例：假设一家农林机械制造公司正在开发一款新型的拖拉机，需要进行软件安全测试以确保其符合 GB/T 38874 的要求。该拖拉机使用一个包含多个 ECU 的 E/E/PES，其中包括发动机控制系统、制动系统、传感器等。公司决定对该系统进行机器内测试，即将该系统集成到拖拉机中，在实际操作环境下进行测试。

根据 GB/T 38874，机器内测试的标准内容如下：软件及相关的 E/E/PES 应集成到相关的机器架构中。然后，在机器上对系统进行测试，以验证软件行为符合规格说明，如图 3.36 所示。在系统硬件/软件集成测试期间可进行这种测试。

在这个示例中，公司需要将所有 ECU 集成到拖拉机架构中，并在实际操作环境下进行测试，以验证软件行为符合规格说明。测试包括对各种场景和操作的模拟，如拖拉机在不同地形下的运行、使用不同工具的操作等。通过这些测试，软件开发人员可以识别软件中的错误和问题，并对其进行修复和改进。

图 3.38 展示了机器内测试涉及的三个主要元素：E/E/PES、机器架构和测试环境。

图 3.38 演示了软件和 E/E/PES 在拖拉机架构中的集成，以及在实际操作环境下进行测试的过程，这个过程包括模拟不同的场景和操作，以验证软件行为符合规格说明。

通过在测试环境下进行模拟操作，软件开发人员可以测试拖拉机在不同情况下的行为，以验证软件行为符合规格说明。

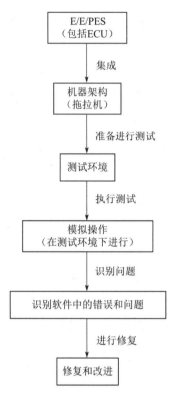

图 3.38　机器内测试示例流程图

2．SRL 适用性和示例解析

根据 GB/T 38874，机器内测试是一种软件安全测试方法，涉及将软件和相关的 E/E/PES 集成到相关的机器架构中。然后，在实际机器上测试系统，以验证软件行为符合规格说明。该测试可以在系统硬件/软件集成测试期间进行。机器内测试适用于 SRL=1、2、3，不建议用于 SRL=B。

机器内测试的 SRL 适用性及原因如下。

（1）SRL=1、2 和 3：在这些安全要求下，机器内测试对于验证软件在实际机器及其环境中的行为和交互至关重要。这种测试方法可确保软件在现实条件下满足安全性和可靠性标准。这对于安全关键系统尤为重要，因为在这类系统中，潜在的问题或故障可能会造成严重后果。

（2）SRL=B：在最低安全要求下，系统相对简单。在这种情况下，可能不需要进行机器内测试，因为主要关注的是基本功能而不是安全关键方面。

示例：考虑用于自动驾驶汽车的 E/E/PES，其中包括多个负责实现车辆控制、传感器处理和决策制定等功能的 ECU。该系统的 SRL=3，需要进行机器内测试以确保车辆安全、可靠地运行。

- 集成：将软件与其相关的 E/E/PES 集成到汽车架构中，确保正确配置和安装软件。此步骤可能涉及连接作为整个系统一部分的传感器、执行器和通信网络。

- 测试场景：开发涵盖软件在车辆及其环境中可能遇到的各种操作条件和交互的测试场景。这些场景应包括正常操作场景、极端条件场景、传感器故障场景、通信故障场景和存在其他可能影响软件行为的潜在问题的场景。

- 测试执行：使用机器内测试方法设置执行测试的场景，监控软件在各种条件下在车辆内的行为。这可能涉及评估软件对特定输入的响应，评估其在不同条件下的性能，并验证其满足所需的安全性和可靠性标准。

- 分析：分析机器内测试的结果，找出测试过程中可能出现的问题或错误。该分析应侧重于每个 ECU 内的各个软件组件及各种系统组件之间的交互。

- 改进：根据机器内测试的结果实施必要的改进。这可能涉及改进软件的算法、增强其错误检测和处理能力，或者解决与其他系统组件的兼容性问题。

通过对 SRL=3 的系统进行全面的机器内测试，软件开发人员可以确保自动驾驶汽车的 E/E/PES 中的软件组件正常运行，并在实际机器及其环境中相互无缝交互。此过程对于维护整个系统的安全性和可靠性至关重要，尤其是在故障可能会造成严重后果的安全关键系统中。

3.7.2.2　测试范围和软件安全需求确认

【标准内容】

测试范围：

软件应对以下信号进行仿真：

——正常运行时的输入信号；

——可预期事件；

——要求系统动作的非理想条件。

软件安全需求确认：

在验证过程结束后，应根据安全概念评估测试程序及其他措施的有效性，以确认软件安全需求。

索引：本节标准内容源自 GB/T 38874.3—2020 的 7.7.4.2 节、7.7.4.3 节。

【解析】

1．标准解析

软件安全测试方法包括确认测试范围和软件安全需求。以下是测试范围和软件安全需求确认的标准。

（1）测试范围确认。

测试范围包括仿真正常运行时的输入信号、可预期事件和要求系统动作的非理想条件。这意味着软件应该在各种条件下进行测试，以确保其在所有情况下都能按预期运行。

在软件测试过程中，需要对以下信号进行仿真：

- 正常运行时的输入信号；

- 可预期事件；

- 要求系统动作的非理想条件。

对这些信号进行仿真是为了验证软件在各种场景下的行为，确保软件能够处理不同的输入信号和非理想条件。

例如，在拖拉机的控制系统中，输入信号包括油门位置信号、制动踏板信号、方向盘位置信号和其他传感器数据。系统应在正常操作条件及不同环境条件下进行测试，如变化的地形、天气条件和操作速度。可预期事件可能包括地形的突然变化或拖拉机需要避开意外障碍。要求系统动作的非理想条件可能包括传感器故障或其他故障。

（2）软件安全需求确认。

验证过程完成后，应对测试程序和其他措施的有效性进行评估，基于安全概念评估测试程序和其他措施的有效性，以确认软件安全需求。这意味着在测试完成后，应对测试结果和系统的整体安全性进行评估，以确保软件满足安全要求。这有助于确保软件满足必要的安全要求并按预期运行。

例如，我们考虑一个用软件控制拖拉机的制动系统。在测试期间，应使用各种输入信号对软件进行测试，如在不同速度、不同地形和不同天气条件下施加制动力，还应模拟非理想条件，如突然制动失灵或传感器故障，以验证软件在此类条件下的行为。

测试完成后，应根据安全概念评估测试程序和所采取措施的有效性。此评估有助于确认软件是否满足必要的安全要求并按预期运行。

总之，测试范围和软件安全需求确认的目的是确保软件安全测试得到全面进行，包括在不同条件下的测试和评估测试程序的有效性，以确认软件满足安全要求。这有助于确保农林机械的安全性，降低事故和伤害的风险。

2. 示例解析

由于 GB/T 38874 针对的是农林拖拉机和机械控制系统安全相关部件软件的开发，因此以下示例以农林拖拉机为例，解析测试范围和软件安全需求确认的标准内容。

测试范围确认：在进行软件安全测试时，应对农林拖拉机的输入信号进行仿真，包括正常运行时的输入信号、可预期事件和要求系统动作的非理想条件。以农林拖拉机的制动系统为例，输入信号包括制动踏板信号、车速信号和油门位置信号等。

在进行测试时，需要通过仿真方式模拟各种情况下的输入信号，如正常情况下的制动踏板信号、加速信号和车速信号等，还要模拟制动系统失灵、油门失灵等非理想条件下的输入信号。

软件安全需求确认：在进行软件安全测试时，应根据安全概念评估测试程序及其他措施的有效性，以确认软件安全需求。例如，在农林拖拉机的制动系统中，如果系统在接收到制动踏板信号后无法正常响应，就会导致安全风险。因此，需要对制动系统进行多种测试，如在不同速度下测试制动响应时间、测试在不同路面情况下的制动效果等。根据测试结果，软件开发人员可确认其是否符合软件安全需求，如安全风险等级是否达到预期的标准。

测试范围和软件安全需求确认流程图如图 3.39 所示。

图 3.39 描述了确认测试范围和软件安全需求的过程。首先，确认测试范围，包括对农林拖拉机的输入信号进行仿真。其次，执行测试，通过仿真方式模拟各种情况下的输入信号，如正常情况下的制动踏板信号、加速信号和车速信号等。再次，确认软件安全需求，根据安全概念评估测试程序及其他措施的有效性，如在

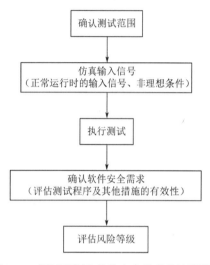

图 3.39　测试范围和软件安全需求确认流程图

接收到制动踏板信号后系统是否能够正常响应。最后，根据测试结果评估风险等级，确认是否符合软件安全需求。

下面是一个针对软件安全测试中测试范围和软件安全需求确认的代码示例。

算法 3.60：测试范围和软件安全需求确认的代码示例

```
# 模拟正常运行时的输入信号
def simulate_normal_inputs():
    # 模拟正常的速度和转向控制信号
    speed_signal = 50  # km/h
    steering_signal = 0.0  # radian
    # 模拟传感器信号
    temperature_signal = 30  # degree Celsius
    pressure_signal = 2.0  # bar
    # 返回模拟的信号
    return speed_signal, steering_signal, temperature_signal, pressure_signal
```

```
# 模拟可预期事件
def simulate_expected_events():
    # 模拟预期发生的事件，如超速、超温等
    overspeed_event = False
    overtemp_event = False
    # 返回模拟的事件
    return overspeed_event, overtemp_event

# 模拟非理想条件
def simulate_nonideal_conditions():
    # 模拟非理想的路面条件和天气状况
    road_condition = "wet"
    weather_condition = "rainy"
    # 返回模拟的条件
    return road_condition, weather_condition

# 确认软件安全需求
def confirm_safety_requirements():
    # 评估测试程序和其他措施的有效性
    # 确认软件安全需求是否得到满足
    safety_requirements_met = True
    # 返回软件安全需求是否得到满足的结果
    return safety_requirements_met
```

在以上代码示例中，simulate_normal_inputs()函数模拟正常运行时的输入信号，包括正常的速度和转向控制信号及传感器信号。simulate_expected_events()函数模拟可预期事件，如超速、超温等。simulate_nonideal_conditions()函数模拟非理想的路面条件和天气状况等因素对系统的影响。这些信号和事件都是在测试范围之内进行仿真测试的。confirm_safety_requirements()函数评估测试程序和其他措施的有效性，以确认软件安全需求是否得到满足。这一步是在测试结束后进行的，用来确认软件是否满足安全需求。

3.7.2.3 文档

【标准内容】

供应商和/或开发人员应将软件安全确认的文档化结果和相关文件提供给系统开发人员，使其能够符合 GB/T 38874.4 的要求。

> 索引：本节标准内容源自 GB/T 38874.3—2020 的 7.7.4.4 节。

【解析】

GB/T 38874 规定了软件安全测试文档的标准要求。根据该标准，供应商和/或开发人员应记录软件安全确认的文档化结果，并向系统开发人员提供该结果和相关文件，以满足 GB/T 38874.4 的要求。

软件安全确认结果的文档化对于维护软件开发过程的记录和确保软件满足规定的安全要求是必不可少的。它还有助于验证测试结果、跟踪开发过程中所做的更改，以及使开发人员对软件行为和性能有清晰的理解。

文档应包括有关软件的设计、实现、测试、验证和维护的信息，还应包括有关软件与系统其他组件的接口、功能和非功能需求，以及安全要求和目标的详细信息。

例如，文档可能包括以下内容。

- 软件需求规格说明：描述软件功能和非功能需求的文档，包括安全要求、性能和接口规范。
- 软件设计描述：描述软件体系结构、数据结构、算法和实现细节的文档。
- 测试计划和程序：描述软件测试过程的文档，包括测试目标、测试用例、测试数据和预期结果。
- 测试报告：总结测试结果的文档，包括在测试过程中发现和解决的问题。
- 安全分析和危害评估报告：描述与软件相关的安全目标、危害和风险，以及为降低这些风险而采取的措施的文档。

总之，记录软件安全确认的文档化结果有助于确保软件满足规定的安全要求，还有助于软件与系统其他组件的顺利集成。

以下是关于软件安全结果文档标准的详细解释。

文档是软件安全测试过程的重要组成部分。根据 GB/T 38874.4，供应商和/或开发人员应向系统开发人员提供软件安全确认的文档化结果和相关文件，使其能够符合 GB/T 38874.4 的要求。

文档应包括对安全目标和安全要求的描述，以及软件设计、实现和验证的安全相关方面的信息。文档还应包括安全评估的结果，包括危害和风险分析，以及为降低风险而采取的措施。

假设一家公司正在为一种将用于农业的新型自动驾驶拖拉机开发软件，该软件必须满足 GB/T 38874.4 的要求。在软件安全测试过程中，公司应进行安全评估并记录结果。

文档应包括对安全目标和安全要求的描述，如确保软件在所有天气条件下安全运行、防止与障碍物发生碰撞，以及与其他车辆保持安全距离。文档还应包括软件设计、实现和验证的安全相关方面的信息，如冗余传感器和故障安全机制的使用。

此外，文档还应包括安全评估的结果，包括危害和风险分析。公司确定了潜在的危险，如传感器故障或与控制系统的通信中断。公司还确定了与每种危害相关的风险级别，并采取降低风险的措施。这些措施可能包括使用冗余传感器、添加紧急停止按钮及提供故障安全机制以防止碰撞。

总之，记录软件安全确认的文档化结果对于确保软件开发人员和系统开发人员能够遵守相关标准，以及确保机器的安全运行至关重要。

3.7.2.4　消除缺陷

【标准内容】

应消除本阶段检测到的错误或缺陷。应对每个修改项进行影响分析。影响前一个阶段工作产品的任何修改，都应启动返回到软件安全寿命周期的相应阶段。后续阶段应参照 GB/T 38874 的相关部分执行。

> 索引：本节标准内容源自 GB/T 38874.3—2020 的 7.7.4.5 节。

【解析】

1．标准解析

消除缺陷是软件安全测试中非常重要的一步。软件安全测试阶段主要针对前面阶段发现的错误或缺陷进行修复，并对每个修改项进行影响分析，确保不会对前一个阶段工作产品产生负面影响。

在进行修改之前，需要对缺陷进行分类和评估。根据缺陷的严重程度、影响范围和复现难度等因素，制定修复计划，将重点放在影响最严重的缺陷上。

在进行修改时，需要注意不仅要解决当前问题，还要确保修改不会引入新的问题。同时，需要记录每个修改项，以便进行影响分析和追溯。对于任何影响前一个阶段工作产品的修改，都应启动返回到软件安全寿命周期的相应阶段，以确保整个过程的连贯性。

例如，在对拖拉机的控制软件进行安全测试时，发现了一个缺陷：当拖拉机行驶在不平坦的地面上时，制动系统会出现延迟。为了消除这个缺陷，软件开发人员可能需要重新设计制动系统的控制逻辑，并修改相应的代码。在进行修改之前，需要进行影响分析，确保修改不会对前一个阶段工作产品产生负面影响。修复完成后，需要记录修改项和相关的文档，并将其提交给系统开发人员以备将来参考。

以下是对有关消除软件安全测试缺陷的每个要点的解析。

- 消除缺陷：这一点强调必须处理和解决在软件安全测试阶段检测到的错误或缺陷。这对于确保软件按预期运行并满足相关的安全要求至关重要。

- 影响分析：在对软件进行修改时，必须进行影响分析。此分析有助于确定修改对软件和系统整体功能的潜在影响。任何对系统有重大影响的修改都应在实施前进行彻底评估。

- 回溯：任何影响软件安全寿命周期之前阶段的修改都应该采取适当的措施来进行处理。如果修改影响了前一个阶段工作产品，则应返回到软件安全寿命周期的相应阶段。这可以确保对软件所做的任何修改不会对前一个阶段工作产品或整个系统的安全产生负面影响。

示例：假设一个软件开发团队正在为农用拖拉机开发一个控制系统。在软件安全测试阶段，检测到导致拖拉机意外停机的缺陷，可能对操作者和旁观者造成伤害。要解决此问题，首先，软件开发团队必须通过识别并纠正问题来消除缺陷。

其次，软件开发团队必须进行影响分析，以确定修改是否会影响软件的其他部分或系统的整体功能。如果影响分析表明修改对系统有重大影响，则软件开发团队必须彻底评估修改并进行任何必要的调整。

最后，软件开发人员必须审查影响软件安全寿命周期先前阶段的任何修改，如需求或设计文档，以确保它们仍然满足安全要求。如果需要进行修改，则软件开发团队必须遵循适当的步骤以确保修改不会对前一个阶段工作产品或系统的整体安全性产生负面影响。

2．示例解析

由于 GB/T 38874 中的某些标准内容可能需要与其他标准结合起来才能完整理解，因此下面给出一个示例，以更好地解释消除缺陷的标准内容。

假设某公司正在开发一款农林机械，其中包含许多控制系统和相关的软件组件，以确保机械的安全性和性能。在软件安全测试期间，软件开发团队发现了一些错误和缺陷。

（1）在某些情况下，控制系统无法正确响应用户的输入，导致机械失去控制。

（2）在某些情况下，软件可能会产生不正确的输出，导致机械的操作结果不符合预期。

根据 GB/T 38874，软件开发团队应该消除这些错误和缺陷。为此，他们应该实施以下操作。

- 进行影响分析：软件开发团队应该分析每个修改项的影响，以确保修改不会对前一个阶段工作产品产生负面影响。例如，在修改某个软件组件之前，软件开发团队需要考虑这个软件组件与其他软件组件的依赖关系，以及修改可能对整个系统的性能和安全性产生的影响。

- 消除错误和缺陷：软件开发团队应该修复检测到的错误和缺陷，以确保软件的行为符合规格说明。例如，在上述情况下，软件开发团队需要修复控制系统无法响应用户输入的问题，并确保软件在各种情况下产生正确的输出。

- 返回到软件安全寿命周期的相应阶段：如果修改影响了前一个阶段工作产品，如修改了之前的软件组件，则需要返回到软件安全寿命周期的相应阶段，以确保修改不会对前一个阶段工作产品产生负面影响。例如，在修改了某个软件组件后，软件开发团队可能需要重新进行软件集成测试和系统测试，以确保软件的整体行为仍然符合规格说明。

消除缺陷流程图如图 3.40 所示。

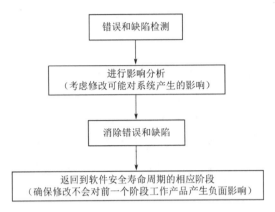

图 3.40　消除缺陷流程图

下面是用于说明图 3.40 中的步骤的代码示例。

算法 3.61：消除缺陷步骤解析的代码示例

```python
# Step 1: Perform testing on software and E/E/PES systems
def perform_testing():
    # Code to perform testing goes here
    pass


# Step 2: Document the results of software safety confirmation
def document_results():
    # Code to document results goes here
    pass


# Step 3: Provide documentation and related files to system developers
def provide_documentation():
    # Code to provide documentation goes here
    pass


# Step 4: Eliminate any defects found during testing
def eliminate_defects():
    # Code to eliminate defects goes here
    pass
```

在这个代码示例中，我们定义了 4 个函数来表示消除缺陷流程图中的 4 个步骤。

首先，用 perform_testing()函数来执行软件和 E/E/PES 的测试。

其次，用 document_results()函数来记录软件安全确认的结果。

再次，用 provide_documentation()函数来提供文档和相关文件给系统开发人员。

最后，用 eliminate_defects()函数来消除在软件安全测试期间发现的缺陷。

这些函数可能需要进一步细化和实现，例如，perform_testing()函数可能包括各种测试用例、数据收集和分析；document_results()函数可能需要生成各种文档，如测试报告、安全确认报告等；eliminate_defects()函数可能需要识别和修复缺陷，并记录修复过程和结果。

总之，这些函数提供了一个高层次的视图，用于说明 GB/T 38874 中概述的软件安全测试的步骤。

3.8 基于软件的参数化

3.8.1 目的

【标准内容】

基于软件的参数化是指在开发完成后通过改变参数修改软件功能，使软件系统适应不同的需求。其目的是导出安全相关参数的需求。

> 索引：本节标准内容源自 GB/T 38874.3—2020 的 7.8.1 节。

【解析】

基于软件的参数化是一种常见的软件开发技术，其主要目的是通过改变参数修改软件功能，而不需要修改程序的代码。在 GB/T 38874 中，基于软件的参数化也被引入软件开发的安全性测试，其目的是导出安全相关参数的需求。

具体来说，在基于软件的参数化过程中，需要明确哪些参数是安全相关的，并对这些参数进行具体的定义和描述，以确保在软件运行时这些参数不会导致系统的安全风险。安全相关参数可能包括控制系统的输入、输出、处理逻辑、算法等。

在实践中，常常使用配置文件等方式来进行基于软件的参数化。例如，一个机械控制系统的参数化配置文件可能包含不同驾驶模式下的转向灵敏度、制动响应时间等参数，以确保在不同的工作场景下系统能够提供安全、可靠的操作体验。

因此，在基于 GB/T 38874 的软件开发过程中，需要在软件的参数化阶段明确安全相关参数，并对这些参数进行具体的定义和描述，以确保在软件运行时不会发生安全事故。同时，还需要对参数化的配置文件进行充分测试和验证，以确保系统能够正常运行并且满足安全性能要求。

3.8.2 概述和前提条件

【标准内容】

概述：

安全相关参数的参数化应视为 SRP/CS 设计的安全相关方面，在软件安全需求规格说明中描述。基于软件的参数包括：

——变体代码（如国家代码、左转向/右转向）；

——参数（如低怠速值、发动机特性图）；

——标定数据（如车辆特性、为油门设定的停机限值）。

前提条件：

基于软件的参数化的前提条件为：

——软件项目计划（见 3.1.1～3.1.4.5 节）；

——软件需求（见 3.2.2 节）；

——软件架构（见 3.3.2.1～3.4.3.3 节）；

——软件验证计划（见 GB/T 38874.4—2020 的第 6 章）；

——依据 3.4.2.1 节测试软件组件。

索引：本节标准内容源自 GB/T 38874.3—2020 的 7.8.2 节、7.8.3 节。

【解析】

基于软件的参数化是指通过改变参数修改软件功能，使软件适应不同的需求。在 GB/T 38874 中，基于软件的参数化被视为安全相关方面，需要在软件安全需求规格说明中描述。

软件的参数化包括三方面：变体代码、参数和标定数据。变体代码指的是根据不同国家的法规要求，需要进行一些代码的变化，如左转向/右转向等；参数指的是需要调整的一些软件参数，如低怠速值、发动机特性图等；标定数据指的是根据车辆特性需要进行的数据标定，如为油门设定的停机限值等。

- 变体代码：变体代码是指适用于特定国家或地区的代码，这些代码用于根据该国家或地区的特定需求定制软件。例如，拖拉机制造商可能需要根据使用区域生产具有不同功能的拖拉机。在一个地区，拖拉机可能需要遵守特定的安全法规，而在另一个地区，拖拉机可能需要满足不同的环境标准。通过使用变体代码，拖拉机制造商可以生产适合每个地区特定需求的拖拉机。

- 参数：参数是可以在软件中调整以修改软件功能的值。例如，可以调整低怠速值和发动机特性图以改变拖拉机发动机的行为。参数可用于修改软件功能以适应不同的操作条件或满足特定要求。

- 标定数据：标定数据是指用于根据所开发车辆的特定需求修改软件功能的数据。例如，可以标定车辆特性和为油门设定的停机限值，以确保拖拉机安全、有效地运行。标定数据很重要，因为它可以让软件根据每辆车的特定需求进行定制，并提高运行效率。

基于软件的参数化可以使软件系统更加灵活、适应不同的需求，并且可以大幅度减少重复开发所需的时间和成本。例如，在开发农机控制系统时，需要根据不同的农机品牌和型号进行基于软件的参数化，以适应不同的农机特性和使用需求。

参数化软件的目的是使它可以定制以满足不同车辆或地区的特定需求。这很重要，因为它允许软件在不同的操作条件下更有效地运行。通过在软件安全需求规格说明中指定参数化的安全关键方面，制造商可以确保软件设计在所有操作条件下都是安全、可靠的。

例如，拖拉机制造商可能会根据使用区域生产具有不同发动机特性的拖拉机。在一些地区，拖拉机可能需要更强大的动力才能适应丘陵地形，而在其他地区，拖拉机可能需要更省油以降低运营成本。通过参数化发动机特性，制造商可以生产适合每个地区特定需求的拖拉机。

为实现参数化，软件应设计为允许轻松调整参数，而无须进行大量软件开发或测试。该软件还应包括保障措施，以确保参数化不会损害安全关键功能。这可以通过软件的精心设计、测试和验证来实现。

3.8.3　要求

3.8.3.1　数据的完整性

【标准内容】

应保持参数化数据的完整性，防止未经授权的修改。应采取以下方法进行控制：

（1）有效的输入范围。

（2）传输前后数据损坏，包括：

——检查配置数据的有效范围；

——对配置数据进行合理性检查；

——使用冗余数据存储；

——使用检错和纠错码。

（3）参数传输过程中的错误。

（4）参数不完整传输的影响。

（5）参数化工具的软硬件故障及失效影响。

索引：本节标准内容源自 GB/T 38874.3—2020 的 7.8.4.1 节。

【解析】

1. 标准解析

基于软件的参数化中数据的完整性标准要求确保数据保持完整且未经授权不得修改。

推荐使用以下方法进行控制。

（1）有效的输入范围。

参数化软件应为每个参数定义一个有效的输入范围，任何超出此范围的输入都应被拒绝。参数化数据应该有一个有效的输入范围，这个范围应该在开发软件时进行定义，并进行有效的验证和限制。这可以通过输入验证和限制来实现，如采用下拉菜单、输入框等方式，限制用户只能输入有效的范围内的数据。这样可以防止未经授权的修改，确保参数化数据的完整性。

例如，在农机控制系统中，引擎的最高转速可能有一个预定义的范围。在进行参数化设置时，农机控制系统可以限制用户只能输入在这个范围内的数据，防止输入超出该范围的数据。

（2）传输前后数据损坏。

在参数传输的过程中，数据可能会发生损坏。为了保证参数化数据的完整性，在数据传输前后均应检查数据完整性。这包括验证配置数据的有效性，对配置数据进行合理的检查，使用冗余数据存储，以及实施错误检查和纠正代码，应采取以下措施。

- 检查配置数据的有效范围：在传输数据前，应该对配置数据进行有效性检查，确保数据在有效范围内。

- 对配置数据进行合理性检查：在传输数据后，应该对接收到的配置数据进行合理性检查，确保数据符合预期。

- 使用冗余数据存储：在存储参数化数据时，可以采用冗余存储的方式，如采用多副本存储或数据镜像等方式，确保数据的备份和可靠性。

- 使用检错和纠错码：在传输数据时，可以采用检错和纠错码的方式，如 CRC 校验码、海明码等方式，确保数据的传输可靠性。

（3）参数传输过程中的错误。

在参数传输的过程中，可能会发生各种错误，如网络故障、传输丢失、传输延迟等。应防止或纠正参数传输错误，为了保证参数化数据的完整性，应该在参数传输过程中对这些错误进行有效的处理和控制。

（4）参数不完整传输的影响。

在参数传输的过程中，数据可能会丢失一部分，导致传输的数据不完整。为了保证参数化数据的完整性，应该在接收到不完整的数据时进行合理的处理和控制。参数不完整传输的影响应该被评估和最小化。

（5）参数化工具的软硬件故障及失效影响。

参数化工具的软硬件故障或失效可能会影响参数化数据的完整性。为了避免这种情况的发生，应该采用可靠的参数化工具，并对工具进行有效的监控和维护，确保其稳定和可靠性。应考虑参数化工具的软硬件故障，并且应采取措施将其影响降至最低。

例如，考虑一个基于各种参数控制拖拉机发动机性能的软件系统，这些参数包括发动机转速、节气门位置、环境温度等。为确保参数化数据的完整性，软件应设计为拒绝任何超出定义范围的输入。此外，为防止未经授权的修改或数据损坏，软件应实施冗余检查、错误检查和更正代码等措施。该软件还应设计为能够处理任何传输错误或不完整的数据传输。

图 3.41 表示了在软件参数化过程中确保数据完整性所涉及的各个阶段。第一个阶段是"有效的输入范围"，确定了参数化数据的有效性。第二个阶段是"传输前后数据损坏"，其中涵盖验证数据有效性、使用冗余数据存储，以及使用检错和纠错码等一系列措施。第三个阶段是"参数传输过程中的错误"，在这个阶段需要处理和控制可能发生的各种传输错误。第四个阶段是"参数不完整传输的影响"，在这个阶段需要处理和最小化由于参数不完整传输造成的影响。第五个阶段是"参数化工具的软硬件故障及失效影响"，在这个阶段需要针对可能出现的参数化工具的软硬件故障和失效，采取必要的措施来降低它们的影响。

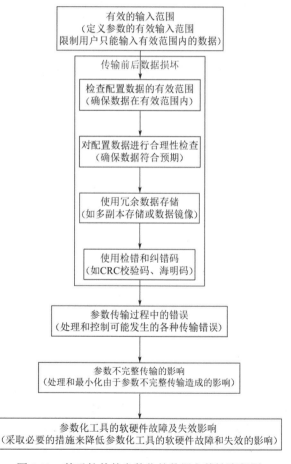

图 3.41　基于软件的参数化的数据完整性流程图

2．示例解析

为了更好地解析 GB/T 38874 中关于基于软件的参数化的数据完整性的标准，我们可以结合以下示例进行说明。

假设我们正在设计一个农机控制系统，该系统具有调整燃油喷射器参数的能力，以适应不同的农作物需求。燃油喷射器参数的调整需要通过软件进行参数化。在这种情况下，我们需要考虑如何保持参数化数据的完整性。

首先，我们需要在软件中实现有效的输入范围控制，以确保输入数据在合理的范围内。例如，我们可以设置燃油喷射量的上限和下限，防止输入超出范围的数据。

其次，我们需要对配置数据进行合理性检查。例如，我们可以在软件中设置检查机制，以确保燃油喷射器参数在设置时符合实际需求，并且符合相关的农机控制安全标准。

再次，为了防止数据在传输过程中发生损坏，我们可以通过使用冗余数据存储、使用检错和纠错码等，以确保数据在传输过程中的完整性和正确性。

最后，我们需要考虑参数化工具的软硬件故障及失效影响。例如，我们需要在系统设计中考虑备份机制，以确保在参数化工具的软硬件故障或失效时，能够快速切换到备用工具，保障系统的正常运行。

本示例中基于软件的参数化的数据完整性流程图如图 3.42 所示。

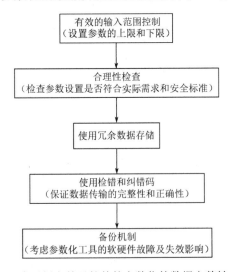

图 3.42　本示例中基于软件的参数化的数据完整性流程图

在图 3.42 中，从"有效的输入范围控制"阶段开始，在这个阶段需要设置参数的上限和下限，以防止输入超出范围。接着是"合理性检查"阶段，在这个阶段需要检查参数设置是否符合实际需求和安全标准。接着是"使用冗余数据存储"阶段，在这个阶段需要保护数据，防止其在传输过程中损坏。接着是"使用检错和纠错码"阶段，在这个阶段需要采用一些措施来保证数据传输的完整性和正确性。最后是"备份机制"阶段，在这个阶段需要考虑到可能存在的参数化工具的软硬件故障及失效影响，因此需要有相应的备份机制以保证系统的正常运行。

通过以上示例和流程图，我们可以更好地理解 GB/T 38874 中关于基于软件的参数化的数据完整性的标准。在实际的软件开发过程中，我们需要严格遵守相关标准和指南，如 GB/T 38874 等，以确保软件的安全性和可靠性。同时，我们还需要对软件开发过程中的各个环节进行有效的管理和控制，如需求分析、设计、编码、测试等，以确保软件开发过程中不会出现安全漏洞和缺陷。除此之外，我们还需要使用先进的工具和技术来支持软件开发，如静态分析工具、模型检测工具等，以便发现潜在的安全问题和缺陷，提高软件的质量和安全性。同时，我们还需要进行有效的团队协作和沟通，以确保软件开发过程中的各方都能够理解和遵守相关的标准和指南，协同推动软件开发工作的顺利进行。

3.8.3.2　参数数据中的可执行代码和配置管理

【标准内容】

参数数据中的可执行代码：

参数数据不应包含可执行代码。

配置管理：

基于软件的参数化应为配置管理的一部分（见 GB/T 38874.4—2020 的第 7 章）。

索引：本节标准内容源自 GB/T 38874.3—2020 的 7.8.4.2 节、7.8.4.3 节。

【解析】

在 GB/T 38874 中，规定参数数据不应包含可执行代码。如果未正确控制和验证可执行代码，则可能会构成安全威胁，因为它可能会在系统上执行未经授权的操作。

包含可执行代码的参数数据可能会带来严重的安全风险，并且可能导致意外的软件行为。参数数据中的可执行代码也会使管理和维护软件配置变得困难，因为代码更改可能会影响软件的功能。因此，确保参数数据与可执行代码分开很重要。例如，用户如果能够修改包含可执行代码的参数数据，就可能引入危害系统或窃取机密信息的恶意代码。

为了降低此类风险，该标准规定参数数据不应包含可执行代码。这样可以保证参数数据只能用于修改软件功能，不能引入新的代码。

此外，GB/T 38874 还强调了配置管理在基于软件的参数化中的重要性。配置管理涉及识别、跟踪和控制随时间对软件系统所做的更改。这有助于确保软件保持稳定，并且以受控和记录的方式进行更改。根据 GB/T 38874.4—2020 的第 7 章的规定，基于软件的参数化应包含在配置管理中。这可以确保对软件参数所做的任何更改都得到跟踪和控制，并且可以追溯到它们的来源。这有助于确保软件的完整性和可靠性。

例如，在农用拖拉机的软件系统中，可以通过参数化工具设置发动机转速和燃油喷射时间的参数。如果设置的这些参数数据包含可执行代码，则可能导致拖拉机出现意外行为，这对操作者及其周围的人来说可能是危险的。通过遵循标准、确保参数数据不包含可执行代码，并将其包含在配置管理中，可以将此类风险降至最低。

3.8.3.3　基于软件的参数化验证

【标准内容】

对于基于软件的参数化，应进行以下验证活动：

——验证每个安全相关参数的正确设置（最小值、最大值和典型值）；

——通过使用无效值，验证已检查安全相关参数的合理性；

——验证可防止安全相关参数未经授权的修改；

——验证参数化数据/信号的生成和处理方式不会导致安全相关功能的丧失。

索引：本节标准内容源自 GB/T 38874.3—2020 的 7.8.4.4 节。

【解析】

1．标准解析

（1）验证每个安全相关参数的正确设置（最小值、最大值和典型值）。

此步骤涉及验证每个安全相关参数的最小值、最大值和典型值，以确保它们的设置正确。这一验证活动的目的是确保每个安全相关参数的设置符合规格要求，包括最小值、最大值和典型值等。在进行这项验证时，应对参数进行逐一检查，比较其设置值是否在规格要求的范围内，并记录检查结果。例如，针对发动机的最大转速参数，可以设置其最大值为4500r/min，在验证时需要检查该参数是否符合规格要求。

（2）通过使用无效值，验证已检查安全相关参数的合理性。

此步骤涉及使用无效值来验证已检查安全相关参数的合理性。这一验证活动的目的是验证已检查安全相关参数的合理性，以确保系统能够正确处理无效值。在进行这项验证时，可以将参数设置为规格要求范围之外的值，以模拟异常情况，验证系统能够正确识别和处理这些无效值。例如，针对发动机的最大转速参数，可以将其设置为10000r/min进行验证，以确保系统能够正确处理超出规格要求范围的值。

（3）验证可防止安全相关参数未经授权的修改。

此步骤涉及验证系统的保护措施，以防止未经授权修改安全相关参数。例如，受密码保护的登录系统只允许授权人员修改安全相关参数。这一验证活动的目的是验证系统具有防止安全相关参数未经授权的修改的控制措施。在进行这项验证时，需要测试系统是否能够有效地控制安全相关参数的修改，以保证安全相关参数只能在授权的情况下进行修改。例如，可以在测试中模拟安全相关参数未经授权的修改，观察系统是否能够及时发现和阻止这些修改，并记录验证结果。

（4）验证参数化数据/信号的生成和处理方式不会导致安全相关功能的丧失。

此步骤涉及确保参数化数据/信号的生成和处理不会导致安全相关功能的丧失。例如，在拖拉机的制动系统中，修改制动踏板的灵敏度参数不应导致制动力的意外丧失。这一验证活动的目的是验证参数化数据/信号的生成和处理方式符合规格要求，以确保系统在使用参数化数据/信号时不会导致安全相关功能的丧失。在进行这项验证时，需要测试系统是否能够正确生成和处理参数化数据/信号，以确保系统的安全相关功能能够得到有效保障。例如，可以通过模拟不同的参数化数据/信号输入，观察系统的反应和处理能力，并记录验证结果。

上述 4 个验证活动，可以采用多种方法完成，如仿真、模型检验、测试和分析。验证活动应记录并追溯至相关安全要求，如图 3.43 所示。

总之，基于 GB/T 38874 的软件开发标准，要求对基于软件的参数化进行验证活动，以确保系统的安全相关参数设置正确、系统能够正确处理无效值、控制安全相关参数的修改和保障系统的安全相关功能不会丧失。这些验证活动的目的是保证系统的安全性和稳定性，确保系统在运行过程中不会出现任何安全问题。

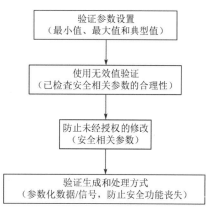

图 3.43 基于软件的参数化验证的过程

2．示例解析

为了更好地理解 GB/T 38874 中基于软件的参数化验证标准，我们可以结合一个示例进行分析。

假设我们正在开发一款农林机械控制系统，其中涉及一个安全相关参数"制动距离"。在 GB/T 38874 的要求下，我们需要对该参数进行以下验证活动。

（1）验证每个安全相关参数的正确设置（最小值、最大值和典型值）：我们需要确定该参数的最小值、最大值和典型值，以确保它们在预期的范围内。例如，我们可以设置"制动距离"的最小值为 0m，最大值为 100m，典型值为 50m。

（2）通过使用无效值，验证已检查安全相关参数的合理性：我们需要验证该参数是否能够正确地处理无效值。例如，我们可以使用−1m 或 101m 来测试"制动距离"的合理性，如果系统不能正确处理这些值，则说明该参数存在问题。

（3）验证可防止安全相关参数未经授权的修改：我们需要采取措施来防止该参数未经

授权的修改。例如，我们可以使用密码保护该参数，只有经过授权的人员才能够对其进行修改。

（4）验证参数化数据/信号的生成和处理方式不会导致安全相关功能的丧失：我们需要验证该参数的生成和处理方式是否会对安全相关功能产生不良影响。例如，我们可以通过模拟控制系统中"制动距离"的变化，来验证该参数是否会影响到其他功能的正常运行。

图 3.44 是一个流程图，说明了 GB/T 38874 中基于软件的参数化验证标准的实现过程。

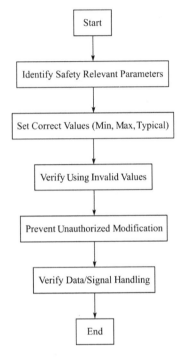

图 3.44　该示例中基于软件的参数化验证流程图

在图 3.44 中，包括以下几个步骤。

- 开始（Start）：开始进行基于软件的参数化验证过程。

- 确定安全相关参数（Identify Safety Relevant Parameters）：确定需要进行验证的安全相关参数，如本示例中的"制动距离"。

- 设置正确的值（Set Correct Values (Min, Max, Typical)）：为这些安全相关参数设置正确的最小值、最大值和典型值。在这个步骤中，我们要确认每个安全相关参数的设定值都在合理的范围内。

- 使用无效值进行验证（Verify Using Invalid Values）：使用超出参数设定范围的无效值来验证系统对异常值的处理能力。如果系统能够正确处理这些无效值，则说明这个参数的设定是合理的。

- 防止未经授权的修改（Prevent Unauthorized Modification）：实施相关的安全措施，防止安全相关参数被未经授权的人员修改。

- 验证数据/信号处理（Verify Data/Signal Handling）：验证参数化数据/信号的生成和处理方式，确保这些过程不会导致安全相关功能的丧失。

- 结束（End）：完成所有的验证步骤后，基于软件的参数化验证过程结束。

在实际开发过程中，我们可以通过编写测试用例、进行模拟验证等方式来验证安全相关参数的正确性。以下是一个简单的 Python 代码示例，用于验证"制动距离"的合理性。

算法 3.62：验证"制动距离"的合理性的代码示例

```python
# 假设最小制动距离为 5m，最大制动距离为 20m，典型制动距离为 10m
MIN_BRAKE_DIST = 5
MAX_BRAKE_DIST = 20
TYPICAL_BRAKE_DIST = 10


def validate_brake_dist(dist):
    if dist < MIN_BRAKE_DIST:
        raise ValueError("Brake distance too short")
    if dist > MAX_BRAKE_DIST:
        raise ValueError("Brake distance too long")
    if abs(dist - TYPICAL_BRAKE_DIST) > 3:
        raise ValueError("Brake distance not typical")
    print("Brake distance validation passed")

# 测试验证函数
validate_brake_dist(10) # 正常情况，输出 Brake distance validation passed
validate_brake_dist(4)  # 制动距离太短，输出 ValueError 异常
validate_brake_dist(25) # 制动距离太长，输出 ValueError 异常
validate_brake_dist(14) # 制动距离不典型，输出 ValueError 异常
```

这段代码定义了一个名为 validate_brake_dist() 的函数，用于验证输入的"制动距离"是否合理。根据 GB/T 38874 的规定，最小制动距离应为 5m，最大制动距离应为 20m，典型制动距离应为 10m。如果输入的制动距离小于最小值或大于最大值，或者与典型值的偏差超过 3m，则验证函数将输出 ValueError 异常。

通过这段代码，我们可以验证"制动距离"的合理性，并确保其符合 GB/T 38874 的规定。类似地，我们还可以编写其他验证函数来验证不同的安全相关参数，以确保软件系统的安全性和稳定性。

第4章

系统安全确认与验证

4.1 目的、概述和前提条件

【标准内容】

目的：

第一个目的是证实每个功能安全需求已充分得到满足，并适合 UoO 的安全目标。

第二个目的是证实每个安全目标已按照最初设想和规定得到实现，并适合 UoO 的功能安全。

概述：

验证和确认阶段（如审查、安全分析、组件集成测试）的目的是证实每个特定阶段的结果符合 GB/T 38874.3 中描述的设计与实现中的安全需求。

前提条件：

本阶段的前提条件为：

——依据 GB/T 38874.1—2020 的 6.4.6.3 节的安全计划，即截止日期、资源、设备、成熟度等。

——设备测试计划，为现有质量保证流程中的一部分。

——依据 GB/T 38874.2—2020 的第 6 章的 HARA，即潜在危险的识别。

——依据 GB/T 38874.2—2020 的第 7 章的功能安全概念，即安全目标、安全状态及功能安全需求。

——依据 GB/T 38874.3—2020 的第 5 章的技术安全概念，即技术安全需求。

索引：本节标准内容源自 GB/T 38874.4—2020 的 6.1～6.3 节。

【解析】

1. 目的解析

在 GB/T 38874 中，安全确认与验证的目的是确保满足系统的安全要求和目标。安全确认与验证有两个主要目的。

（1）证实每个功能安全需求已充分得到满足，并适合 UoO 的安全目标。

安全确认与验证的第一个目的是证实每个功能安全需求都已充分得到满足，并适合 UoO 的安全目标。这意味着所采取的安全措施足以确保系统安全运行并且满足安全目标。

该目的是确保系统的安全要求得到满足并且适合预期的安全目标。这涉及验证所采取的安全措施是否足以降低与系统相关的风险。例如，系统的安全要求是确保操作者在操作过程中免受机器运动部件的伤害，则需要设计和测试系统以确保其满足此要求。

例如，在拖拉机控制系统的情况下，一项功能安全需求可能是确保制动器可以在一定距离内停止车辆。为确认该要求已充分得到满足，系统需要在多种场景下，如在不同的地形和不同的速度下进行测试，以确保制动器始终能够将车辆停在所需的距离内。

（2）证实每个安全目标已按照最初设想和规定得到实现，并适合 UoO 的功能安全。

安全确认与验证的第二个目的是证实每个安全目标已按照最初设想和规定得到实现，并适合 UoO 的功能安全。这意味着为系统设定的安全目标已经实现，并且系统按预期运行。

该目的是确保根据最初设想和规定实现安全目标。这涉及验证系统的安全功能是否按预期运行，以及它们是否适合系统的预期用途。例如，安全目标如果是防止机器在操作过程中发生意外移动，则需要对系统进行设计和测试以确保实现这一目标。

例如，在同一个拖拉机控制系统中，一个安全目标可能是确保车辆在运行期间不会翻车。为了确认这一目标已经实现，系统需要在各种条件下进行测试，如在不平坦的地形或高速下行驶，以确保车辆保持稳定并且不会翻车。

总之，安全确认与验证是开发农林拖拉机和机械控制系统安全相关部件的关键步骤。它们有助于确保系统可以安全使用，确保系统安全运行并且满足预期的安全目标和要求。为了实现这些目标，该标准推荐了各种验证活动，如审查、安全分析、组件集成测试。这些活动应由具备功能安全领域必要知识和专业知识的合格人员执行。要注意的是，安全确认与验证是持续的过程，应该在系统的整个开发和运行过程中进行。这对于确保系统持续满足所需的安全标准，以及对系统的任何更改或修改都不会危及其安全性是必要的。

2. 概述解析

GB/T 38874.4 是开发农林拖拉机和机械控制系统安全相关部件的标准，关于安全确认与验证的部分概述了软件开发过程中验证和确认阶段的目的，主要目的是证实每个特定阶段的结果都满足 GB/T 38874.3 中描述的设计与实现中的安全需求。

在验证和确认阶段，进行了一系列活动以证实软件开发过程中每个特定阶段的结果都满足安全需求。这些活动可能包括审查、安全分析、组件集成测试等。

例如，在审查过程中，软件开发团队可能会审查设计文档、软件代码和其他相关工件，以确保它们满足安全需求。在安全分析过程中，通过使用各种技术（如 FMEA 和 FTA）来识别、评估和减轻危害。在组件集成测试过程中，将安全相关的软件和硬件组件一起进行测试，以确保它们能够正确、安全地运行。

系统安全确认与验证是安全相关系统开发的关键方面。GB/T 38874.4 概述了系统安全确认与验证的目的，即确保软件开发过程中每个特定阶段的结果都满足 GB/T 38874.3 中描述的安全需求。

为了实现这一目的，必须在整个软件开发过程中进行各种验证和确认活动。这些活动可能包括审查、安全分析、组件集成测试等。这些活动旨在确保系统满足安全要求，并确保整个系统满足预期的安全目标。

例如，在审查期间，可以检查系统的每个组件和子系统的设计，以确保其满足安全要求。这可能涉及审查设计文件、代码和其他材料，以确定潜在的危险并确保采取适当的安全措施。

安全分析是一个用于识别潜在危险并评估与之相关的风险的系统过程。安全分析技术包括 FMEA、FTA 及 HAZOP 分析。这些技术可用于识别潜在的安全问题并评估其严重性和可能性。

组件集成测试是另一个重要的验证和确认活动。它涉及测试系统的组件和子系统，以确保它们按预期协同工作并且满足安全要求。这可能涉及功能测试、性能测试等。

总之，安全确认与验证是安全相关系统开发的重要方面。通过确保系统满足安全要求，并确保系统作为一个整体满足预期的安全目标，这些活动有助于最大限度地降低与操作这些机器相关的风险并保护操作者和旁观者。安全确认与验证对于确保农林拖拉机和机械控制系统的安全至关重要。通过仔细审查和分析软件开发过程的每个阶段，软件开发人员可以在机器投入运行之前识别和减小潜在的安全隐患。

3. 前提条件解析

GB/T 38874.4 中概述了农林拖拉机和机械控制系统安全相关部件安全确认与验证阶段的前提条件。

第一个前提条件是制定一个安全计划，其中包括截止日期、资源、设备和成熟度等。这可确保安全确认与验证按照计划和系统的方式进行。

第二个前提条件是将设备测试计划作为质量保证流程中的一部分。这可确保系统中使用的设备经过测试与验证，以满足所需的安全标准。

第三个前提条件是进行 HARA，以识别系统中的潜在危害和风险。这有助于确定采取必要的安全措施以减轻或消除已识别的危险。

第四个前提条件是拥有概述安全目标、安全状态及功能安全需求的功能安全概念。这可提供对功能安全目标及其与系统整体安全的关系的清晰理解。

第五个前提条件是要有概述技术安全需求的技术安全概念。这有助于确定实现功能安全目标所需的技术措施。

示例：假设拖拉机制造商正在开发一种新模型，其中包括碰撞检测和自动紧急制动等高级安全功能。制造商需要制定安全计划，概述开发和测试安全功能所需的资源、设备和截止时期。制造商还需要制定设备测试计划，以确保安全功能中使用的传感器和系统符合所需的安全标准。制造商还需要进行 HARA，以确定与新安全功能相关的潜在危险和风险。此外，制造商还需要开发功能和技术安全概念，以概述安全目标、安全状态及功能安全需求，以及实现这些目标所需的技术措施。

 ## 4.2 系统安全确认与验证的要求

4.2.1 SRP/CS 设计的确认与验证

【标准内容】

应对 SRP/CS 的设计进行确认与验证（见 GB/T 38874.1—2020 的图 1）。

确认与验证时，应证实：

——每个 SRP/CS 满足指定 AgPL 的要求，包括：

（1）硬件类别、$MTTF_{DC}$、DC、CCF（见 GB/T 38874.2—2020 的附录 A、附录 B、附录 C 和附录 D）；

（2）SRL（见 GB/T 38874.3—2020 的第 7 章）。

——每个 SRP/CS 满足安全目标、安全状态及其他功能和技术的安全需求。

——每个 SRP/CS 实现了分配的安全相关功能。

索引：本节标准内容源自 GB/T 38874.4—2020 的 6.4.1 节。

【解析】

1．标准解析

GB/T 38874 中概述了确认与验证 SRP/CS 设计的要求。这样做的目的是确保每个

SRP/CS 满足指定 AgPL 的要求及功能和技术方面的安全目标、安全状态等安全需求。

为满足这些要求，需要开展以下活动。

（1）确认与验证每个 SRP/CS 都满足指定 AgPL 的要求，包括硬件类别、$MTTF_{DC}$、DC 和 CCF。

（2）确认与验证每个 SRP/CS 都满足功能和技术方面的安全目标、安全状态等安全需求。

（3）确认与验证每个 SRP/CS 都实现了分配的安全相关功能。

例如，在拖拉机制动系统的设计中，SRP/CS 可能具有一项安全功能，负责监控制动系统的液压并在压力过高或过低时启动制动器。要确认与验证此 SRP/CS 的设计，需要确保它满足硬件类别、$MTTF_{DC}$、DC 和 CCF 的 AgPL 要求，以及功能和技术方面的安全目标、安全状态等安全需求。此外，还需要确认与验证此 SRP/CS 实现了分配的安全相关功能。

以下详细解释这些要点。

（1）每个 SRP/CS 满足指定 AgPL 的要求。

此要求指出，应确认与验证每个 SRP/CS 的设计，以确保其满足指定 AgPL 的要求。AgPL，即农业性能等级，是一种安全标准，规定了给定农林机械或系统所需的最低安全性能水平。

例如，特定的 SRP/CS 可能需要满足 AgPL d，它指定 PFH_d 小于 10^{-6}。为了确认与验证 SRP/CS 满足此要求，可以进行各种测试和分析，以评估组件的安全性和可靠性。

（2）每个 SRP/CS 满足安全目标、安全状态及其他功能和技术的安全需求。

此要求指出，应确认与验证每个 SRP/CS 的设计，以确保其满足安全目标、安全状态及其他功能和技术的安全需求。这些安全需求可以通过 HARA 过程来确定，该过程旨在识别与系统相关的潜在危险并评估其相关风险。

例如，SRP/CS 负责控制拖拉机的速度，则安全目标可能包括确保拖拉机的速度不超过特定阈值并且能够安全、及时地停下来，安全状态可能包括确保拖拉机能够在各种操作条件下保持安全速度，如陡峭的斜坡上或在潮湿或打滑的条件下。

（3）每个 SRP/CS 实现了分配的安全相关功能。

该要求指出，每个 SRP/CS 都应得到确认与验证，以确保其实现了分配的安全相关功能。安全相关功能是指有助于确保机器或系统整体安全性的功能，如紧急停止或故障安全制动。

例如，SRP/CS 负责监测拖拉机的发动机温度并在温度超过特定阈值时将其关闭，那么分配给该组件的安全相关功能将是监测发动机温度。确认与验证过程将涉及测试组件，以确保它能够以安全、可靠的方式检测和响应温度超标。

2. 示例解析

为了更好地理解 SRP/CS 设计的确认与验证标准，我们可以通过一个示例来进行解析。

假设我们正在设计一种农业拖拉机的制动系统，该制动系统包括一个 ECU 和 BS。我们将 ECU 和 BS 标记为两个不同的 SRP/CS。

根据 GB/T 38874.4 的要求，我们需要对 SRP/CS 的设计进行确认与验证，以确保其满足指定 AgPL 的要求。我们可以采用以下步骤来进行确认与验证。

（1）确保每个 SRP/CS 满足指定 AgPL 的要求。

根据项目需求和技术可行性，我们选择了 AgPL b 的要求，这意味着需要满足硬件类别、$MTTF_{DC}$、DC、CCF 和 SRL 等要求。

硬件类别：根据 GB/T 38874.3，AgPL b 要求至少采用 HFT 1 硬件类别。因此，我们需要确保 ECU 和 BS 均采用 HFT 1 硬件类别。

$MTTF_{DC}$：$MTTF_{DC}$ 是关于故障安全度的指标，即设备出现故障时对安全性的影响程度。根据 AgPL b 要求，我们需要确保 ECU 和 BS 的 $MTTF_{DC}$ 满足要求，这可以通过 FMEA 来评估。

DC 和 CCF：DC、CCF 是关于故障诊断覆盖度和故障控制覆盖度的指标。根据 AgPL b 要求，我们需要确保 ECU 和 BS 的 DC、CCF 满足要求，这可以通过 FMEA 来评估。

SRL：SRL 是指软件需求等级，即设备对安全性的贡献程度。根据 AgPL b 要求，我们需要确定 ECU 和 BS 的 SRL，并确保其满足要求。

（2）确保每个 SRP/CS 满足安全目标和需求。

我们需要确保 ECU 与 BS 满足指定的安全目标和需求。这可以通过安全需求规范和安全性验证来实现。

在安全需求规范中，我们需要列出每个 SRP/CS 的安全目标和需求。例如，ECU 的一个安全目标可能是"实现可靠的制动控制"，相应的需求可能是"ECU 能够控制两个 BS，以实现可靠的制动控制"。

在安全性验证中，我们需要通过测试与验证来证明每个 SRP/CS 的安全目标和需求已得到满足。例如，我们可以通过制动试验台来测试制动系统的性能，确保 ECU 能够控制两个 BS，以实现可靠的制动控制。

（3）确保每个 SRP/CS 实现了分配的安全相关功能。

这个步骤的核心是验证每个 SRP/CS 都实现了分配的安全相关功能。在进行确认与验证时，需要确保每个 SRP/CS 都实现了其所需的功能和特定的安全机制，以满足其分配的安全需求。

在确认与验证中，需要进行相关的测试，包括功能测试、性能测试、可靠性测试等，以确保每个 SRP/CS 都能实现分配的安全相关功能。同时，还需要对相关的安全机制进行验证，以确保系统的安全性能得到充分保证。

例如，针对某个 SRP/CS，其分配的安全相关功能为制动控制，在进行确认与验证时，需要验证该 SRP/CS 能够实现制动控制的功能，并且必须具备相应的安全机制，如安全制动等，以确保该 SRP/CS 的安全性能得到充分保证。

图 4.1 是一个简单的流程图，展示了确认与验证每个 SRP/CS 实现分配的安全相关功能的过程。

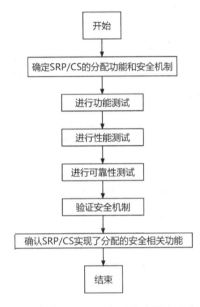

图 4.1　确认与验证每个 SRP/CS 实现分配的安全相关功能流程图

图 4.1 中，"开始"表示确认与验证的起始点，"结束"表示确认与验证的终点。其中，核心步骤是确定 SRP/CS 的分配功能和安全机制，接着要进行功能测试、性能测试、可靠性测试并验证安全机制，以最终确认 SRP/CS 实现了分配的安全相关功能。

4.2.2　安全确认与验证的范围

【标准内容】

在安全寿命周期内，应按照以下方面进行安全需求的确认与验证：

——机器级的完整系统（如台架测试、硬件在环测试、测试设备）；

——硬件；

——软件。

索引：本节标准内容源自 GB/T 38874.4—2020 的 6.4.2 节。

【解析】

GB/T 38874 中概述的安全确认与验证的范围包括三个方面：机器级的完整系统、硬件和软件。这些方面应该在整个安全寿命周期内得到确认与验证。

在机器级，应在测试台和环境中对完整系统进行测试，以验证其满足安全要求。例如，拖拉机的安全功能和系统应进行测试，以确保其在投入使用之前满足安全要求。

硬件也应进行安全确认与验证，以确保其符合安全要求。这包括测试 $MTTF_D$、DC、CCF 和 SIL 等。例如，拖拉机发动机系统中的安全关键硬件应进行安全确认与验证，以确保其满足安全要求并且足够可靠，以防止在使用过程中发生危险故障。

软件对于确保机械和控制系统的安全也至关重要，因此应进行安全确认与验证。这包括确保软件满足安全目标、安全要求和 SIL。例如，应验证用于控制拖拉机制动系统的软件，以确保其满足安全要求并且足够可靠，以防止因制动失灵而导致发生事故。

总之，在整个安全寿命周期中，应对机器级的完整系统、硬件和软件进行安全确认与验证，以确保其满足安全要求并且保持安全完整性。

以下是对每个方面的进一步解释。

（1）机器级的完整系统。

机器级的完整系统是指整机，包括其所有部件和系统，它们应作为一个完整的系统进行测试。这可以通过各种方法来完成，如基准测试、硬件在环测试或在实际操作环境中进行测试。该测试的目的是确保机器在投入运行之前是安全的并且满足所有安全要求。

例如，对于拖拉机，机器级的完整系统测试将涉及对拖拉机进行整体测试，包括对其发动机、传动装置、制动器、转向装置和其他部件进行测试。这可以在测试跑道或受控环境中完成，以模拟真实世界的操作条件。

（2）硬件。

硬件是指系统的各个硬件组件，如传感器、控制器和执行器。硬件测试涉及验证每个硬件组件是否正常运行并且满足所需的安全标准。这可以通过各种方法来完成，如台架测试或环境测试，以模拟真实世界的操作条件。

例如，对于拖拉机，硬件测试将涉及测试拖拉机安全系统的各个组件，如检测障碍物的传感器或在紧急情况下停止拖拉机的制动器。

（3）软件。

软件是指系统的软件组件，如控制算法、安全功能和人机界面。软件测试涉及验证软件正常运行并且满足所需的安全标准。这可以通过单元测试、集成测试和系统测试等多种方法来完成。

例如，对于拖拉机，软件测试将涉及测试拖拉机控制软件的安全功能，如紧急停止功能和速度控制功能。

总之，安全寿命周期中的安全确认与验证的范围包括测试机器级的完整系统、硬件和软件，以确保它们符合要求的安全标准并且正常运行。这有助于确保机器安全并且可以在不对操作者或其他人造成危险的情况下运行。

4.2.3 活动

【标准内容】

结构化安全确认与验证，应按照以下顺序：

——确认与验证计划；

——确认与验证规范；

——确认与验证的执行；

——确认与验证结果的记录。

索引：本节标准内容源自 GB/T 38874.4—2020 的 6.4.3 节。

【解析】

1. 标准解析

GB/T 38874 概述了在农林拖拉机和机械控制系统的背景下对结构化安全确认与验证活动的要求。这些活动应该按照特定的顺序进行，包括确认与验证计划、确认与验证规范、确认与验证的执行和确认与验证结果的记录。

（1）确认与验证计划。

结构化安全确认与验证活动的第一步是制定一个计划，概述活动的目标、范围、时间表、资源和责任。该计划应考虑安全要求、风险评估结果和系统的成熟度。该计划为结构化安全确认与验证活动提供了路线图。该计划还应考虑适用的监管要求，并且规定接受或拒绝结构化安全确认与验证活动结果的标准。

例如，对于拖拉机控制系统，确认与验证计划可能包括一系列安全要求，如最大允许制动力和所需的最短转向响应时间。该计划还可能指定要执行的测试类型，如硬件在环测试和道路测试，以及测试结果的验收准则。

（2）确认与验证规范。

一旦制定了计划，下一步就要制定定义测试方法、验收准则和测试环境的规范。该规范应与 HARA 中确定的安全目标和要求保持一致。它还应考虑系统架构、接口和通信协议。该规范是结构化安全确认与验证过程的关键组成部分，因为它提供了对将要执行的活动的详细描述。

此步骤涉及为结构化安全确认与验证活动制定详细的规范。该规范应规定结构化安全确认与验证活动的测试程序、测试设备、测试条件和验收准则。该规范还应考虑适用的监管要求，并且规定接受或拒绝结构化安全确认与验证活动结果的标准。

例如，对于拖拉机控制系统，确认与验证规范可能包括对每个安全要求的测试程序的详细描述，如最大允许制动力和所需的最短转向响应时间。该规范还可能包括所需的测试设备，如传感器和数据记录器，以及测试结果的验收准则。

（3）确认与验证的执行。

第三步是确认与验证的执行。应按既定程序和标准执行确认与验证，并且应由合格人员执行。执行确认与验证的目的是证明系统满足规范中确定的安全目标和要求。

此步骤涉及按照计划和规范执行确认与验证活动。这些活动可能包括测试、检查、分析和活动。应记录和报告确认与验证结果，还应记录和解决发现问题或偏差。

例如，对于拖拉机控制系统，确认与验证的执行可能涉及在各种操作条件（如不同的速度和负载）下测试系统，以确保其满足安全要求。应记录和报告确认与验证结果，还应记录和解决发现的问题或偏差。

（4）确认与验证结果的记录。

最后一步是保存执行的活动、获得的结果及与计划和规范的偏差的记录。这些记录可作为确认与验证结果符合安全标准和法规的证据，它们对于未来的维护、修改和验证活动也很有用。

此步骤涉及记录确认与验证结果。记录文档应包括确认与验证活动中使用的测试程序、测试设备、测试条件和验收准则，还应包括测试结果、问题或偏差，以及为解决这些问题而采取的措施。

例如，假设制造商正在为将在危险环境中使用的拖拉机开发控制系统。在这种情况下，结构化安全确认与验证活动可能涉及测试系统对各种故障场景的响应，验证其是否符合AgPL等安全标准，并记录执行测试的结果。目标是确保系统在预期环境中能够安全、可靠地使用。

总之，结构化安全确认与验证对于确保系统满足安全要求，以及确保安全相关系统的可靠性和有效性至关重要。通过采用结构化安全确认与验证方法，软件开发团队可以确保有一个稳健的流程来识别和降低安全风险，从而最大限度地减小事故和伤害的可能性。

2. 示例解析

为了更好地理解结构化安全确认与验证活动，我们可以通过一个示例来进行解析。

图 4.2 所示为结构化安全确认与验证的示例流程图。

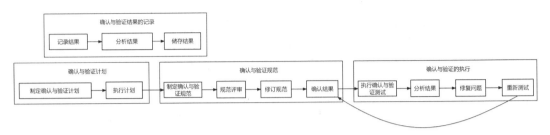

图 4.2　结构化安全确认与验证的示例流程图

（1）确认与验证计划。

确认与验证计划是一份详细的计划，用于指导整个安全确认与验证过程。该计划应包括确认与验证的目标、范围、时间表、资源和责任等。

例如，对于一款新型农机的开发，确认与验证计划可能包括以下内容。

- 确认与验证机器整体系统的安全要求和性能。
- 针对不同的系统部分制定确认与验证计划，包括硬件和软件。
- 按照时间表和资源分配计划，分配确认与验证任务。
- 确定测试结果评估标准和记录方法。
- 确定测试结果的反馈和修正计划。

（2）确认与验证规范。

确认与验证规范是一个一致的标准，用于确保在确认与验证过程中应用相同的测试方法和流程，从而提高确认与验证的可靠性和准确性。

例如，针对上述农机的确认与验证规范可能包括以下内容。

- 确定测试方法和流程，包括测试设备的选择、测试数据的收集和分析等。
- 确定安全要求、性能指标的评估方法和标准。
- 确定测试结果的记录和反馈方式。
- 确定测试结果的评估和反馈流程。

（3）确认与验证的执行。

确认与验证的执行是指按照确认与验证计划和规范进行测试、验证，以确保机器满足安全要求和性能指标。

例如，执行上述农机的确认与验证可能包括以下步骤。

- 安装测试设备并按照测试方法和流程进行测试。
- 收集测试数据并对其进行分析。
- 比较测试结果与安全要求和性能指标的标准，以评估测试结果。

- 根据测试结果反馈和修正计划进行必要的修改。

（4）确认与验证结果的记录。

确认与验证结果的记录是指记录测试结果和评估结果，并确保测试结果和评估结果的可靠性及准确性。

例如，记录上述农机的确认与验证结果可能包括以下内容。

- 测试数据和分析结果。
- 测试结果评估和反馈流程记录。
- 根据测试结果进行的修改和改进记录。

结构化安全确认与验证活动需要按照一定的顺序进行，包括确认与验证计划、确认与验证规范、确认与验证的执行及确认与验证结果的记录。这些活动的目的是确保系统的每个安全相关部件都满足指定 AgPL 的要求，并且实现了分配的安全相关功能。

该示例展示了 GB/T 38874 中所述的系统安全确认与验证的要求的具体应用。在这个示例中，我们可以看到一个完整的安全确认与验证流程，包括计划、规范、执行和记录。这个流程确保了系统的安全性，可使农林拖拉机和机械控制系统的使用更加安全、可靠。

4.2.4 确认与验证计划

【标准内容】

应制定安全目标、安全状态、功能和技术安全需求等方面的确认与验证计划，且应包含下列条款：

——确认与验证及其可能的变化形式；

——系统成熟度；

——确认与验证目标；

——确认与验证技术；

——确认与验证负责人与开发人员之间的独立性声明；

——要求的设备和环境条件，包括工具校准规范；

——对总体安全计划的特定引用；

——通过/不通过的测试准则。

索引：本节标准内容源自 GB/T 38874.4—2020 的 6.4.4 节。

【解析】

1. 标准解析

GB/T 38874 概述了系统安全确认与验证的要求，其中包括制定确认与验证计划。确认与验证计划应包括一些关键项目，以确保安全目标、安全状态、功能和技术安全需求在整个安全寿命周期中得到适当确认与验证。这些项目包括以下内容。

（1）确认与验证及其可能的变化形式。

此项内容是指需要确定安全确认与验证活动的范围和频率，以及根据不断变化的安全要求或系统变化可能需要的任何潜在变化。

确认与验证计划应明确系统的安全确认与验证活动，包括测试、分析、模拟等。此外，该计划还应考虑到可能的变化形式，如系统规模变化、功能变化、环境变化等，以保证计划的可持续性和有效性。

例如，一款农机控制系统在设计阶段确定了一些安全确认与验证活动，如静态和动态分析、测试等，但在后续的开发过程中，系统的规模和功能发生了变化，这就需要相应地更新和调整确认与验证计划，以确保系统的安全性能符合标准要求。

（2）系统成熟度。

此项内容是指需要确保在开发寿命周期的适当时间点进行安全确认与验证活动，同时需要考虑到被测系统的成熟度。

确认与验证计划应考虑到系统成熟度，包括系统开发阶段、设计、实施、测试、部署等。根据系统成熟度，制定相应的确认与验证计划，以确保安全性能的可靠性和稳定性。

例如，在系统的设计和实现阶段，确认与验证计划应着重考虑系统的逻辑一致性和正确性，而在系统的测试和部署阶段，应着重考虑系统的可靠性和稳定性。

（3）确认与验证目标。

此项内容是指需要明确定义在测试过程中将要确认与验证的安全目标、安全状态、功能和技术安全需求。

确认与验证计划应明确确认与验证的目标，包括确认与验证的内容、方法、工具、流程等，以保证确认与验证的有效性和全面性。

例如，在确认与验证计划中，可以明确确认与验证的目标是对系统的逻辑一致性进行分析和测试，采用的方法是模拟测试，使用的工具是 MATLAB/Simulink 等，确认与验证的流程包括需求分析、设计分析、模型开发、模型测试等。

（4）确认与验证技术。

此项内容是指需要确定将用于确认与验证系统安全相关方面的具体技术和方法。

确认与验证计划应明确采用的确认与验证技术，包括测试技术、分析技术、模拟技术等，以确保确认与验证的全面性和有效性。

例如，在确认与验证计划中，可以明确采用的测试技术是黑盒测试和白盒测试，采用的分析技术是 FTA 和风险评估，采用的模拟技术是仿真测试等。

（5）确认与验证负责人与开发人员之间的独立性声明。

此项内容是指需要确保负责进行安全确认与验证的人员独立于开发人员，并且具有有效开展这些活动所需的专业知识和权限。

负责进行安全确认与验证的人员独立于开发人员对于确保安全风险评估和识别的公正性非常重要。这需要明确区分这两类人的职责。

例如，就农林机械而言，负责进行安全确认与验证的安全工程师和测试人员不应直接参与机械的设计或开发。 这有助于防止因从事同一项目而可能产生的利益冲突，并确保更客观地评估安全性。

（6）要求的设备和环境条件，包括工具校准规范。

此项内容是指需要确定进行安全确认与验证所需的特定工具、设备和环境条件，以及任何特定的校准要求。

应明确确认与验证所使用的设备和环境条件，确保其符合安全标准的要求。这包括用于测试和测量的工具的校准，这应根据指定的规范进行。

例如，在农林机械的情况下，用于测试的设备和环境条件可能包括专用测试设备，如压力传感器和称重传感器，以及特定的环境条件，如温度和湿度。工具校准可能涉及使用校准设备以确保测试仪器准确并提供可靠的结果。

（7）对总体安全计划的特定引用。

此项内容是指需要确保确认与验证计划与系统的总体安全计划保持一致，并支持实现该计划中定义的安全目标。

确认与验证计划应与机械或系统的总体安全计划一致。这可以确保总体安全计划中确定的安全目标和要求被适当地纳入安全确认与验证活动。

例如，农林机械的总体安全计划可能包括针对机械的特定部件或子系统（如转向系统、制动器或发动机）的安全要求列表。确认与验证计划应规定如何在测试和评估期间确认并验证这些要求。

（8）通过/不通过的测试准则。

此项内容是指需要明确定义安全确认与验证活动的通过/不通过的测试准则，以确保这些活动的结果清晰且可操作。

确认与验证计划应明确测试通过/不通过的标准。这些标准应与总体安全计划中确定的安全要求和目标一致。

例如，在农林机械的情况下，通过/不通过的测试准则可能是基于特定的安全要求的，如组件上的最大允许力或紧急停止系统的最短响应时间。确认与验证计划应指定通过/未通过每项测试的标准及如何评估结果。

这些要求的应用示例包括开发新的拖拉机控制系统。确认与验证计划将用于确定在开发过程中需要确认与验证的特定安全目标、安全状态、功能和技术安全需求，以及所用的特定技术和方法。该计划还将确定执行测试活动所需的特定工具、设备和环境条件，以及每项活动通过/不通过的测试标准。此外，该计划还将用于确保安全确认与验证活动在开发寿命周期的适当时间点进行，并与系统的总体安全计划保持一致。

2．示例解析

为了更好地理解确认与验证计划，我们可以通过一个示例来进行解析。

假设我们正在开发一款农用拖拉机的控制系统，需要进行系统安全确认与验证。我们制定了如下的确认与验证计划。

（1）确认与验证及其可能的变化形式：我们将进行模拟测试和实地测试，同时考虑可能的测试环境和变化形式，如不同的作业环境、不同的工作负荷、不同的控制条件等。

（2）系统成熟度：我们将在系统设计和开发的不同阶段进行安全确认与验证，包括系统需求分析、设计、实现和测试等阶段。

（3）确认与验证目标：我们的确认与验证目标是验证系统能够满足安全性能要求，并且能够在各种工作负荷和工作环境下正常运行。

（4）确认与验证技术：我们将使用不同的确认与验证技术，包括台架测试、硬件在环测试、软件仿真测试、实地测试等。

（5）确认与验证负责人与开发人员之间的独立性声明：我们将确保确认与验证负责人与开发人员之间的独立性，以确保确认与验证的客观性和可靠性。

（6）要求的设备和环境条件，包括工具校准规范：我们将确保测试设备符合要求，同时根据测试要求进行工具校准，确保测试结果的准确性。

（7）对总体安全计划的特定引用：我们将参考总体安全计划，确保确认与验证计划与总体安全计划相一致。

（8）通过/不通过的测试准则：我们将制定相应的测试准则，并根据测试结果判断测试是否通过。

确认与验证计划的示例流程图如图4.3所示。

如图4.3所示，"开始""结束"节点表示系统安全确认

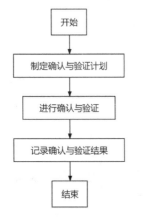

图4.3 确认与验证计划的示例流程图

与验证过程的开始和结束；"制定确认与验证计划"节点表示制定安全确认与验证计划的过程；"进行确认与验证"节点表示按照制定的确认与验证计划进行安全确认与验证的过程；"记录确认与验证结果"节点表示记录安全确认与验证结果的过程。

4.2.5　确认与验证的测试规范

【标准内容】

应根据具体情况，指定下列测试方法：

——测试（如黑盒测试、HIL 测试、机器测试、现场测试）；

——分析（如仿真）；

——相关文档复查（硬件/软件输入，如 FMEA、电路图）。

索引：本节标准内容源自 GB/T 38874.4—2020 的 6.4.5 节。

【解析】

1．标准解析

GB/T 38874 规定了农林拖拉机和机械控制系统安全相关部件的生产、操作、修改、支持要求，其中一项关键要求是对系统的安全功能进行检测和验证。

确认与验证的测试规范是确认与验证过程的一个重要方面。该测试规范应定义将用于确认与验证系统安全功能的具体方法和程序。应根据具体情况选择测试方法，可采用以下方法。

（1）测试。

测试涉及在特定条件下执行系统并观察其行为。测试是一种通过对系统进行各种测试来确认与验证系统安全性的方法。可以使用多种类型的测试，包括黑盒测试、HIL 测试、机器测试和现场测试。

- 黑盒测试：这是一种在不了解系统内部工作原理的情况下测试系统的测试类型。该系统被视为"黑匣子"，并根据其输入和输出进行测试。例如，可以通过改变输入信号并观察输出信号来测试拖拉机液压系统的控制器，以确保系统按预期运行。

- HIL 测试：这是一种在模拟环境中测试系统的测试类型，系统的硬件和软件组件在虚拟环境中进行交互。这种类型的测试对于在现场测试可能不切实际的复杂系统很有用。

- 机器测试：机器测试是指系统在将要使用的实际机器上进行测试。这种类型的测试可用于验证系统在现实条件下能够正常运行。

- 现场测试：现场测试是指系统在将要使用的环境中进行测试。这种类型的测试可用于验证系统在现实条件下能够正常运行。

（2）分析。

分析涉及使用建模和仿真工具来评估系统的安全功能。分析是一种通过使用数学模型预测系统在各种条件下的行为方式来确认与验证系统安全性的方法。可以使用多种类型的分析，如仿真等可以在各种条件下模拟系统行为以识别潜在的安全问题。

- 仿真：这是一种分析类型，在仿真过程中要创建系统的数学模型，用于预测系统在各种条件下的行为方式。这种类型的分析可用于预测系统在现实世界中可能难以或不可能测试的条件下的行为方式。

（3）相关文档复查。

相关文档复查涉及检查系统的硬件和软件输入，以确定潜在的安全问题。相关文档复查是一种通过审查与系统相关的文档来确认与验证系统安全性的方法。这可能包括审查硬件和软件设计文档、FMEA 文档及电路图。

- FMEA 文档：这是一种概述潜在故障模式及其对系统的影响的文档。通过审查这种文档，可以在系统投入使用之前识别和解决潜在的安全问题。
- 电路图：这种文档提供了系统电气组件的详细视图。通过审查这种文档，可以识别和解决与电气系统相关的潜在安全问题。

总之，确认与验证的测试规范是控制系统安全相关部件确认与验证过程的一个重要方面。这些测试方法旨在确保系统在预期环境中安全使用。通过结合使用测试、分析和相关文档复查测试方法，可以在系统投入使用之前识别和解决潜在的安全问题。通过定义特定的测试方法和程序，软件开发团队可以确保系统的安全功能得到全面评估和验证，以满足必要的安全要求。

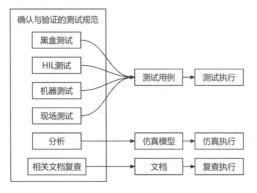

图 4.4 确认与验证的测试规范的示例流程图

2．示例解析

为了更好地理解确认与验证的测试规范，我们可以通过一个示例来进行解析。假设有一个对农用车辆的制动系统进行确认与验证的测试规范，如图 4.4 所示。

如图 4.4 所示，根据确认与验证的测试规范的要求，需要指定测试方法，包括黑盒测试、HIL 测试、机器测试、现场测试等。假设我们选择黑盒测试、HIL 测试来验证系统的性能和功能。

为了确保制动系统可以在各种条件下正常运行并且满足安全要求，我们可以使用以下测试方法。

（1）机器测试：在实验室或测试场地使用专门的测试设备对制动系统进行测试。例如，使用制动测功机测试制动系统的制动能力，使用动力台架测试制动系统的制动灵敏度和响应时间等。

（2）现场测试：在实际使用条件下对制动系统进行测试。例如，通过在不同的路况、气候条件下对制动系统进行测试来模拟实际使用环境，同时对制动系统的性能和安全性进行评估。

（3）黑盒测试：对制动系统进行功能测试，而不需要考虑其内部工作原理。例如，测试制动踏板的响应时间、制动力和制动距离等。

（4）HIL 测试：使用仿真器将实际控制器与虚拟车辆模型连接起来，以对整个车辆系统进行测试。

（5）分析：使用数学模型和仿真工具对制动系统进行分析、评估。例如，使用 MATLAB/Simulink 对制动系统进行建模，以评估其性能和稳定性。

（6）相关文档复查：对制动系统的相关文档进行复查，以确认系统设计与实现符合相关的规范和标准。例如，对系统的 FMEA 进行复查，以识别潜在的安全风险。

下面是一个简单的代码示例，展示了如何使用 Python 进行黑盒测试。

算法 4.1：使用 Python 进行黑盒测试

```python
def test_brake_pedal_response_time():
    # 模拟制动踏板的踩下时间
    brake_time = simulate_brake_pedal_time()

    # 获取实际制动系统响应时间
    brake_response_time = get_brake_system_response_time()

    # 判断实际响应时间是否符合要求
    assert brake_time < brake_response_time, "Brake pedal response time is too slow!"

def test_brake_distance():
    # 模拟车辆在行驶过程中的制动距离
    brake_distance = simulate_brake_distance()

    # 获取实际制动系统的制动距离
    actual_brake_distance = get_actual_brake_distance()

    # 判断实际制动距离是否符合要求
    assert brake_distance <= actual_brake_distance, "Brake distance is too long!"
```

上述代码使用了 Python 中的断言（assert）语句来判断测试结果是否符合要求。如果测试结果不符合要求，则会触发断言错误并输出相应的提示信息。

参 考 文 献

[1] ISO. Tractors and machinery for agriculture and forestry—Safety-related parts of control systems—Part 1: General principles for design and development:ISO 25119-1:2018[S]. 2018.

[2] ISO. Tractors and machinery for agriculture and forestry—Safety-related parts of control systems—Part 2:Concept phase:ISO 25119-2:2018[S]. 2018.

[3] ISO. Tractors and machinery for agriculture and forestry—Safety-related parts of control systems—Part 3:Series development, hardware and software:ISO 25119-3:2018[S]. 2018.

[4] ISO. Tractors and machinery for agriculture and forestry—Safety-related parts of control systems—Part 4:Production,operation,modification and supporting processes:ISO 25119-4:2018[S]. 2018.

[5] 全国农业机械标准化技术委员会. 农林拖拉机和机械控制系统安全相关部件 第 1 部分：设计与开发通则：GB/T 38874.1—2020[S]. 北京：中国标准出版社，2020.

[6] 全国农业机械标准化技术委员会. 农林拖拉机和机械控制系统安全相关部件 第 2 部分：概念阶段：GB/T 38874.2—2020[S]. 北京：中国标准出版社，2020.

[7] 全国农业机械标准化技术委员会. 农林拖拉机和机械控制系统安全相关部件 第 3 部分：软硬件系列开发：GB/T 38874.3—2020[S]. 北京：中国标准出版社，2020.

[8] 全国农业机械标准化技术委员会. 农林拖拉机和机械控制系统安全相关部件 第 4 部分：生产、运行、修改与支持规程：GB/T 38874.4—2020[S]. 北京：中国标准出版社，2020.

[9] ISO. Road vehicles—Functional safety—Part 1:Vocabulary:ISO 26262-1:2018[S]. 2018.

[10] ISO. Safety of machinery—Safety-related parts of control systems—Part 1: General principles for design:ISO 13849-1:2023[S]. 2023.

[11] IEC. Functional safety of electrical/electronic/programmable electronic safety-related systems—Part 1: General requirements:IEC 61508-1:2010[S]. 2010.

[12] KOOPMAN P，WAGNER M. Challenges in Autonomous Vehicle Testing and Validation[J]. SAE International Journal of Transportation Safety，2016，4（1）：15-24.

[13] ASSENG S，ZHU Y，BASSO B，et al. Simulation Modeling: Applications in Cropping Systems[J]. Encyclopedia of Agriculture and Food Systems，2014：102-112.

[14] CORTESE D. New Model-Based Paradigm: Developing Embedded Software to the Functional Safety Standards, as ISO 26262, ISO 25119 and ISO 13849 through an efficient automation of Sw Development Life-Cycle[R]. SAE Technical Paper Series，2014.

[15] DE ROSA F，CESONI R，GENTA S，et al. Failure rate evaluation method for HW architecture derived from functional safety standards (ISO 19014, ISO 25119, IEC 61508)[J]. Reliability Engineering & System Safety，2017，165：124-133.

[16] CROMPTON N，POPPLEWELL I J. Integrated functional safety management for software to achieve functional safety throughout the lifecycle phases[C]. 5th IET International Conference on System Safety，2010.

[17] MYKLEBUST T，STÅLHANE T. Plans and Functional Safety Management[M]. Functional Safety and Proof of Compliance，2021：97-127.